U0390146

全国高等职业教育规划教材

电子技术基础

张志良　主　编

华天京　副主编

邵　菁
　　　　参　编
张慧莉

机 械 工 业 出 版 社

本书根据职业技术教育要求和学生特点编写，内容包括：半导体器件及其特性、基本放大电路、集成运算放大器、正弦波振荡电路、直流稳压电源电路、数字逻辑基础、组合逻辑电路、时序逻辑电路、脉冲波产生与转换电路、数模转换和模数转换电路以及半导体存储器。内容覆盖面较宽，但难度较浅。在阐明基本概念的基础上，突出基本内容和基础知识；突出结论和结论的应用；减少理论推导和计算过程；注意实际应用；习题丰富，可布置性好；书末附有答案，并在《模拟电子学习指导与习题解答》和《数字电子技术学习指导与习题解答》中给出全部详解，便于教学和学生自学。

本书适于用作高等职业技术学校机电类、电子类和计算机类专业"电子技术"课程的教材，也可用作其他专业、其他类型学校同类课程的教材，还可供工程技术人员学习参考。

图书在版编目（CIP）数据

电子技术基础/张志良主编. —北京：机械工业出版社，2009.1（2019.7 重印）

（全国高等职业教育规划教材）

ISBN 978-7-111-25215-3

Ⅰ. 电… Ⅱ. 张… Ⅲ. 电子技术 Ⅳ. TN

中国版本图书馆 CIP 数据核字（2008）第 152998 号

机械工业出版社（北京市百万庄大街 22 号 邮政编码 100037）
责任编辑：王　颖 责任校对：申春香
责任印制：郐　敏
河北宝昌佳彩印刷有限公司印刷
2019 年 7 月第 1 版第 10 次印刷
184mm×260mm · 19.25 印张 · 473 千字
22601—24500 册
标准书号：ISBN 978-7-111-25215-3
定价：39.90 元

凡购本书，如有缺页、倒页、脱页，由本社发行部调换

电话服务 网络服务

服务咨询热线：010-88379833 机 工 官 网：www.cmpbook.com

读者购书热线：010-88379649 机 工 官 博：weibo.com/cmp1952

教育服务网：www.cmpedu.com

封面无防伪标均为盗版 金 书 网：www.golden-book.com

出 版 说 明

根据《教育部关于以就业为导向深化高等职业教育改革的若干意见》中提出的高等职业院校必须把培养学生动手能力、实践能力和可持续发展能力放在突出的地位，促进学生技能的培养，以及教材内容要紧密结合生产实际，并注意及时跟踪先进技术的发展等指导精神，机械工业出版社组织全国近 60 所高等职业院校的骨干教师对在 2001 年出版的"面向 21 世纪高职高专系列教材"进行了全面的修订和增补，并更名为"全国高等职业教育规划教材"。

本系列教材是由高职高专计算机专业、电子技术专业和机电专业教材编委会分别会同各高职高专院校的一线骨干教师，针对相关专业的课程设置，融合教学中的实践经验，同时吸收高等职业教育改革的成果而编写完成的，具有"定位准确、注重能力、内容创新、结构合理和叙述通俗"的编写特色。在几年的教学实践中，本系列教材获得了较高的评价，并有多个品种被评为普通高等教育"十一五"国家级规划教材。在修订和增补过程中，除了保持原有特色外，针对课程的不同性质采取了不同的优化措施。其中，核心基础课的教材在保持扎实的理论基础的同时，增加实训和习题；实践性较强的课程强调理论与实训紧密结合；涉及实用技术的课程则在教材中引入了最新的知识、技术、工艺和方法。同时，根据实际教学的需要对部分课程进行了整合。

归纳起来，本系列教材具有以下特点：

1）围绕培养学生的职业技能这条主线来设计教材的结构、内容和形式。

2）合理安排基础知识和实践知识的比例。基础知识以"必需、够用"为度，强调专业技术应用能力的训练，适当增加实训环节。

3）符合高职学生的学习特点和认知规律。对基本理论和方法的论述要容易理解、清晰简洁，多用图表来表达信息；增加相关技术在生产中的应用实例，引导学生主动学习。

4）教材内容紧随技术和经济的发展而更新，及时将新知识、新技术、新工艺和新案例等引入教材。同时注重吸收最新的教学理念，并积极支持新专业的教材建设。

5）注重立体化教材建设。通过主教材、电子教案、配套素材光盘、实训指导和习题及解答等教学资源的有机结合，提高教学服务水平，为高素质技能型人才的培养创造良好的条件。

由于我国高等职业教育改革和发展的速度很快，加之我们的水平和经验有限，因此在教材的编写和出版过程中难免出现问题和错误。我们恳请使用这套教材的师生及时向我们反馈质量信息，以利于我们今后不断提高教材的出版质量，为广大师生提供更多、更适用的教材。

机械工业出版社

前　言

　　《电子技术基础》是工科类专业的一门非常重要的专业基础课，各类电子技术教材很多，本书在编写时与其他同类教材略有不同的是：

　　1）内容覆盖面较广，但难度较浅，适用面宽。既有利于学生较全面地学习电子技术，也便于不同专业不同教学要求的学校和老师选用。

　　2）在阐明基本概念的基础上，突出基本内容和基础知识；突出结论和结论的应用；减少理论推导和计算过程；注意实际应用。

　　3）文字叙述注重条理化。使学生容易记忆理解，也便于教师教学。对学生不易理解和容易混淆的概念，给出较为详尽的解说，便于自学。

　　4）习题丰富，可布置性好。有各种不同层次、不同题型（复习思考题、判断题、填空题、选择题和分析计算题）的习题近千道，书末附有部分习题参考答案，并在《模拟电子学习指导与习题解答》（ISBN 978 - 7 - 111 - 19361 - 6）和《数字电子技术学习指导与习题解答》（ISBN 978 - 7 - 111 - 21517 - 2）中给出全部详解，便于教学和学生自学。

　　本书由上海电子信息职业技术学院高级讲师张志良任主编，华天京任副主编，邵菁、张慧莉参编。其中第1、2章由张慧莉编写，第3、4章由邵菁编写，第5、6、7章由华天京编写，其余部分由张志良编写并统稿。

　　限于编者水平，书中错误不妥之处，恳请读者批评指正。

　　为配合教学，本书提供电子教案，读者可在 www.cmpedu.com 上下载。

编　者

目　　录

第 1 章　半导体器件及其特性

本章要点

- 二极管的伏安特性及主要参数
- 三极管输入输出特性曲线
- 三极管三种基本组态和三种工作状态
- 三极管的主要参数
- 场效应管特性曲线及主要参数

半导体器件是电子技术的基础。半导体器件主要有二极管、三极管（双极型）和场效应管（单极型）等。

1.1　普通二极管

1.1.1　PN 结

1. 半导体的导电特性

自然界的物质按其导电特性（电阻率）大致可分为导体、绝缘体和半导体三类。

半导体之所以成为近代电子工业最重要的材料，并不在于其导电能力的强弱，主要是由于其独特的导电特性。

1）掺杂特性。纯净的半导体掺入微量杂质后，电阻率变化很大。例如在纯硅中掺入百万分之一的硼后，电阻率约从 $2 \times 10^3 \, \Omega \cdot m$ 变化为 $4 \times 10^{-3} \, \Omega \cdot m$，变化数量级达到 10^6 之多。这种特性是半导体所特有的。在金属或绝缘体中即使加入较多杂质，对电阻率的影响也不大。例如在纯铜中加入锌，电阻率变化在同一数量级。

2）热敏和光敏特性。半导体在受热和光照后导电能力明显增强。而金属和绝缘体在受热时，电阻率变化不大；受光照时，电阻率几乎无变化。

人们正是利用了半导体的掺杂特性，制成了各种半导体器件；利用了半导体的热敏和光敏特性，制成了半导体热敏元器件和光敏元器件。

2. N 型半导体和 P 型半导体

纯净的半导体材料称为本征半导体，具有晶体结构，最外层电子组成共价键，游离于共价键之外的自由电子和空穴极少，如图 1-1a 所示。自由电子和空穴统称为载流子（运载电荷的粒子），自由电子带负电荷，空穴带正电荷，但整体对外仍呈电中性。

本征半导体掺入杂质后称为掺杂半导体，根据其掺入杂质元素的化学价可分为 N 型半导体和 P 型半导体。

（1）N 型半导体

N 型半导体是 4 价元素（例如硅）掺入微量 5 价元素（例如磷）后形成的，如图 1-1b

所示。5 价元素原子与 4 价元素原子组成共价键后多余出一个电子，并游离于共价键之外。但即使是掺入微量，多余出来电子的绝对数量与不掺杂质时相比也是一个天文数字。

在 N 型半导体中，自由电子数远多于空穴数（在本征半导体中，自由电子数 = 空穴数）。自由电子称为多数载流子；空穴称为少数载流子。但在 N 型半导体中，尽管自由电子数远多于空穴数，由于同时存在许多对应的正离子（5 价元素组成共价键时多出一个正电荷），所以从整体上看，N 型半导体仍是电中性的。

（2）P 型半导体

P 型半导体是 4 价元素掺入微量 3 价元素（例如硼）后形成的，如图 1-1c 所示。3 价元素原子与 4 价元素原子组成共价键后缺少一个电子，即多余一个空穴。因此，空穴数远多于自由电子数，空穴成为多数载流子，自由电子成为少数载流子。

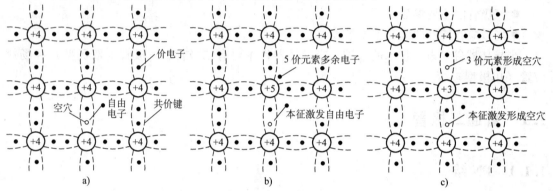

a)   b)   c)

图 1-1   本征半导体与掺杂半导体结构示意图

a) 本征半导体   b) N 型半导体   c) P 型半导体

3. PN 结

在半导体中掺入杂质的意义，并不是为了提高其导电能力，而是为了形成 P 型半导体和 N 型半导体。P 型半导体和 N 型半导体采用特殊的制造工艺结合在一起时，形成 PN 结，PN 结是半导体元件的基础。图 1-2 为 PN 结的形成和结构示意图。

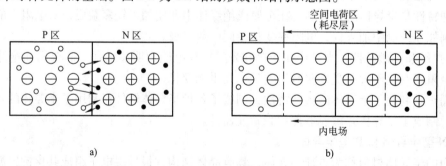

a)   b)

图 1-2   PN 结的形成

a) 载流子的扩散运动   b) 平衡状态下的 PN 结

1）扩散。P 型半导体多数载流子是空穴，N 型半导体多数载流子是电子。由于浓度差关系，P 区的空穴要向 N 区扩散，N 区的电子要向 P 区扩散，如图 1-2a 所示。

2）形成空间电荷区和内电场。扩散运动的结果，N 区电子扩散到 P 区与空穴复合而消失，P 区空穴扩散到 N 区与电子复合而消失。因而在两种半导体接触面上形成了一个没有自由电子和空穴的耗尽层，称为"空间电荷区"。

在空间电荷区，P型半导体由于空穴扩散和复合而带负电，N型半导体由于自由电子扩散和复合而带正电。正负电荷在界面两侧形成一个内电场，方向由N区指向P区，如图1-2b所示。

3）内电场的作用。内电场阻止扩散运动，促进漂移运动。众所周知，正电荷在电场中受力方向与电场方向相同，负电荷受力方向与电场方向相反。因此P区向N区扩散的空穴和N区向P区扩散的电子均受到PN结内电场的阻挡，即内电场阻止P型和N型半导体中多数载流子进一步的扩散运动。

相反，内电场推动P区少数载流子（电子）和N区少数载流子（空穴）越过空间电荷区，进入对方区域。因此内电场促进少数载流子的漂移运动。

4）扩散运动与漂移运动的动态平衡。扩散和漂移是相互联系、相互矛盾的。在开始形成空间电荷区时，多数载流子的扩散运动占优势，但随着空间电荷区的加宽，内电场逐步增强，于是多数载流子的扩散运动逐渐减弱，少数载流子的漂移运动逐步增强。最后，扩散运动与漂移运动达到动态平衡。

5）PN结内电场电位差。在一定温度下，PN结的宽度相对稳定，PN结内电场也相对稳定。在室温条件下，PN结内电场的电位差，硅材料约为 0.5 ~ 0.7V，锗材料约 0.2 ~ 0.3V。

4. PN 结单向导电性

PN结外加电压时，显示出其基本特性——单向导电性。

（1）加正向电压时导通

P区接电源正极，N区接电源负极，称为加正向电压或正向偏置（简称正偏），如图1-3a所示。由于外电场方向与内电场方向相反，打破了原来扩散运动与漂移运动的平衡。P区的多数载流子空穴在外电场的作用下进入空间电荷区，与空间电荷区P区一侧的负离子复合；同理，N区的多数载流子电子在外电场的作用下，与空间电荷区N区一侧的正离子复合，从而使得空间电荷区变窄，内电场被削弱，多数载流子的扩散运动增强，形成较大的扩散电流 I，PN结呈导通状态。外电场越强，扩散电流越大。

（2）加反向电压时截止

P区接电源负极，N区接电源正极，称为加反向电压或反向偏置（简称反偏），如图1-3b所示。由于外电场方向与内电场方向一致，同样打破了原来扩散运动与漂移运动的平衡。外电场力使P区的多数载流子空穴和N区的多数载流子电子离开空间电荷区两侧，使空间电荷区变宽，内电场增强，两区中的多数载流子很难越过空间电荷区，因此无扩散电流通过，PN结呈截止状态。

需要说明的是，在反偏状态下，P区的少数载流子（电子）和N区的少数载流子（空穴）在内外电场的共同作用下，形成反向电流 I_R。由于少数载流子数量很少，因此反向电流 I_R 很小。又由于少数载流子是由本征激发形成的，其数量取决于温度（包括光照）而与外加电压基本无关（外加电压过大，超过PN结承受限额，则另当别论）。在一定温度下，反向电流基本不变，因此也称为反向饱和电流。另外，由于硅和锗原子结构的差异，锗比硅多一层电子，最外层电子离原子核距离较远，原子核对其束缚能力较弱，即锗的最外层电子更容易受本征激发而成为自由电子，因此锗材料半导体少数载流子的数量远多于硅材料半导

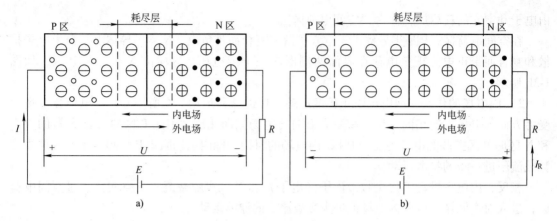

图 1-3 外加电压时的 PN 结

a）正偏 b）反偏

体，即锗材料 PN 结的反向电流一般远大于硅材料 PN 结的反向电流。

1.1.2 二极管

将 PN 结加上相应的电极引线和管壳，就形成了二极管。P 端引出的电极称为阳极（正极），N 端引出的电极称为阴极（负极）。

普通二极管的符号如图 1-4 所示。

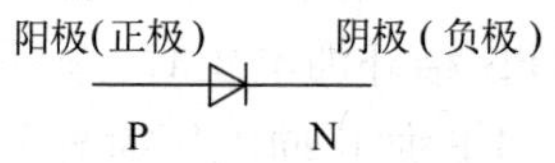

按制作材料分，可分为硅二极管和锗二极管。按 PN 结结面大小分，可分为点接触和面接触。点接触 PN 结结面积小，结电容小，高频特性好，但不能通过较大电流。面接触 PN 结结面积大，结电容大，工作频率低，但能通过较大电流。按用途分，可分为普通管、整流管、稳压管和开关管等。

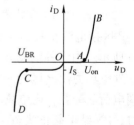

图 1-4 普通二极管符号

1. 二极管的伏安特性

伏安特性，即器件两端电压 u（单位伏［特］）与流过器件的电流 i（单位安［培］）之间的函数关系。其伏安特性如图 1-5 所示。PN 结的伏安特性可分为正向和反向两大部分：

（1）正向特性

二极管正向特性又可分为两段：

1）死区段。对应于图 1-5 中 OA 段，此时 PN 结虽然加正向电压，但外加电压小于 PN 结内电场电压，因此 PN 结仍处于截止状态。死区电压又称为门坎电压或开启电压，用 U_{th} 表示，硅材料 $U_{th} \approx 0.5V$，锗材料 $U_{th} \approx 0.2V$。

2）导通段。对应于图 1-5 中 AB 段，此时外加电压大于 PN 结内电场电压，PN 结处于导通状态。导通电压用 U_{on} 表示，实际上是 PN 结导通时的正向压降，硅材料 $U_{on} = 0.6 \sim 0.7V$，锗材料 $U_{on} = 0.2 \sim 0.3V$。

图 1-5 PN 结伏安特性

（2）反向特性

PN 结反向特性也可分为两段：

1）饱和段。对应于图 1-5 中 OC 段，此时 PN 结处于反偏截止状态，仅有少量反向电流，用 I_S 表示。因反向电流主要取决于温度而与外加电压基本无关，因此 OC 段与横轴基本平行，呈饱和特性，即反向电流基本上不随外加反向电压增大而增大。

2）击穿段。对应于图1-5中 CD 段，此时由于外加反向电压超出 PN 结能承受的最高电压 U_{BR}，反向电流急剧增大。

PN 结的伏安特性也可以用数学表达式（1-1）表示。

$$I_D = I_S(e^{U_D/U_T} - 1) \tag{1-1}$$

式中，I_S 为 PN 结反向饱和电流；U_T 为温度电压当量，$U_T = kT/q$，其中 k 为玻耳兹曼常数（$k = 1.380 \times 10^{-23}$J/K）；$T$ 为热力学温度（单位 K）；q 为电子电量（$q = 1.6 \times 10^{-19}$C）。在常温条件下（$T = 300K$），$U_T \approx 26mV$。

需要说明的是，式（1-1）不适用于反向击穿段。

2. 硅二极管与锗二极管伏安特性的区别

硅二极管与锗二极管的伏安特性有一定的区别。图 1-6 是在同一坐标轴上定性画出的硅二极管和锗二极管的伏安特性，从图中看出，两种二极管的伏安特性相似，主要区别是：

1）硅管的死区电压比锗管大：$U_{th(硅)} \approx 0.5V$；$U_{th(锗)} \approx 0.2V$。硅管导通时的正向压降比锗管大：$U_{on(硅)} \approx 0.6 \sim 0.7V$；$U_{on(锗)} \approx 0.2 \sim 0.3V$。

2）硅管的反向饱和电流 I_S 比锗管小得多。一般来讲，小功率硅二极管 I_S 小于 $0.1\mu A$，可忽略不计；小功率锗二极管 I_S 为几十至几百微安。I_S 的大小体现了二极管单向导电特性的好坏，即质量的优劣。

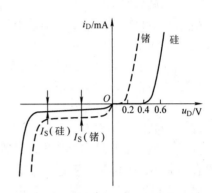

图 1-6 硅二极管与锗二极管伏安特性

3）反向击穿电压 U_{BR}。一般硅二极管的 U_{BR} 比锗二极管大。

综上所述，硅二极管以其比锗二极管优越的特性得到了更广泛的应用。目前，除需要正向低压降的场合用锗管外，几乎是硅管的一统天下。

3. 温度对二极管伏安特性的影响

温度对二极管伏安特性有较大的影响。图 1-7 为同一个二极管在不同温度下的伏安特性，从图中可看出：

1）温度升高后，二极管死区电压 U_{th} 和导通正向压降 U_{on} 下降（正向特性左移）。在室温附近，温度每升高1℃，U_{on} 约减小 $2 \sim 2.5mV$。

2）温度升高后，二极管反向饱和电流 I_S 大大增大（反向特性下移）。温度每升高 10℃，反向饱和电流约增大一倍。这是因为反向饱和电流

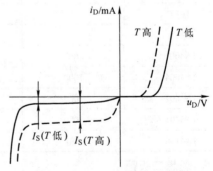

图 1-7 温度对伏安特性的影响

是少数载流子形成的电流，而少数载流子属本征激发，其数量主要与温度有关。

3）当二极管的反向击穿电压 U_{BR} 大于 6V 时属雪崩击穿，呈正温度系数，即温度升高，U_{BR} 增大；小于 6V 时属齐纳击穿，呈负温度系数，即温度升高，U_{BR} 减小。但无论正温度系数或负温度系数 U_{BR} 变化均不大。需要指出的是温度升高后，反向电流增大，功耗增大，又促使其结温进一步升高，形成恶性循环，导致热击穿。因此从这一角度上讲，温度升高后，

容易引起二极管击穿损坏。

4. 二极管的主要特性参数

二极管的特性除可用伏安特性描述外，还可用其参数来描述，实际应用中，可依据这些特性参数合理选用二极管。

（1）最大整流电流 I_F

I_F 定义为二极管长期运行允许通过的最大正向平均电流。从二极管正向伏安特性看出，二极管正向导通电流无上限，只要不超过二极管的 PN 结最大允许功耗，二极管就不会损坏。I_F 为保证二极管长期可靠运行的上限值。

（2）最高反向工作电压 U_{RM}

U_{RM} 是允许施加在二极管两端的最大反向电压。为保证二极管可靠工作，通常规定 U_{RM} 为反向击穿电压 U_{BR} 的一半。

（3）反向电流 I_R 和反向饱和电流 I_S

I_R 是二极管在一定温度下反向偏置时的反向电流，因反向电流主要取决于温度而与外加电压基本无关，因此 $I_R \approx I_S$。

（4）最高工作频率 f_M

f_M 是保证二极管具有单向导电特性的最高交流信号频率。f_M 主要取决于二极管 PN 结结电容的大小，点接触二极管，f_M 高；面接触二极管，f_M 低。

以上二极管参数，I_F 和 U_{RM} 是极限参数，应用时不能超过，可根据需要选用。I_R 是性能质量参数，越小越好。f_M 也属于极限参数，但只有在高频电路中才予以考虑。

几种常用二极管的特性参数如表 1-1 所示。

表 1-1 几种常用二极管的特性参数

型号　　　参数	最大整流电流/mA	最高反向工作电压/V	反向饱和电流/μA	最高工作频率/MHz
2AP1	16	20	≤250	500
2AP7	12	100	≤250	500
2AP9	5	15	≤250	100
1N4001	1000	100	≤0.1	3
1N4004	1000	400	≤0.1	3
1N4007	1000	1000	≤0.1	3
1N5401	3000	100	≤10	3
1N4148	450	60	≤0.1	250

5. 理想二极管

为便于分析二极管电路，常将二极管等效为理想化的电路模型，主要有以下二种：

（1）理想二极管模型

将二极管看作一个开关，加正向电压导通（正向压降为零），加反向电压截止，其伏安特性如图 1-8a 所示。

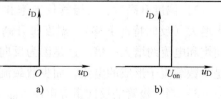

图 1-8 理想二极管的伏安特性

a）理想二极管模型　b）恒压降模型

（2）恒压降模型

将二极管看作理想二极管与一个恒压源的串联组合。恒压源电压 U_{on} 为二极管导通电压。这种模型的二极管也相当于一个开关，正向电压大于 U_{on} 时导通，正向电压小于 U_{on} 或加反向电压时截止。其伏安特性如图 1-8b 所示。

【例 1-1】 已知电路如图 1-9 所示，VD 为硅二极管，$R_L = 1000\Omega$，当（1）$V_{DD} = 2V$；（2）$V_{DD} = 10V$ 时，试分别按理想二极管和恒压降（$U_{on} = 0.6V$）模型求解 I_0 和 U_0。

解：（1）$V_{DD} = 2V$ 时，有

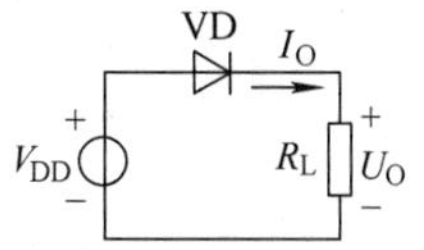

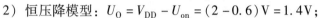

图 1-9 例 1-1 电路

1）理想二极管模型：

$$U_0 = V_{DD} = 2V; \quad I_0 = \frac{V_{DD}}{R_L} = \frac{2}{1000}A = 2mA$$

2）恒压降模型：$U_0 = V_{DD} - U_{on} = (2 - 0.6)V = 1.4V$；

$$I_0 = \frac{V_{DD} - U_{on}}{R_L} = \frac{2 - 0.6}{1000}A = 1.4mA$$

（2）$V_{DD} = 10V$ 时，有

1）理想二极管模型：$U_0 = V_{DD} = 10V$；$I_0 = \frac{V_{DD}}{R_L} = \frac{10}{1000}A = 10mA$

2）恒压降模型：$U_0 = V_{DD} - U_{on} = (10 - 0.6)V = 9.4V$；

$$I_0 = \frac{V_{DD} - U_{on}}{R_L} = \frac{10 - 0.6}{1000}A = 9.4mA$$

从上例看出，当 V_{DD} 远大于 U_{on} 时，两种模型计算结果的相对误差不大，在工程计算上允许存在，因此电路中二极管正向压降一般可忽略不计。当 V_{DD} 与 U_{on} 数值相近时，分析计算应考虑二极管正向压降。

【例 1-2】 已知电路如图 1-10a、b 所示，VD 为理想二极管，$E = 5V$，$u_i = 10\sin\omega t$，试分别画出输出电压 u_0 波形。

解：1）对于图 1-10a，根据电路，可写出两种 u_0 表达式（电压与路径无关）：

$$u_0 = U_D + E = U_R + u_i$$

当二极管 VD 导通时，$U_D = 0$，按 $u_0 = U_D + E = E = 5V$。

当二极管 VD 截止时，电阻中无电流流过，$U_R = 0$，按 $u_0 = U_R + u_i = u_i = 10\sin\omega t$。

因此，本题转化为判断二极管 VD 导通或截止，图 1-10a 电路中，二极管 VD 负极接 $E = 5V$ 正极，则 VD 端正极电压大于 5V 时，VD 导通；小于 5V 时，VD 截止。画出 u_0 波形如图 1-10c 所示。

2）对于图 1-10b：

同理可得，$u_0 = U_D + u_i = U_R + (-E)$

二极管 VD 导通时，$u_0 = U_D + u_i = u_i$

二极管 VD 截止时，$u_0 = U_R + (-E) = -E = -5V$

图 1-10b 中二极管 VD 负极通过电阻 R 接 $-E = -5V$，则 VD 端正极电压大于 $-5V$ 时导通，小于 $-5V$ 时截止，据此，画出 u_0 波形如图 1-10d 所示。

上述两例说明，求解含有理想二极管的电路时，可先判断二极管导通还是截止。若二极管导通，则用短路导线替代二极管 VD；若二极管截止，则将二极管开路。然后按一般线性

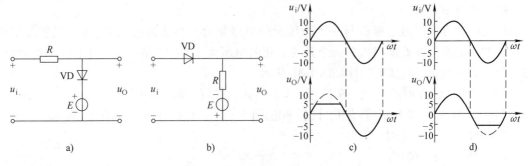

图 1-10　例 1-2 电路及 u_i、u_O 波形

电路分析计算。

【例 1-3】　电路如图 1-11 所示，$VD_1 \sim VD_3$ 为理想二极管，试判断 $VD_1 \sim VD_3$ 通断状态，并求解 U_F。

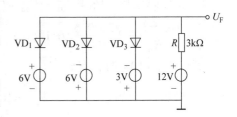

图 1-11　例 1-3 电路

解：从电路结构初看，三个二极管均处于正偏状态，但一旦 VD_2 导通，因 VD_2 为理想二极管，导通时两端电压为 0，相当于短路，$U_F = -6V$。VD_1、VD_3 即处于反偏状态，截止。因此：

VD_2 导通，VD_1、VD_3 截止，$U_F = -6V$。

本题说明，二极管导通后，具有钳位作用。

1.1.3　二极管的检测与选用

1. 二极管检测

二极管的检测一般可用万用表和晶体管特性图示仪。本节介绍用万用表检测的方法，用万用表检测二极管，可检测二极管的正负极和初步判断二极管质量优劣，方法简单方便。

（1）检测二极管正负极性

根据二极管单向导电性，可用万用表判断二极管正负极性。如图 1-12 所示，将万用表置于 $R \times 100$ 或 $R \times 1k$ 挡（在万用表欧姆挡，黑表棒连接的是表内电源正极，红表棒连接的是表内电源负极），检测二极管电阻可测得大小两个电阻值。较小值为正向电阻，这时黑表棒连接的是二极管正极，如图 1-12a 所示；较大值为反向电阻，这时，黑表棒连接的是二极管负极，如图 1-12b 所示。

（2）判断二极管的好坏与质量优劣

根据上述方法测得二极管正反向电阻，可判别二极管的好坏与质量优劣。

1）正向电阻越小，反向电阻越大，表明二

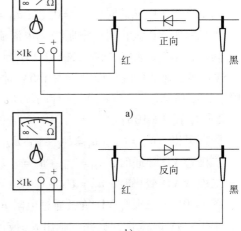

图 1-12　二极管的测试
a）正向特性　b）反向特性

8

极管单向导电特性越好。一般来讲，硅二极管正向电阻约几千欧，反向电阻趋于无穷大，锗二极管正向电阻约几百欧，反向电阻不趋于无穷大。反向电阻越大越好，若反向电阻略小，表明二极管反向电流大，质量差。

2）若正反向电阻均趋于0，表明二极管击穿损坏。

3）若正反向电阻均趋于无穷大，表明二极管开路损坏。

（3）判断硅二极管或锗二极管

根据硅管和锗管正反向电阻的区别可判别硅管或锗管，但这种方法并不严密，只能参考。可靠的方法是用二极管串联合适电阻接电源，若二极管二端正向压降为0.6～0.7V，则为硅二极管；若为0.2～0.3V，则为锗二极管。

用万用表检测二极管时，需要注意两点：一是不能用手指同时接触二极管的正负极，否则相当于在二极管两端并联了一个较大的人体电阻，测出的反向电阻有误差，影响判别结论；二是必须用万用表 $R \times 100$ 或 $R \times 1k$ 挡，因为用 $R \times 10k$ 挡时，万用表内一般接高电压电源，有可能造成二极管耐压不够而击穿损坏；用 $R \times 1$ 或 $R \times 10$ 时，万用表内限流电阻较小，有可能造成被测试二极管电流过大而损坏。

2. 二极管的选用

二极管在电子电路中的应用很广泛，一般可作整流、信号耦合、钳位、电平移动等，这些将在后续章节中叙述。应用时，应根据电路需要，如最大电流、最高反向电压、信号工作频率、工作环境、温度等，选择特性参数符合要求的二极管。

【复习思考题】

1.1　半导体有什么独特的导电特性？

1.2　什么叫本征半导体、P型半导体、N型半导体？

1.3　为什么PN结反向电流取决于温度而与外加电压基本无关？

1.4　为什么锗PN结的反向电流一般远大于硅PN结的反向电流？

1.5　试比较硅二极管和锗二极管的伏安特性曲线，有什么主要区别？

1.6　温度上升后，二极管伏安特性曲线如何变化？

1.7　二极管等效电路有哪几种常用的模型？如何应用？

1.8　在什么条件下，分析二极管电路，一般可采用理想二极管模型？

1.9　如何用万用表检测二极管的正负极性和好坏？

【相关习题】

选做1.5习题中的填空题：1.1～1.8；选择题：1.24～1.32；习题：1.41～1.54。

1.2　特殊二极管

除普通二极管外，还有一些具有特殊功能的二极管，如稳压二极管、发光二极管、光敏二极管和变容二极管等。

1.2.1　稳压二极管

稳压二极管是一种特殊的面接触硅二极管，由于在一定条件下能起到稳定电压的作用，故称为稳压管，图1-13a为稳压管在电路中的符号。

1. 伏安特性

稳压管的伏安特性与普通二极管的伏安特性相似，如图 1-13b 所示，其与普通二极管伏安特性的区别在于反向击穿特性很陡，反向击穿时，电流虽然在很大范围内变化，但稳压管两端的电压变化却很小。

2. 稳压工作条件

稳压管稳压工作时工作在伏安特性反向击穿段，因此其工作条件为：

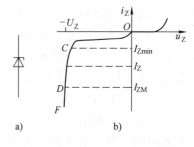

图 1-13　稳压二极管符号及伏安特性
a）符号　b）伏安特性

1）电压极性反偏；

2）有合适的工作电流。

有合适的工作电流表示电流既不能太小，又不能太大，如图 1-13b 中 CD 段。若电流小了，工作在图 1-13b 中 OC 段，电流稍有变化，电压变化很大，不能稳压。若电流大了，如图 1-13b 中 DF 段，超出稳压管最大稳定电流 I_{ZM}，有可能超出稳压管最大功耗，会发生热击穿而损坏。合适的工作电流依靠与稳压管串联的合适电阻加以调节。

3. 主要特性参数

（1）稳定电压 U_Z

稳定电压 U_Z 指稳压管流过规定电流时两端的反向电压值，即稳压管的反向击穿值或稳压值。

（2）稳定电流 I_Z

稳定电流 I_Z 是稳压管处于稳压工作时的电流参考值。$I_{Zmin} < I_Z < I_{ZM}$，应用稳压管时，应使其电流工作在 I_Z 附近。

（3）最大耗散功率 P_{ZM} 和最大工作电流 I_{ZM}

P_{ZM} 和 I_{ZM} 是保证稳压管不被热击穿的极限参数，两个参数通常给出一个，另一个可由 $P_{ZM} = I_{ZM} \cdot U_Z$ 计算而得。

（4）动态电阻 r_Z

$r_Z = du_Z / di_Z$，r_Z 是稳压管的质量参数，表明其伏安特性反向击穿部分的陡峭程度，r_Z 越小，稳压管稳压特性越好。

（5）电压温度系数 α_Z

α_Z 是稳压管稳定电压 U_Z 随温度变化的特性，定义为当稳压管电流为 I_Z 时，温度每改变 1℃，稳定电压 U_Z 变化的百分比。一般 U_Z 低于 6V 的稳压管 α_Z 为负值，U_Z 高于 6V 的稳压管 α_Z 为正值，U_Z 在 6V 附近的稳压管 α_Z 趋近于零。

1.2.2　发光二极管

发光二极管即 LED（Light Emitting Diode），是一种能把电能直接转换成光能的半导体器件，由砷化镓、磷化镓、氮化镓等半导体化合物制成。不同材料制作的发光二极管正向导通时能发出不同的颜色：如红、绿、黄、蓝等；正向压降大多在 1.5 ~ 2V 之间；工作电流为几毫安 ~ 几十毫安，亮度随电流增大而增强，典型工作电流 10mA；反向击穿电压一般大于 5V，为保证器件稳定工作，应使其工作在 5V 以下；外形繁多，以 ϕ3mm 和 ϕ5mm 为多；亮度有超亮、高亮、普亮之分（指通过相同电流时的亮度不同）。图 1-14a 为发光二极管的电路符号，图 1-14b 为其应用电路，其中 U_S 可以是直流或交流；R 为限流电阻，用于控制流过发光二极管的电流。发光二极管既可单独使用，又可组成 7 段数字显示器和其他矩阵式显示器件。随着新材料和制作技术的发展，发光二极管的应用越来越广泛。

1.2.3 光敏二极管

光敏二极管的电路符号和伏安特性如图 1-15 所示，从其伏安特性中看出，光敏二极管无光照时，反向电流（称为暗电流）很微小，一般为 $0.1\mu A$ 左右，有光照时反向电流（称为光电流）随光照度增加而增大，但光电流最大约几十微安。大面积的光敏二极管可用来制成光电池，如图 1-16a 所示。光敏二极管主要用于

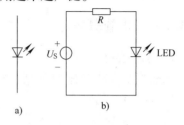

图 1-14　发光二极管符号及电路
a）符号　b）应用电路

光的测量，加电源应用时，光敏二极管应反偏，如图 1-16b 所示。光敏二极管与其他器件组合，还可制成光耦合器。

1.2.4 变容二极管

变容二极管是利用 PN 结的结电容效应设计出来的一种特殊二极管，图 1-17 是变容二极管的符号和结电容特性曲线，变容二极管应工作在反偏状态，从结电容特性中看出，其电容值随反向电压增加而减小，最大电容比（最大电容与最小电容之比）约 5:1，最大电容可达 300pF，变容二极管主要应用于高频电子电路中的电子调谐、调频、自动频率控制等电路。

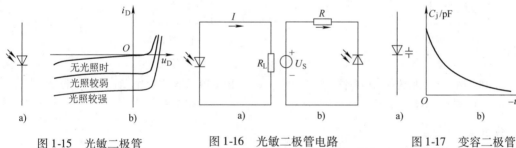

图 1-15　光敏二极管　　　图 1-16　光敏二极管电路　　　图 1-17　变容二极管
a）电路符号　b）伏安特性　　a）用作光电池　b）加电源应用　　a）电路符号　b）结电容特性

【复习思考题】

1.10　稳压管的伏安特性与普通二极管的伏安特性有何区别？

1.11　为什么稳压管处于稳压工作状态时必须有合适的工作电流？

1.12　稳定电压值为多少伏的稳压管电压温度系数趋近于 0？为什么？

【相关习题】

选做 1.5 习题中的填空题：1.9 ~ 1.10；选择题：1.33 ~ 1.34。

1.3　双极型三极管

晶体三极管一般可以分为单极型三极管和双极型三极管（Bipolar Junction Transistor，缩

写为 BJT），双极型三极管习惯称为晶体管或三极管，是一种重要的半导体器件，自 1948 年问世以来，促使电子技术飞速发展，因此研究三极管更显得重要。单极型三极管即场效应管，将在 1.4 节中分析。

1.3.1 三极管概述

1. 基本结构

三极管基本结构有 NPN 型和 PNP 型，分别如图 1-18a 和图 1-19a 所示。

1）2 个 PN 结背靠排列，一个称集电结（或称 CB 结）；一个称发射结（或称 EB 结）。

2）3 块半导体分别称集电区、基区和发射区。其特点是：基区很薄；发射区掺杂浓度很高；集电区面积较大。

3）3 个引出电极分别称为集电极 C、基极 B 和发射极 E。

2. 符号

NPN 型和 PNP 型三极管的符号分别如图 1-18b 和图 1-19b 所示，发射极的箭头既表示 NPN 型和 PNP 型三极管的区别，又代表发射结正偏时发射极电流的参考方向和实际方向。

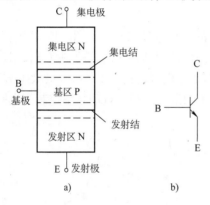

图 1-18　NPN 型三极管的结构和符号
a）结构示意图　b）符号

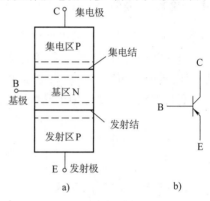

图 1-19　PNP 型三极管的结构和符号
a）结构示意图　b）符号

3. 分类

1）按极性分：NPN 型和 PNP 型；

2）按半导体材料分：硅三极管和锗三极管；

3）按用途分：放大管、开关管、功率管等；

4）按工作频率分：低频管和高频管；

5）按功率大小分：小功率管和大功率管；

6）按结构分：平面型、合金型等。

国产半导体器件和美国、日本半导体器件命名法分别见附录 A。

4. 电流放大原理

NPN 型与 PNP 型三极管的工作原理相同，仅在使用时电源极性的连接不同。现以 NPN 型三极管为例分析其电流放大原理。三极管处于放大工作状态时，发射结必须正偏（发射极与基极之间的 PN 结加正向电压）；集电结必须反偏（集电极与基极之间的 PN 结加反向电压）。

（1）三极管内部载流子的传输过程

如图 1-20 所示，分析归纳如下：

1）发射区（掺杂浓度很高）的多数载流子（电子）不断扩散到基区，并不断地从电源负极补充进电子，形成发射极电流 I_E（电流方向与电子运动方向相反）。

2）由于基区很薄且掺杂浓度很低，到达基区的电子绝大部分扩散到集电结，一小部分与基区的空穴相遇复合，同时基区从基极正电源补充进空穴，形成基极电流 I_B。

3）由于集电结反偏，且集电区面积较大，扩散到集电结的电子都被拉入（或收集到）集电区，形成集电极电流 I_C。

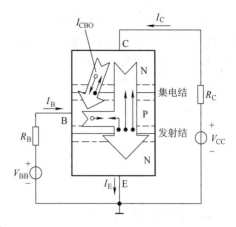

图 1-20　NPN 型三极管中载流子运动及各电极电流

4）除此以外，少数载流子的漂移，包括集电区的空穴和基区的电子，构成集电极 – 基极反向电流 I_{CBO}，但 I_{CBO} 很小。

（2）电流分配关系

从三极管内部载流子的传输过程，可以得出：

$$I_E = I_C + I_B \tag{1-2}$$

（3）电流放大功能

除上述电流分配关系外，集电极电流 I_C 与基极电流 I_B 之间还有着一定的比例关系，其比例系数称为 $\bar{\beta}$。

$$\bar{\beta} = \frac{I_C - I_{CBO}}{I_B + I_{CBO}} \approx \frac{I_C}{I_B} \tag{1-3}$$

式（1-3）也可写成：$I_C = \bar{\beta} I_B + (1 + \bar{\beta}) I_{CBO} \approx \bar{\beta} I_B \tag{1-4}$

三极管制成以后，在一定条件下 $\bar{\beta}$ 是一个常数，因此，可以利用控制小电流 I_B 达到控制大电流 I_C 的目的，或者可形象地理解为将小电流 I_B 放大 $\bar{\beta}$ 倍变成大电流 I_C，这就是三极管的电流放大功能，也是三极管最重要的特性。

1.3.2　三极管的特性曲线和主要参数

1. 三极管电路的三种基本组态

三极管有三个电极，当组成放大电路时，以一个电极作为信号输入端，一个电极作为信号输出端，另一个电极作为输入输出的公共端。因此可构成三种基本组态，即三种不同的连接方式，分别称为共发射极电路、共基极电路和共集电极电路，如图 1-21 所示。

三种不同的连接方式（或称组态）具有不同的特点，各有各的用途，将分别予以分析。其中以共发射极电路应用最广。

需要指出的是，三种接法，无论哪一种，要起到放大作用，都必须满足发射结正偏，集电结反偏的外部条件，否则将失去放大功能。

2. 共发射极特性曲线

要正确地运用三极管，不仅要知道三极管内部载流子的运动规律，更要知道内部载流子运动的外部表现，即三极管工作的特性曲线。它反映了三极管的运行性能，是分析放大电路的重要依据。今后在分析三极管电路时，一般不再分析内部载流子的运动情况，而是直接从三极管特性曲线出发来分析电路工作状况。

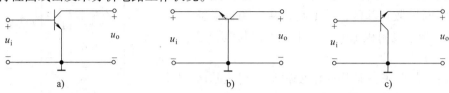

图 1-21 三极管的三种基本组态电路

a）共射极 b）共基极 c）共集电极

这些特性曲线可以通过图 1-22a 所示的实验电路一点一点测量和画出来，也可以用三极管特性图示仪直观清晰地将测量结果显示出来。

（1）输入特性曲线

1）定义：$i_B = f(u_{BE})\big|_{u_{CE}=常数}$　　　　　　　　　　　　　（1-5）

输入特性曲线即输入电流 i_B 与输入电压 u_{BE} 之间的函数关系。由于输入电流 i_B 不仅与输入电压 u_{BE} 有关系，而且与 u_{CE} 有关。因此，先固定 u_{CE}，看 i_B 如何随 u_{BE} 变化而变化。

先设 $u_{CE} = 0V$，测得一条输入特性曲线；再设 $u_{CE} = 1V、2V、5V、\cdots$，可分别测得输入特性曲线，如图 1-22b 所示。

2）特点：

① 输入特性曲线是一族曲线，对应于每一 u_{CE}，就有一条输入特性曲线。当 $u_{CE} \geqslant 1V$ 后，输入特性曲线族基本重合，因此 $u_{CE} = 1V$ 的那一条可以作为代表。

② 输入特性曲线与二极管正向伏安特性曲线相似。特性曲线上也有一段死区，只有在 u_{BE} 大于死区电压时，三极管才能产生 i_B。硅管的死区电压约 0.5V，锗管约 0.2V。

③ 在正常工作情况下，即放大工作状态时，硅管的 u_{BE} 约为 0.6 ~ 0.7V，锗管约 0.2 ~ 0.3V。

需要说明的是，当三极管是 PNP 型时，输入特性曲线极性相反。若坐标轴正向取 $-i_B$ 及 $-u_{BE}$，则特性曲线与 NPN 型一致。

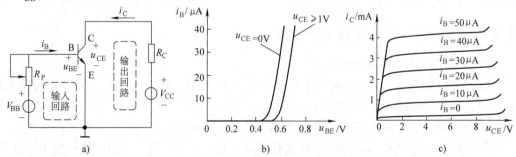

图 1-22 NPN 型三极管共发射极电路特性曲线

a）电路 b）输入特性曲线 c）输出特性曲线

（2）输出特性曲线

1）定义：$i_C = f(u_{CE})\big|_{i_B=常数}$　　　　　　　　　　　　　（1-6）

输出特性曲线即输出电流 i_C 与输出电压 u_{CE} 之间的函数关系，由于输出电流 i_C 不仅与

输出电压 u_{CE} 有关，而且与输入电流 i_B 有关。因此，先固定 i_B，看 i_C 如何随 u_{CE} 变化而变化。

先取 $i_B = 0$，测得一条输出特性曲线；再取 $i_B = 10\mu A$、$20\mu A$、$\cdots$，可分别测得一条输出特性曲线，如图 1-22c 所示。

2）特点：

① 输出特性曲线是一族曲线，对应于每一 i_B 值都有一条输出特性曲线。

② 当 $u_{CE} > 1V$ 后，曲线比较平坦，即 i_C 不随 u_{CE} 增大而增大，这就是三极管的恒流特性。这是三极管除电流放大作用外的另一个重要的特性。

③ 当 i_B 增加时，曲线上移，表明对于同一 u_{CE}，i_C 随 i_B 增大而增大，这就是三极管的电流放大作用。

3. 三极管共射电路工作状态

三极管的工作状态可分为放大、截止和饱和。在三极管共发射极输出特性曲线上，可以划分三个工作区域：放大区、饱和区和截止区。除了工作区域外，还有一个击穿区（不能安全工作），如图 1-23 所示。

（1）放大区

条件：发射结正偏，集电结反偏。

特点：$i_C = \beta i_B$，i_C 与 i_B 成正比关系。

（2）截止区

条件：发射结反偏，集电结反偏。

特点：$i_B = 0$，$i_C = I_{CEO} \approx 0$

截止区对应于图 1-23 中 $i_B = 0$ 那条输出特性曲线与横轴之间的部分。

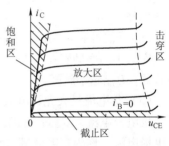

图 1-23 三极管 3 个工作区域

（3）饱和区

条件：发射结正偏，集电结正偏。

特点：i_C 与 i_B 不成比例。即 i_B 增大，i_C 很少增大或不再增大，达到饱和，失去放大作用。

饱和区对应于图 1-23 中输出特性曲线几乎垂直上升部分与纵轴之间的区域（深饱和）以及输出特性曲线趋于平坦前弯曲部分区域（浅饱和）。

（4）击穿区

击穿区不是三极管的工作区域。当 u_{CE} 大于一定数值后，输出特性曲线开始上翘，若 u_{CE} 进一步增大，三极管将击穿损坏。将每一条输出特性曲线开始上翘的拐点连成一线，右边部分即为击穿区，如图 1-23 所示。

4. 三极管的主要参数

三极管的特性除用输入输出特性曲线表示外，还可用一些参数来说明，这些参数也是设计电路、选用三极管的依据。

（1）电流放大系数

$\bar{\beta}$ 定义为共发射极直流电流放大系数，俗称直流 β，$\bar{\beta} \approx I_C / I_B$ (1-7)

β 定义为共发射极交流电流放大系数，俗称交流 β，$\beta = di_C / di_B \approx \Delta i_C / \Delta i_B$ (1-8)

$\bar{\beta}$ 反映静态（直流工作状态）时集电极电流与基极电流的关系；β 反映动态（交流工作状态）时集电极电流与基极电流的关系，含义虽然不同，但数值相近，可认为 $\bar{\beta} \approx \beta$，后续文字中一般不再区分 $\bar\beta$ 和 β ，一律用 β 表示。

从输出特性曲线上看，β 相当于两条输出特性曲线间的纵向距离（ΔI_C）与所对应的基极电流（ΔI_B）之比。所以，在同一测试条件下，输出特性曲线越密，β 越小。

（2）集 – 基反向饱和电流 I_{CBO} 和集 – 射反向饱和电流 I_{CEO}

三极管极间反向电流有 I_{CBO} 和 I_{CEO} ，是表征三极管质量的重要参数。

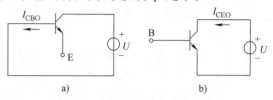

图 1-24   三极管极间反向电流

a）I_{CBO} b）I_{CEO}

I_{CBO} 表示发射极开路时，从 C→B 的反向电流，如图 1-24a 所示。E 开路时，三极管相当于一个二极管，因此，I_{CBO} 相当于 E 开路时，集电结的反向电流。

I_{CEO} 表示基极开路时，从 C→E 的反向电流，如图 1-24b 所示。

I_{CEO} 与 I_{CBO} 的关系：$I_{CEO} = (1 + \bar\beta) I_{CBO}$ （1-9）

从输出特性曲线上看，I_{CEO} 相当于 $i_B = 0$ 的那条输出特性曲线与横轴所夹的纵向距离，如图 1-25 所示。

I_{CBO} 受温度影响大，即温度升高，I_{CBO} 急剧增大。在室温下，小功率锗管约几微安～几百微安，小功率硅管在 $0.1\mu A$ 以下，所以硅管的 I_{CBO} 比锗管小得多，即硅管的热稳定性比锗管好。I_{CBO} 越小越好。

（3）集电极最大允许电流 I_{CM}

集电极电流 I_C 超过一定值时，三极管的 β 值要下降。当 β 值下降到正常值的 2/3 时的集电极电流，称为集电极最大允许电流 I_{CM} 。

I_C 超出 I_{CM} 并不一定会使三极管损坏，只是 β 降低。限制集电极电流 I_C 的，还有集电极最大允许耗散功率 P_{CM} 。

（4）集电极最大允许耗散功率 P_{CM}

集电极电流流过集电结时，将消耗一定的功率，使结温升高，甚至损坏。使三极管性能变坏或损坏的功率称为集电极最大允许耗散功率 P_{CM} 。

三极管功耗 $p_C = i_C u_{CE} = i_C (u_{CB} + u_{BE}) \approx i_C u_{CB}$ ，其中 u_{BE} （硅 0.6～0.7V）相对于 u_{CB} ，可忽略不计，因此，三极管功耗即集电结功耗。

集电极电流不仅受到 I_{CM} 的限制，而且受到 P_{CM} 的限制，若超过 P_{CM} ，三极管要损坏。

P_{CM} 曲线如图 1-26 所示，三极管的工作点应选在 P_{CM} 曲线的左下方，并留有余地。

P_{CM} 值与温度有关，温度愈高，P_{CM} 值愈小，曲线将向左下方移动。三极管的功能作用受到温度的限制，锗管上限温度约 90℃ ，硅管上限温度约 150℃ ，对于大功率管，为了提高 P_{CM} 值，常采用加散热装置的办法。

（5）集 – 射极反向击穿电压 $U_{(BR)CEO}$

$U_{(BR)CEO}$ 是基极开路时，加在集电极与发射极之间的最大允许电压，超过 $U_{(BR)CEO}$ ，I_C 将大幅度上升，三极管将被击穿。

$U_{(BR)CEO}$ 对应于 $i_B = 0$ 那条输出特性曲线向上翘起拐点的横坐标，如图 1-25 所示。

根据三极管三个极限参数，可确定三极管安全工作区域，即由 I_{CM} 、P_{CM} 、$U_{(BR)CEO}$ 与两坐标轴包围的区域，如图 1-27 所示。

（6）饱和压降 U_{CES}

U_{CES} 是三极管处于饱和工作状态时，C、E 极之间的压降。U_{CES} 越小越好。U_{CES} 小，工作在饱和状态时功耗小，管子不易发热，开关性能好。一般小功率硅管 $U_{CES} < 0.1V$，大功率硅管 U_{CES} 较大。

从输出特性曲线上看，曲线上升部分斜率较大者 U_{CES} 较小；斜率较小者 U_{CES} 较大，如图 1-25 所示。

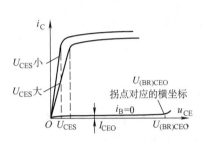
图 1-25 I_{CEO}、$U_{(BR)CEO}$ 和 U_{CES}

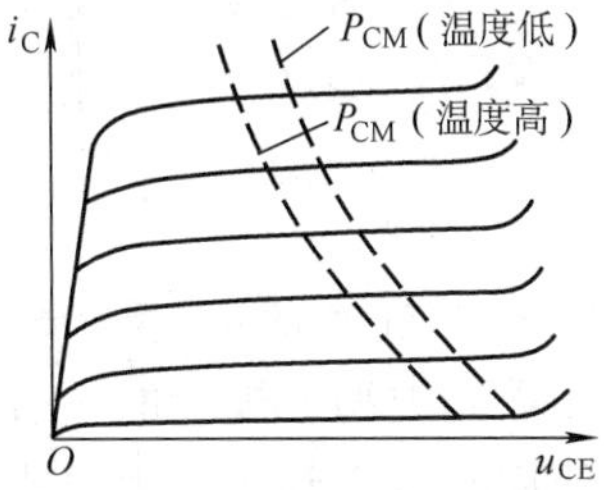

图 1-26 三极管 P_{CM} 曲线

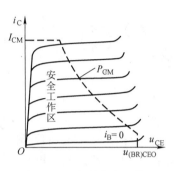
图 1-27 三极管安全工作区

（7）特征频率 f_T

由于三极管极间电容的影响，当信号频率升高时，三极管放大功能将下降。信号频率升高时，β 下降到 1 时的频率称为特征频率 f_T。

三极管的参数大致可以分成两大类：一类是性能质量参数，如 β、I_{CBO}、I_{CEO}、f_T、U_{CES} 等，反映了三极管的性能与质量。另一类是极限参数，如 I_{CM}、P_{CM}、$U_{(BR)CEO}$ 等，反映了在使用时不能超过的条件。表 1-2 为几种常用小功率三极管特性参数。

表 1-2　几种常用小功率三极管特性参数

型号 \ 参数	极性	I_{CM}/mA	P_{CM}/mW	$U_{(BR)CEO}/\text{V}$	β	$I_{CBO}/\mu\text{A}$	f_T/MHz
3DG6	NPN（硅）	20	100	≥30	20~200	≤0.1	≥100
3AG1	PNP（锗）	10	50	≥10	≥20	≤100	≥20
3AX31A	PNP（锗）	125	125	≥12	40~100	≤100	≥8kHz
9012	PNP（硅）	500	625	≥20	64~202	≤0.1	≥3
9013	NPN（硅）	500	625	≥20	64~202	≤0.1	≥3
9014	NPN（硅）	100	450	≥45	60~1000	≤0.05	≥150
9015	PNP（硅）	100	450	≥45	60~1000	≤0.05	≥150
9018	NPN（硅）	100	300	≥12	40~200	≤0.05	≥700
8050	NPN（硅）	1500	1000	≥25	85~300	≤0.5	≥100
8550	PNP（硅）	1500	1000	≥25	85~300	≤0.5	≥100

1.3.3　三极管的检测和选用

1. 三极管的外形及引脚排列

常见的三极管主要有金属壳和塑料两种封装形式。图 1-28a、b 为小功率金属壳封装三极管，目前市场上已不多见，底视图 E、B、C 为等腰三角形排列，B 极位于等腰三角形顶点，E 极临近于底面凸齿；图 1-28c 为小功率塑料封装三极管，是目前市场上最常用的封装形式，底视图沿平面处一般按 C、B、E 顺序排列；图 1-28d 为大功率塑料封装带散热板的三极管，正视图从左至右一般按 B、C、E 顺序排列；图 1-28e 为大功率金属壳封装三极管，外壳为 C 极。

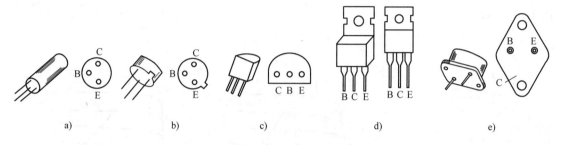

图 1-28　常见三极管的外形及管脚排列

需要指出的是上述管脚排列为多数同类型三极管的一般规律，市场上也有一些未按此规律排列的外形相同的三极管，因此使用时应查阅有关手册或以实际测量为准。

2. 三极管的检测

三极管的检测一般可用万用表和晶体管特性图示仪。本节介绍用万用表的简易检测方法。三极管内部的 PN 结排列，可用图 1-29 所示等效电路表示，根据这一特点，可用以下方法检测：

（1）先判断基极和管型

用万用表 $R \times 100$ 或 $R \times 1k$ 挡检测 3 个电极间电阻：

1）若测得某一电极对另两个电极的正向电阻均小，反向电阻均大，则该电极为基极，且管型为 NPN；

2）若测得某一电极对另两个电极的正向电阻均大，反向电阻均小，则该电极为基极，且管型为 PNP；

（2）判断集电极 C 或发射极 E

判断区别 C 极和 E 极的原理示意图如图 1-30，主要是利用三极管集电结、发射结结构不同而引起的 β 值绝然不同这一特点，按图 1-30 连接 β 值很大；反之，若 C、E 极对调，则 β 值很小。检测时，万用表仍取 $R \times 100$ 或 $R \times 1k$ 挡，黑表棒接假设的集电极，红表棒接假设的发射极，然后用一个大电阻 R（100kΩ 左右）接基极和假设的集电极，若偏转较大（β 大），说明原假设正确；若偏转很小（β 小），说明原假设不正确。其中 R 也可用手指（人体电阻）替代，但由于手指接触松紧不同，易产生误判。

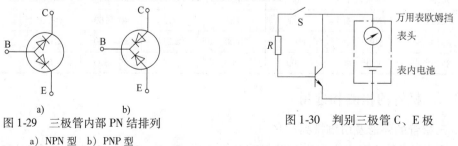

图 1-29　三极管内部 PN 结排列　　　图 1-30　判别三极管 C、E 极
　　a）NPN 型　b）PNP 型

（3）穿透电流 I_{CEO} 及热稳定性检测

万用表取 $R \times 10k$ 挡，黑表棒接集电极 C，红表棒接发射极 E，基极悬空，若电阻值大说明 I_{CEO} 小，（硅管应为无穷大），若电阻值小，说明 I_{CEO} 大。检测时，注意不要用手指同时接触 C、E 极，更不能同时接触二极管的 B 极。

在检测 I_{CEO} 同时，可用手指捏住三极管的封装外壳，使三极管温度升高，C、E 极间反向电阻会减小，若减小幅度不大或很慢，说明三极管热稳定性较好；反之则差。

（4）估测 β 值

按上面（2）介绍的方法，在同等条件下，可比较不同三极管 β 值的大小，指针偏转大，β 大；反之 β 小。目前，万用表上一般设有测量三极管的插孔，将万用表置于 h_{FE} 挡，就能很方便地测出三极管的 β 值，并判别管型管脚。注意万用表检测 h_{FE}，测试条件是按小功率设置，适用于小功率三极管，且测出的是直流 β。

需要指出的是，用万用表检测三极管是一种简易检测法。一般情况下，只能初步判别三极管的好坏。常用的方法是：若按（1）方法成立，且按（3）方法 I_{CEO} 小（硅管应 $I_{CEO} \rightarrow 0$），则三极管好，否则三极管坏。

3. 三极管选用

选用三极管应根据电路需要，一般应综合考虑下列因素：工作频率、集电极电流、耗散功率、反向击穿电压、电流放大系数、热稳定性和饱和压降等，选择性能价格比高的三极管。

（1）尽量选用硅管

目前，锗三极管因其热稳定性差而很少应用，只在需低电压导通的场合才予以选用。

（2）不要超越极限参数

三极管的极限参数 I_{CM}、P_{CM}、$U_{(BR)CEO}$，不能超限，且应留有余地。功耗较大时，还应考虑加装散热板。

（3）可用大 β 管

长期以来，许多教材书上都有"β 大引起工作不稳定"的说法，这在 20 年或更早以前，基本上是正确的，因为当时主要使用锗三极管，锗管的热稳定性较差，β 大的锗管热稳定性更差。但随着电子技术的发展，现代电子技术普遍采用硅三极管，而硅管的 $I_{CBO} \rightarrow 0$，热稳定性很好，最高可工作在 150℃，一般小功率三极管 β 值均大于 100，有的三极管的 β 值为 $400 \sim 600$，在集成电路内部甚至植入超 β 管（$\beta > 1000$）。在本书后续章节中，还会看到 β 大带来的许多优点。

（4）电路信号频率高时应选用高频管

高低频管 f_T 的分界线约在 3MHz。一般情况下，若应用于低频状态，可不考虑三极管的 f_T，只有在高频电路中，才选用高频管。选管时，应使 f_T 为工作频率的 $3 \sim 10$ 倍。原则上讲，高频管可以代替低频管，但高频管的功率一般都比较小，动态范围窄，选用时应注意功率条件。

【例 1-4】 已测得两只三极管各极对地电压值为 U_1、U_2、U_3，已知其工作在放大区，试判断其为硅管或锗管？NPN 型或 PNP 型？并确定其 E、B、C 三极。

1）$U_1 = 5.2V$，$U_2 = 5.4V$，$U_3 = 1.4V$；

2）$U_1 = -2V$，$U_2 = -4.5V$，$U_3 = -5.2V$。

解：1）PNP 型锗管，U_1、U_2、U_3 引脚分别对应 B、E、C 极；

2）NPN 型硅管，U_1、U_2、U_3 引脚分别对应 C、B、E 极。

分析此类题目的步骤是：

① 确定硅管或锗管，集电极 C。

已知三极管工作在放大区，则硅管的 U_{BE} 约为 0.6 ~ 0.7V，锗管约为 0.2 ~ 0.3V。据此，可找到电压差值为该两个数据的引脚。若为 0.6 ~ 0.7V，则该管为硅管；若为 0.2 ~ 0.3V，则该管为锗管，且该两引脚为 B 极或 E 极，另一引脚为 C 极。我们看到（1）中 U_1U_2、2）中 U_2、U_3 符合此条件，可确定：1）为锗管，U_3 引脚对应 C 极；2）为硅管，U_1 引脚对应 C 极。

② 确定 NPN 型或 PNP 型。

此时虽已知道这两引脚为 B 极或 E 极，但还不能区分。可将 C 极电压与 B、E 引脚电压比较高低。若 C 极电压高，则为 NPN 型；若 C 极电压低，则为 PNP 型。因为三极管工作在放大区时，满足 CB 结反偏条件，NPN 型 C 极电压高于 B、E 极；PNP 型 C 极电压低于 B、E 极。1）中 U_3 低于 U_1、U_2，为 PNP 型；2）中 U_1 高于 U_2、U_3，为 NPN 型。

③ 区分 B 极和 E 极。

确定 NPN 型或 PNP 型后，可进一步区分 B 极和 E 极。NPN 型各极电压高低排列次序为 $U_C > U_B > U_E$；PNP 型各极电压高低排列次序为 $U_C < U_B < U_E$。因此 1）中 U_1 为 B 极，U_2 为 E 极；2）中 U_2 为 B 极，U_3 为 E 极。

【例1-5】 已测得电路中几只三极管对地电压值如图 1-31 所示，已知这些三极管中有好有坏，试判断其好坏。若好则指出其工作状态（放大、截止、饱和）；若坏则指出损坏类型（击穿、开路）。

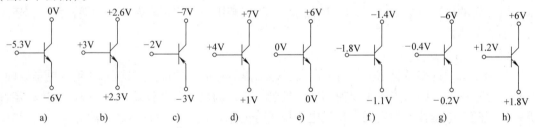

图 1-31 例 1-5 电路

解：a）放大；b）饱和；c）截止；d）损坏，BE 间开路；e）BE 间击穿损坏或外部短路；或三极管好，处于截止状态；f）饱和；g）放大；h）截止。

分析此类题目的判据和步骤是：

① 判断发射结是否正常正偏。

凡满足 NPN 型硅管 $U_{BE} = 0.6 ~ 0.7V$，PNP 型硅管 $U_{BE} = -0.7 ~ -0.6V$；NPN 型锗管 $U_{BE} = 0.2 ~ 0.3V$，PNP 型锗管 $U_{BE} = -0.3 ~ -0.2V$ 条件者，三极管一般处于放大或饱和状态。不满足上述条件的三极管处于截止状态，或已损坏。a）、b）、f）、g）满足条件；c）、d）、e）、h）不满足条件。

② 区分放大或饱和。

区分放大或饱和的条件是集电结偏置状态，集电结正偏，饱和，此时 U_{CE} 很小，b）、f）满足条件；集电结反偏，放大，此时 U_{CE} 较大，a）、g）满足条件。但若 NPN 型管 $U_C < U_E$，

PNP 管 $U_C > U_E$，则电路工作不正常，一般有故障。若 $U_C = V_{CC}$（电路中有集电极电阻 R_C），说明无集电极电流，C 极内部开路。

③ 若发射结反偏，或 U_{BE} 小于①中数据，则三极管处于截止状态或损坏。c）、e）、h）属于这一情况。

④ 若满足发射结正偏，但 U_{BE} 过大，也属不正常情况，如 d）。

【复习思考题】

1.13 三极管电流 I_E、I_B、I_C 之间有什么关系？

1.14 三极管电路有哪几种基本组态？分别画出其电路图。

1.15 画出三极管输入特性曲线，并简述其特点。

1.16 画出三极管输出特性曲线，并简述其特点。

1.17 叙述三极管共射电路三种工作状态的条件和特点。

1.18 既然三极管是由两个 PN 结组成，可否用两个二极管串联组成三极管？

1.19 若把处于放大工作状态的三极管 C、E 极对调使用，会产生什么后果？

1.20 定性画出三极管安全工作区。

1.21 如何根据三极管输出特性曲线判断 $U_{(BR)CEO}$、I_{CEO} 和 U_{CES}？

1.22 三极管参数中，哪些是极限参数？哪些是性能参数？哪些是质量参数？

1.23 一个三极管 $I_B = 10\mu A$，$I_C = 1mA$，能否由此确定三极管的 β 值？

1.24 如何用万用表初步判断三极管的好坏？

【相关习题】

选做 1.5 习题中的填空题：1.11 ~ 1.17；选择题：1.35 ~ 1.38；习题：1.55 ~ 1.61。

1.4 场效应管

场效应管（Field Effect Transistor，缩写为 FET）也称为单极型晶体管，1.3 节所述的晶体管是双极型晶体管。所谓单极、双极是指半导体中参与导电的载流子种类是一种还是两种，场效应管只有一种载流子（多数载流子）参与导电，称为单极型晶体管；晶体三极管有两种载流子（多数载流子和少数载流子）参与导电，称为双极型晶体管。场效应管和晶体三极管都是晶体管，都是三极管，也都是半导体器件。但习惯上三极管是指双极型晶体管。

1. 分类

1）从结构上可分为结型和 MOS 型（绝缘栅型）。

2）从半导体导电沟道类型上可分为 P 沟道和 N 沟道。

3）从有无原始导电沟道可分为耗尽型和增强型。

因此场效应管可分为 N 沟道结型、P 沟道结型、耗尽型 NMOS、耗尽型 PMOS、增强型 NMOS 和增强型 PMOS 等 6 种。

表 1-3 中第 3 列为各类场效应管的电路符号。其电极 D、G 和 S 分别称为漏极、栅极和源极（MOS 型场效应管还引出一个衬底电极 B），相当于三极管的 C、B 和 E 极。

2. 内部结构和工作原理

场效应管内部结构根据其分类不同而不同，在实际应用中主要关心其外部应用特性，因此有关内部结构本书不予展开。

同理，场效应管工作原理必须结合内部结构才能讲清，本书也不予展开。读者只需知道其主要工作原理是利用电场效应原理，用输入电压开启、夹断或改变导电沟道宽窄，从而达到控制输出电流的目的。

3. 场效应管的特性曲线

场效应管的特性曲线与三极管有些不同，三极管有输入特性曲线和输出特性曲线，场效应管只有转移特性曲线和输出特性曲线。为什么场效应管没有输入特性曲线呢？输入特性是指输入电压与输入电流之间的函数关系，场效应管由于输入电阻高，输入电流趋近于0，因此没法构成输入特性曲线。场效应管是依靠栅源电压 u_{GS} 控制输出电流 i_D（相当于三极管用 i_B 控制 i_C）。

表 1-3 各类场效应管比较表

结构种类	工作方式	符号	电压极性			转移特性	输出特性
			$U_{GS(off)}$ 或 $U_{GS(th)}$	u_{GS}	u_{DS}		
结型 N 沟道	耗尽型	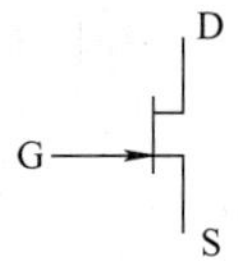	负	负	正	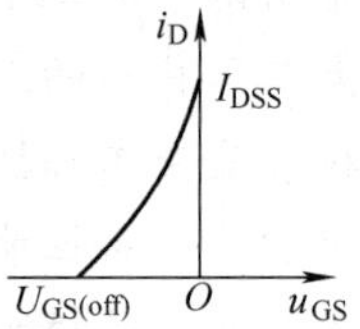	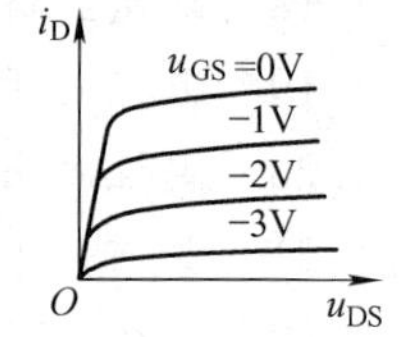
结型 P 沟道	耗尽型	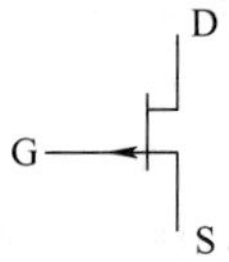	正	正	负	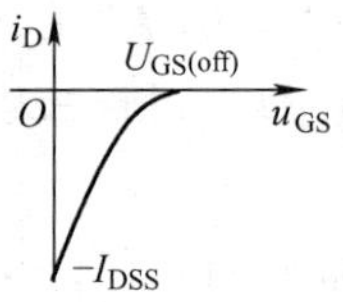	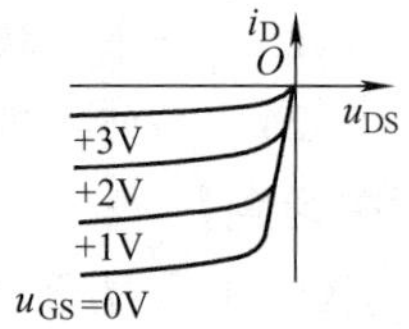
绝缘栅 N 沟道	增强型	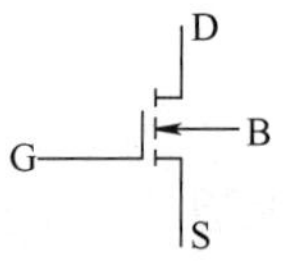	正	正	正		
	耗尽型	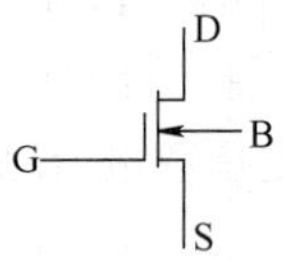	负	可正可负或零	正	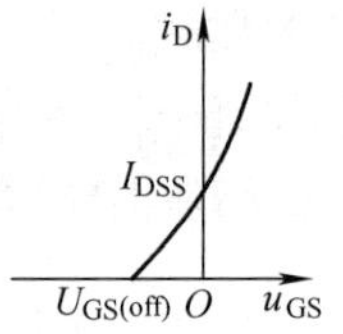	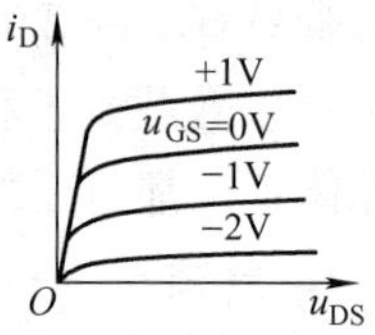
绝缘栅 P 沟道	增强型	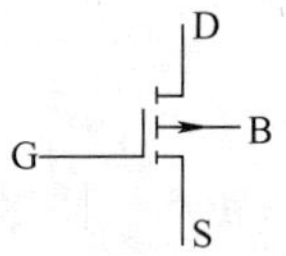	负	负	负		
	耗尽型	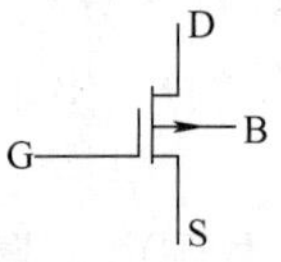	正	可正可负或零	负	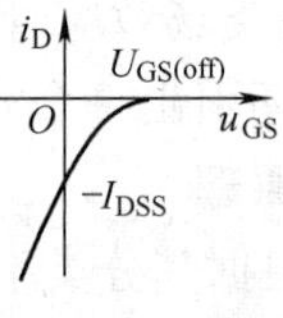	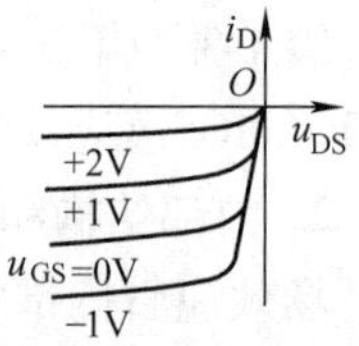

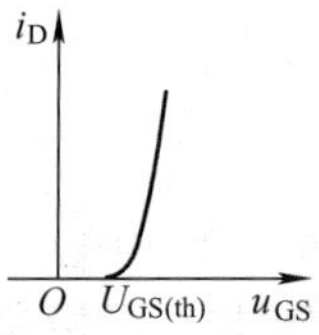

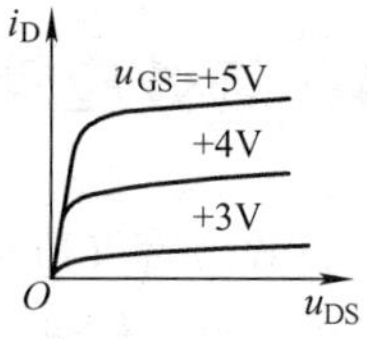

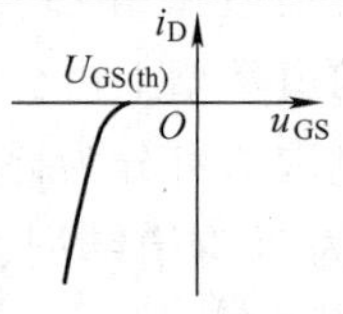

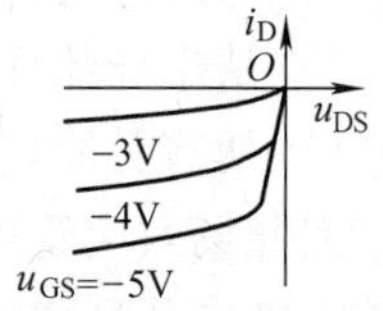

（1）转移特性

1）定义：$i_D = f(u_{GS})\big|_{u_{DS}=常数}$ （1-10）

2）特点：

以 N 沟道场效应管为例进行分析，其转移特性曲线如图 1-32 所示。

① 场效应管转移特性曲线为一族曲线。对应于每一 u_{DS}，有一条转移特性曲线，但 $|u_{DS}| > |U_{GS(off)}|$ 后，曲线族基本重合。

② 场效应管控制输出电流也有死区，分别称为夹断电压 $U_{GS(off)}$（结型、耗尽型 MOS 适用）和开启电压 $U_{GS(th)}$（增强型 MOS 适用）。

③ 结型、耗尽型 MOS 场效应管转移特性曲线与纵轴的交点为饱和漏极电流 I_{DSS}，I_{DSS} 一般为场效应管最大电流。增强型 MOS 场效应管无 I_{DSS} 参数。

3）数学表达式。

① 结型、耗尽型 MOS 场效应管的转移特性曲线可用下式近似表示：

$$i_D = I_{DSS}\left(1 - \frac{u_{GS}}{U_{GS(off)}}\right)^2 \qquad （1-11）$$

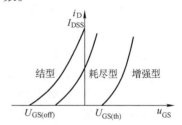

图 1-32 N 沟道场效应管转移特性

上式（1-11）成立的条件：N 沟道是 $U_{GS(off)} \leqslant u_{GS} < 0$；P 沟道是 $U_{GS(off)} \geqslant u_{GS} > 0$。

② 增强型 MOS 的转移特性曲线可用下式近似表示：

$$i_D = I_{DO}\left(\frac{u_{GS}}{U_{GS(th)}} - 1\right)^2 \qquad （1-12）$$

式中，I_{DO} 是 $u_{GS} = 2U_{GS(th)}$ 时的 i_D。式（1-12）成立的条件：N 沟道是 $u_{GS} > U_{GS(th)}$，且 $u_{DS} > u_{GS} - U_{GS(th)}$；P 沟道是 $u_{GS} < U_{GS(th)}$，且 $u_{DS} < u_{GS} - U_{GS(th)}$。

需要指出的是，MOS 型场效应管衬底电压 u_{BS} 对 i_D 也有影响，但通常衬底 B 接源极（有的 MOS 管在管内将 B、S 极短路）。

（2）输出特性

1）定义：$i_D = f(u_{DS})\big|_{u_{GS}=常数}$ （1-13）

N 沟道场效应管输出特性曲线如图 1-33 所示。

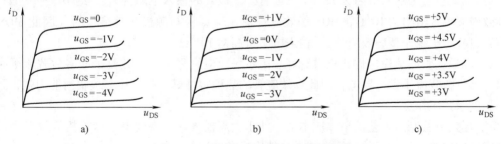

图 1-33 N 沟道场效应管输出特性曲线

a）结型   b）耗尽型 MOS   c）增强型 MOS

2）特点：

① 场效应管输出特性曲线类似于三极管输出特性曲线，是输出电流与输出电压的函数关系。对应于不同的输入电压（控制电压）u_{GS}，有一条输出特性曲线，输出特性曲线是一

族曲线。

② N 沟道结型、耗尽型 NMOS 最下面一条输出特性曲线（最靠近横轴）和 P 沟道结型、耗尽型 PMOS 最上面一条输出特性曲线的参数为：$u_{GS} = U_{GS(off)}$。N 沟道结型最上面一条（P 沟道结型最下面一条）输出特性曲线的参数为：$u_{GS} = 0$。

4. 场效应管三个工作区域

场效应管输出特性曲线上也可划分为 3 个工作区域，分别称为放大区（也称为饱和区或恒流区）、截止区和可变电阻区（相当于三极管的饱和区），还有一个击穿区，如图 1-34 所示。

5. 场效应管的主要参数

（1）夹断电压 $U_{GS(off)}$ 或开启电压 $U_{GS(th)}$

u_{DS} 为某一定值时，使 i_D 趋于 0（例如 $i_D = 10\mu A$）所加的 u_{GS} 即为 $U_{GS(off)}$（结型、耗尽型 MOS 适用）和 $U_{GS(th)}$（增强型 MOS 适用）。

（2）饱和漏极电流 I_{DSS}

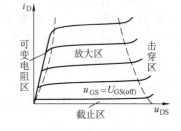

图 1-34　场效应管 3 个工作区域划分

$u_{GS} = 0$ 时的漏极电流称为 I_{DSS}。I_{DSS} 是结型场效应管最大电流，对耗尽型 MOS 场效应管，i_D 虽可超出 I_{DSS}，但一般不在超出区运行。增强型 MOS 无 I_{DSS} 参数，转移特性曲线方程中用 $u_{GS} = 2U_{GS(th)}$ 时的漏极电流 I_{DO} 替代 I_{DSS}。

（3）低频垮导（互导）g_m

$$g_m = \frac{di_D}{du_{GS}}\bigg|_{u_{DS} = 常数} \tag{1-14}$$

g_m 反映了 u_{GS} 对 i_D 控制能力，相当于三极管的 β，但 β 无单位，g_m 有单位：S（西[门子]），$S = 1/\Omega$，g_m 一般为几毫西（mS）。同 β 一样，g_m 为动态参数，与场效应管工作点有关。

除以上三个主要参数外，场效应管还有直流输入电阻 R_{GS}、漏源输出电阻 r_{ds}、漏源击穿电压 $U_{(BR)DS}$、栅源击穿电压 $U_{(BR)GS}$、最大耗散功率 P_{DM} 等参数。

6. 场效应管与三极管性能比较

场效应管与三极管的主要区别：

1）场效应管的输入电阻大大高于三极管。三极管的输入电阻为 r_{be}，约 $10^2 \sim 10^4\Omega$；结型场效应管输入电阻约 $10^7\Omega$；MOS 场效应管输入端 G 极与源极 S 是绝缘的（因此 MOS 场效应管也称为绝缘栅型场效应管），输入电阻可高达 $10^{15}\Omega$。

2）场效应管的热稳定性比三极管好。由于场效应管只有一种载流子即多数载流子参与导电，无少数载流子参与导电，因此场效应管的热稳定性好，噪声小，抗辐射能力强，且具有零温度系数工作点。

3）场效应管制造工艺简单，成本低，便于大规模集成。现代电子计算机等设备中的超大规模集成电路就是以场效应管为基本元件构成和发展起来的。

4）场效应管是电压控制元件，用栅源电压 u_{GS} 控制输出电流 i_D（相当于三极管用 i_B 控制 i_C）。反映场效应管放大控制能力的是低频垮导 g_m（相当于三极管的 β）。

5）由于场效应管的漏极和源极结构对称，因此漏、源极可互换使用。但有的 MOS 管已将源极与衬底连在一起，则不能互换使用。

7. 场效应管安全使用常识

为了保证场效应管安全可靠地工作，除不要超出器件的极限参数外，对 MOS 场效应管的使用必须多加注意。原因是：由于 MOS 场效应管绝缘层很薄，即使只有几伏栅源电压，也可产生高达 $10^5 \sim 10^6$ V/cm 的强电场。且因为输入电阻高，栅极开路时，静电感应出来的电荷很难泄漏，电荷积累造成电压升高，尤其是极间电容较小时，少量电荷就会产生较高的电压，因此，MOS 场效应管很易击穿，甚至有时还未使用就已击穿。因此还应注意如下事项：

1）保存：应将各极短路保存，以免感应电压过高造成击穿。各极可带短路环，放在金属盒内或插在导电泡沫上。

2）测试：不能用万能表测试 MOS 场效应管。必须用测试仪，而且在测试时，应先接入测试仪，再去除短路线；从测试仪上取下器件时，应先加短路线，后取下。总之，任何时候，栅极不能悬空。

3）焊接：电烙铁应良好接地，并在焊接时保持短路线短路，焊接完毕再去除短路线。

MOS 场效应管虽然性能优良，但由于其使用不便，因此作为分立元件，其应用受到了限制；但在集成电路中，MOS 器件得到了非常广泛的应用。

【复习思考题】

1.25 什么叫单极型晶体管和双极型晶体管？

1.26 场效应管如何分类？

1.27 叙述场效应管 3 个电极，分别相当于三极管哪个电极？

1.28 场效应管的控制量、被控量和控制系数分别是什么？

1.29 为什么场效应管没有输入特性，只有转移特性？

1.30 场效应管有哪几项主要参数？

1.31 与三极管相比，场效应管有哪些主要特点？

1.32 使用 MOS 场效应管，有什么注意事项？为什么？

【相关习题】

选做 1.5 习题中的填空题：1.18 ~ 1.23；选择题：1.39 ~ 1.40；习题：1.62。

1.5 习题

1.5.1 填空题

1.1 纯净的具有晶体结构的半导体称为_____半导体；在纯硅或纯锗中掺入微量 5 价元素磷，形成_____型半导体；掺入微量 3 价元素硼，形成_____型半导体。

1.2 PN 结加正向电压，外电场方向与内电场方向_____，使空间电荷区变_____，多数载流子的扩散运动增强，形成较大的扩散电流，PN 结呈_____状态。PN 结加反向电压，外电场方向与内电场方向_____，使空间电荷区变_____，PN 结呈_____状态。

1.3 由于少数载流子数量_____，因此反向电流很小。又由于少数载流子是由_____形成的，因此 PN 结反向电流主要取决于_____而与_____基本无关。

1.4 在室温附近，温度每升高 1℃，二极管导通正向压降 U_{on} 约_____ mV。温度每升高 10℃，反向电流约_____。

1.5 最大整流电流 I_F 定义为二极管_____电流。

1.6 最高反向工作电压 U_{RM} 是允许施加在二极管两端的_____。通常规定为反向击穿电压 U_{BR} 的_____。

1.7 理想二极管模型是将二极管看作一个_____，加正向电压_____，导通时正向压降为_____；加反向电压_____，截止时_____为零。

1.8 二极管正向电阻越_____，反向电阻越_____，表明_____好。若正反向电阻均趋于 0，表明二极管_____。若正反向电阻均趋于∞，表明二极管_____。

1.9 稳压管的反向击穿特性很_____，反向击穿时，电流虽然在很大范围内变化，但稳压管的_____变化却很小。

1.10 稳压管处于稳压工作时电压极性应_____偏，并应有合适的_____。

1.11 三极管电流 I_E、I_B、I_C 之间的关系是 $I_E =$ _____；I_C 与 I_B 之间的关系是 $I_C =$ _____；I_E 与 I_B 之间的关系是 $I_E =$ _____。

1.12 三极管在处于_____工作状态时，i_C 与 i_B 成正比关系。

1.13 三极管有三个电极，当组成放大电路时，有三种基本组态：_____电路、_____电路和_____电路。无论哪一种组态，要起到放大作用，都必须满足_____的外部条件。

1.14 三极管输入特性是_____之间的函数关系。输出特性是_____之间的函数关系。

1.15 I_{CBO} 表示_____开路时，从_____→_____的反向电流；I_{CEO} 表示_____开路时，从_____→_____的反向电流。I_{CBO} 和 I_{CEO} 是表征三极管_____的重要参数。I_{CEO} 与 I_{CBO} 的关系是 $I_{CEO} =$ _____。

1.16 三极管三项极限参数：I_{CM} 称为_____；$U_{(BR)CEO}$ 是_____开路时，加在_____之间的最大允许电压；P_{CM} 称为_____。

1.17 三极管安全工作区域，即由_____、_____、_____与两座标轴包围的区域。

1.18 场效应管分类从结构上可分为_____型和_____型；从半导体导电沟道类型上可分为_____沟道和_____沟道；从有无原始导电沟道上可分为_____型和_____型。

1.19 场效应管三个电极 D、G 和 S 分别称为_____极、_____极和_____极，其作用相当于三极管的_____极、_____极和_____极。

1.20 结型场效应管输入电阻约_____Ω，MOS 型场效应管输入电阻可达_____Ω。

1.21 场效应管是依靠_____控制输出电流 i_D，控制系数是_____，$i_D =$ _____。

1.22 场效应管与三极管相比，主要特点是_____大大高于三极管，_____稳定性

26

比三极管好。

1.23 由于 MOS 场效应管绝缘层很薄，MOS 场效应管很易产生_____。关键是任何时候，栅极不能_____。

1.5.2 选择题

1.24 P 型半导体是在纯硅或纯锗中加入____后形成的杂质半导体，N 型半导体是在纯硅或纯锗中加入____后形成的杂质半导体。（A. 电子；B. 空穴；C.3 价元素；D.5 价元素）

1.25 P 型半导体____，N 型半导体____。（A. 带正电；B. 带负电；C. 呈中性；D. 不定）

1.26 PN 结加正向电压时，耗尽层____；加反向电压时，空间电荷区____。（A. 变宽；B. 变窄；C. 不变；D. 不定）

1.27 PN 结内电场的方向是____。（A. P→N；B. N→P；C. 与电流流向有关；D. 与外加电压有关）

1.28 在常温下，硅二极管开启电压约____，导通后在较大电流时正向压降约____；锗二极管的开启电压约____，导通后在较大电流时正向压降约____。（A. 0.2V；B. 0.3V；C. 0.5V；D. 0.7V）

1.29 以下特性中，半导体不具有的是____。（A. 掺杂特性；B. 单向导电性；C. 光敏特性；D. 热敏特性）

1.30 反映二极管质量的参数是____。（A. 最大整流电流 I_F；B. 最高反向工作电压 U_{RM}；C. 反向饱和电流 I_S；D. 最高工作频率 f_M）

1.31 温度升高后，二极管正向压降将____，反向电流将____。（A. 增大；B. 减小；C. 不变；D. 不定）

1.32 硅二极管与锗二极管相比，一般情况下，硅二极管的反向电流较____，正向压降较____。（A. 大；B. 小；C. 不定；D. 相等）

1.33 稳压管通常工作在____状态下。（A. 正向导通；B. 反向截止；C. 正向截止；D. 反向击穿）

1.34 特殊二极管中，通常工作在正向状态下的是____。（A. 稳压管；B. 发光二极管；C. 光敏二极管；D. 变容二极管）

1.35 三极管工作在饱和区时，PN 结偏置为____；工作在放大区时，PN 结偏置为____；工作在截止区时，PN 结偏置为____。（A. 发射结正偏，集电结正偏；B. 发射结正偏，集电结反偏；C. 发射结反偏，集电结正偏；D. 发射结反偏，集电结反偏）

1.36 NPN 型与 PNP 型三极管的区别是____。（A. 由两种不同的半导体材料硅或锗构成；B. 掺入杂质不同；C. P 区或 N 区位置不同；D. 死区电压不同）

1.37 温度升高时，三极管参数 β ____，I_{CBO}____，$|U_{BE}|$____。（A. 变大；B. 变小；C. 不变；D. 不定）

1.38 测得三极管在放大工作状态时，$I_B = 30\mu A$ 时，$I_C = 2.4mA$；$I_B = 40\mu A$ 时，$I_C = 3mA$。则该三极管交流电流放大系数 β 为____。（A. 80；B. 60；C. 75；D. 90）

1.39 三极管属____控制型器件，场效应管属____控制型器件。（A. 电压；B. 电流；C. 正偏；D. 反偏）

1.40 三极管参与导电的载流子情况是____，场效应管参与导电的载流子情况是 ____。（A. 多数载流子和少数载流子均参与；B. 多数载流子参与，少数载流子不参与；C. 多数载流子不参与，少数载流子参与；D. 两种载流子均不参与，是离子参与导电）

1.5.3 分析计算题

1.41 标出图 1-35 二极管正负极性。

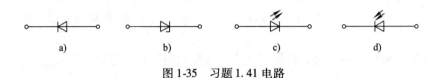

图 1-35 习题 1.41 电路

1.42 欲使图 1-36 中二极管处于导通状态，试标出电源极性，并求 U_D、U_R（设 VD 为理想二极管）。

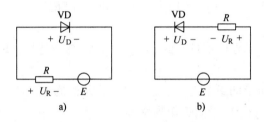

图 1-36 习题 1.42 电路

1.43 欲使图 1-37 中理想二极管处于截止状态，试标出电源极性，并求 U_D、U_R。

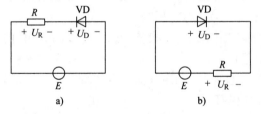

图 1-37 习题 1.43 电路

1.44 试根据图 1-38 电路判断二极管工作状态（导通或截止），并求 U_{AB}（设 VD 为理想二极管）。

1.45 试根据图 1-39 电路判断二极管工作状态（导通或截止），并求 U_{AB}（设 VD_1、VD_2 均为理想二极管）。

1.46 试根据图 1-40 电路判断二极管工作状态（导通或截止），并求 U_{AB}（设图中二极管均为理想二极管）。

1.47 已知二极管电路如图 1-41 所示，U_{S1}、U_{S2} 数值如表 1-4、表 1-5 所示，试判断其通断状态，并求 U_F，将结果填入表中（设二极管为理想二极管）。

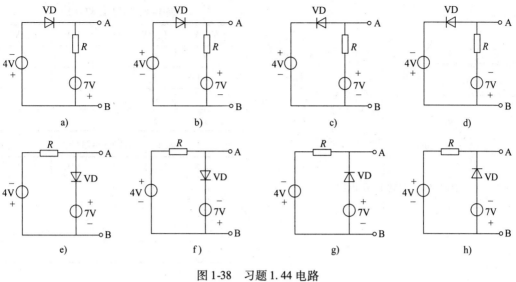

图 1-38　习题 1.44 电路

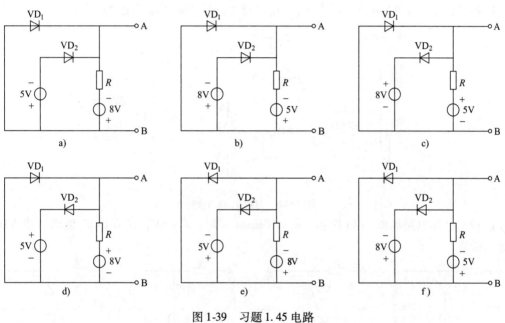

图 1-39　习题 1.45 电路

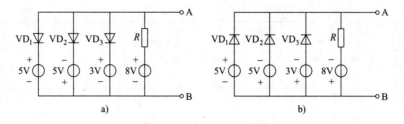

图 1-40　习题 1.46 电路

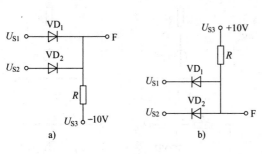

图 1-41 习题 1.47 电路

表 1-4 习题 1.47 (1)

U_{S1}/V	U_{S2}/V	VD_1	VD_2	U_F/V
0	0			
0	5			
5	0			
5	5			

表 1-5 习题 1.47 (2)

U_{S1}/V	U_{S2}/V	VD_1	VD_2	U_F/V
0	0			
0	5			
5	0			
5	5			

1.48 已知图 1-42 电路，试求 U_A、I_D（设二极管正向压降为 0.7V）。

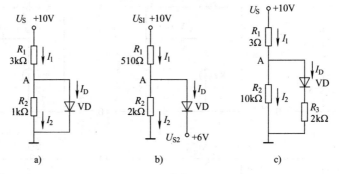

图 1-42 习题 1.48 电路

1.49 已知电路如图 1-43 所示，$u_i = 10\sin\omega t$（V），$E = 5V$，试画出 u_o 波形（设 VD 为理想二极管）。

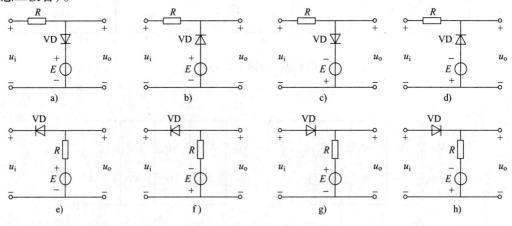

图 1-43 习题 1.49 电路

1.50 已知二极管电路如图 1-44 所示，$u_i = 6\sin\omega t$，$U_{S1} = 2V$，$U_{S2} = 4V$，试画出输出

电压波形（设 VD_1、VD_2 均为理想二极管）。

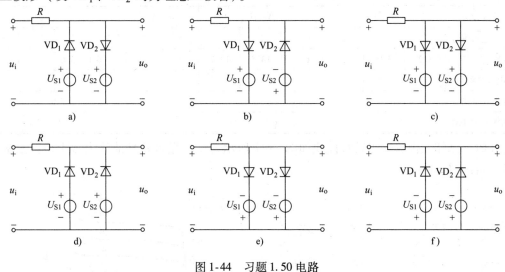

图 1-44　习题 1.50 电路

1.51　已知硅二极管 $I_S = 1\mu A$，试计算，室温时，$u_D = -0.1V$ 和 $-1V$ 时的反向电流 I_R。

1.52　已知某二极管 I_S 在 25℃时为 $10\mu A$，求当温度升至 65℃时，反向电流是多少？

1.53　已知某二极管 25℃正向导通时的管压降为 0.65V，试求温度升高至 65℃且其他条件相同时，管压降是多少？

1.54　已知某二极管 27℃正向导通时的管压降为 0.7V，试求温度变化至 50℃和 0℃时管压降是多少？（设其他条件相同，二极管温度每升高 1℃，U_{on} 约减小 2.5mV）

1.55　有两个三极管 V_1 和 V_2，已知其参数 $\beta_1 = 250$，$I_{CEO1} = 200\mu A$；$\beta_2 = 50$，$I_{CEO2} = 10\mu A$。选择哪一个三极管更合适？

1.56　测得工作在放大状态下的三极管两个电极电流如图 1-45 所示，试求另一个电极电流，并标出电流实际方向；判断 C、B、E 电极及 NPN 或 PNP 型；估算 β 值。

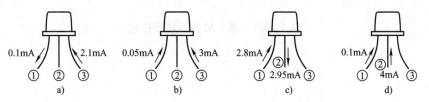

图 1-45　习题 1.56 电路

1.57　已知三极管处于放大工作状态，$\beta = 80$，$I_{CBO} = 1\mu A$，$I_B = 151\mu A$，求 I_C 及 I_E。

1.58　已知某三极管，25℃时 $\beta = 80$，求该三极管 50℃时的 β 值。

1.59　已测得三极管各极对地电压值为 U_1、U_2、U_3 如表 1-6 所示，且已知其工作在放大区，试判断其是硅管还是锗管，是 NPN 型还是 PNP 型？并确定其 E、B、C 三极。

1.60　已测得图 1-46 电路中几个三极管对地电压值，已知这些三极管中有好有坏，试判断其好坏。若好则指出其工作状态（放大、截止、饱和）；若坏则指出损坏类型（击穿、开路）。

表 1-6 习题 1.59 表格

三极管编号	V₁ 管			V₂ 管			V₃ 管			V₄ 管		
三极管电极编号	1	2	3	1	2	3	1	2	3	1	2	3
对地电位/V	3.2	3.9	9.8	6.0	13.5	13.7	−2.3	−5	−1.6	−3.6	−1.7	−4.2
电极名称												
是硅管还是锗管												
是 NPN 还是 PNP												

1.61 已知三极管输出特性曲线如图 1-47 所示，试根据该特性曲线大致求出该三极管的 β、I_{CEO}、$U_{(BR)CEO}$。

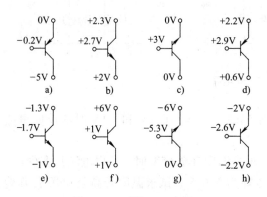

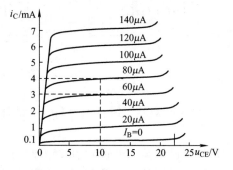

图 1-46 习题 1.60 电路   图 1-47 习题 1.61 输出特性曲线

1.62 已知场效应管如图 1-48 所示，试根据其符号指出其类型。

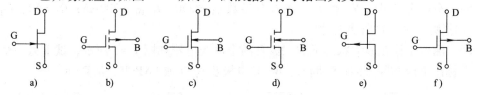

图 1-48 习题 1.62 场效应管符号

第 2 章　基本放大电路

本章要点

- 共射基本放大电路的组成和各元件的作用
- 直流通路和交流通路、静态分析和动态分析
- 截止失真和饱和失真
- 温度对三极管参数的影响，静态工作点稳定电路
- 共集电极电路的特点和用途
- 共基极电路的特点
- 阻容耦合放大电路的频率特性
- 负反馈对放大电路性能的影响
- 互补对称功放电路

三极管的主要用途之一是利用其放大作用组成放大电路，将微弱的信号放大后去控制和推动需用较大功率的负载。放大电路应用十分广泛，掌握放大电路的基本原理和分析方法是学习电子技术的基础。

2.1　放大电路基本概念

放大电路是电子线路最基本的组成部分。按电路结构分，有分立元件电路和集成电路；按信号耦合方式分，有阻容耦合、变压器耦合、光耦合和直接耦合等；按信号频率分，大致可分为低频放大电路（20Hz～200kHz）、高频放大电路（200kHz 以上）和直流放大电路（20Hz 以下）；按信号强弱分，有小信号放大电路和功率放大电路。对不同的放大电路要求虽各不相同，但有一些共同要求：要具有一定放大能力、失真要小、工作稳定等。

1. 放大电路基本框图

图 2-1 为放大电路二端口网络框图。该电路框图分为 3 个部分：信号源、放大电路和负载。R_s 为信号源内阻，u_s 为信号源等效电压。

放大电路的输入端可等效为一个输入电阻 R_i，u_i 为放大电路的输入电压，i_i 为输入电流。

$$u_i = \frac{u_s R_i}{R_s + R_i} = i_i R_i \tag{2-1}$$

放大电路的输出端可等效为一个电压源，u'_o 为等效电压源电压，R_o 为其内阻，同时也作为放大电路的输出电阻，R_L 为负载电阻。

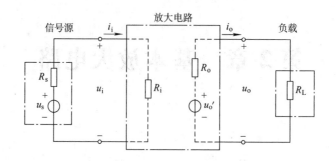

图 2-1　放大电路二端口网络框图

$$u_o = \frac{u'_o R_L}{R_o + R_L} = i_o R_L \tag{2-2}$$

2. 放大电路性能指标

放大电路的性能指标主要有放大倍数和输入输出电阻。

（1）放大倍数

放大倍数是衡量放大电路放大能力的指标，它定义为输出信号与输入信号的比值。放大倍数可以分为三种：电压放大倍数、电流放大倍数和功率放大倍数。

1）电压放大倍数：$A_u = \dfrac{u_o}{u_i} = \dfrac{U_o}{U_i}$ $\tag{2-3}$

式中，U_o 是 u_o 的有效值；U_i 是 u_i 的有效值。

电压放大倍数有时以输出电压与信号源电压之比表示，称为源电压放大倍数 A_{us}。

$$A_{us} = \frac{u_o}{u_s} = \frac{u_o}{u_i} \cdot \frac{u_i}{u_s} = \frac{A_u R_i}{R_s + R_i} \tag{2-4}$$

2）电流放大倍数：$A_i = \dfrac{i_o}{i_i} = \dfrac{I_o}{I_i}$ $\tag{2-5}$

式中，I_o、I_i 分别为 i_o、i_i 的有效值。

3）功率放大倍数：$A_p = \dfrac{P_o}{P_i}$ $\tag{2-6}$

在放大电路的三种放大倍数中，电压放大倍数 A_u 应用较为广泛。

放大倍数在工程上常用分贝（dB）来表示，称为增益，它们分别定义为：

电压增益 $A_u(\text{dB}) = 20\lg|A_u|$ $\tag{2-7}$

电流增益 $A_i(\text{dB}) = 20\lg|A_i|$ $\tag{2-8}$

功率增益 $A_p(\text{dB}) = 10\lg A_p$ $\tag{2-9}$

引入分贝表示放大倍数的原因：

① 表达简单。例，若 $A_u = 1000$，则 $A_u(\text{dB}) = 60\text{dB}$。

② 运算方便，可化乘除为加减。多级放大器的总放大倍数为每一级放大倍数之积，采用分贝后，只需将其分贝数相加，就可得到总增益。例如三级放大器，每级电压放大倍数分别为 30(29.54dB)、40(32.04dB) 和 50(33.98dB)，总电压放大倍数为 60000(95.56dB)。

③ 人耳对声音的感受不是与声音功率的大小成正比，而是与声音功率的对数成正比，

用分贝表示功率增益可与人耳听觉感受一致。

（2）输入电阻 R_i

$$R_i = \frac{u_i}{i_i} = \frac{U_i}{I_i} \qquad (2\text{-}10)$$

注意输入电阻 R_i 是整个放大电路的输入电阻，而不是三极管输入电阻。

研究放大电路输入电阻的主要原因是：

1）一般情况下，放大电路的信号源（电压源）比较微弱，带负载的能力差。放大电路 R_i 大，则取用信号源电流就小，对信号源的影响就小。且根据式（2-1），R_i 大，净输入电压 u_i 就大，即信号源电压更多地传输到放大电路的输入端，因此一般电子设备的输入电阻都很高。

2）在放大电路中，为了达到最大功率传输，常需考虑阻抗匹配问题。即前级放大器的输出电阻应与后级放大器的输入电阻相匹配，因此要研究放大电路的输入电阻和输出电阻。

（3）输出电阻 R_o

输出电阻 R_o 的定义是从放大电路输出端看进去的戴维南等效电路的等效电阻。

$$R_o = \left. \frac{u}{i} \right|_{u_s=0, R_L=\infty} \qquad (2\text{-}11)$$

研究放大电路输出电阻的主要原因是：

1）输出电阻 R_o 的大小表明了放大电路带负载能力的强弱。R_o 越小，带负载能力越强。

2）阻抗匹配，最大功率传输。

（4）其他性能指标

除 A_u、R_i、R_o 外，还有通频带（BW）、最大输出功率 P_{om} 和效率 η 等，将在后续章节分别叙述。

【复习思考题】

2.1 放大电路主要有什么性能指标？

2.2 用分贝表示放大倍数有什么优点？

2.3 叙述研究分析放大电路输入输出电阻的主要原因。

【相关习题】

选做 2.8 习题中的填空题：2.1~2.2；选择题：2.29~2.30；分析计算题：2.53。

2.2 共射基本放大电路

2.2.1 共射基本放大电路概述

三极管放大电路有三种组态：共射、共集和共基，其中共射电路为最基本的放大电路。

1. 电路组成和各元件作用

图 2-2a 为共射基本放大电路。其中：

- u_s：电压信号源，提供输入信号；

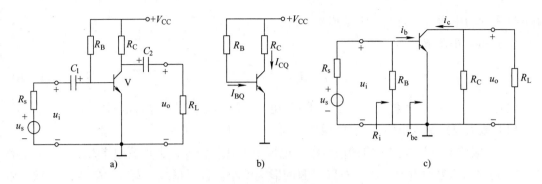

图 2-2 共射基本放大电路

a）电路 b）直流通路 c）交流通路

- R_s：电压信号源内阻；
- R_L：交流负载电阻；
- V：三极管，放大元件；
- R_B：基极电阻，提供静态基极电流，使三极管有合适的静态工作点；
- R_C：集电极电阻，提供集电极电流通路，是三极管直流负载电阻，将三极管放大的集电极电流信号转换为电压信号；
- C_1：输入端耦合电容，耦合输入信号中的交流成分，隔断信号源中的直流成分；
- C_2：输出端耦合电容，耦合输出信号中的交流成分，隔断输出信号中的直流成分；
- V_{CC}：直流电源，提供三极管静态偏置，即发射结正偏，集电结反偏，同时作为电流放大的能源。

2. 直流通路和交流通路

放大电路的一个重要特点是交直流并存，这也是电子技术初学者感觉不易接受的难点，因此有必要弄清共射基本放大电路的直流通路和交流通路。

（1）直流通路

共射基本放大电路的直流通路如图 2-2b 所示。

画直流通路的方法是将电容开路，因为电容对直流来说，其容抗趋向于无穷大，相当于开路。

分析直流通路也称为直流分析、静态分析。从计算角度看，静态分析主要计算三项：静态基极电流 I_{BQ}、静态集电极电流 I_{CQ} 和静态集射电压 U_{CEQ}。I_{BQ}、I_{CQ} 和 U_{CEQ} 中下标 Q 表示静态工作点 Q 处的 I_B、I_C 和 U_{CE}。

$$I_{BQ} = \frac{V_{CC} - U_{BEQ}}{R_B} \approx \frac{V_{CC}}{R_B} \tag{2-12}$$

$$I_{CQ} = \beta I_{BQ} + I_{CEO} \approx \beta I_{BQ} \tag{2-13}$$

$$U_{CEQ} = V_{CC} - I_{CQ} R_C \tag{2-14}$$

对硅三极管来说，$U_{BEQ} = 0.6 \sim 0.7\text{V}$，若 U_{BEQ} 远小于 V_{CC}，一般可忽略不计，硅三极管 I_{CBO}、I_{CEO} 极小，可忽略不计。

（2）交流通路

图 2-2c 为共射基本放大电路的交流通路。

画交流通路的方法是将电容短路，将直流电源接地。在电子线路中，一般可认为耦合电容、旁路电容对交流信号的容抗足够小，忽略不计，可视作短路。直流电源可看作是一个直流理想电压源，只有直流成分，不含交流成分，因此其交流电压为 0，在交流通路中，交流电压为 0，相当于交流接地。

图 2-2c 中，设 $u_i = \sqrt{2}U_i \sin\omega t$，则

$$i_b = \frac{u_i}{r_{be}} = \frac{\sqrt{2}U_i \sin\omega t}{r_{be}} = \sqrt{2}I_b \sin\omega t \tag{2-15}$$

式中，I_b 为 i_b 的有效值，$I_b = \dfrac{U_i}{r_{be}}$。

$$i_c = \beta i_b = \beta\sqrt{2}I_b \sin\omega t = \sqrt{2}I_c \sin\omega t \tag{2-16}$$

式中，I_c 为 i_c 的有效值，$I_c = \beta I_b$。

$$u_{ce} = -i_c(R_C /\!/ R_L) = -\sqrt{2}I_c R'_L \sin\omega t = -\sqrt{2}U_{ce} \sin\omega t \tag{2-17}$$

式中，$R_L' = R_C /\!/ R_L$，U_{ce} 为 u_{ce} 的有效值，$U_{ce} = I_c R_L'$。

（3）共射基本放大电路中的电压电流

根据上述直流通路和交流通路的分析，共射基本放大电路中的电压电流量 i_B、i_C、u_{CE} 均包含两种成分，即直流分量和交流分量：

$$i_B = I_B + i_b = I_B + \sqrt{2}I_b \sin\omega t \tag{2-18}$$

$$i_C = I_C + i_c = I_C + \sqrt{2}I_c \sin\omega t \tag{2-19}$$

$$u_{CE} = U_{CE} + u_{ce} = U_{CE} - \sqrt{2}U_{ce} \sin\omega t \tag{2-20}$$

上述三式表示，i_B、i_C、u_{CE} 均是在直流成分的基础上叠加了一个交流信号。

2.2.2 共射基本放大电路的分析

由于三极管是一个非线性元件，即其电压电流之间的函数关系是非线性的，且不能用一个明确的数学表达式描述其特征，因此很难用数学计算的方法精确计算其电压电流值。分析三极管放大电路的基本方法有图解法和微变等效电路法。

1. 图解法

图解法是根据三极管的输入输出特性曲线，求解三极管放大电路的电压电流值。

（1）由输入特性曲线求解基极电流 i_B（输入回路图解）

由输入特性曲线求解基极电流 i_B，如图 2-3b 所示，其中 U_{BEQ} 是加在三极管基极与发射极之间的静态电压（直流电压），约 $0.6 \sim 0.7\text{V}$（硅三极管），因此而产生静态基极电流 I_{BQ}。对应于三极管输入特性上的 Q 点（Q 点的横坐标为 U_{BEQ}，纵坐标为 I_{BQ}），而 u_i 是叠加在 U_{BEQ} 上的交流输入信号，当 u_i 按正弦规律变化时，三极管的 u_{BE} 也在 U_{BEQ} 的基础上按正弦规律变化，工作点 Q 沿着输入特性曲线在 $Q_1 Q_2$ 之间移动，产生的基极电流也按正弦规律变化。上述分析的条件是 u_i 很小，即小信号，在 Q 点附近的一小段输入特性可看作是线

性的，则当 u_i 为正弦时，i_b 也为正弦，即不产生明显的非线性失真。

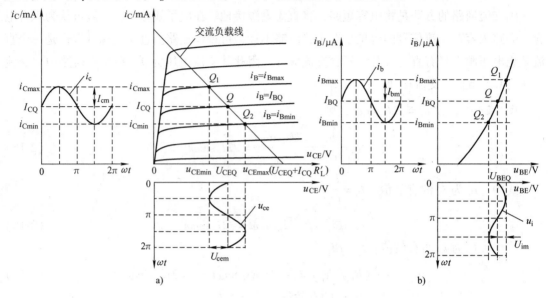

图 2-3　图解法分析共射基本放大电路

a）由输出特性图解 i_C、u_{CE}　b）由输入特性图解 i_B

（2）由输出特性曲线求解集电极电流 i_C 和集射电压 u_{CE}（输出回路图解）

1）直流负载线和交流负载线。

由输出特性曲线分析共射基本放大电路首先要作出直流负载线和交流负载线，如图 2-4 所示。

直流负载线根据式（2-14）作出，式（2-14）可改写为：$i_C = -\dfrac{1}{R_C}u_{CE} + \dfrac{V_{CC}}{R_C}$，若以 u_{CE} 作为自变量（横轴），i_C 作为应变量（纵轴），可画出该斜截式直线，该直线称为直流负载线。分别交横轴于 V_{CC}，交纵轴于 V_{CC}/R_C，交以静态基极电流（$i_B = I_{BQ}$）为参数的输出特性曲线于 Q，Q 的横坐标为 U_{CEQ}，纵坐标为 I_{CQ}，即为按式（2-14）和式（2-13）计算的静态值。

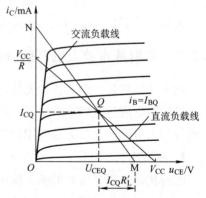

交流负载线是考虑输出端接负载 R_L 时的负载线，由于输出电容对交流信号可视作短路，因此三极管的

图 2-4　直流负载线和交流负载线

等效负载为 $R'_L = R_C // R_L$，R'_L 称为交流等效负载。经分析（此处不展开讨论），交流负载线是过静态工作点 Q，且斜率为 $-1/R'_L$ 的直线，交横轴于 M 点，M 点的横坐标为（$U_{CEQ} + I_{CQ}R'_L$），因此交流负载线的具体作法是连结 Q 点和横轴上的（$U_{CEQ} + I_{CQ}R'_L$）点。共射基本放大电路在输出端接负载 R_L 时，工作点 Q 将沿着交流负载线移动。在输出端开路（即 $R_L \to \infty$）时，工作点 Q 将沿着直流负载线移动（此时直流负载线与交流负载线重合）。

2）由输出特性求解 i_C 和 u_{CE}。

见图 2-3a，先在输出特性曲线上作出交流负载线，如前所述，该交流负载线交以静态基极电流（$i_B = I_{BQ}$）为参数的输出特性曲线于静态工作点 Q，并分别交 i_{Bmax} 和 i_{Bmin} 所对应的输出特性曲线于 Q_1、Q_2 点，当 i_b 按正弦规律变化时，工作点 Q 沿着交流负载线在 Q_1Q_2 间移动，产生的集电极电流 i_c 和集射电压 u_{ce} 也按正弦规律变化。

（3）共射基本放大电路电压电流波形

分析图 2-3，可以画出共射基本放大电路电压电流波形，如图 2-5 所示。其中：

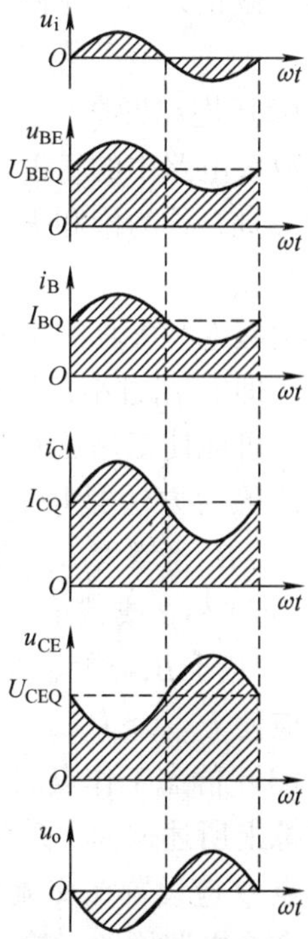

u_i 是加在放大电路输入端的输入电压，电压幅度很小，电容隔直后，可认为不含直流成分。

u_{BE} 是加在三极管基极和发射极间的电压，包含两种成分：直流成分 U_{BEQ} 和叠加在其上的交流信号 u_i。

i_B 是由于三极管 u_{BE} 作用下产生的基极电流，包含两种成分：直流成分 I_{BQ} 和叠加在其上的交流信号 i_b。表达式见式（2-18）。

i_C 是三极管电流放大作用产生的集电极电流，包含两种成分：直流成分 I_{CQ} 和叠加在其上的交流信号 i_c。其中 I_{CQ} 是 I_{BQ} 的 β 倍，i_c 是 i_b 的 β 倍，直流和交流分别被放大了 β 倍，表达式见式（2-19）。

u_{CE} 是三极管集电极与发射极间的电压，也包含两种成分：直流成分 U_{CEQ} 和叠加在其上的交流信号 u_{ce}。其中直流成分 $U_{CEQ} = V_{CC} - I_{CQ}R_C$，交流成分 $u_{ce} = -i_c R'_L$，负号代表 u_{ce} 与 i_c 反相。表达式见式（2-20）。

图 2-5 放大电路中的电压电流波形

u_o 是 u_{CE} 隔断直流成分后剩余的交流信号，$u_o = u_{ce}$。很明显，输出电压 u_o 与输入电压 u_i 相比，被有效放大了；u_o 的相位与 u_i 相反。

图解法可以全面反映三极管的工作情况，比较直观，既能作静态分析，又能作动态分析，尤其是能分析非线性失真的情况。但图解法不够精确（一般不易得到比较精确的三极管输入输出特性曲线），比较麻烦，因而限制了它的应用。

2. 非线性失真

由于三极管为非线性元件，严格来讲，经三极管放大的信号肯定存在非线性失真。问题是这种非线性失真是否在技术指标允许范围内。本节要讨论的问题是非线性失真的两种极端情况：截止失真和饱和失真。

（1）截止失真

放大电路中的三极管有部分时间工作在截止区而引起的失真，称为截止失真。截止失真的波形如图 2-6 所示。

引起截止失真的主要原因是 I_{BQ} 过小，Q 点在截止区或靠近截止区；另外，若输入信号过大，信号负半周时，有可能使工作点 Q 进入截止区，产生截止失真。

改善的方法是增大 I_B。根据式（2-12），$I_B = \dfrac{V_{CC} - U_{BEQ}}{R_B}$，增大 I_B 有三条途径：①增大 V_{CC}，V_{CC} 一般不能随意增大；②减小 V_{BE}，$V_{BE} = 0.6 \sim 0.7$（硅管），是三极管固有参数；③减小 R_B，这是一个好方法。为了避免截止失真，应使 $U_{BEQ} > U_{im}$，即 $I_{BQ} > I_{bm}$、$I_{CQ} > I_{cm}$。

（2）饱和失真

放大电路中的三极管有部分时间工作在饱和区而引起的失真，称为饱和失真。饱和失真的波形如图 2-6 所示。

引起饱和失真的主要原因是 Q 点在饱和区或靠近饱和区，即 U_{CEQ} 过小；另外若输入信号过大，信号正半周时，有可能使工作点 Q 进入饱和区，产生饱和失真。

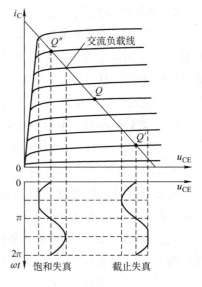

图 2-6　截止失真和饱和失真

改善的方法是增大 U_{CE}。根据式（2-14），$U_{CE} = V_{CC} - I_{CQ}R_C$，增大 U_{CE} 有三条途径：可增大 V_{CC}，减小 I_{CQ} 或减小 R_C。而 $I_{CQ} = \beta I_{BQ}$，减小 I_{CQ}，可减小 β 或减小 I_{BQ}；而减小 I_{BQ}，又可增大 R_B。因此欲改善饱和失真，增大 V_{CC}，减小 R_C，减小 β，增大 R_B 都能获得一定效果，其中增大 R_B 是最好的方法。为了避免饱和失真，应使 $U_{CEQ} > U_{cem} + U_{CES}$。

（3）静态工作点的设置

综上所述，为了避免产生截止失真和饱和失真，取得放大电路最大输出动态范围，静态工作点 Q 应设置在交流负载线的中点，但设置静态工作点主要不是从上述两个因素出发，还应考虑电路增益、输入电阻、功耗、效率、噪声等，如工作点低，噪声小；静态发射极电流 I_{EQ} 小，三极管输入电阻 r_{be} 大，放大电路增益低；静态集电极电流小，三极管功耗小，放大电路效率高。一般来说，当输入信号较小时，静态工作点可设置低一些；输入信号较大时，可以适当抬高工作点。

（4）静态工作点的调节

影响放大电路静态工作点的电路参数很多，但并不是每一个电路参数都适宜用来调节放大电路的静态工作点。一般来说，在调节静态工作点的同时，不希望改变电路的其他性能指标，如电压增益、输入电阻、电源电压等。

改变 R_C，将改变放大电路的电压增益和输出电阻；改变 β，需换三极管。只有改变 R_B 最为方便有效，且对电路的其他性能指标基本无影响。如图 2-7 所示，R_B 一般可分成两部分，$R_B = R_B' + R_P$，以免调节 R_P 至 0 时三极管电流过大而损坏。

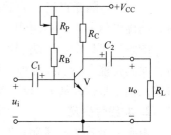

图 2-7　静态工作点调节

【例 2-1】　共射基本放大电路如图 2-7 所示，$V_{CC} = 6\text{V}$，$V_{BEQ} = 0.6\text{V}$，$U_{CES} = 0.1\text{V}$，$\beta = 60$，$R_B' = 100\text{k}\Omega$，$R_C = 2\text{k}\Omega$，$R_L = 2.7\text{k}\Omega$。试求：

1）要使 $u_i = 0$ 时，$U_{CE} = 2.2V$，应调节 $R_P = ?$

2）若 R_P 调至 0，会出现什么情况？如何防止三极管进入饱和区？

3）若输入电压 u_i 为正弦波，用示波器观察到输出电压 u_o 的波形如图 2-8a 所示，试判断属何种失真？如何调整？

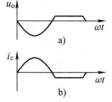

图 2-8　例 2-1 失真波形

解：1）$u_i = 0$ 时，即为静态分析，$U_{CEQ} = U_{CE} = 2.2V$

因 $U_{CEQ} = V_{CC} - I_{CQ}R_C$，故 $I_{CQ} = \dfrac{V_{CC} - U_{CEQ}}{R_C} = \left(\dfrac{6 - 2.2}{2k}\right)\text{mA} = 1.9\text{mA}$

因 $I_{BQ} = \dfrac{V_{CC} - U_{BEQ}}{R_B}$，故 $R_B = \dfrac{V_{CC} - U_{BEQ}}{I_B} = \dfrac{V_{CC} - U_{BEQ}}{I_C/\beta} = \dfrac{6 - 0.6}{1.9/60}\text{k}\Omega = 171\text{k}\Omega$

$R_P = R_B - R'_B = (171 - 100)\text{k}\Omega = 71\text{k}\Omega$

2）$R_P = 0$ 时，$I_{BQ} = \dfrac{V_{CC} - U_{BEQ}}{R'_B} = \dfrac{6 - 0.6}{100k}\text{mA} = 54\mu\text{A}$

$I_{CQ} = \beta I_{BQ} = 60 \times 54\mu\text{A} = 3.24\text{mA}$

$U_{CEQ} = V_{CC} - I_{CQ}R_C = (6 - 3.24 \times 2)\text{V} = -0.48\text{V}$

U_{CEQ} 不可能出现负值，说明三极管已进入饱和状态，实际情况是：

$U_{CEQ} = U_{CES} = 0.1\text{V}$

$I_{CQ} = \dfrac{V_{CC} - U_{CEQ}}{R_C} = \dfrac{V_{CC} - U_{CES}}{R_C} = \left(\dfrac{6 - 0.1}{2}\right)\text{mA} = 2.95\text{mA}$

I_{BQ} 仍为 $54\mu\text{A}$，此时，I_{CQ} 与 I_{BQ} 已不成比例。为防止 R_P 误调至 0，三极管进入饱和区，应改变与之串联的 R'_B 值。三极管在临界线性放大区时，$I_{BQ} = I_{CQ}/\beta = (2.95/60)\text{mA} = 49.2\mu\text{A}$，则

$R_B = \dfrac{V_{CC} - U_{BEQ}}{I_{BQ}} = \dfrac{6 - 0.6}{49.2 \times 10^{-6}}\Omega = 110\text{k}\Omega$

因此，应取 $R'_B > 110\text{k}\Omega$，可避免 R_P 误调至 0 时，三极管进入饱和区。

需要指出的是，三极管进入饱和区是一个渐进过程，没有清晰的分界点，上述估算仅为设计提供参考参数。

3）因输出电压 u_o 与输入电压反相（包括与 i_b、i_c 反相），根据 u_o 波形可画出 i_c 波形，如图 2-8b 所示，i_c 为负值时失真属截止失真（i_c 为正值时失真属饱和失真）。调整的方法是增大 I_{BQ}，即减小 R_P，直至输出波形 u_o 趋于正弦。

3. 微变等效电路法

微变等效电路法是利用三极管 h 参数等效电路对三极管放大电路进行动态分析。

（1）三极管 h 参数等效电路

三极管 h 参数共有 4 项：输出端交流短路时输入电阻 h_{ie}（r_{be}）、输出端交流短路时电流放大系数 h_{fe}（β）、输入端交流开路时输出电导 h_{oe}（$1/r_{ce}$）和输入端交流开路时电压传输系数 h_{re}（μ_r）。其中输入电阻 r_{be} 和电流放大系数 β 最为常用，可组成简化的三极管 h 参数等效电路，如图 2-9a 所示。

输入电阻 r_{be} 可按下式计算：$r_{be} = r_{bb'} + (1+\beta)\dfrac{26\text{mV}}{I_{EQ}(\text{mA})}\Omega$　　　　　　(2-21)

上式中，$r_{bb'}$ 为三极管基区体电阻，对于小功率三极管，$r_{bb'}$ 约 200Ω；26mV 是温度电压

当量，在室温（300K）时的数值［参阅1.1.2节中式（1-1）］；I_{EQ}是三极管发射极静态电流（单位：mA，一般可以I_{CQ}代入，因$I_{CQ} \approx I_{EQ}$）。

需要说明的是，h参数等效电路适用范围为交流、低频、小信号。所谓"微变"，是在工作点Q附近"微变"，"微"是指小信号，"变"是指交流。

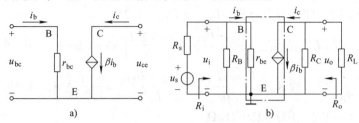

图2-9 h参数微变等效电路

a）三极管等效电路 b）放大电路等效电路

（2）共射基本放大电路的微变等效电路分析法

三极管是一个非线性元件，不能用线性电路的分析方法对其分析，但在"微变"条件下，其一小段特性曲线可近似看作是线性的。此处的"微"是指小信号，"变"是指交流。因此，可用线性电路的分析方法对三极管h参数等效电路在小信号条件下进行交流（动态）分析，但不能用于静态分析。图2-9b为共射基本放大电路的微变等效电路。

1）电压放大倍数：$A_u = \dfrac{u_o}{u_i} = \dfrac{-I_c R'_L}{I_b r_{be}} = \dfrac{-\beta I_b R'_L}{I_b r_{be}} = \dfrac{-\beta R'_L}{r_{be}}$　　　　　　(2-22)

式中R'_L为共射基本放大电路输出端等效负载，$R'_L = R_C /\!/ R_L$。

2）输入电阻：$R_i = R_B /\!/ r_{be} \approx r_{be}$　　　　　　　　　　　　　　(2-23)

一般情况下，$r_{be} << R_B$，并联时R_B可忽略不计。

3）输出电阻：$R_o = r_{ce} /\!/ R_C \approx R_C$　　　　　　　　　　　　　(2-24)

根据式2-11，求解R_o时，u_s应短路；u_s短路后，$I_b = 0$；$I_b = 0$后，$\beta I_b = 0$，相当于开路。因此$R_o = r_{ce} /\!/ R_C$，其中r_{ce}为三极管输出电阻（图中未画出，$r_{ce} = 1/h_{oe}$），一般$r_{ce} >> R_C$，所以，$R_o \approx R_C$。

【例2-2】已知共射基本放大电路如图2-2a所示，$\beta = 80$，$U_{BEQ} = 0.7V$，$r_{bb'} = 200\Omega$，$R_B = 470k\Omega$，$R_C = 3.9k\Omega$，$R_L = 6.2k\Omega$，$R_s = 3.3k\Omega$，$u_s = 20\sin\omega t$（mV），$V_{CC} = 12V$，试求：

1）I_{BQ}、I_{CQ}、U_{CEQ}；

2）画微变等效电路；

3）A_u、A_{us}、R_i、R_o、u_o。

解： 1）$I_{BQ} = \dfrac{V_{CC} - U_{BEQ}}{R_B} = \dfrac{12 - 0.7}{470}mA = 24.0\mu A$

$I_{CQ} = \beta I_{BQ} = 80 \times 24 \times 10^{-3}mA = 1.92mA$

$U_{CEQ} = V_{CC} - I_{CQ}R_C = (12 - 1.92 \times 3.9)V = 4.51V$

2）画微变等效电路如图2-9b所示。

3）$r_{be} = r_{bb'} + (1 + \beta)\dfrac{26mV}{I_{EQ}} = \left[200 + (1 + 80)\dfrac{26}{1.92}\right]\Omega = 1.30k\Omega$

$A_u = \dfrac{-\beta R'_L}{r_{be}} = -\dfrac{80 \times (3.9 /\!/ 6.2)}{1.30} = -147$

$$R_i = R_B /\!/ r_{be} \approx r_{be} = 1.30 \text{k}\Omega$$

$$R_o = R_C = 3.9 \text{k}\Omega$$

$$A_{us} = A_u \frac{R_i}{R_s + R_i} = -147 \times \frac{1.30}{3.3 + 1.3} = -41.5$$

$$u_o = A_{us} u_i = -41.5 \times 20 \sin\omega t = -830 \sin\omega t \quad (\text{mV})$$

2.2.3 静态工作点稳定电路

1. 温度对三极管参数的影响

半导体元件，包括晶体管，对温度极其敏感，温度变化，其参数也发生变化。三极管对温度的敏感主要反映在参数 I_{CBO}、β 和 U_{BE} 上：

1）温度每升高 10℃，I_{CBO} 就增加一倍；

2）温度每升高 1℃，β 相对增大 0.5% ~ 1%；

3）温度每升高 1℃，$|U_{BE}|$ 减小 2 ~ 2.5mV。

小功率硅三极管的 I_{CBO} 很小，随温度的变化可忽略不计，β 和 U_{BE} 为主要影响因素；锗三极管 I_{CBO} 为主要影响因素。

2. 温度对放大电路静态工作点的影响

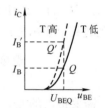

图 2-10 三极管 U_{BE} 变化对 I_B 的影响

上述受温度影响的三极管参数最终均反映在对三极管放大电路静态工作点的影响。三极管集电极电流 $I_C = \beta I_B + (1+\beta) I_{CBO}$，温度升高时，$\beta$ 增大，I_{CBO} 增大，均使 I_C 增大。而温度升高 $|U_{BE}|$ 下降，同样促使 I_C 增大，如图 2-10 所示，虚线所示为温度升高后的三极管输入特性曲线，显然，若三极管基极、发射极之间所加电压 U_{BE} 相同，温度较高时，产生的基极电流 I_B' 比温度较低时产生的基极电流 I_B 要大。I_B 增大，最终也引起 I_C 增大。因此，温度升高，使三极管三项参数变化，最终结果均使 I_C 增大。

I_C 增大后，将引起集电结功耗增大，使三极管温度进一步升高，甚至引起恶性循环，最终导致三极管热击穿而损坏。

因此，静态工作点的稳定（即 I_{CQ} 的稳定）成为放大电路稳定工作的重要因素。

3. 分压式偏置电路

分压式偏置电路能稳定三极管放大电路的静态工作点。电路形式如图 2-11a 所示，与共射基本放大电路相比有如下区别：

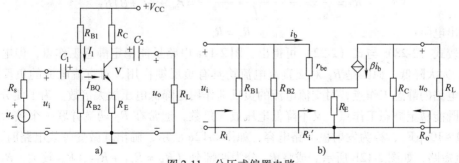

图 2-11 分压式偏置电路

a）电路 b）微变等效电路

1）基极电压有 R_{B1}、R_{B2} 分压；

2）发射极串入射极电阻 R_E。

（1）稳定静态工作点的工作原理

在满足 $I_1 \gg I_{BQ}$ 的条件下，三极管基极电压 U_{BQ} 可认为由 R_{B1}、R_{B2} 分压而得：

$$U_{BQ} = \frac{V_{CC}R_{B2}}{R_{B1} + R_{B2}} \tag{2-25}$$

$$I_{BQ} = \frac{U_{BQ} - U_{BEQ}}{(1 + \beta)R_E} \tag{2-26}$$

$I_C = \beta I_B = \dfrac{\beta(U_{BQ} - U_{BEQ})}{(1 + \beta)R_E} \approx \dfrac{U_{BQ} - U_{BEQ}}{R_E}$，若满足 $U_{BQ} \gg U_{BEQ}$，则：

$$I_C \approx \frac{U_{BQ}}{R_E} = \frac{V_{CC}R_{B2}}{R_E(R_{B1} + R_{B2})} \tag{2-27}$$

式（2-27）表明，在满足 $I_1 \gg I_{BQ}$ 和 $U_{BQ} \gg U_{BEQ}$ 条件下，集电极电流 I_C 与受温度影响而变化的参数 β、U_{BE} 无关。且 U_B 基本固定后，若由于某种原因（例温度上升引起 I_{CBO} 增大等）使 I_C 增大，则 U_E 上升（$U_{EQ} = I_{CQ}R_E$），加在三极管基极与射极间电压 U_{BE} 减小（$U_{BEQ} = U_{BQ} - U_{EQ}$），致使 I_C 减小，具有电流负反馈作用（负反馈概念将在 2.6 展开）。上述稳定 I_C 的过程可表示为：

$$温度\ T \uparrow \rightarrow I_{CQ} \uparrow \rightarrow U_{EQ} \uparrow \xrightarrow{\ (U_{BQ}不变)\ } U_{BEQ} \downarrow \rightarrow I_{BQ} \downarrow \rightarrow I_{CQ} \downarrow$$

需要指出的是，上述分析是建立在 $I_1 \gg I_{BQ}$、$U_{BQ} \gg U_{BEQ}$ 条件的基础上，因此：①$R_{B1}R_{B2}$ 不能太大。太大了，I_1 变小，不能满足条件；②R_E 足够大。R_E 具有电流负反馈作用（负反馈概念参阅 2.6 节），是稳定 I_C 的关键元件，R_E 越大，电流负反馈作用越强，I_C 稳定性越好。

（2）分压式偏置电路性能分析

根据图 2-11a 电路，画出分压式偏置电路的微变等效电路，如图 2-11b 所示。

电压放大倍数：$\quad A_u = \dfrac{U_o}{U_i} = \dfrac{-\beta I_b R'_L}{I_b r_{be} + (1 + \beta)I_b R_E} = \dfrac{-\beta R'_L}{r_{be} + (1 + \beta)R_E} \tag{2-28}$

输入电阻：$\quad R_i = R_{B1} /\!/ R_{B2} /\!/ R'_i = R_{B1} /\!/ R_{B2} /\!/ [r_{be} + (1 + \beta)R_E] \tag{2-29}$

式中，R'_i 为从三极管基极 B 与接地端看进去的等效电阻，其值为

$$R'_i = \frac{U_i}{I_b} = \frac{I_b r_{be} + (1 + \beta)I_b R_E}{I_b} = r_{be} + (1 + \beta)R_E$$

输出电阻：$\qquad\qquad\qquad R_o = R_C \tag{2-30}$

比较式（2-28）与式（2-22）可得出，图 2-11a 电路虽能稳定静态工作点，但电压放大倍数 A_u 大大降低，原因是 R_E 对交直流电流均具有负反馈作用，对直流电流的负反馈作用是稳定电路的静态工作点，对交流电流的负反馈作用是降低电压放大倍数。为了使分压式偏置电路既能稳定静态工作点，又不降低电压放大倍数，通常在 R_E 两端并联一个较大的电容 C_E（20～100μF），称为发射极旁路电容，如图 2-12a 所示，画出其微变等效电路时，R_E 被 C_E 交流短路，如图 2-12b 所示。或将 R_E 分为两部分（$R_E = R_{E1} + R_{E2}$，R_{E2} 较大，R_{E1} 较小，一般为几欧姆～几十欧姆），R_{E1} 不并联电容，R_{E2} 并联电容 C_E，如图 2-13a 所示，其微变等

效电路如图 2-13b 所示。

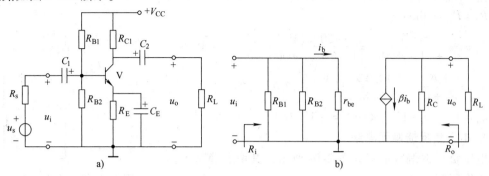

图 2-12　具有射频旁路电容的分压式偏置电路

a) 电路　b) 微变等效电路

【例 2-3】　分压式偏置电路如图 2-13a 所示，已知 $V_{CC} = 24V$，$\beta = 50$，$r_{bb'} = 300\Omega$，$U_{BEQ} = 0.6V$，$U_s = 1mV$，$R_s = 1k\Omega$，$R_{B1} = 82k\Omega$，$R_{B2} = 39k\Omega$，$R_C = 10k\Omega$，$R_{E1} = 200\Omega$，$R_{E2} = 7.5k\Omega$，$R_L = 9.1k\Omega$，$C_1 = C_2 = 10\mu F$，$C_E = 47\mu F$，试求：

1）静态工作点；

2）画微变等效电路；

3）r_{be}、R_i、R_o、A_u、A_{us}、U_o。

解：1）$U_{BQ} = \dfrac{V_{CC}R_{B2}}{R_{B1} + R_{B2}} = \dfrac{24 \times 39}{82 + 39}V = 7.74V$

$I_{BQ} = \dfrac{U_{BQ} - U_{BEQ}}{(1 + \beta)(R_{E1} + R_{E2})} = \dfrac{7.74 - 0.6}{(1 + 50)(7.5 + 0.2)}mA = 18.2\mu A$

$I_{CQ} = \beta I_{BQ} = 50 \times 18.2 \times 10^{-3}mA = 0.910mA$

$U_{CEQ} = U_{CC} - I_{CQ}(R_C + R_{E1} + R_{E2}) = [24 - 0.910 \times (10 + 7.5 + 0.2)]V = 7.89V$

2）微变等效电路如图 2-13b 所示，其中 R_{E2} 被电容 C_E 交流短路，微变等效电路中不须画出，对动态性能无影响；R_{E1} 未被电容 C_E 交流短路，微变等效电路中仍须画出，对动态性能也有影响。

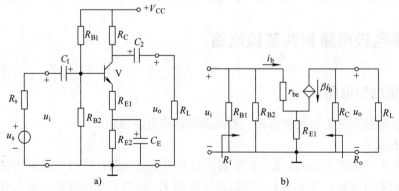

图 2-13　例 2-3 电路

a) 电路　b) 微变等效电路

3）$r_{be} = r_{bb'} + (1 + \beta)\dfrac{26mV}{I_{EQ}} = \left[300 + (1 + 50)\dfrac{26}{0.91}\right]\Omega = 1.76k\Omega$

$$R_i = R_{B1} /\!/ R_{B2} /\!/ [r_{be} + (1+\beta)R_{E1}] = 82 /\!/ 39 /\!/ [1.76 + (1+50) \times 0.2] k\Omega = 8.23k\Omega$$

$$R_o = R_C = 10k\Omega$$

$$A_u = \frac{-\beta R'_L}{r_{be} + (1+\beta)R_{E1}} = \frac{-50 \times (10 /\!/ 9.1)}{1.76 + (1+50) \times 0.2} = -19.9$$

$$A_{us} = \frac{A_u R_i}{R_s + R_i} = \frac{-19.9 \times 8.23}{1 + 8.23} = -17.7$$

$$u_o = A_{us}u_i = -17.7 \times 1mV = -17.7mV$$

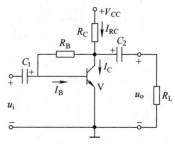

图 2-14 电压负反馈电路

4. 电压负反馈偏置电路

电压负反馈偏置电路如图 2-14 所示，其稳定静态工作点的工作原理是：

温度 $T\uparrow \to I_C\uparrow \to I_{RC}\uparrow \to U_C\downarrow \to I_B\downarrow \to I_C\downarrow$

【复习思考题】

2.4　画出共射基本放大电路，并叙述电路中各元件的作用。

2.5　如何根据放大电路画出直流通路和交流通路？

2.6　定性画出共射基本放大电路中 u_i、u_{BE}、i_B、i_C、u_{CE}、u_o 的波形（设 u_i 为正弦波）。并写出其表达式，叙述其组成成分。

2.7　三极管放大电路中的电流电压既有直流，又有交流，还有交直流并存，在书写形式上如何区分？

2.8　什么叫截止失真和饱和失真？其原因是什么？

2.9　共射基本放大电路调节静态工作点为什么以调节 R_B 最为方便有效？

2.10　叙述温度对三极管参数 I_{CBO}、β、U_{BE} 的影响。

2.11　叙述分压式偏置电路稳定静态工作点的条件。

2.12　为什么要在 R_E 两端并联大电容？

【相关习题】

选做 2.8 习题中的填空题：2.3~2.8；选择题：2.31~2.34；分析计算题：2.54~2.66。

2.3　共集电极电路和共基极电路

2.3.1　共集电极电路

共集电极电路也称为射极输出器、射极跟随器或电压跟随器。

1. 电路形式

共集电极电路如图 2-15a 所示，初学者初看共集电极电路往往对电路输入输出的公共端是集电极感到不可理解，在 2.2.1 中曾提出接电源 V_{CC} 相当于交流接地，画出其交流通路如图 2-15b 所示，电路输入输出的公共端是集电极。

2. 静态分析

画出其直流通路如图 2-15c 所示，列出其 KVL 方程：

$$V_{CC} = I_{BQ}R_B + U_{BE} + I_E R_E = I_{BQ}R_B + U_{BE} + (1+\beta)I_{BQ}R_E$$

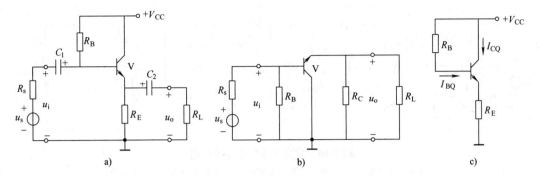

图 2-15　共集电极电路

a) 共集电路　b) 交流通路　c) 直流通路

$$I_{BQ} = \frac{V_{CC} - U_{BEQ}}{R_B + (1 + \beta) R_E} \qquad (2\text{-}31)$$

$$I_{CQ} = \beta I_{BQ} \qquad (2\text{-}32)$$

$$U_{CEQ} = V_{CC} - I_{EQ} R_E \approx V_{CC} - I_{CQ} R_E \qquad (2\text{-}33)$$

3. 动态分析

画出其微变等效电路，如图 2-16a 所示。

电压放大倍数：$A_u = \dfrac{U_o}{U_i} = \dfrac{(1 + \beta) I_b R'_L}{I_b r_{be} + (1 + \beta) I_b R'_L} = \dfrac{(1 + \beta) R'_L}{r_{be} + (1 + \beta) R'_L}$ $\qquad (2\text{-}34)$

上式表明，共集电极电路的电压放大倍数小于 1，接近于 1；无负号为输入输出电压同相。

输入电阻：$R_i = R_B /\!/ R'_i = R_B /\!/ [r_{be} + (1 + \beta) R'_L]$ $\qquad (2\text{-}35)$

式中 R'_i 为从三极管基极看进去的等效电阻，$R_i = \dfrac{U_i}{I_b} = \dfrac{I_b r_{be} + (1 + \beta) I_b R'_L}{I_b} = r_{be} + (1 + \beta) R'_L$，

R'_L 为共集电极电路输出端等效负载，$R'_L = R_E /\!/ R_L$。

求输出电阻 R_o，按式（2-11）所述方法，U_s 应短路，R_L 应开路，并在输出端外加电压 u 产生电流 i，画出其等效电路如图 2-16b 所示，整理改画后如图 2-16c 所示。

$$R_o = \frac{u}{i} = \frac{U}{I_{RE} - \beta I_b - I_b} = \frac{U}{I_{RE} - (1 + \beta) I_b}$$

$$= \frac{U}{\dfrac{U}{R_E} + (1 + \beta) \left[\dfrac{U}{r_{be} + (R_s /\!/ R_B)} \right]} = \frac{1}{\dfrac{1}{R_E} + \dfrac{1}{\dfrac{r_{be} + R'_s}{1 + \beta}}} = R_E /\!/ \left(\frac{r_{be} + R'_s}{1 + \beta} \right) \approx \frac{r_{be} + R'_s}{1 + \beta} \qquad (2\text{-}36)$$

其中，$R'_s = R_s /\!/ R_B$，当信号源内阻 $R_s = 0$ 时，$R'_s = 0$，$R_o \approx \dfrac{r_{be}}{1 + \beta}$ $\qquad (2\text{-}37)$

上式表明共集电极电路输出电阻很小，一般只有十几到几十欧。

4. 共集电路的主要特点

从上述动态分析可以得出共集电极电路（射极输出器）具有以下主要特点：

1）电压放大倍数小于 1，接近于 1；

2）输入输出电压同相；

3）输入电阻大；

4）输出电阻小；

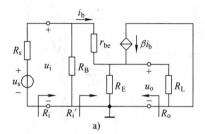 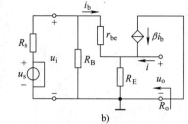 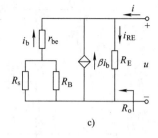

图 2-16 共集电极微变等效电路

a）微变等效电路 b）求输出电阻等效电路 c）求输出电阻简化的等效电路

5）具有电流放大和功率放大作用。

5. 共集电路的主要用途

1）用作多级放大器的输入级。由于射极输出器输入电阻高，为减小放大器对信号源电流的索取，射极输出器常用作多级放大器的输入级。

2）用作多级放大器的输出级。由于射极输出器输出电阻小，表明带负载能力强。另外，射极输出器虽然没有电压放大作用，但仍具有电流放大和功率放大作用。因此，射极输出器常用于多级放大器的输出级或功率放大器。

3）用作多级放大器的中间级。由于射极输出器输入电阻大，输出电阻小，因此用作中间级时，可起到阻抗变换、前后级隔离和缓冲的作用。射极输出器作为中间级虽然没有电压放大作用，但起到阻抗变换匹配作用后，提高了整个电路功率放大的效率，改善了电路的整体性能。

4）射极输出器输入输出电压同相，直流电压仅相差一个 U_{BE}，具有电压跟随作用。输入信号经射极输出器放大后，相位不变，电压略低一点，却大大提高了带负载的能力。

射极输出器在电子线路中有着极其广泛的应用。

【例 2-4】 已知共集电极电路如图 2-15a 所示，$V_{CC} = 24V$，$\beta = 50$，$r_{bb'} = 200\Omega$，$U_{BEQ} = 0.7V$，$R_B = 360k\Omega$，$R_E = 5.1k\Omega$，$R_L = 6.2k\Omega$，$C_1 = C_2 = 10\mu F$，试求：

1）静态工作点；

2）画微变等效电路；

3）r_{be}、A_u、R_i、R_o。

解：1）$I_{BQ} = \dfrac{V_{CC} - U_{BEQ}}{R_B + (1 + \beta) R_E} = \dfrac{24 - 0.7}{360 + (1 + 50) \times 5.1} mA = 37.6\mu A$

$I_{CQ} = \beta I_{BQ} = 50 \times 37.6 \times 10^{-3} mA = 1.88mA$

$U_{CEQ} = V_{CC} - I_{CQ} R_E = (24 - 1.88 \times 5.1)V = 14.4V$

2）微变等效电路如图 2-16a 所示。

3）$r_{be} = r_{bb'} + (1 + \beta)\dfrac{26mV}{I_{EQ}} = \left[200 + (1 + 50)\dfrac{26}{1.88}\right]\Omega = 0.905k\Omega$

$A_u = \dfrac{(1 + \beta) R'_L}{r_{be} + (1 + \beta) R'_L} = \dfrac{(1 + 50)(5.1 /\!/ 6.2)}{0.905 + (1 + 50)(5.1 /\!/ 6.2)} = 0.994$

$R_i = [r_{be} + (1 + \beta) R'_L] /\!/ R_B = [0.905 + (1 + 50)(5.1 /\!/ 6.2)] /\!/ 360k\Omega = 102.7k\Omega$

$R_o = R_E /\!/ \dfrac{r_{be} + R'_s}{1 + \beta} \approx \dfrac{r_{be}}{1 + \beta} = \dfrac{0.905}{1 + 50}\Omega = 17.7\Omega$

2. 3. 2 共基极电路

1. 电路形式

共基极电路如图 2-17a 所示，基极电容 C_B 足够大，可认为对交流信号相当于短路，在图 2-17c 交流通路中基极是电路输入输出的公共端。

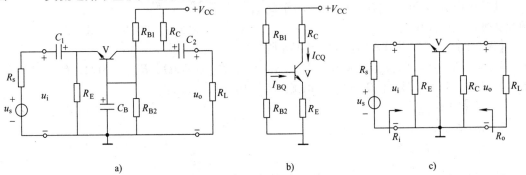

图 2-17 共基极电路

a) 电路 b) 直流通路 c) 交流通路

2. 静态分析

图 2-17a 所示共基极电路的直流通路如图 2-17b 所示，与共射分压偏置电路相同，求解静态工作点方法也相同。

$$U_{BQ} = \frac{V_{CC}R_{B2}}{R_{B1} + R_{B2}} \tag{2-38}$$

$$I_{BQ} = \frac{U_{BQ} - U_{BEQ}}{(1 + \beta) R_E} \tag{2-39}$$

$$I_{CQ} = \beta I_{BQ} \tag{2-40}$$

$$U_{CEQ} = V_{CC} - I_{CQ}(R_C + R_E) \tag{2-41}$$

3. 动态分析

微变等效电路如图 2-18 所示。

$$A_u = \frac{U_o}{U_i} = \frac{-\beta I_b R'_L}{-I_b r_{be}} = \frac{\beta R'_L}{r_{be}} \tag{2-42}$$

$$A_i = \frac{I_o}{I_i} \approx \frac{-I_c}{-I_e} = \alpha \tag{2-43}$$

α 为三极管共基极电流放大系数。上式表明，共基电路电流放大倍数小于 1，接近于 1。

$$R'_i = \frac{U_i}{-I_e} = -\frac{I_b r_{be}}{(1 + \beta) I_b} = \frac{r_{be}}{1 + \beta}$$

$$R_i = R_E /\!/ R'_i = R_E /\!/ \frac{r_{be}}{1 + \beta} \approx \frac{r_{be}}{1 + \beta} \tag{2-44}$$

上式表明，共基极电路输入电阻很小。

$$R_o = R_C \tag{2-45}$$

求共基电路 R_o 时，$U_s = 0$，$I_b = 0$，$\beta I_b = 0$，相当于开路。因此 $R_o = R_C$。

4. 共基极电路的主要特点

从上述动态分析可以得出共基极电路有如下特点：

1) 电流放大倍数小于1，接近于1；

2) 输入输出电压同相；

3) 输入电阻小；

4) 输出电阻大；

5) 具有电压放大和功率放大作用。

共基极电路高频特性好，广泛应用于高频及宽带放大电路中。

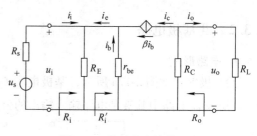

图 2-18　共基微变等效电路

【例 2-5】　已知共基极电路如图 2-17a 所示，$V_{CC} = 12V$，$\beta = 60$，$r_{bb'} = 300\Omega$，$U_{BEQ} = 0.6V$，$R_{B1} = 47k\Omega$，$R_{B2} = 18k\Omega$，$R_C = 1.3k\Omega$，$R_E = 2.7k\Omega$，$R_L = 1.2k\Omega$，$C_1 = C_2 = 10\mu F$，$C_B = 100\mu F$，试求：

1) 静态工作点；

2) 画微变等效电路；

3) r_{be}、A_u、R_i、R_o。

解： 1)　$U_{BQ} = \dfrac{V_{CC}R_{B2}}{R_{B1} + R_{B2}} = \dfrac{12 \times 18}{47 + 18}V = 3.32V$

$I_{BQ} = \dfrac{U_{BQ} - U_{BEQ}}{(1 + \beta)R_E} = \dfrac{3.32 - 0.6}{(1 + 60) \times 2.7}mA = 16.5\mu A$

$I_{CQ} = \beta I_{BQ} = 60 \times 16.5 \times 10^{-3}mA = 0.990mA$

$U_{CEQ} = V_{CC} - I_{CQ}(R_C + R_E) = [12 - 0.990 \times (1.3 + 2.7)]V = 8.04V$

2) 微变等效电路如图 2-18 所示。

3)　$r_{be} = r_{bb'} + (1 + \beta)\dfrac{26mV}{I_{EQ}} = \left[300 + (1 + 60)\dfrac{26}{0.990}\right]\Omega = 1.90k\Omega$

$A_u = \dfrac{\beta R'_L}{r_{be}} = \dfrac{60 \times (1.3 /\!/ 1.2)}{1.90} = 19.7$

$R_i = R_E /\!/ \dfrac{r_{be}}{1 + \beta} = 2.7 /\!/ \dfrac{1.90}{1 + 60}k\Omega = 30.8\Omega$

$R_o = R_C = 1.3k\Omega$

5. 放大电路三种基本组态比较

共射、共集、共基三种基本组态放大电路的特性比较见表 2-1。

表 2-1　三种基本组态放大电路的特性比较

	共射电路	共集电路	共基电路
电路图	（见电路图） $(R'_L = R_C /\!/ R_L)$	（见电路图） $(R'_L = R_E /\!/ R_L)$	（见电路图） $(R'_L = R_C /\!/ R_L)$

	共射电路	共集电路	共基电路
微变等效电路			
静态工作点	$I_B = \dfrac{U_{CC} - U_{BE}}{R_B}$ $I_C = \beta I_B$ $U_{CE} = U_{CC} - I_C R_C$	$I_B = \dfrac{U_{CC} - U_{BE}}{R_B + (1 + \beta) R_E}$ $I_C = \beta I_B$ $U_{CE} = U_{CC} - I_C R_E$	$I_B = \dfrac{U_B - U_{BE}}{(1 + \beta) R_E}$, $\left(U_B = \dfrac{R_{B2} U_{CC}}{R_{B1} + R_{B2}} \right)$ $I_C = \beta I_B$ $U_{CE} = U_{CC} - I_C (R_C + R_E)$
R_i	$R_B \ // \ r_{be}$ （中）	$R_B \ // \ [r_{be} + (1 + \beta) R_L']$ （高）	$R_E \ // \ \dfrac{r_{be}}{1 + \beta}$ （低）
R_o	R_C （高）	$R_E \ // \ \dfrac{r_{be} + R_s \ // \ R_B}{1 + \beta}$ （低）	R_C （高）
A_i	β （大）	$1 + \beta$ （大）	$\alpha \approx 1$ （小）
A_u	$-\dfrac{\beta R_L'}{r_{be}}$ （高）	$\dfrac{(1 + \beta) R_L'}{r_{be} + (1 + \beta) R_L'} \approx 1$ （低）	$\dfrac{\beta R_L'}{r_{be}}$ （高）
A_p	高	稍低	中
相位	u_o 与 u_i 反相	u_o 与 u_i 同相	u_o 与 u_i 同相
高频特性	差	好	好
用途	低频放大和多级放大电路的中间级	多级放大电路的输入级、输出级和中间缓冲级	高频电路、宽频带电路和恒流源电路

【复习思考题】

2.13　共集电路有什么主要特点？

2.14　叙述共集电路的主要用途。

2.15　共基电路有什么主要特点？

2.16　试比较共射、共集、共基三种基本放大电路的特点。

【相关习题】

选做 2.8 习题中的填空题：2.9 ~ 2.10；选择题：2.35 ~ 2.38；分析计算：2.67 ~ 2.70。

2.4　场效应管放大电路

场效应管与三极管一样，也具有放大作用，也能组成三种基本组态放大电路，分别称为共源、共漏和共栅放大电路，相当于三极管共射、共集和共基放大电路。因场效应管转移特性和输出特性中分别存在着死区和截止区，因此，场效应管放大电路也需要设置静态工作点，根据场效应管偏置电路不同可分为自偏压电路和分压式偏置电路。

1. 自偏压共源电路

场效应管自偏压共源电路如图 2-19a 所示，R_G、R_S、R_D 分别为栅极、源极和漏极电阻；C_1、C_2 分别为输入输出耦合电容，一般可取 $0.1 \sim 1\mu F$；C_3 为源极旁路电容，提供源极交流通路，一般可取 $10 \sim 100\mu F$。栅极 G 端由于输入电阻极高，栅极电阻 R_G 中无静态电流，$U_{GQ} = 0$。而栅源极之间的静态电压 $U_{GSQ} = -U_{SQ} = -I_{DQ}R_S$，由这种方式生成栅偏压的电路称为自偏压电路。自偏压电路适用于具有原始导电沟道的耗尽型场效应管，即结型和耗尽型 MOS 场效应管，不适用于增强型 MOS 场效应管。

场效应管自偏压放大电路的微变等效电路如图 2-19b 所示。

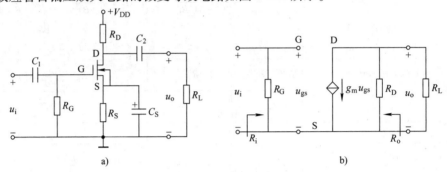

图 2-19　自偏压场效应管放大电路

a) 自偏压电路　b) 微变等效电路

电压放大倍数：$A_u = \dfrac{U_o}{U_i} = \dfrac{g_m U_{gs} R'_L}{U_{gs}} = -g_m R'_L$　　　　(2-46)

式中负号表示反相，$R'_L = R_D // R_L$

输入电阻：$R_i = R_G$　　　　(2-47)

输出电阻：$R_o = R_D$　　　　(2-48)

2. 分压式偏置共源电路

场效应管分压式偏置共源电路如图 2-20a 所示，为了提高放大电路的输入电阻（注意不是场效应管的输入电阻），该电路的栅极电压由 R_{G1}、R_{G2} 分压再串联 R_{G3} 后与栅极连接（一般 R_{G3} 较大，R_{G1}、R_{G2} 较小），由于 R_{G3} 中无电流，栅极电压 U_{GQ} 取决于 R_{G1} 与 R_{G2} 分压，R_{G3} 仅起电压传输作用。

分压式偏置电路微变等效电路如图 2-20b 所示，其动态分析与自偏压相同，只有输入电阻不同，分压式偏置电路的输入电阻为：

$$R_i = R_{G3} + (R_{G1} // R_{G2})$$　　　　(2-49)

3. 源极输出器

场效应管共漏电路，即源极输出器，如图 2-21a 所示，其微变等效电路如图 2-21b 所示。

电压放大倍数：

$$A_u = \frac{U_o}{U_i} = \frac{g_m U_{gs} R'_L}{U_{gs} + g_m U_{gs} R'_L} = \frac{g_m R'_L}{1 + g_m R'_L}$$　　　　(2-50)

式中 $R'_L = R_S // R_L$。上式表明，源极输出器电压放大倍数小于 1。需要说明的是，晶体三极管共集电极电路的电压放大倍数小于 1，接近于 1，一般可用 $A_u \approx 1$ 表示。但场效应管源极输出器的电压放大倍数小于 1，不一定接近于 1，一般不可用 $A_u \approx 1$ 表示，应根据具体

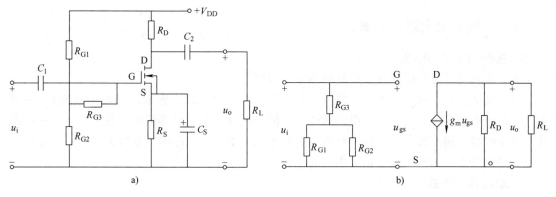

图 2-20　分压式偏置场效应管放大电路

a）分压式偏置电路　b）微变等效电路

电路计算而定。

输入电阻与分压式偏置共源电路相同。

输出电阻经分析得：$R_o = R_S // (1/g_m)$ 　　　　（2-51）

上式表明，源极输出器的输出电阻较小。

【例 2-6】 已知源极输出器电路如图2-21a所示，V_{DD} $= 12V$，$R_{G1} = 2M\Omega$，$R_{G2} = 500k\Omega$，$R_{G3} = 3.3M\Omega$，$R_S = 12k\Omega$，$R_L = 12k\Omega$，$g_m = 1.5ms$，$C_1 = C_2 = 0.1\mu F$，试求 A_u、R_i、R_o。

解：$A_u = \dfrac{g_m R_L'}{1 + g_m R_L'} = \dfrac{1.5 \times (12 // 12)}{1 + 1.5 \times (12 // 12)} = 0.9$

$R_i = R_{G3} + (R_{G1} // R_{G2}) = [3.3 + (2 // 0.5)]M\Omega = 3.7M\Omega$

$R_o = R_S // (1/g_m) = 12 // (1/1.5)k\Omega = 0.632k\Omega$

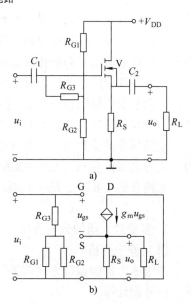

图 2-21　源极输出器

a）源极输出器电路　b）微变等效电路

【复习思考题】

2.17　叙述自偏压电路产生栅偏压的工作原理，自偏压电路适用于哪一种类型场效应管？

2.18　场效应管分压式偏置电路栅极电压由R_{G1}、R_{G2}分压后，为什么还要串一个大电阻R_{G3}？

2.19　场效应管放大电路中的输入输出耦合电容为什么用得比三极管放大电路中的耦合电容小得多？

【相关习题】

选做 2.8 习题中的填空题：2.11；选择题：2.39；分析计算题：2.71~2.74。

2.5　多级放大电路

单级放大电路的放大倍数不宜过大，一般为十几~几十倍，但一个电子产品往往需要将极微弱的信号放大到足够大。例如电视信号，从天线中接收的微弱信号到电视屏幕显示的图像信号通常要放大约120dB（即1000000倍），这样就需要由多级放大电路来放大。

2.5.1 多级放大电路基本概念

1. 多级放大器的组成

多级放大器的可由输入级、中间级和输出级组成。

输入级通常要求输入电阻高，以减小对信号源的影响（减小索取信号源的电流）。一般由共集电极电路或场效应管放大电路充任。中间级通常要求有足够的电压放大倍数，一般由共射电路组成。输出级主要有两个要求：一是输出电阻要小，即带负载能力要强；二是要有一定的输出功率。因此一般也由共集电路充任。

2. 级间耦合方式

多级放大器前后级之间的连接称为级间耦合。

级间耦合的基本要求，一是避免信号失真；二是减小信号耦合传输中的损耗。级间耦合的方式主要有阻容耦合、变压器耦合、直接耦合和光耦合。

阻容耦合的主要特点是耦合简单；前后级放大电路的静态工作点相互独立，互不影响。但不能传输直流信号和变化缓慢的信号；不便于集成。

变压器耦合的主要特点是前后级放大电路静态工作点相互独立；变压器具有阻抗变换作用，可调节前后级阻抗匹配，达到最大功率传输。但变压器体大、量重、价高、有电磁干扰、高频和低频特性均差，且不能集成。

直接耦合的主要特点是既能放大直流信号，又能放大交流信号；便于集成（集成电路内部均为直接耦合）；但前后级静态工作点不能独立，相互影响，存在零点漂移问题。

光耦合的主要特点是前后级静态工作点相互独立，互不影响；便于集成。但受温度影响较大。

3. 多级放大器的分析方法

（1）静态分析

多级放大器的耦合方式若为阻容耦合、变压器耦合、光耦合，其各级静态工作点相互独立，可分别计算。

直接耦合的多级放大器前后级之间相互影响，其计算方法较为复杂，本书不予展开。

（2）动态分析

1）电压放大倍数。

$$A_u = \frac{u_o}{u_i} = \frac{u_{o1}}{u_i} \cdot \frac{u_{o2}}{u_{o1}} \cdot \cdots \cdot \frac{u_o}{u_{o(N-1)}} = A_{u1} \cdot A_{u2} \cdot \cdots \cdot A_{uN} \tag{2-52}$$

上式表明，多级放大器总的电压放大倍数等于每一级电压放大倍数之积。

用分贝表示时，$A_u(dB) = A_{u1}(dB) + A_{u2}(dB) + \cdots + A_{uN}(dB)$ (2-53)

需要指出的是，计算前级放大器的电压放大倍数时，后级放大器的输入电阻应看作前级放大器的负载电阻；或者计算后级放大器的电压放大倍数时，前级放大器的输出电阻应看作后级放大器的信号源内阻。但两种方法只能取其一，不能重复使用，通常采用前一种方法。

2）输入电阻。

多级放大器总的输入电阻就是输入级的输入电阻。$R_i = R_{i1}$ (2-54)

3）输出电阻。

多级放大器总的输出电阻就是输出级的输出电阻。$R_o = R_{oN}$ (2-55)

【**例 2-7**】 已知两级放大电路如图 2-22a 所示，$V_{CC} = 24V$，$r_{bb'} = 300\Omega$，$\beta_1 = \beta_2 = 50$，$U_{BEQ} = 0.7V$，$R_{B1} = 1M\Omega$，$R_{B21} = 82k\Omega$，$R_{B22} = 43k\Omega$，$R_{E1} = 27k\Omega$，$R_{E21} = 510\Omega$，$R_{E22} = 7.5k\Omega$，$R_{C2} = 10k\Omega$，$R_s = 1k\Omega$，$R_L = 8.2k\Omega$，$C_1 = C_2 = C_3 = 10\mu F$，$C_{E2} = 47\mu F$，试求：

1）V_1、V_2 静态工作点；

2）画微变等效电路；

3）R_i、R_o、A_u；

4）若 $U_s = 1mV$，求 U_o。

解：1）$I_{BQ1} = \dfrac{V_{CC} - U_{BEQ1}}{R_{B1} + (1 + \beta_1)R_{E1}} = \dfrac{24 - 0.7}{1000 + (1 + 50) \times 27}mA = 9.80\mu A$

$I_{CQ1} = \beta_1 I_{BQ1} = 50 \times 9.80 \times 10^{-3}mA = 0.490mA$

$U_{CEQ1} = V_{CC} - I_{CQ1}R_{E1} = (24 - 0.49 \times 27)V = 10.8V$

$U_{BQ2} = \dfrac{V_{CC}R_{B22}}{R_{B21} + R_{B22}} = \dfrac{24 \times 43}{82 + 43}V = 8.256V$

$I_{BQ2} = \dfrac{U_{BQ2} - U_{BEQ2}}{(1 + \beta_2)(R_{E21} + R_{E22})} = \dfrac{8.256 - 0.7}{(1 + 50)(0.51 + 7.5)}mA = 18.5\mu A$

$I_{CQ2} = \beta_2 I_{BQ2} = 50 \times 18.5 \times 10^{-3}mA = 0.925mA$

$U_{CEQ2} = V_{CC} - I_{CQ2}(R_{C2} + R_{E21} + R_{E22}) = [24 - 0.925 \times (10 + 0.51 + 7.5)]V = 7.34V$

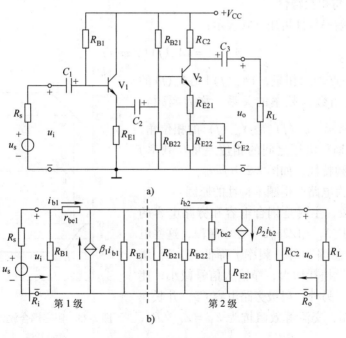

图 2-22 两级放大电路

a）电路 b）微变等效电路

2）微变等效电路如图 2-22b 所示。

3）$r_{be1} = r_{bb'} + (1 + \beta_1)\dfrac{26mV}{I_{EQ1}} = \left[300 + (1 + 50) \times \dfrac{26}{0.49}\right]\Omega = 3.00k\Omega$

$$r_{be2} = r_{bb'} + (1+\beta_2)\frac{26\text{mV}}{I_{EQ2}} = \left[300 + (1+50) \times \frac{26}{0.925}\right]\Omega = 1.73\text{k}\Omega$$

$$R_{i2} = R_{B21} /\!/ R_{B22} /\!/ [r_{be2} + (1+\beta_2)R_{E21}] = 82 /\!/ 43 /\!/ [1.73 + (1+50) \times 0.51] = 14.0\text{k}\Omega$$

$$A_{u1} = \frac{(1+\beta_1)(R_{E1} /\!/ R_{i2})}{r_{be1} + (1+\beta_1)(R_{E1} /\!/ R_{i2})} = \frac{(1+50)(27 /\!/ 14)}{3 + (1+50)(27 /\!/ 14)} = 0.993$$

$$A_{u2} = \frac{\beta_2(R_{C2} /\!/ R_L)}{r_{be2} + (1+\beta_2)R_{E21}} = -\frac{50 \times (10 /\!/ 8.2)}{1.73 + (1+50) \times 0.51} = -8.12$$

$$R_i = R_{i1} = R_{B1} /\!/ [r_{be1} + (1+\beta_1)(R_{E1} /\!/ R_{i2})] = 1000 /\!/ [3 + (1+50)(27 /\!/ 14)]\text{k}\Omega = 321\text{k}\Omega$$

$$R_o = R_{o2} = R_{C2} = 10\text{k}\Omega$$

$$A_u = A_{u1} \cdot A_{u2} = 0.993 \times (-8.12) = -8.06$$

4) $U_o = A_{us}U_i = \dfrac{A_u R_i U_i}{R_s + R_i} = \dfrac{-8.06 \times 321 \times 1}{1 + 321}\text{mV} = -8.03\text{mV}$

2.5.2 阻容耦合放大电路的频率特性

由于阻容耦合放大电路中通常含有电抗元件,如耦合电容、旁路电容、滤波电容、三极管 PN 结结电容、电路中的分布电容以及感性负载等,而这些电抗元件对不同频率的信号呈现不同的阻抗,产生不同的相移,因此放大电路对不同频率的信号呈现不同的频率特性。

1. 幅频特性与相频特性

放大电路的频率特性可用下式表示:

$$\dot{A}_u(f) = |\dot{A}_u(f)| \angle \varphi(f) \tag{2-56}$$

式中,A_u 上方一点表示相量,$|\dot{A}_u(f)|$ 是 $\dot{A}_u(f)$ 的模,即电压放大倍数与频率的关系,称为幅频特性,如图 2-23a 所示。$\varphi(f)$ 是 $\dot{A}_u(f)$ 的相位角,即放大电路输入输出电压之间的相位差角与频率 f 的关系,称为相频特性,如图 2-23b 所示。

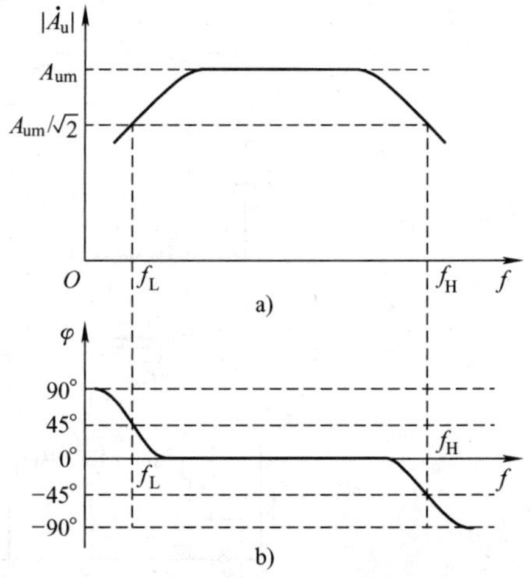

阻容耦合放大电路产生频率特性的原因:

1) 在低频段,主要是耦合电容和旁路电容的影响。电容的容抗 $X_C = 1/2\pi fC$。在中频段,这些电容容抗很小,可忽略不计。频率 f 降低时,X_C 增大,在耦合电容上损耗增大,净输入信号减小,使得放大倍数下降。另外,射极旁路电容 C_E,并联在射极电阻 R_E 两端,交流等效阻抗为 $Z_E = Z_C /\!/ R_E$,电压放大倍数 $\dot{A}_u = \dfrac{\beta R'_L}{r_{be} + (1+\beta)Z_E}$,频率降低,$Z_E$ 增大,显然 A_u 将下降。

图 2-23 阻容耦合放大电路频率特性
a) 幅频特性 b) 相频特性

2) 在高频段,主要是三极管 PN 结结电容和线路分布电容的影响。若画出等效电路,这些电容可分别折合到输入端和输出端。在中频段,容抗很大,几乎相当于开路,对电路影响可忽略不计。频率升高时,这些电容虽然很小,但容抗减小,对电路的影响不可忽略不计，使输入端的输入阻抗减小，净输入电压下降；同时使输出端的等效负载阻抗减小，电压放大倍数下降。

同理，这些电容在低频段和高频段使输入输出电压越前相移和滞后相移增大。

2. 通频带（BW）

图 2-23a 中，A_{um} 是放大电路在中频段的电压放大倍数，在低频段和高频段，电压放大倍数通常要下降，当下降到 $A_{um}/\sqrt{2}$ 时，所对应的频率分别称为下限频率 f_L 和上限频率 f_H，放大电路的通频带（BW）则定义为：

$$BW = f_H - f_L \tag{2-57}$$

3. 频率失真

一般来说放大电路放大的信号含有多种频率成分，如人讲话的音频信号、电视中的视频信号均含有许多不同频率的成分，而放大电路对不同频率信号的电压放大倍数不同将引起输出电压波形的失真，这种失真称为幅频失真；对不同频率信号相移的不同将改变各频率成分之间的相位关系，也会造成输出电压波形失真，这种失真称为相频失真。幅频失真和相频失真可用图 2-24 表示，其中图 2-24a 为输入电压波形，图 2-24b 为输出电压波形（不失真），图 2-24c 为幅频失真的输出电压波形，图 2-24d 为相频失真的输出电压波形。

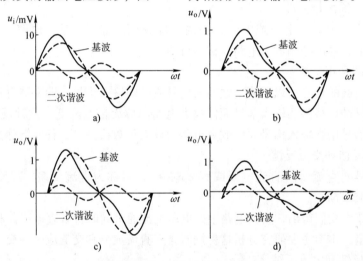

图 2-24 放大电路的频率失真

a) 输入电压波形 b) 输出电压波形（不失真） c) 幅频失真的输出电压波形 d) 相频失真的输出电压波形

幅频失真和相频失真统称为频率失真，频率失真不同于 2.2.2 节中的非线性失真，非线性失真是由于电路中非线性元件的非线性特性引起的失真；频率失真是电路中电抗元件（一般是线性的）对不同频率信号的不同频率响应引起的失真。

【复习思考题】

2.20 为什么多级放大器的输入级一般由共集电极电路或场效应管放大电路充任？

2.21 多级放大器的输出级一般由哪一种组态电路担任？为什么？

2.22 级间耦合主要有哪几种方式？各有什么特点？

2.23 计算前级放大器的电压放大倍数时，后级放大器对其有何影响？

2.24 影响阻容耦合放大电路频率特性的主要因素是什么？为什么？

2.25　叙述上限频率、下限频率和通频带的含义。

2.26　什么叫频率失真？与非线性失真有什么不同？

【相关习题】

选做 2.8 习题中的填空题：2.12～2.17；选择题：2.40；分析计算题：2.75～2.76。

2.6　放大电路中的负反馈

负反馈在我们的工作、生活、自然科学和社会科学多个领域普遍存在。例如吃饭，吃到一定程度，就会有饱的感觉，这个饱的感觉即为负反馈信号，叫你不要再吃了。又如某种产品生产过多，市场出现滞销，价格下跌，这个负反馈信号，必然抑制该产品的生产；如果产品生产少了，市场脱销，价格上涨，这个负反馈信号又促使该产品增加产量。同样在放大电路中，负反馈也得到了广泛的应用。

2.6.1　反馈的基本概念

1. 反馈的定义和分类

（1）电路反馈的定义

将放大电路输出量（电压或电流）中的一部分或全部通过某一电路，引回到输入端，与输入信号叠加，共同控制放大电路，称为反馈。

（2）负反馈和正反馈

从输出端引回的信号可以用来增强输入信号或减弱输入信号，即反馈有正负之分。

若引回的反馈信号削弱输入信号而使放大电路的放大倍数降低，这种反馈称为负反馈；若引回的反馈信号增强输入信号而使放大电路的放大倍数提高，这种反馈称为正反馈。

（3）直流反馈和交流反馈

若反馈信号属直流量（直流电压或直流电流），则称为直流反馈；若反馈信号属交流量，则称为交流反馈。

在 2.2.1 节中我们得出，放大电路中的电压电流通常同时含有直流成分和交流成分，复合后仍为交流量，本节主要研究分析这种同时含有直流成分和交流成分的交流负反馈。

（4）电压反馈和电流反馈

若反馈信号属电压量，则称为电压反馈；若反馈信号属电流量，则称为电流反馈。

（5）串联反馈和并联反馈

若反馈信号与输入信号的叠加方式为串联，则称为串联反馈；若叠加方式为并联，则称为并联反馈。

（6）放大电路中负反馈的 4 种组合类型

根据上述分类，放大电路中的负反馈可有 4 种组合类型，即：电压串联负反馈、电压并联负反馈、电流串联负反馈和电流并联负反馈。

2. 基本负反馈电路

在单级负反馈电路中，有几种常见的基本负反馈电路。

（1）单级电流串联负反馈

如图 2-25a、c 所示，单级共射（共源）放大电路在发射极（源极）串接电阻，且电阻两端未并联旁路电容，输出信号从集电极（漏极）输出的均属电流串联负反馈电路。

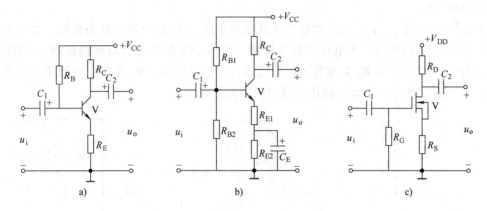

图2-25　单级电流串联负反馈电路

在图2-25b中，R_E分为两部分，R_{E1}和R_{E2}，其中R_{E1}两端未并联旁路电容，对交流直流均具有负反馈作用；R_{E2}两端并联旁路电容C_E，对交流无负反馈作用，对直流仍具有负反馈作用。直流负反馈能稳定直流信号，即稳定静态工作点。

（2）单级电压串联负反馈

如图2-26所示，单级共集（共漏）放大电路，在发射极（源极）串接电阻，输出信号从发射极（源极）输出的均属电压串联负反馈电路。

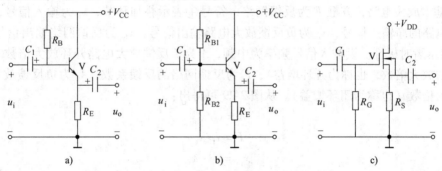

图2-26　单级电压串联负反馈电路

比较图2-25与图2-26，其区别在于输出端。发射极（源极）串接电阻均为串联负反馈，从集电极输出时为电流串联负反馈，从发射极输出时为电压串联负反馈。

（3）单级电压并联负反馈

如图2-27所示，单级共射（共源）放大电路，在集电极与基极间并联电阻（包括电抗元件），均属电压并联负反馈电路。

【例2-8】　已知图2-28各电路，试分析其负反馈类型。

解：图2-28a中，同时存有两种负反馈；R_B为电压并联负反馈，R_E为电流串联负反馈。

图2-28b中，R_E为串联负反馈，对不同的输出端，其负反

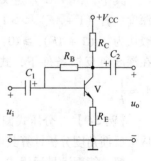

图2-27　单级电压
并联负反馈电路

馈作用不同。对集电极输出 u_{o1} 来说，R_E 属电流串联负反馈；对发射极输出 u_{o2} 来说，R_E 属电压串联负反馈。

图 2-28c 中，R_{B1}、R_{B2}、R_E 组成分压式偏置电路，R_E 属电流串联负反馈，对交直流信号均具有负反馈作用；C_F 为电压并联负反馈，仅对交流信号具有负反馈作用，与图 2-28a 中 R_B 不同。图 2-28a 中 R_B 对交直流信号均具有负反馈作用，R_B 提供了电路中三极管的静态偏压，而图 2-28c 中 C_F 并不提供电路中三极管静态偏压。

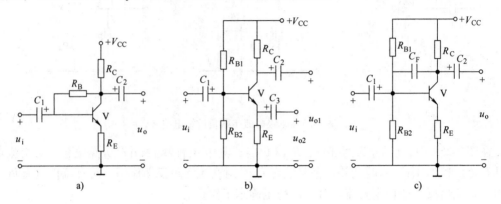

图 2-28　例 2-8 电路

3. 负反馈放大电路的方框图

负反馈放大电路可用图 2-29 所示方框图表示。点画线方框为负反馈放大电路，其中方框 A 为基本放大电路，方框 F 为反馈网络，符号 ⊕ 表示叠加环节，x_i 为输入信号，x_{id} 为基本放大电路的净输入信号，x_o 为负反馈放大电路输出信号，x_F 为反馈网络输出信号，"＋" "－" 表示瞬时极性。设输入信号频率为中频，A 为负反馈放大电路开环放大倍数（基本放大电路的放大倍数，也称为开环增益），F 为反馈网络的反馈系数，A_f 为负反馈放大电路的闭环放大倍数（也称为闭环增益）。从图 2-29 可得出：

$$A = x_o / x_{id} \tag{2-58}$$

$$F = x_f / x_o \tag{2-59}$$

$$x_{id} = x_i - x_f \tag{2-60}$$

$$A_f = \frac{x_o}{x_i} = \frac{A}{1 + AF} \tag{2-61}$$

其中，$(1 + AF)$ 定义为负反馈放大电路的反馈深度。若 $(1 + AF) >> 1$，则称为深度负反馈。一般认为，$(1 + AF) \geq 10$，就满足深度负反馈条件。在深度负反馈条件下，式（2-61）可用下式表示：

$$A_f \approx \frac{1}{F} \tag{2-62}$$

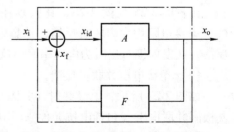

图 2-29　负反馈放大电路方框图

【例 2-9】　分压式偏置电路如图 2-30 所示，试从负反馈角度分析计算其电压放大倍数 A_{uf}。

解：能否满足运用式（2-61）的条件，关键看电路能否满足深度负反馈。一般来讲，多级放大电路由于其开环增益 A 足够大，能满足深度负反馈条件；而单级放大电路不一定能满足深度负反馈条件。衡量图 2-30 中电路是否满足深度负反馈条件，关键看 R_{E1} 是否足够大，若 R_{E1} 足够大，则满足条件；若 R_{E1} 不足够大，则不满足条件。设该电路满足深度负反馈条件，则：

$$F_u = \frac{u_f}{u_o} = \frac{i_e R_{E1}}{-i_c R_L'} = \frac{(1+\beta) i_b R_{E1}}{-\beta i_b R_L'} \approx -\frac{R_{E1}}{R_L'}$$

因此，$A_{uf} \approx \dfrac{1}{F_u} \approx -\dfrac{R_L'}{R_{E1}}$

在【例 2-3】中，曾分析该电路，$A_u = \dfrac{-\beta R_L'}{r_{be} + (1+\beta) R_{E1}}$

若 $(1+\beta) R_{E1} >> r_{be}$，则 $A_u \approx \dfrac{-\beta R_L'}{(1+\beta) R_{E1}} \approx -\dfrac{R_L'}{R_{E1}}$

可见，若该电路满足深度负反馈条件，两种方法能得出相同的结论。

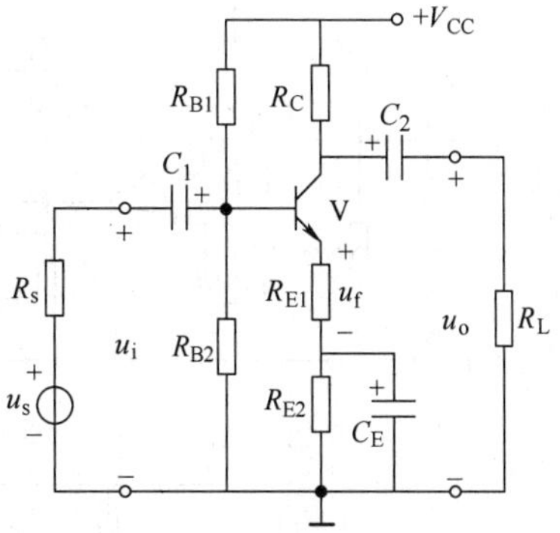

2.6.2 多级放大电路负反馈类型的判别

多级放大电路中的负反馈一般含有多条负反馈支路，有的是本级负反馈，有的是稳定静态工作点，有的是从输出端到输入端的多级交流负反馈。本节所指负反馈类型的判别，主要是指后一种。

1. 负反馈类型的具体判别方法

（1）判别有无反馈

根据是否有沟通输出回路与输入回路的中间环节，即有否有连接两个回路的反馈元件或反馈网络进行判别。

图 2-30 分压式偏置电路

（2）判别正、负反馈

用"瞬时极性法"进行判别。即设输入端在某一瞬时输入信号极性为"+"，然后按照各级放大电路输入输出相位关系（中频区），确定输出端和反馈端的瞬时极性的正负。若反馈信号极性与输入信号极性相同为正反馈，相反为负反馈。

需要指出的是，瞬时极性相同相反的理解应根据反馈信号和输入信号是否作用于输入回路同一极性点来判别。反馈信号和输入信号作用于输入回路同一极性点时，瞬时极性相反是负反馈；反馈信号和输入信号作用于输入回路不同极性点时，瞬时极性相反为正反馈。对由分立元件组成的共射电路（输入级），反馈信号馈入基极，极性相反为负反馈；馈入发射极，极性相同是负反馈。

（3）判别电压、电流反馈

判别电压反馈或电流反馈的原则是根据反馈信号取自于输出电压还是输出电流。具体的判别方法可将输出端对地交流短路，若反馈信号消失，则为电压反馈；若反馈信号仍存在，则为电流反馈。更直接的判别方法是看反馈信号的引出端，从输出端（u_o 正极性端）引出属电压反馈；从非直接输出端引出属电流反馈。

（4）判别串联、并联反馈

判别串联反馈或并联反馈的原则是根据反馈信号馈入输入回路时与输入信号的叠加方式

是串联还是并联。

具体的判别方法如下：对三极管（场效应管）来说，反馈信号与输入信号同时加在基极（栅极）或发射极（源极），则为并联反馈；一个加在基极（栅极），另一个加在发射极（源极），则为串联反馈。对集成运放来说，反馈信号与输入信号同时加在反相输入端或同相输入端，则为并联反馈；一个加在反相输入端，另一个加在同相输入端，则为串联反馈。

再具体一点分析，对共射电路（输入级）来说，反馈信号馈入基极是并联反馈，馈入发射极是串联反馈。

2. 负反馈类型判别举例

【例 2-10】 已知电路如图 2-31 所示，试分别判别 4 个电路的反馈类型。

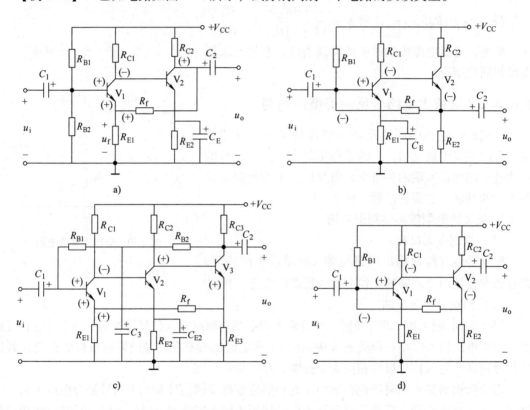

图 2-31 多级反馈放大电路的判别

a）电压串联负反馈 b）电压并联负反馈 c）电流串联负反馈 d）电流并联负反馈

解：（1）分析图 2-31a 中电路

① 判定正负反馈：设输入信号瞬时极性在 V_1 基极为正（V_1 发射极为正）→V_1 集电极为负→V_2 基极为负→V_2 集电极为正，反馈到 V_1 发射极，极性与 V_1 发射极相同，因此为负反馈。

② 判定电压反馈或电流反馈：反馈信号从输出端（u_o 正极性端，V_2 集电极）取出，为电压负反馈。

③ 判定串联反馈或并联反馈：反馈信号馈入 V_1 发射极（共射电路）为串联负反馈。

因此图 2-31a 为电压串联负反馈电路。

（2）分析图 2-31b 所示电路

① 设 V_1 基极瞬时极性为正→V_1 集电极为负→V_2 基极为负→V_2 发射极为负，反馈到 V_1 基极，极性与 V_1 基极相反因此为负反馈。

② 反馈信号从输出端（u_o 正极性端，V_2 发射极）取出，为电压负反馈。

③ 反馈信号馈入 V_1 基极（共射电路）为并联负反馈。

因此，图 2-31b 为电压并联负反馈。

（3）分析图 2-31c 所示电路

① 设 V_1 基极瞬时极性为正（V_1 发射极为正）→V_1 集电极为负→V_2 集电极为正→V_3 发射极为正，反馈到 V_1 发射极，极性与 V_1 发射极相同因此为负反馈。

② 反馈信号从非直接输出端（V_3 发射极）取出，为电流负反馈。

③ 反馈信号馈入 V_1 管发射极（共射电路）为串联负反馈。

因此，图 2-31c 为电流串联负反馈。

其中 R_{B2}、C_3、R_{B1} 支路为直流负反馈，提供 V_1 管静态偏置；交流负反馈信号被 C_3 旁路。

（4）分析图 2-31d 所示电路

① 设 V_1 基极瞬时极性为正→V_1 集电极为负→V_2 发射极为负，反馈到 V_1 基极，极性与 V_1 基极相反因此为负反馈。

② 反馈信号从非直接输出端（V_2 发射极）取出，为电流负反馈。

③ 反馈信号馈入 V_1 基极（共射电路）为并联负反馈。

因此图 2-31d 为电流并联负反馈。

比较图 2-31a 与图 2-31c，图 2-31b 与图 2-31d，表明从输出端（u_o 正极性端）引出属电压反馈；从非直接输出端引出属电流反馈；同时表明对共射电路（输入级）来说，反馈信号馈入基极是并联反馈，馈入发射极是串联反馈。

2.6.3 负反馈对放大电路性能的影响

负反馈虽然使放大电路增益下降，却从多方面改善了放大电路的性能。例如，提高了电路增益的稳定性，减小非线性失真，扩展通频带，改变电路的输入输出电阻等。

1. 提高电路增益的稳定性

电子产品在批量生产时，由于元器件参数的分散性，如三极管 β 值的不同、电阻电容值的误差等，会使同一电路增益产生变化，从而引起产品性能的较大差异，如收音机、电视机灵敏度高低等。另外，负载、环境、温度、电源电压的变化以及电路元器件老化等也会引起电路增益产生较大变化。放大电路引入负反馈后，则可以提高电路增益的稳定性（注意：是提高稳定性，而不是提高增益，增益是下降的）。

对式（2-61）求微分，可得：$\dfrac{\mathrm{d}A_f}{A_f} = \dfrac{1}{1+AF}\dfrac{\mathrm{d}A}{A}$ (2-63)

式中，$\mathrm{d}A_f/A_f$ 为闭环增益相对变化率，$\mathrm{d}A/A$ 为开环增益相对变化率。式（2-63）表明：引入负反馈后，由电路参数变化或分散性引起的增益相对变化率，下降到开环时的 $1/(1+AF)$，即负反馈放大电路的增益稳定性比未加负反馈时基本放大电路的增益稳定性提高了 $(1+AF)$ 倍。

负反馈对放大电路增益稳定性的影响与负反馈类型有关，电压负反馈能稳定输出电压；电流负反馈能稳定输出电流；直流负反馈能稳定静态工作点；交流负反馈能稳定交流放大倍数。

【例 2-11】 已知某负反馈放大电路开环增益 $A = 10^4$，反馈系数 $F = 0.05$，试求：

1）反馈深度；

2）闭环增益 A_f；

3）若开环增益 A 变化 10%，闭环增益 A_f 变化多少？

解：1）反馈深度：$1 + AF = 1 + 10^4 \times 0.05 = 501$

2）闭环增益 $A_f = \dfrac{A}{1 + AF} = \dfrac{10^4}{501} = 19.96$

因 $(1 + AF) = 501$，满足深度负反馈条件，按式（2-62），$A_f \approx 1/F = 20$，与按式（2-61）计算相比，误差极小。

3）$\dfrac{\mathrm{d}A_f}{A_f} = \dfrac{1}{1 + AF} \dfrac{\mathrm{d}A}{A} = \dfrac{1}{501} \times 10\% = 0.02\%$

可见加负反馈后闭环增益相对变化大大缩小。

2. 减小非线性失真

由于放大电路通常由半导体非线性元件组成，因此严格来讲，总存在不同程度的非线性失真，当输入信号为单一频率正弦波时，输出信号已不是单一频率的正弦波了。引入负反馈后，可减小电路的非线性失真，其原理可用图 2-32 说明。

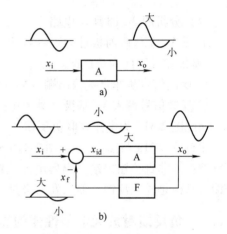

设输入信号 x_i 为正弦波，输出信号 x_o。无反馈时，产生非线性失真，设 x_o 波形为正半周幅度大，负半周幅度小，如图 2-32a 所示；引入负反馈后，由于反馈信号类似于非线性失真的输出信号 x_o，与输入信号叠加后，使得净输入信号 x_{id} 产生相反的失真，正半周幅度小，负半周幅度大，正好在一定程度上补偿了基本放大电路的非线性

图 2-32　负反馈减小非线性失真

a）无反馈时信号波形　b）引入负反馈时信号波形

失真，使输出信号 x_o 接近于正弦波，如图 2-32b 所示。反馈深度越大，非线性失真改善越好。可以证明，加负反馈后电路的非线性失真减小为未加反馈时的 $\dfrac{1}{1 + AF}$。

需要指出的是，负反馈只能减小放大电路内部引起的非线性失真，且只能减小不能消除。对于输入信号原有的失真，负反馈无能为力。

3. 扩展通频带

负反馈电路的反馈信号基本上正比于输出信号，在高频段和低频段时，由于基本放大电路放大倍数下降，其反馈信号也相应减弱，因此，与中频段信号相比，对净输入信号的削弱作用相应减小。即负反馈电路对中频段信号反馈较强，闭环增益下降较多；对高频段和低频段信号反馈较弱，闭环增益下降较少，从而扩展了电路的通频带，如图 2-33 所示。

由于放大电路通频带宽度主要取决于上限频率 f_H，所以 $BW \approx f_H$。可以证明，加负反馈后电路通频带 BW_f 与未加负反馈时电路通频带 BW 之间的关系为：

$$BW_f = (1 + AF)BW \tag{2-64}$$

上式也可表示为：$A_{\mathrm{f}} \cdot BW_{\mathrm{f}} = A \cdot BW$　　　　　　　　　　　　　　　(2-65)

式（2-65）表明，放大电路的增益带宽积为一常数。负反馈越深，放大倍数下降越多，通频带越宽。

4. 改变输入输出电阻

分析负反馈对输入输出电阻的影响是一个比较复杂的问题，限于篇幅，本书不予详述，只给出定性结论：

串联负反馈使输入电阻增大，并联负反馈使输入电阻减小；电压负反馈使输出电阻减小，电流负反馈使输出电阻增大。

5. 负反馈放大电路的稳定

负反馈放大电路性能的改善，与反馈深度 $(1+AF)$ 有关，$(1+AF)$ 越大，反馈越

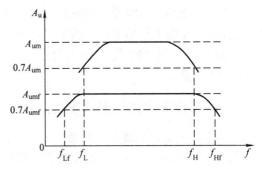

图 2-33　负反馈扩展通频带

深，性能改善越大。但是，反馈深度过大时，有可能产生自激振荡。负反馈放大电路中的自激振荡是有害的，将使电路无法处于放大工作状态。

当放大电路无外加输入信号时，输出端仍有一定频率和幅度的信号输出这种现象称为自激振荡。产生自激振荡的原因是电路形成正反馈，其条件可用下式表示：

$$\dot{A}\dot{F} = -1 \qquad\qquad\qquad (2\text{-}66)$$

上式又可分解为自激振荡的幅值条件和相位条件：

幅值条件：$|\dot{A}\dot{F}| = 1$　　　　　　　　　　　　　　　　　　(2-66a)

相位条件：$\varphi_{\mathrm{A}} + \varphi_{\mathrm{F}} = \pm(2n+1)\pi$　　　$(n=0,1,2,\cdots)$　　　(2-66b)

根据自激振荡频率的高低可分为高频自激振荡和低频自激振荡。消除高频自激的方法是破坏其自激振荡的条件，在基本放大电路中插入相位补偿网络。消除由直流电源内阻引起低频自激的方法，一是采用低内阻稳压电路；二是在电源接入处加入 RC 去耦电路。消除由地线电阻引起低频自激的方法是合理接地，通常采用一点接地的方法。

【复习思考题】

2.27　试述电路反馈的定义。

2.28　如何区分放大电路正反馈和负反馈？具体用什么方法判别？

2.29　放大电路负反馈有哪几种组合类型？

2.30　画出三种单级基本负反馈电路，并叙述该三种负反馈电路的基本特征。

2.31　画出负反馈放大电路的方框图，写出电路闭环增益 A_{f} 的一般表达式。

2.32　引入负反馈对放大电路增益和增益稳定性各有什么影响？

2.33　什么叫增益带宽积？其意义是什么？

2.34　简述负反馈对输入输出电阻的影响。

2.35　什么叫自激振荡？产生自激振荡的根本原因是什么？

【相关习题】

选做 2.8 习题中的填空题：2.18 ~ 2.23；选择题：2.41 ~ 2.47；分析计算题：2.77 ~ 2.85。

2.7 功率放大电路

多级放大电路的末级通常要驱动一定负载，如音频电路驱动扬声器，因此要求最后一级放大电路输出足够大的功率，并满足尽可能小的失真和高效率等条件，这种放大电路称为功率放大电路。根据电路信号频率的高低，可分为低频功率放大和高频功率放大，本节讨论低频功率放大电路。

2.7.1 功率放大电路的基本概念

1. 功率放大电路的特点和要求

从能量控制的观点来看，功率放大电路与前几节讨论的小信号电压放大电路并无本质的区别，前几节分析的放大电路信号小，三极管参数可以近似看作线性，非线性失真小。但是功率放大电路工作在大信号状态，通常超出三极管的近似线性范围，非线性失真大。因此功率放大电路有着不同于小信号电压放大电路的特点和要求：

（1）输出功率大

功率是电压、电流的乘积，在电源电压一定条件下，功率高就要求输出电流大，即功率放大电路要求输出大电流。

（2）效率要高

信号的放大，归根到底是电源在控制器件（三极管或集成电路）的控制下注入了能量。电压放大电路一般信号较小，电源消耗的能量较少，可不考虑效率，主要考虑信号功率的有效传输（阻抗匹配时能达到最大功率传输）。功率放大电路由于信号较大，电源消耗能量较多，因此要考虑效率问题。可能有人认为，功放电路消耗一些电能无所谓，但是提高效率的目的，主要不是降低电能消耗。电源提供的能量主要消耗在以下两个方面：一是输出功率；二是功率放大管管耗。提高效率，就是要增大输出功率的比例，降低管耗。降低管耗，一则可使功放管结温降低，有利于功放管稳定工作；二则可较经济地选用 P_{CM} 小的功放管。另一方面，效率高，有利于降低功放电源的容量和成本。

（3）非线性失真要小

功率放大电路工作在大信号状态，不可避免地会产生非线性失真，因此，把非线性失真限制在允许的范围内（有一定技术指标）就成为功率放大电路的一个重要问题。

（4）功放管需要散热和保护

由于功放管一般处于接近极限工作状态，功耗较大，结温较高，因此需要散热，功放管一般需要安装散热片，以提高其 P_{CM} 值。另外，要考虑在功放电路中加入保护电路，以免在某种条件下损坏功放管。

2. 功率放大电路的工作状态

功放放大电路按功放管的工作状态不同可分为甲类、乙类和丙类。

1）甲类。功放管在整个信号周期全导通，导通角为 $360°$，静态工作点 Q 位置适中，如图 2-34a 所示。

功放电路工作在甲类状态时，只要功放管不进入饱和区或截止区，非线性失真最小。但由于甲类功放静态工作点设置在负载线的中央，静态功耗很大。即无信号输入时，静态集电极电流仍很大，管耗很大。对音响功放电路来说，无声音时，功耗和管耗很大，是很不合理的。因此甲类功放电路的致命缺点是效率低，最大效率在理想情况下只有 50%。

2）乙类。功放管在整个信号周期内只有半个周期导通，导通角为 180°，静态工作点 Q 在截止区，如图 2-34b 所示。

功放管工作在乙类状态时，输出信号只有一半，失真严重。但是，若两个功放管在正负半周期轮流工作，然后将两个半波拼接，失真严重的问题就明显解决了。乙类状态的最大优点是静态功耗为 0。因其静态集电极电流为 0，因此无信号输入时，功放管管耗为 0。两个功放管拼接的乙类功放电路最大效率在理想情况下可达 $\pi/4 = 78.5\%$。

3）丙类。功放管在整个信号周期内只有小半个周期导通，导通角小于 180°。丙类状态仅在高频功率放大电路中应用。

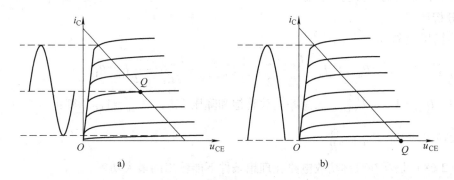

图 2-34　功放电路的工作状态
a）甲类　b）乙类

3. 提高功放电路效率的关键因素

甲类功放电路效率低的根本原因是功放管静态电流大，乙类功放电路效率较高的原因是功放管静态电流为 0。因此要提高功放电路的效率，必须减小功放管静态电流。

4. 功放电路工作状态的选择

根据功放电路的特点和要求，既要提高功放效率，又要减小非线性失真，这是一对矛盾。理想的选择是乙类状态，用两个功放管在正负半周轮流工作，输出两个半波信号组成一个完整信号。但由于三极管存在导通死区，在信号小于死区电压时，会产生截止失真，此种情况主要发生在两个功放管交替工作的瞬间，这种失真称

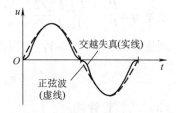

图 2-35　交越失真

为交越失真。如图 2-35 所示。解决这一问题的方法仍用 2.2.2 节中的办法，即给功放管设置一定静态偏流，但这种静态偏置决不是甲类状态中的偏置，Q 点应设置在靠近截止区的边缘，一般，设置功放管静态集电极电流 $I_{CQ} = 2 \sim 4\text{mA}$ 为宜。这种工作状态，既不是甲类，又不是乙类，称为甲乙类工作状态，因其偏向乙类，因此分析时仍用乙类状态的分析方法。

2.7.2　互补对称功放电路

互补对称功放电路由两个类型不同的 NPN 型和 PNP 型的功放管（互补）组成，要求这两个功放管参数一致（对称），因此称为互补对称功放电路，如图 2-36 所示。

1. 工作原理

由于电路对称，静态时，$U_A = 0$。

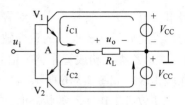

图 2-36 互补对称功放原理电路

设输入信号为正弦波，当输入信号正半周时，V_1 导通，V_2 截止；输入信号负半周时，V_2 导通，V_1 截止，V_1、V_2 各自工作在乙类状态，两管轮流导通工作。在负载 R_L 上流过一个完整的正弦波电流信号。

互补对称功放电路属共集电极组态（射极输出器），其主要特点是输出电阻小。输出电阻小的好处是带负载能力强，能输出大电流。而且，功放电路的负载电阻一般很小，如扬声器，通常为低阻抗，4Ω、8Ω、16Ω 等，互补对称功放电路输出电阻小与功放电路负载电阻小阻抗匹配，能达到最大功率传输。

2. 分析计算

（1）输出功率

$$P_o = U_o I_o = \frac{U_{om}}{\sqrt{2}}\frac{I_{om}}{\sqrt{2}} = \frac{1}{2}U_{om}I_{om} = \frac{U_{om}^2}{2R_L} = \frac{1}{2}I_{cm}^2 R_L \tag{2-67}$$

其中，$U_{om} = V_{CC} - U_{CES}$。若忽略功放管饱和降压 U_{CES}，$U_{om} \approx V_{CC}$，则：

最大输出功率：$P_{om} = \dfrac{V_{CC}^2}{2R_L}$ $\tag{2-68}$

式（2-68）是互补对称功放电路在理想条件下能输出的最大功率。

（2）效率

功放管集电极平均电流 $I_{C1} = I_{C2} = \dfrac{1}{2\pi}\displaystyle\int_0^\pi I_{cm}\sin\omega t\, d\omega t = \dfrac{I_{cm}}{\pi}$

电源提供的功率 $P_E = V_{CC}I_{C1} + V_{CC}I_{C2} = 2V_{CC}I_{C1} = \dfrac{2}{\pi}V_{CC}I_{cm} = \dfrac{2}{\pi}\dfrac{V_{CC}^2}{R_L}$ $\tag{2-69}$

效率 $\eta = \dfrac{P_o}{P_E} = \dfrac{U_{om}I_{cm}/2}{2V_{CC}I_{cm}/\pi} = \dfrac{\pi}{4}\dfrac{U_{om}}{V_{CC}}$ $\tag{2-70}$

理想情况下，$U_{om} = V_{CC}$，因此最大效率：

$$\eta_m = \frac{P_{om}}{P_E} = \frac{\pi}{4}\frac{U_{om}}{V_{CC}} = \frac{\pi}{4} \approx 78.5\% \tag{2-71}$$

（3）功放管管耗

功放电路电源提供的能量，一是作为输出功率输出，二是消耗在功放管管耗上。提高功放电路效率的关键是降低功放管管耗，而降低功放管管耗的根本途径是减小功放管静态电流。那么功放管管耗与哪些因素有关？最大管耗发生在何种条件下？

$$P_{V1} = P_{V2} = \frac{1}{2}(P_E - P_o) = \frac{1}{2}\left(\frac{2}{\pi}V_{CC}I_{cm} - \frac{1}{2}U_{om}I_{cm}\right) = \frac{U_{om}}{R_L}\left(\frac{V_{CC}}{\pi} - \frac{U_{om}}{4}\right) \tag{2-72}$$

上式表明，功放管管耗 P_V 与 U_{om} 有关，对式（2-72）两边求导，并令其为 0 得：

$$\frac{dP_{V1}}{dU_{om}} = \frac{V_{CC}}{\pi R_L} - \frac{U_{om}}{2R_L} = 0$$

解得：$U_{om} = \dfrac{2}{\pi}V_{CC} \approx 0.637 V_{CC}$ $\tag{2-73}$

上式表明，当 $U_{om} = \dfrac{2}{\pi}V_{CC} \approx 0.637V_{CC}$ 时，管耗 P_{V1} 达到最大值。

将式（2-73）代入式（2-72）得：$P_{V1m} = \dfrac{1}{\pi^2}\dfrac{V_{CC}^{\,2}}{R_L} = \dfrac{2}{\pi^2}P_{om} \approx 0.2P_{om}$ （2-74）

上式表明，互补对称功放电路功放管最大管耗约为最大输出功率的 $1/5$，发生在 $U_{om} \approx 0.637V_{CC}$ 处。

（4）功放管选择

1）P_{CM}：根据式（2-74），每个功放管的 $P_{CM} > 0.2P_{om}$。

2）$U_{(BR)CEO}$：由于互补对称功放电路两管轮流工作，一管导通时，另一管承受的最大电压为 $2V_{CC}$，因此要求每个功放管 $U_{(BR)CEO} > 2V_{CC}$。

3）I_{CM}：每个功放管的最大电流为 $I_{cm} = \dfrac{V_{CC}}{R_L}$，因此要求 $I_{CM} > \dfrac{V_{CC}}{R_L}$。

上述 P_{CM}、$U_{(BR)CEO}$、I_{CM} 值均为最小值，实际选择时，应留有一定余量。

【例 2-12】 已知互补对称功放电路如图 2-36 所示，$V_{CC} = 12V$，$R_L = 8\Omega$，试求：

1）该功放电路最大输出功率 P_{om} 及此时电源提供的功率 P_E 和管耗 P_{V1}；

2）说明该功放电路对功放管的极限参数要求。

解：1）$P_{om} = \dfrac{V_{CC}^{\,2}}{2R_L} = \dfrac{12^2}{2 \times 8}W = 9W$

$P_E = \dfrac{2}{\pi}\dfrac{V_{CC}^{\,2}}{R_L} = \dfrac{2}{3.14} \times \dfrac{12^2}{8}W = 11.5W$

$P_{V1} = (P_E - P_{om})/2 = (11.5 - 9)/2\,W = 1.25W$

2）选择功放管时，要求：

$U_{(BR)CEO} > 2V_{CC} = 24V$

$P_{CM} > 0.2P_{om} = 0.2 \times 9W = 1.8W$

$I_{CM} > \dfrac{V_{CC}}{R_L} = \dfrac{12}{8}A = 1.5A$

3. OTL 电路

OTL（Output Transformer Less）电路是单电源无输出变压器互补对称功放电路，图 2-37 为其基本电路。

（1）电路分析

1）V_1、V_2 构成互补对称功放电路。V_1、V_2 类型必须互补，即一个是 NPN 型，另一个是 PNP 型。

2）V_3 为推动管（或称激励管），由于功放电路输出电流很大，一般需要提供较大的激励信号，V_3 的主要作用就在于此，R_2 为 V_3 管直流负载电阻。

3）R_4、VD_1、VD_2 提供 V_1、V_2 静态偏置，其中 VD_1、VD_2 的主要作用有以下三点：

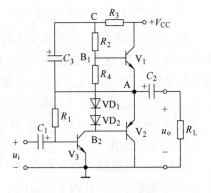

图 2-37 OTL 功放电路

① 提供 V_1、V_2 静态偏压。VD_1、VD_2 选用与 V_1、V_2 同一半导体材料的二极管，其正向导通电压 $2U_{on}$ 正好提供 V_1、V_2 管导通所需 $2U_{BE}$，从而消除交越失真。

② 交流信号耦合，减小不对称失真。为 V_1、V_2 提供 $2U_{BE}$ 也可用电阻，其成本更低，但是交流信号通过电阻时被衰减了，耦合到 V_1、V_2 管基极的信号就不一致，V_2 大 V_1 小，功放输出时会出现不对称失真。二极管 VD_1、VD_2 交流电阻很小，通过 VD_1、VD_2 耦合，可使 V_1、V_2 基极信号大小基本一致，减小输出端不对称失真。

③ 具有温度补偿作用，稳定静态工作点。VD_1、VD_2 与 V_1、V_2 发射结属同一半导体材料 PN 结，具有相同的温度特性，正好用于补偿三极管 U_{BE} 随温度变化的特性，从而稳定 V_1、V_2 的静态工作点。

R_4 一般很小，约 100Ω 左右，用于微调 V_1、V_2 管静态电流。

4）R_1 为电压并联负反馈电阻，为 V_3 管提供静态偏置，同时可调节中点电压 $U_A = V_{CC}/2$。若 $R_1 \uparrow \rightarrow I_{B3} \downarrow \rightarrow I_{C3} \downarrow \rightarrow U_{R2} \downarrow \rightarrow U_{B1} \uparrow \rightarrow U_A \uparrow$；若 $R_1 \downarrow$，其调节过程相反，使 $U_A \downarrow$。

5）输出电容 C_2 的作用有二：

① 输出信号耦合隔直。OTL 功放电路常带动扬声器，扬声器的主要结构是一个电感线圈，线径较细，直流电阻很小，不允许通过直流电流（扬声器通过直流电流将引起磁钢退磁），电容 C_2 可隔断直流电流。

② 起到 $V_{CC}/2$ 等效电源的作用。信号正半周，V_1 导通，C_2 充电，由于 C_2 足够大，其两端电压 $V_{CC}/2$ 可认为基本不变；信号负半周，V_1 截止，电源直流通路被切断，V_2 管电流由电容 C_2 提供，实际上是利用电容的储能作用，由 C_2 充当 $V_{CC}/2$ 等效电源，如图 2-38 所示。互补对称功放电路应有两组电源 $+V_{CC}$ 和 $-V_{CC}$，而单电源 OTL 电路只有一组电源，电容 C_2 起到了另一组电源的作用，相当于双电源状态。

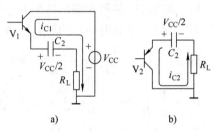

图 2-38　输出电容 C_2 作用

a）信号正半周　b）信号负半周

需要指出的是，输出电容 C_2 容量应足够大，C_2 大，一则频率响应特性好（低频丰富）；二则可维持其两端电压 $V_{CC}/2$ 基本不变。一般取时间常数 $R_L C_2$ 比信号最低频率的周期大 3 ~ 5 倍，即 $C_2 \geq (3 \sim 5) \dfrac{1}{2\pi R_L f_L}$，其中 f_L 为功放电路输出信号的下限频率。

6）自举电路 $R_3 C_3$。在理想状态下。OTL 电路输出电压的最大幅度为 $V_{CC}/2$，在信号正半周峰值，V_1 管处于接近饱和导通状态，$U_A \rightarrow V_{CC}$（C_2 两端电压为 $V_{CC}/2$），但若要 V_1 接近饱和导通，则 $U_{B1} = V_{CC} + U_{BE}$，显然是不可能的。但由 $R_3 C_3$ 组成的自举电路能使 U_{B1} 高于 V_{CC}。当 C_3 足够大时，其两端电压可认为维持 $V_{CC}/2$ 基本不变，即 $U_{CA} = V_{CC}/2$，当 $U_A \rightarrow V_{CC}$ 时，$U_C = U_A + U_{CA} \approx 3V_{CC}/2$，从而使 V_1 管在信号正峰值时有足够的驱动能力。

（2）电路计算

OTL 电路仍然属乙类互补对称功放电路。其正负两组电源电压相当于 $V_{CC}/2$，因此互补对称功放电路的计算公式全部适用于 OTL 电路，但必须用 $V_{CC}/2$ 代替各式中的 V_{CC}。

（3）调试方法

图 2-37 电路进行调试时主要调功放管电流和中点电压 U_A。

调节 R_4 可调功放管电流，调节 R_1 可调中点电压 U_A，但两者互有牵连，即调功放管电流时会影响中点电压，调中点电压时会改变功放管电流，反复调节 2 ~ 3 次，可满足要求。

4. OCL 电路

OCL（Output Capacitor Less）电路是双电源无输出电容互补对称电路，图 2-39 为典型 OCL 电路。

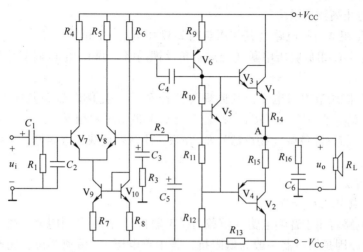

图 2-39　典型 OCL 电路

（1）电路分析

1）V_1、V_3 与 V_2、V_4 组成复合管，复合管的类型取决于其输入端三极管的类型，因此复合管仍为 NPN 型和 PNP 型互补对称电路。R_{14}、R_{15} 为电流串联负反馈电阻，能稳定限制输出电流，R_{14}、R_{15} 一般很小，只有零点几至几欧。

用复合管的主要作用是增大 β，复合后的总 β 约等于两个三极管 β 的乘积。一般来说，大功率管 β 较小（注意，这是大功率管特点之一），而小功率管 β 可做得很大，两者复合，正好弥补大功率管 β 低的缺陷。

有关复合管需要说明的是，并不是两个三极管任意连接都能组成复合三极管，三极管有 NPN 和 PNP 型，根据排列组合可得出 16 种复合形式。但只有图 2-40 所示的 4 种类型能成功组合为复合管。

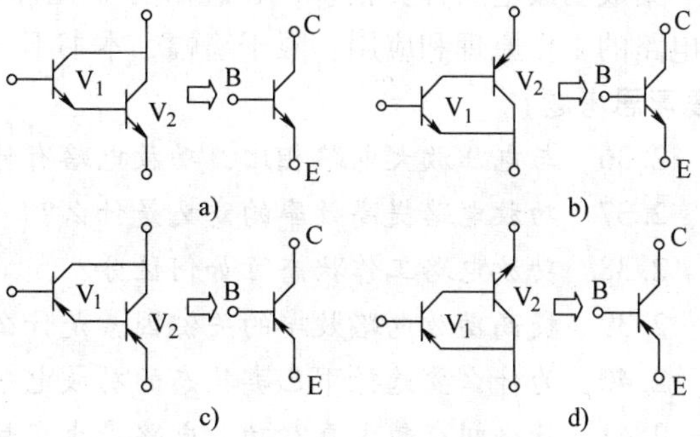

2）R_{10}、R_{11}、V_5 组成恒压源，U_{CE5}

$= I_{R10} R_{10} + U_{BE5} \approx \dfrac{U_{BE5}}{R_{11}} \times R_{10} + U_{BE5} =$

$U_{BE5} \left(1 + \dfrac{R_{10}}{R_{11}}\right)$，表明 U_{CE5} 仅与 R_{10}、R_{11}

有关，若 R_{10}、R_{11} 固定不变，则 U_{CE5} 恒定

图 2-40　复合管
a）NPN　b）NPN　c）PNP　d）PNP

不变，具有恒压源特性。恒压源的特点是内阻很小（使 V_3、V_4 两管基极的电压信号对称相同），而又能使两端电压恒定（提供功放管静态偏置，稳定静态工作点）。这种恒压源的作用与图 2-37 中的二极管 VD_1、VD_2 作用相同，在集成电路中广泛应用。

3）V_7、V_8 组成差动输入级（差动放大电路和比例电流源参阅 3.1 节），V_9、V_{10} 组成比例电流源，输入信号由 C_1 耦合至 V_7 管基极，经差动放大后从 V_7 集电极单端输出。R_1 为输入端直流负载，提供 V_7 静态基极电流；C_2 约 1000pF，用于改善频率响应。

4）V_6 管是驱动管，R_9 为其电流串联负反馈电阻，R_{12} 为其集电极负载电阻，C_4 是密勒电容，作用是防止高频自激。

5）R_{13}、C_5 组成自举电路（其作用与图 2-37 中 R_3、C_3 相同）。

6）R_2、C_3、R_3 组成电压串联（交流）负反馈网络，调节 R_3 可调节整个功放电路的电压增益。

7）调节 R_6 能调节中点电压，其原理为：若 $R_6\uparrow\to$比例电流源基准电流$\downarrow\to I_{C7}\downarrow\to$ $U_{R4}\downarrow\to I_{C6}\downarrow\to U_{R12}\downarrow\to U_{B4}\downarrow\to U_A\downarrow$；若 $R_6\downarrow$，其调节过程相反。

8）R_{16}、C_6 与感性负载（扬声器）R_L 并联，使等效负载接近阻性，主要作用改善频率响应。

（2）调试方法

1）调节中点电压 $U_A=0$。

OCL 功放电路若用于音响电路（负载为扬声器），调试时必须用假负载（电阻值与扬声器阻抗相同），原因是扬声器一般为低阻抗，若中点电压 U_A 偏离零位，扬声器线圈中即有很大直流电流，轻则退磁，扬声器性能变坏；重则烧坏线圈。因此，应确保 $U_A=0$ 后，才能接入扬声器。中点电压调 R_6。

2）调节功放管电流。

调节功放管电流关键是调节 V_3、V_4 管基极间电压，即恒压源 V_5 两端电压，可调 R_{10}。

5. 集成功放电路

随着电子技术的发展，用分立元件组成的功放电路在现代电子产品中已基本淘汰，集成功放电路已成为主流应用状态，而且进一步发展到集成功放电路仅是大规模集成功能电路的一部分。

集成功放电路种类很多，在理解分立元件 OCL、OTL 电路的基础上，不难掌握集成功放电路的工作原理和应用。限于篇幅，本书不予展开。

【复习思考题】

2.36 与电压放大电路相比，功放电路有什么特点和要求？

2.37 功放电路提高效率的意义是什么？

2.38 功放电路工作状态可如何区分？

2.39 提高功放电路效率的关键因素是什么？

2.40 为什么要选择甲乙类状态的功放电路？

2.41 什么叫交越失真？功放电路产生交越失真的原因是什么？

2.42 简述互补对称功放电路工作原理。

2.43 互补对称功放电路功放管管耗与哪些因素有关？最大管耗发生在何种条件下？

2.44 互补对称功放电路功放管应如何选择？

2.45 图 2-37 电路中 VD_1、VD_2 有什么作用？

2.46 OTL 电路中输出电容如何起到 $V_{CC}/2$ 等效电源的作用？该电容大小对电路性能有何影响？

2.47 什么叫自举电路？有什么作用？

2.48 OTL 电路如何调节功放管电流和中点电压 U_A？

2.49 功放电路中的恒压源有什么作用？

2.50 功放管采用复合管有什么好处？

2.51 为什么 OCL 电路中点电压必须为 0？

2.52 复合管的类型取决于什么？复合管的 β 约为多少？

【相关习题】

选做 2.8 习题中的填空题：2.24～2.28；选择题：2.48～2.52；分析计算题：2.86～2.90。

2.8 习题

2.8.1 填空题

2.1 放大电路按信号频率分，大致可分为低频放大电路，频率范围_____；高频放大电路，频率范围_____和直流放大电路，频率范围_____。

2.2 用分贝表示放大倍数的优点之一是人耳对声音的感受不是与声音功率的_____成正比，而是与声音功率的_____成正比，用分贝表示功率增益可与人耳听觉感受一致。

2.3 共射基本放大电路中集电极电阻 R_C 的作用是提供集电极电流通路，是三极管直流_____电阻，将三极管放大的集电极电流信号转换为_____信号。

2.4 三极管放大电路产生非线性失真的根本原因是三极管属于_____元件，它有_____失真和_____失真两种极端情况。为避免这两种失真，应将静态工作点设置在交流负载线的_____。

2.5 放大电路中的三极管有部分时间工作在_____而引起的失真，称为截止失真。放大电路中的三极管有部分时间工作在_____而引起的失真，称为饱和失真。

2.6 共射基本放大电路，在选择静态工作点时，为了避免截止失真，应满足 $I_{CQ} >$ _____；为了避免饱和失真，应满足 $U_{CEQ} >$ _____。

2.7 h 参数等效电路适用范围为_____、_____、_____。

2.8 三极管对温度的敏感主要反映在参数 I_{CBO}、β 和 U_{BE} 上：温度每升高 10℃，I_{CBO} 就增加_____；温度每升高 1℃，β 相对增大_____；温度每升高 1℃，$|U_{BE}|$ 减小_____。

2.9 共集电极电路的主要特点是电压放大倍数_____、输入输出电压_____、输入电阻_____、输出电阻_____、具有_____放大作用。

2.10 共基电路的主要特点是电流放大倍数_____、输入输出电压_____、输入电阻_____、输出电阻_____、具有_____放大作用。

2.11 场效应管自偏压电路适用于具有_____导电沟道的_____型场效应管，不适用于_____型场效应管。

2.12 多级放大器级间耦合的方式主要有_____耦合、_____耦合、_____耦合和_____耦合。前后级静态工作点相互独立的有_____耦合、_____耦合和_____耦合。

2.13 直接耦合多级放大器既能放大_____信号，也能放大_____信号。

2.14 计算前级放大器的电压放大倍数时，后级放大器的_____电阻应看作前级放大器的_____电阻。计算后级放大器的电压放大倍数时，前级放大器的_____电阻应看作后级放大器的_____。

2.15 多级放大器总的电压放大倍数等于_____。多级放大器总的输入电阻等于_____；多级放大器总的输出电阻等于_____。

2.16 在低频段和高频段，电压放大倍数下降到中频段电压放大倍数 A_{um} 的_____时，所对应的频率分别称为_____ f_L 和_____ f_H。

2.17 放大电路对不同频率信号响应不同引起的失真，称为_____失真；放大电路中元件的非线性特性而引起的失真称为_____失真。频率失真包括_____失真和_____失真。放大电路对不同频率信号的电压放大倍数不同而引起的失真称为_____失真；放大电路对不同频率信号的相移不同而引起的失真称为_____失真。

2.18 若引回的反馈信号削弱输入信号而使放大电路的放大倍数_____，这种反馈称为_____反馈；若引回的反馈信号增强输入信号而使放大电路的放大倍数_____，这种反馈称为_____反馈。

2.19 放大电路中的负反馈可有 4 种组合类型，即：_____负反馈、_____负反馈、_____负反馈和_____负反馈。

2.20 放大电路的增益带宽积为一个____数，其意义是通频带宽度与电路增益成_____比。

2.21 引入负反馈的一般原则为：

1）要稳定直流量（如静态工作点），应引入_____负反馈。

2）要改善交流性能（如放大倍数、通频带、失真和输入输出电阻等），应引入_____负反馈。

3）要稳定输出电压，应引入_____负反馈；要稳定输出电流，应引入_____负反馈。

4）要提高输入电阻，应引入_____负反馈；要减小输入电阻，应引入_____负反馈。

5）要减小输出电阻，应引入_____负反馈；要增大输出电阻，应引入_____负反馈。

2.22 放大电路深度负反馈的条件是_____。此时，增益 $A_f \approx$ _____。

2.23 产生自激振荡的根本原因是电路形成_____反馈。

2.24 甲类放大电路功放管导通角等于_____；乙类放大电路功放管导通角等于_____；甲乙类放大电路功放管导通角等于_____。

2.25 提高功放电路效率的关键因素是_____。

2.26 两个功放管交替工作的瞬间，因信号_____三极管死区电压而产生截止失真，称为_____失真。

2.27 无_____功放电路称为 OTL 电路；无_____功放电路称为 OCL 电路。

2.28 乙类功放电路功放管最大管耗发生在 $U_{om} =$ _____处。

2.8.2 选择题

2.29 下列因素中，不属于放大电路用分贝表示电路增益原因的是____。（A. 表达方式简单；B. 计算电路增益方便；C. 为了纪念科学家贝耳；D. 适应人耳听觉感受）

2.30 （多选）研究放大电路输入电阻的主要原因是____；研究放大电路输出电阻的主要原因是____。（A. 表明放大电路带负载能力的强弱；B. 阻抗匹配，达到最大功率传输；C. 信号源（电压源）一般比较微弱，带负载的能力差；D. 便于计算电路增益）

2.31 共射基本放大电路，若电路原来未发生非线性失真，更换一个 β 比原来大的三极管后，出现失真，则该失真应是____；若电路原来有非线性失真，但减小 R_B 后，失真消失了，则原来的失真应为____。（A. 截止失真；B. 饱和失真；C. 频率失真；D. 交越失真）

2.32 PNP管共射放大电路，输入电压是较小的正弦波，输出电压发生饱和失真，则其 i_b 波形将产生____，i_c 波形将产生____，u_o 波形将产生____。（A. 上半波削波；B. 下半波削波；C. 双向削波；D. 不削波）

2.33 已知共射基本放大电路如图2-7所示，$V_{CC} = 12V$，$R_C = R_L = 3k\Omega$，$U_{CES} = 0.5V$，正常情况下 $U_{CEQ} = 6V$，试选择一个合适的答案填空。

1）若发现电路出现饱和失真，为消除失真，可_____。（A. 减小 R_P；B. 减小 R_C；C. 减小 U_{CC}；D. 增大 β）

2）集电极电阻 R_C 的作用是____。（A. 放大电流；B. 调节 I_{BQ}；C. 调节 I_{CQ}；D. 防止交流信号对地短路，并把放大了的电流信号转换为电压信号）

3）若用直流电压表测得 $U_{CE} \approx U_{CC}$，有可能是因为_____；若测得 $U_{CE} \approx 0$，有可能是因为_____。（A. R'_B 开路；B. R'_B 短路；C. R_L 开路；D. R_L 短路）

2.34 共射基本放大电路，温度升高时，I_{BQ}____，I_{CQ}____，U_{BEQ}____，U_{CEQ}____。（A. 增大；B. 减小；C. 不变（或基本不变）；D. 变化不定）

2.35 有关三种组态放大电路放大作用的正确说法是____。（A. 都有电压放大作用；B. 都有电流放大作用；C. 都有功率放大作用；D. 只有共射电路有功率放大作用）

2.36 既能放大电压，又能放大电流的是____组态电路；只能放大电压，不能放大电流的是____组态电路；不能放大电压，只能放大电流的是____组态电路。（A. 共射；B. 共基；C. 共集；D. 不定）

2.37 单级放大电路，输入电压为正弦波，观察输出电压波形。若电路为共射电路，则 u_o 与 u_i 相位____；若电路为共基电路，则 u_o 与 u_i 相位____；若电路为共集电路，则 u_o 与 u_i 相位____。（A. 同相；B. 反相；C. 正交；D. 不定）

2.38 为了使高阻信号源（或高阻输出的放大电路）与低阻负载能很好配合，可以在信号源（或高阻输出的放大器）与负载之间接入____。（A. 共射电路；B. 共集电路；C. 共基电路；D. 以上3种电路都可以）

2.39 场效应管放大电路输入输出耦合电容取值比双极型三极管放大电路小的原因是____。（A. 场效应管输入电阻大；B. 电路输入信号频率高；C. 只有一种载流子参于导电；D. 场效应管热稳定性好）

2.40 阻容耦合放大电路加入不同频率的输入信号时，低频区电压增益下降的主要原因是由于存在____；高频区电压增益下降的主要原因是由于存在____。（A. 耦合电容和旁路电

容；B. 三极管结电容和电路分布电容；C. 三极管非线性特性；D. 其他）

2.41 在输入量不变情况下，若引入反馈后，____，则说明引入的反馈是负反馈；若引入反馈后，____，则说明引入的反馈是正反馈。（A. 输入电阻增大；B. 输出量增大；C. 净输入量增大；D. 净输入量减小）

2.42 直流负反馈是指____。（A. 直接耦合放大电路中所引入的负反馈；B. 只有放大直流信号时才有的负反馈；C. 在直流通路中的负反馈；D. 输入端必须输入直流信号）

2.43 交流负反馈是指____。（A. 阻容耦合放大电路中所引入的负反馈；B. 只有放大交流信号时才有的负反馈；C. 在交流通路中的负反馈；D. 输入端必须输入交流信号）

2.44 构成反馈通路的元器件是____。（A. 只能是电阻元件；B. 只能是三极管或集成运放等有源器件；C. 只能是无源器件；D. 可以是无源器件，也可以是有源器件）

2.45 为了稳定静态工作点，应引入____；为了稳定放大倍数，应引入____；为了提高增益，应适当引入____；为了改变输入输出电阻，应引入____；为了抑制温漂，应引入____；为了展宽频带，应引入____。（A. 直流负反馈；B. 交流负反馈；C. 交流正反馈；D. 直流正反馈）

2.46 希望放大电路输出电流稳定，应引入____；希望带负载能力强，应引入____；负载电阻较大，希望能得到有效的功率传输，应引入____；欲减小电路从信号源索取的电流，在放大电路中应引入____。（A. 电压负反馈；B. 并联负反馈；C. 电流负反馈；D. 串联负反馈）

2.47 在负反馈电路中产生自激振荡的条件是____。（A. 附加相移 $\Delta\varphi = \pm 2n\pi$，$|\dot{A}\dot{F}| \geqslant 1$；B. 附加相移 $\Delta\varphi = \pm 2(n+1)\pi$，$|\dot{A}\dot{F}| \geqslant 1$；C. 附加相移 $\Delta\varphi = \pm(2n+1)\pi$，$|\dot{A}\dot{F}| < 1$；D. 附加相移 $\Delta\varphi = \pm 2n\pi$，$|\dot{A}\dot{F}| < 1$）

2.48 功放电路功放管的导通角，甲类为____；乙类为____；甲乙类为____；丙类为____。（A. $\theta < 180°$；B. $180° < \theta < 360°$；C. $\theta = 180°$；D. $\theta = 360°$）

2.49 乙类互补对称功放电路避免交越失真的措施是____。（A. 选 P_{CM} 大的功放管；B. 自举电路；C. 增大 V_{CC}；D. 使功放管工作在甲乙类状态）

2.50 有一 OTL 电路，电源电压 $V_{CC} = 16V$，$R_L = 8\Omega$，在理想条件下，输出最大功率为____。（A. 32W；B. 16W；C. 10W；D. 8W）

2.51 设计一个最大输出功率为 16W 的扩音机电路，负载为 8Ω 扬声器，在理想条件下，若用乙类互补对称功放电路，则应选 P_{CM} 至少大于____的功放管（A. 8W；B. 4W；C. 3.2W；D. 1.6W）。若采用 OTL 电路，电源电压应选____；若采用 OCL 电路，电源电压应选____。（A. 32V；B. 20V；C. 16V；D. 8V）

2.52 若忽略功放管饱和压降，双电源互补对称功放电路最大管耗发生在 $U_{om} = ____$；最大输出功率发生在 $U_{om} = ____$；最大效率发生在 $U_{om} = ____$；电源提供的最大平均功率发生在 $U_{om} = ____$。（A. V_{CC}；B. $V_{CC}/2$；C. $2V_{CC}/\pi$；D. $\pi V_{CC}/4$）

2.8.3 分析计算题

2.53 若放大电路的放大倍数 $A_u = 200$，$A_i = 40$，$A_p = 10000$，试分别用分贝数表示。

2.54 画出图 2-41 电路的直流通路和交流通路。（设图中电容对交流信号的容抗均可忽略）

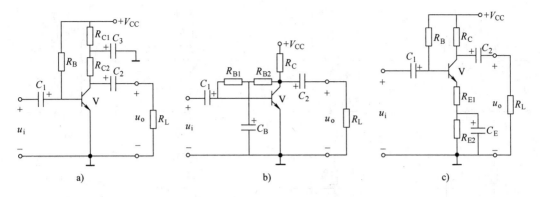

图 2-41　习题 2.54 电路

2.55　计算图 2-42 电路静态工作点 I_{BQ}、I_{CQ}、U_{CEQ}（设 U_{BE}、U_{CES} 均可忽略）。

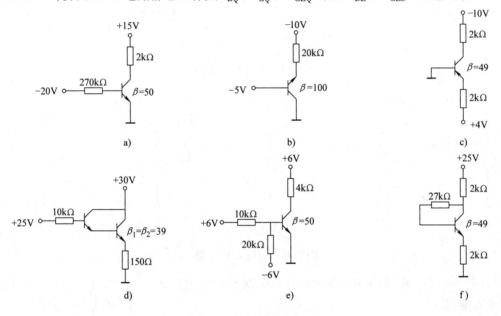

图 2-42　习题 2.55 电路

2.56　试判断图 2-43 电路是否可能具有电压放大作用？为什么？

2.57　试分析图 2-44 电路故障情况，并求集电极电压 U_C，设电路中三极管均为硅管，$U_{on} = 0.7V$，$U_{CES} = 0.1V$。

2.58　已知图 2-45 电路，$V_{CC} = 3V$，$V_{BB} = 3V$，$R_C = 3k\Omega$，$R_{B1} = 56k\Omega$，$R_{B2} = 560k\Omega$，$R_{B3} = 3k\Omega$，$\beta = 40$，$U_{BEQ} = 0.7V$，U_{CES} 可忽略不计，试分析 S 开关分别接 1、2、3 端时电路工作状态，并估算 I_{CQ}。

2.59　已知共射基本放大电路如图 2-46 所示，$V_{CC} = 15V$，$R_C = 5.1k\Omega$，$R_B = 300k\Omega$，$R_P = 1M\Omega$，$\beta = 100$，$U_{BEQ} = 0.7V$，$U_{CES} = 0.1V$，试求：

1）若 RP 调至中点，求静态工作点；

2）若要使 $U_{CEQ} = 7V$，求 R_P 值；

3）若要使 $I_{CQ} = 1.5mA$，求 R_P 值；

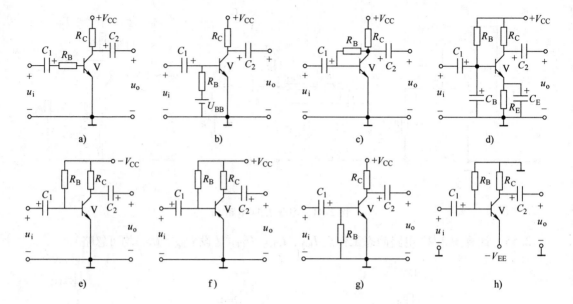

图 2-43　习题 2.56 电路

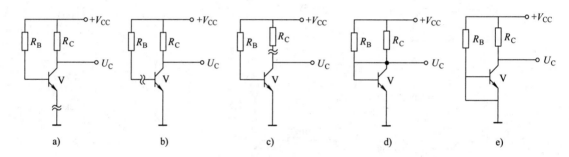

图 2-44　习题 2.57 电路

4）若不小心，R_P 调至 0，将出现什么情况？如何防止三极管进入饱和区？

2.60　已知共射基本放大电路如图 2-47 所示，$V_{CC} = 12V$，$R_B = 240k\Omega$，$R_C = 3k\Omega$，$U_{BEQ} = 0.7V$，$\beta = 40$，$R_L = 3k\Omega$，$r_{bb'} = 200\Omega$，$R_s = 1k\Omega$，试求：

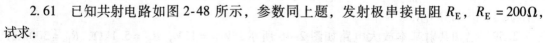

图 2-45　习题 2.58 电路

1）电路静态工作点；

2）画微变等效电路；

3）r_{be}、A_u、R_i、R_o。

2.61　已知共射电路如图 2-48 所示，参数同上题，发射极串接电阻 R_E，$R_E = 200\Omega$，试求：

1）静态工作点；

2）画微变等效电路；

3）r_{be}、A_u、R_i、R_o；

4）简述发射极串接电阻 R_E 后电路交直流性能的变化；

5）若在 R_E 两端并接射极电容 C_E（$C_E = 47\mu F$），试分析交直流性能的变化？

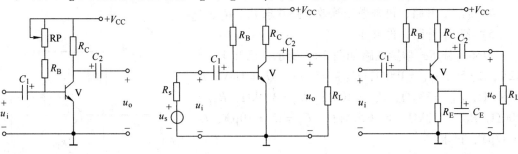

图 2-46　习题 2.59 电路　　　图 2-47　习题 2.60 电路　　　图 2-48　习题 2.61 电路

2.62　已知三极管 $r_{bb'} = 300\Omega$，$I_{EQ} = 1mA$，$\beta = 99$，试分别求图 2-49 电路输入电阻 R_i。

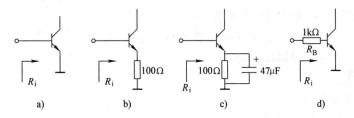

图 2-49　习题 2.62 电路图

2.63　已知共射基本放大电路如图 2-47 所示，用示波器观察到 u_o 波形如图 2-50 所示，试判断该波形属于何种失真（饱和或截止）？并说明应如何调整才能使 u_o 波形趋于正弦？（设输入波形 u_i 为正弦波）

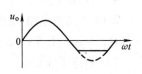

图 2-50　习题 2.63 波形

2.64　电路如图 2-47 所示，输入电压 u_i 波形如图 2-51 所示，试按下列要求改变 R_B：1）增大 R_B；2）减小 R_B；使输出波形产生失真，试定性画出失真输出波形，并指出属何种失真？

2.65　分压式偏置电路如图 2-52 所示，已知 $V_{CC} = 15V$，$\beta = 100$，$r_{bb'} = 200\Omega$，$U_{BEQ} = 0.7V$，$R_{B1} = 62k\Omega$，$R_{B2} = 20k\Omega$，$R_C = 3k\Omega$，$R_E = 1.5k\Omega$，$R_L = 5.6k\Omega$，$C_1 = C_2 = 10\mu F$，$C_E = 47\mu F$，试求：

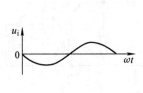

图 2-51　习题 2.64 波形

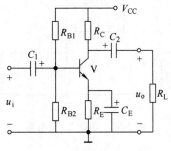

图 2-52　习题 2.65 电路

1）静态工作点；
2）画微变等效电路；

3）r_{be}、R_i、R_o、A_u；

4）若 C_E 开路，再画微变等效电路并求 R_i、R_o、A_u；

5）若 R_L 开路，再求 A_u。

2.66 分压式偏置电路如图 2-53 所示，已知 $V_{CC}=$
12V，$\beta=50$，$r_{bb'}=100\Omega$，$U_{BEQ}=0.7V$，$U_s=1mV$，R_s
$=600\Omega$，$R_{B1}=33k\Omega$，$R_{B2}=10k\Omega$，$R_C=3.3k\Omega$，$R_{E1}=$
200Ω，$R_{E2}=1.3k\Omega$，$R_L=5.1k\Omega$，$C_1=C_2=10\mu F$，C_E
$=47\mu F$，试求：

1）静态工作点；

2）画微变等效电路；

3）r_{be}、R_i、R_o、A_u、A_{us}、U_o。

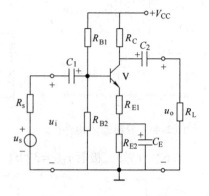

图 2-53 习题 2.66 电路

2.67 已知共集电路如图 2-54 所示，$V_{CC}=15V$，
$R_B=240k\Omega$，$R_E=10k\Omega$，$U_{BEQ}=0.6V$，$\beta=50$，$r_{bb'}=$
300Ω，$R_L=5.1k\Omega$，$R_s=1k\Omega$，试求：

1）静态工作点；

2）画微变等效电路；

3）r_{be}、A_u、R_i、R_o；

4）若 R_L 断开，再求 A_u、R_i。

2.68 已知电路如图 2-55 所示，$V_{CC}=24V$，$R_{B1}=150k\Omega$，$R_{B2}=110k\Omega$，$R_E=5k\Omega$，R_L
$=1k\Omega$，$U_{BEQ}=0.7V$，$\beta=50$，$r_{bb'}=200\Omega$，试求：

1）静态工作点；

2）画微变等效电路；

3）r_{be}、A_u、R_i、R_o。

2.69 画出图 2-56 所示电路的微变等效电路，写出从两个输出端分别输出的电压增益
表达式，并画出 $R_C=R_E$ 时，两个输出端输出电压的波形（设 u_i 为正弦波）

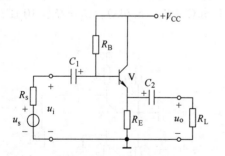

图 2-54 习题 2.67 电路

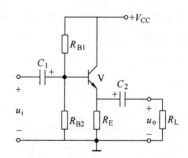

图 2-55 习题 2.68 电路

2.70 已知共基极电路如图 2-57 所示，$R_{B1}=47k\Omega$，$R_{B2}=18k\Omega$，$R_C=1.3k\Omega$，$R_E=$
$2.7k\Omega$，$R_L=1.2k\Omega$，$V_{CC}=12V$，$\beta=60$，$U_{BEQ}=0.6V$，$r_{bb'}=300\Omega$，试求：

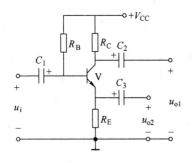

图 2-56 习题 2.69 电路

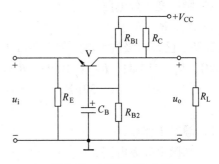

图 2-57 习题 2.70 电路

1）静态工作点；

2）画微变等效电路；

3）r_{be}、A_u、R_i、R_o；

4）简述共基极电路特点。

2.71 已知场效应管放大电路如图 2-58 所示，$V_{DD} = 18V$，$R_G = 2M\Omega$，$R_D = 30k\Omega$，$R_S = 2k\Omega$，$R_L = 10k\Omega$，$C_1 = C_2 = 0.1\mu F$，$C_S = 47\mu F$，$g_m = 1ms$，试求：

1）U_G、A_u、R_i、R_o；

2）画微变等效电路；

3）简述电路中输入输出耦合电容为什么用 $0.1\mu F$，而源极旁路电容却用 $47\mu F$ 的原因。

2.72 已知场效应管放大电路如图 2-59 所示，$V_{DD} = 24V$，$R_{G1} = 200k\Omega$，$R_{G2} = 64k\Omega$，$R_{G3} = 1M\Omega$，$R_D = 10k\Omega$，$R_{S1} = 100\Omega$，$R_{S2} = 10k\Omega$，$R_L = 10k\Omega$，$C_1 = C_2 = 0.1\mu F$，$C_S = 100\mu F$，$g_m = 1ms$，试求：

1）U_G、A_u、R_i、R_o；

2）画微变等效电路。

2.73 场效应管放大电路如图 2-60 所示，$V_{DD} = 12V$，$R_G = 1M\Omega$，$R_{S1} = 100\Omega$，$R_{S2} = 1k\Omega$，$C_S = 10\mu F$，$C_1 = C_2 = 0.1\mu F$，$R_D = 22k\Omega$，$R_L = 22k\Omega$，$g_m = 1ms$，试求：U_G、A_u、R_i、R_o。

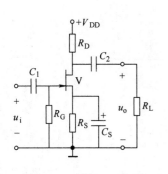

图 2-58 习题 2.71 电路

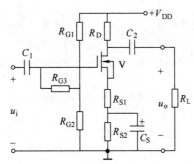

图 2-59 习题 2.72 电路

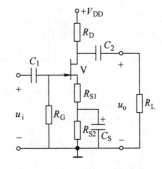

图 2-60 习题 2.73 电路

2.74 场效应管放大电路如图 2-61 所示，$V_{DD} = 9V$，$R_G = 2.2M\Omega$，$R_S = 3.3k\Omega$，$R_L = 3.9k\Omega$，$g_m = 1.2ms$，$I_{DQ} = 1mA$，试求：

1）U_{GSQ}；

2）画微变等效电路；

3）A_u、R_i、R_o。

2.75 已知两级放大电路如图 2-62 所示，$V_{CC} = 15V$，$R_{B1} = 240k\Omega$，$R_{B21} = 180k\Omega$，$R_{B22} = 56k\Omega$，$R_{E1} = 10k\Omega$，$R_{E21} = 100\Omega$，$R_{E22} = 1k\Omega$，$R_{C2} = 3.3k\Omega$，$R_L = 2.7k\Omega$，$R_s = 1k\Omega$，$C_1 = C_2 = C_3 = 10\mu F$，$C_{E2} = 33\mu F$，$r_{bb'1} = r_{bb'2} = 300\Omega$，$\beta_1 = \beta_2 = 50$，$U_{BEQ} = 0.6V$，$U_s = 1mV$，试求：

1）静态工作点；

2）画微变等效电路；

3）R_i、R_o、A_u、A_{us}、U_o。

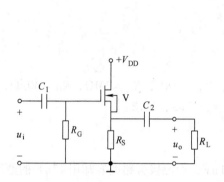

图 2-61 习题 2.74 电路

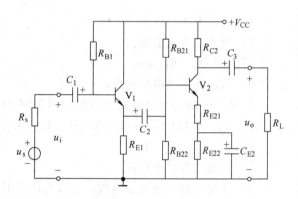

图 2-62 习题 2.75 电路

2.76 已知两级放大电路如图 2-63 所示，$V_{CC} = 12V$，$R_{B11} = 56k\Omega$，$R_{B12} = 22k\Omega$，$R_{B21} = 120k\Omega$，$R_{B22} = 39k\Omega$，$R_{C1} = 1.5k\Omega$，$R_{C2} = 3.9k\Omega$，$R_{E1} = 2.7k\Omega$，$R_{E22} = 100\Omega$，$R_{E21} = 2k\Omega$，$R_L = 3.9k\Omega$，$R_s = 1k\Omega$，$r_{bb'} = 300\Omega$，$\beta = 60$，$U_{BEQ} = 0.6V$，$U_s = 1mV$，试求：

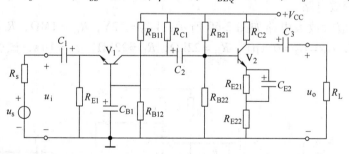

图 2-63 习题 2-76 电路

1）静态工作点；

2）画微变等效电路；

3）R_i、R_o、A_u、A_{us}、u_o。

2.77 已知电路如图 2-64 所示，试分析电路中每一反馈元件及其反馈类型。

2.78 试说明图 2-64i 中，V_1 管静态工作点的形成。

2.79 已知放大电路输入信号电压为 1mV，输出电压为 1V；加入负反馈后为使输出电压仍保持 1V，加大输入信号至 10mV。求该加入负反馈电路的反馈深度和反馈系数。

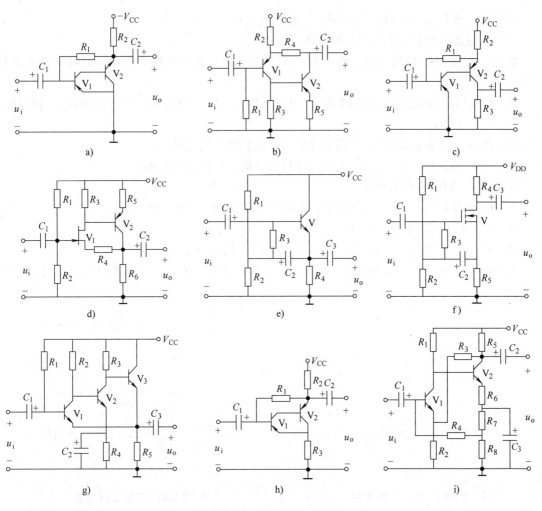

图 2-64　习题 2.77 电路

2.80　某基本放大电路输入有效值为 20mV 的正弦波信号时，输出有效值为 10V 的正弦信号，求引入反馈系数为 0.01 的电压串联负反馈后输出正弦波电压的有效值。

2.81　某负反馈放大电路 $A_f = 90$，$F = 0.01$，求基本放大器开环增益 A。

2.82　某电压串联负反馈电路，若输入电压 $U_i = 0.1V$，测得其输出电压为 1V。去掉负反馈后，测得其输出电压为 10V（U_i 保持不变），求反馈系数 F_u。

2.83　当电路的闭环增益为 40dB 时，基本放大器的 A 变化 10%，A_f 相应变化 1%，求该电路的开环增益。

2.84　已知某放大电路闭环增益 $A_f = 150$，要求开环增益 A 的相对变化量为 10% 时，其闭环增益相对变化量为 0.5%，试求该电路的开环增益 A 和反馈系数 F。

2.85　某电压串联负反馈放大电路开环电压增益 $A_u = 2000$，电压反馈系数 $F_u = 0.95\%$，若因受温度影响使 A_u 的变化达到 ±10% 时，求闭环电压增益 A_{uf} 的变化范围。

2.86　已知功放电路如图 2-65 所示，$V_{CC} = 15V$，$R_L = 16\Omega$，试求：

1）输出最大功率 P_{om}、最大效率 η_m、最大单管管耗 P_{V1m}；

2）若考虑 $U_{\mathrm{CES}} = 0.5\mathrm{V}$，再求 P_{om}、η_{m}、P_{V1m}；

3）说明选择该电路功放管时的参数。

2.87　已知 OTL 功放电路，$R_{\mathrm{L}} = 4\Omega$，信号最低频率 $f_{\mathrm{L}} = 30\mathrm{Hz}$，求输出电容至少应取多大？

2.88　已知功放电路如图 2-66 所示，$V_{\mathrm{CC}} = 10\mathrm{V}$，$R_{\mathrm{L}}$ 为 16Ω 扬声器，试回答下列问题：

1）电路名称；

2）$U_{\mathrm{A}} = ?$ 若需提高 U_{A}，调何元件最为合适？增大还是减小？

3）若需减小 V_1、V_2 电流，调何元件最为合适？增大还是减小？

4）VD_1、VD_2 的作用是什么？

5）C_2 的作用是什么？若最低信号频率 $f_{\mathrm{L}} = 20\mathrm{Hz}$，$C_2$ 至少应取多大？

6）R_3、C_3 的作用是什么？

7）若 V_1、V_2 的 $U_{\mathrm{CES}} = 0.3\mathrm{V}$，计算 P_{om}、P_{E}、P_{V1}、η_{m}；

8）若 V_1、V_2 的 $I_{\mathrm{CM}} = 500\mathrm{mA}$，$U_{\mathrm{BR(CEO)}} = 18\mathrm{V}$，$P_{\mathrm{CM}} = 0.5\mathrm{W}$，试判断 V_1、V_2 能否安全工作？

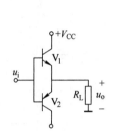

图 2-65　习题 2.86 电路

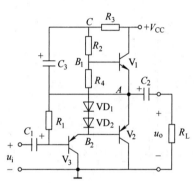

图 2-66　习题 2.88 电路

2.89　已知互补对称功放电路，$V_{\mathrm{CC}} = 12\mathrm{V}$，$R_{\mathrm{L}} = 8\Omega$，在理想情况下，试分别求 OCL 组态和 OTL 组态时最大输出功率、电源功率、总管耗和最大效率。

2.90　已知双电源互补对称功放电路，$V_{\mathrm{CC}} = 12\mathrm{V}$，$R_{\mathrm{L}} = 8\Omega$，功放管极限参数为 $U_{\mathrm{BR(CEO)}} = 30\mathrm{V}$，$I_{\mathrm{CM}} = 2\mathrm{A}$，$P_{\mathrm{CM}} = 5\mathrm{W}$，试求：

1）最大输出功率 P_{om}；

2）检验功放管能否安全工作；

3）若 $\eta = 0.6$，求此时输出功率 P_{o}。

第 3 章　集成运算放大器

本章要点

- 差动放大电路
- 理想化集成运放及其特点
- 集成运放基本输入电路
- 集成运放基本运算电路
- 电压比较器
- 方波发生器
- 有源滤波器

由电阻、电容、电感、二极管、三极管、场效应管及连接导线等在结构上彼此独立的元器件组成的电路称为分立元件电路。本书前 2 章主要分析分立元件电路，这是电子电路的基础。本章开始将分析集成电路，所谓集成电路是将上述元器件组成的电路集中制作在一小块硅基片上，封装在一个管壳内，构成一个特定功能的电子电路。集成电路具有体积小、重量轻、耗电省、成本低、可靠性高和电性能优良等突出优点，因而得到了极其广泛的应用，反过来又大大促进了电子技术的发展。

3.1　差动放大电路

差动放大电路也称差分放大电路，是一种直流放大电路（也可放大交流信号），在集成运放中无一例外地用作输入级电路。

3.1.1　基本差动放大电路

1. 多级直流放大电路的零点漂移问题

在集成电路中，由于不能将较大的电容做在集成电路之中，因此集成电路中的多级放大电路只能用直接耦合方式，而直接耦合方式的最大缺点是零点漂移问题，产生零点漂移的主要原因是三极管（或场效应管）参数（β、U_{BE}、I_{CBO} 等）受温度影响发生变化和电源电压波动变化。阻容耦合时，输入输出端有电容隔直，各级的静态偏置漂移限制在本级以内不会逐级放大。而直接耦合时，第一级的静态偏置漂移被逐级放大，放大倍数越大，零点漂移越严重。至输出级时，可能淹没有用的信号，失去放大电路放大信号的意义。

解决零漂问题的办法是采用差动放大电路。

2. 基本差动放大电路的工作原理

（1）电路组成

图 3-1a 为基本差动放大电路，也称为射级耦合差动放大电路。由两个完全对称的共射电路组成。所谓对称，主要是指 V_1、V_2 的特性参数（β、U_{BE}、r_{be} 等）一致，输入信号 u_{i1}、

u_{i2}分别从 V_1、V_2 基极输入，输出信号从 V_1、V_2 集电极输出，输入、输出不共地，V_1、V_2 具有公共发射极电阻 R_{EE}，电路由双电源 $+V_{CC}$ 和 $-V_{EE}$ 供电。

（2）差模信号和共模信号

在对差动电路进行动态分析前，要先弄清两种输入信号：

1）差模输入信号：大小相等、极性相反的输入信号，用 U_{id} 表示。

2）共模输入信号：大小相等、极性相同的输入信号，用 U_{ic} 表示。

对差动放大电路来说，有用的或需要放大的信号是差模信号，分别为 U_{id1} 和 U_{id2}，$U_{id1} = -U_{id2}$；无用的或需要抑制的信号为共模信号，分别为 U_{ic1} 和 U_{ic2}，$U_{ic1} = U_{ic2} = U_{ic}$。

为何共模信号是差动电路中有害无用、需要抑制的信号呢？因为造成零点漂移的因素主要是温度变化和电源电压波动，而温度变化和电源电压波动因素对差动电路 V_1、V_2 的影响是相同的，属于共模信号性质。

（3）差模增益

图 3-1b 为差模输入时交流通路，由于 V_1、V_2 管发射极差模电流大小相等极性相反，流经公共射极电阻 R_{EE} 时，使 R_{EE} 两端的差模信号电压为零，因此 R_{EE} 对 V_1、V_2 管的差模信号无电流负反馈作用。则 V_1、V_2 管集电极电压分别为

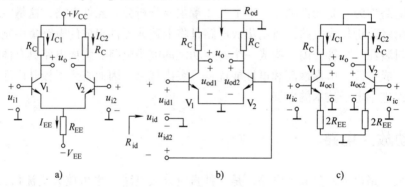

图 3-1　差动放大电路

a）基本电路　b）差模交流通路　c）共模交流通路

$$U_{od1} = -\frac{\beta R_C}{r_{be}} U_{id1}, \quad U_{od2} = -\frac{\beta R_C}{r_{be}} U_{id2}$$

$$U_{od} = U_{od1} - U_{od2} = -\frac{\beta R_C}{r_{be}} (U_{id1} - U_{id2}) = -\frac{\beta R_C}{r_{be}} U_{id}$$

$$A_{ud} = \frac{U_{od}}{U_{id}} = -\frac{\beta R_C}{r_{be}} \tag{3-1a}$$

当 V_1、V_2 集电极之间接负载 R_L 时，由于两管集电极电压，即 R_L 两端交流电压大小相等极性相反，R_L 中点差模电压必为零值，相当于每管对地接有 $R_L/2$ 负载。因此，基本差动放大电路输出端接负载时

$$A_{ud} = -\frac{\beta R'_L}{r_{be}} \tag{3-1b}$$

式中，$R'_L = R_C /\!/ (R_L/2)$。

（4）共模增益

86

图 3-1c 为共模输入时交流通路。由于 V_1、V_2 管发射极共模电流大小相等极性相同，流经公共射极电阻 R_{EE} 的电流为 $2I_E$，因此相当于对 V_1、V_2 管具有 $2R_{EE}$ 的电流负反馈作用。

$$U_{oc1} = U_{oc2} = -\frac{\beta R_C}{r_{be} + 2(1+\beta)R_{EE}} U_{ic}, \quad U_{oc} = U_{oc1} - U_{oc2} = 0$$

$$A_{uc} = 0 \tag{3-2}$$

上式表明，差动放大电路对共模信号无放大作用。但是上述结论是建立在 V_1、V_2 电路完全对称的理想状态下，在实际电路中，两管电路不可能完全对称，因此 $U_{oc} \neq 0$，$A_{uc} \neq 0$。

（5）共模抑制比

为了衡量差动放大器对共模信号的抑制能力，引入共模抑制比 K_{CMR} 技术指标。

$$K_{CMR} = \left| \frac{A_{ud}}{A_{uc}} \right| \tag{3-3a}$$

用分贝（dB）表示

$$K_{CMR}(dB) = 20\lg \left| \frac{A_{ud}}{A_{uc}} \right| \tag{3-3b}$$

显然，差动放大电路的共模抑制比越大越好。对图 3-1a 电路来说，要使 K_{CMR} 增大，关键是提高两管电路的对称性。另外，公共射极电阻 R_{EE} 对差模信号无电流负反馈作用，对共模信号具有 $2R_{EE}$ 电流负反馈作用。因此增大 R_{EE}，能有效提高差动放大电路的共模抑制比。

【例 3-1】 已知电路如图 3-1a 所示，$V_{CC} = V_{EE} = 12V$，$R_C = 10k\Omega$，$R_{EE} = 22k\Omega$，$\beta = 100$，$U_{BEQ} = 0.6V$，$r_{be1} = r_{be2} = 5k\Omega$，双端输出 $R_L = 20k\Omega$，试求：A_{ud}、A_{uc} 和 K_{CMR}。

解：$A_{ud} = -\frac{\beta R'_L}{r_{be}} = -\frac{100 \times [10 /\!/ (20/2)]}{5} = -100$

由于两管对称，在理论上，$A_{uc} = 0$。因此

$$K_{CMR} = \left| \frac{A_{ud}}{A_{uc}} \right| \rightarrow \infty$$

3.1.2 具有电流源的差动放大电路

差动放大电路公共发射极电阻 R_{EE}，对差模信号无电流负反馈作用，对共模信号有 $2R_{EE}$ 电流负反馈作用，要提高差动放大电路的共模抑制比，除电路对称外，必须增大 R_{EE} 阻值，但 R_{EE} 阻值过大，在 R_{EE} 上的直流压降增大，差动放大电路输出动态范围减小，为此，增加一路负电源 V_{EE}，以补偿 R_{EE} 上的直流压降损耗。但是，还不够。那么能否找到直流压降有限，而交流电阻很大的一种器件呢？有，电流源就具有这种特性。

1. 电流源电路

电流源电路接近于恒流源特性，恒流源的特性是 $R_s \rightarrow \infty$，而接近于恒流源特性的电流源电路的内阻也可做得很大。但其内阻是一个动态电阻，不是直流电阻，因此在电路中使用时，电流源电路交流电阻很大，直流压降不大。

（1）常用电流源电路

常用电流源电路有镜像电流源、微电流源、比例电流源、多路电流源等，如图 3-2 所示。

1）镜像电流源。镜像电流源如图 3-2a 所示，其中 V_0、V_1 的参数完全相同，$\beta_0 = \beta_1 =$

β，$U_{BE0} = U_{BE1}$，则 $I_{B0} = I_{B1}$，$I_{C0} = I_{C1}$。

$$I_{REF} = \frac{V_{CC} - U_{BE}}{R} \approx \frac{V_{CC}}{R} \qquad (3\text{-}4)$$

当 V_{CC} 与 R 确定时，I_{REF} 也随之确定。I_{REF} 称为基准电流，同时

$$I_{REF} = I_{C0} + 2I_B = I_{C1} + 2I_B = I_{C1} + 2\frac{I_{C1}}{\beta} = I_{C1}\left(1 + \frac{2}{\beta}\right)，\text{即 } I_{C1} = I_{REF}/\left(1 + \frac{2}{\beta}\right)$$

当 $\beta >> 2$ 时，$I_{C1} \approx I_{REF}$ $\qquad (3\text{-}5)$

I_{REF} 相当于"镜"，I_{C1} 相当于"像"，因此电路称为镜像电流源。

在集成电路内部，要做到 V_0 和 V_1 对称相同，相对于分立元件电路要容易得多，因此镜像电流源在集成电路内部得到广泛应用。

2）微电流源。微电流源如图 3-2b 所示，电流可做得很小，R_{e1} 越大，I_{C1} 越小。

$$I_{C1} \approx \frac{U_T}{R_{e1}}\ln\frac{I_{REF}}{I_{C1}} \qquad (3\text{-}6)$$

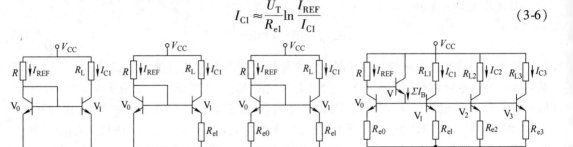

图 3-2 集成电路中的电流源

a）镜像电流源 b）微电流源 c）比例电流源 d）多路电流源

3）比例电流源。图 3-2c 为比例电流源所示，电流源输出电流 I_{C1} 与基准电流 I_{REF} 成一定比例

$$\frac{I_{C1}}{I_{REF}} = \frac{R_{e0}}{R_{e1}} \qquad (3\text{-}7)$$

4）多路电流源。多路电流源如图 3-2d 所示，可同时产生多个电流源，每个电流源与基准电流成比例

$$I_{C1} \approx \frac{R_{e0}}{R_{e1}}I_{REF}，\ I_{C2} \approx \frac{R_{e0}}{R_{e2}}I_{REF}，\ I_{C3} \approx \frac{R_{e0}}{R_{e3}}I_{REF} \qquad (3\text{-}8)$$

图 3-2d 中 V 的作用是为了减小 $\sum I_B$ 对 I_{REF} 的分流作用，提高比例精度。

（2）电流源的作用

电流源在集成电路中得到了广泛的应用，其主要作用有：

1）用作有源负载。图 3-3a 为镜像电流源用作集电极负载时的应用电路，不难理解，电流源输出电阻即为应用电路中三极管 V_1 的集电极负载电阻 R_C。由于电流源输出电阻很大，因此应用电路电压增益很大；又由于电流源直流压降较小，因此可增大电路输出动态范围。需要指出的是，当用作 NPN 型管集电极负载时，镜像电流源应由 PNP 型管组成。图3-3b为镜像电流源作射极输出器负载时的应用电路。

2）提供静态偏置。电流源电路能近似输出恒定电流，因此可以起到稳定静态工作点的

作用，在集成电路中常用于提供各级静态偏流。

2. 具有电流源的差动放大电路

图 3-4a 为具有电流源的差动放大电路，图 3-4b 为其简化等效电路。由 V_3、V_4 组成的比例电流源替代公共发射极电阻 R_{EE}，极大地提高了差动放大电路的共模抑制比。图中，RP 称为调零电位器。在实际差动放大电路中，V_1、V_2 电路不可能完全对称，当输入为零时，

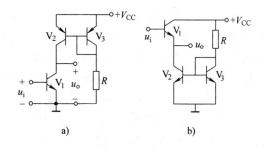

图 3-3 有源负载
a）用作集电极负载 b）用作射极输出器负载

输出不为 0，可调节 RP，使其输出为 0。由于 RP 对差模共模信号都具有电流负反馈作用，因此，RP 的阻值不能太大，一般为几十至几百欧。当 RP 调至中点时，对 V_1、V_2 各相当于接 RP/2 的发射极电阻。

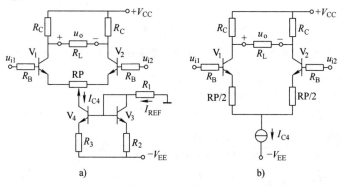

图 3-4 具有电流源的差动放大电路
a）电路 b）简化等效电路

3. 差动放大电路的输入输出方式

上述分析的差动放大电路均采用双端输入输出的方式，这种方式的不足之处是输入输出没有公共端，而在实际使用中，往往需要有输入输出公共端。因此，可采用单端输入和单端输出的工作方式。

（1）单端输入方式

当 R_{EE} 足够大时，V_1、V_2 管发射极对地相当于开路，其单端输入等效电路如图3-5所示，由于 V_1、V_2 对称，实际加到 V_1、V_2 管的 BE 极间的输入电压大小相等极性相反，即 $U_{id1} = - U_{id2} = U_{id}/2$。因此，单端输入时，在 R_{EE} 足够大条件下，与双端输入状态相同，其 A_{ud}、R_{id}、R_o 分析结论相同。

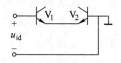

图 3-5 单端输入等效电路

（2）单端输出方式

单端输出方式差动放大电路如图3-6所示。

差模增益：
$$A_{ud} = A_{ud1} = \frac{U_{od1}}{U_{id}} = \frac{U_{od1}}{2U_{id1}} \approx - \frac{\beta R'_L}{2r_{be}} \tag{3-9}$$

式中 $R'_L = R_C // R_L$。上式说明，单端输出的差模增益约为双端输出时的一半，其中"约"的原因是 R'_L 计算方式不同。

当输入信号正极性端从 V_2 管基极输入时。U_{od1} 与 U_{id} 极性相同，因此 V_2 管基极称为同相输入端，V_1 管基极称为反相输入端。需要指出的是，同相或反相输入端与输出端的接法和极性有关，当从 V_1 管集电极输出，或 V_1 管集电极为双端输出的正极性端时，V_1 管基极为反相输入端，V_2 管基极为同相输入端；当从 V_2 管集电极输出，或 V_2 管集电极为双端输出的正极性端时，V_2 管基极为反相输入端，V_1 管基极为同相输入端。但是一个差动放大电路结构一旦确定（正极性输出端确定），其两个输入端的同相、反相特性也就确定了。

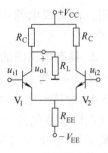

图 3-6　单端输出电路

共模增益：
$$A_{uc} = \frac{U_{oc1}}{U_{ic}} = \frac{-\beta R'_L}{r_{be} + 2(1+\beta)R_{EE}} \approx -\frac{R'_L}{2R_{EE}} \tag{3-10}$$

上式表明，单端输出时共模增益不为 0，这与双端输出时在理论上共模增益为 0 有明显的区别。但 R_{EE} 足够大时，A_{uc} 很小，共模抑制比 K_{CMR} 仍然较高。

$$K_{CMR} = \left| \frac{A_{ud}}{A_{uc}} \right| \approx \frac{\beta R'_L}{2r_{be}} / \frac{R'_L}{2R_{EE}} = \frac{\beta R_{EE}}{r_{be}} \tag{3-11}$$

【例 3-2】　已知电路如图 3-6 所示。电路参数同例 3-1，求当负载 R_L 接到 V_1 管集电极与地之间作单端输出时 A_{ud}、A_{uc}、K_{CMR}。

解： $A_{ud} = -\frac{\beta(R_C /\!/ R_L)}{2r_{be}} = -\frac{100(10 /\!/ 20)}{2 \times 5} = -66.7$

$$A_{uc} = \frac{-\beta R'_L}{r_{be} + 2(1+\beta)R_{EE}} = -\frac{100(10 /\!/ 20)}{5 + 2 \times (1+100) \times 22} = -0.150$$

$$K_{CMR} = \left| \frac{A_{ud}}{A_{uc}} \right| = \frac{66.7}{0.15} = 445$$

【复习思考题】

3.1　多级直流放大电路最主要的问题是什么？为什么？

3.2　简述差模信号与共模信号的含义。

3.3　对差动放大电路来说，为什么共模信号是有害、无用、需要抑制的信号？

3.4　负载电阻接在差动放大电路两管集电极之间时，每管等效负载如何计算？

3.5　叙述差动放大电路公共发射极电阻 R_{EE} 的功能及对电路静态分析的影响。

3.6　叙述共模抑制比的意义。K_{CMR} 的大小表明什么？

3.7　用电流源代替公共射极电阻有何好处？

3.8　差动放大电路中的调零电位器有何功能？对差模及共模信号有什么作用？

3.9　在什么条件下单端输入与双端输入功效相同？

3.10　R_L 相同时，双端输出时的差模增益是否为单端输出时的两倍？

3.11　单端输出能否抑制共模输出？

【相关习题】

选做 3.4 习题中的填空题：3.1 ~ 3.7；选择题：3.23 ~ 3.28；分析计算题：3.43 ~ 3.47。

3.2 集成运放电路

集成运算放大电路简称集成运放或运放，是模拟集成电路中运用最早最广的集成电路。

3.2.1 集成运放基本概念

1. 集成运放组成框图

集成运放符号如图 3-7a 所示，u_N、u_P 分别为其反相输入端和同相输入端，用"−"和"+"标识；u_O 为输出端；V_{CC}、V_{EE} 为其正负电源加入端，为简化电路画面，通常不画。框图内"▷"表示信号传输方向，"∞"表示集成运放为理想化器件。使用旧标准的教材和技术资料中集成运放常用图 3-7b 表示。

集成运放组成框图如图 3-7c 所示，主要有输入级、中间级和输出级组成。输入级由差动放大电路构成，主要作用是减小运放的零漂；中间级通常由一至二级有源负载放大电路构成，主要作用是提供较高的电压放大倍数；输出级一般由准互补对称电路构成，主要作用是提高运放输出功率和带负载能力。此外，集成运放还有一些辅助电路，如偏置电路（为各级放大电路提供静态偏流），双端变单端电路和过电流保护电路等。

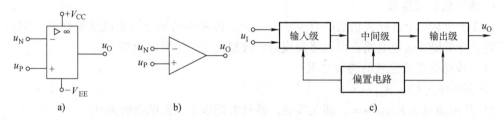

图 3-7 集成运放电路符号和组成框图

a）电路符号 b）集成运放旧符号 c）组成框图

2. 741 通用型集成运放内部电路简介

741 集成运放为典型第二代通用型集成运放，国内曾生产的型号名为 5G24（上海元件五厂）、F007（上海无线电七厂）等，国外生产厂商很多，如 μA741、LM741 等，图 3-8 为其简化的内部电路。

图中 V_1、V_3 和 V_2、V_4 组成共集 – 共基组合差动电路，V_5、V_6 为有源负载，变双端为单端输出；V_7、V_8 组成复合管共射电路，提供高电压增益；V_{12}、V_{13} 组成互补对称输出电路，提供较大的输出功率和负载能力；V_{11} 为 V_{12}、V_{13} 的推动级；V_9、V_{10} 各为短路一个 PN 结的三极管，提供 V_{12}、V_{13} 的静态偏置；RP 为调零电位器，外接；$I_{o1} \sim I_{o4}$ 为电流源，提供各级静态偏置或有源负载。

3. 集成运放主要参数

集成运放的参数很多，这里介绍几种主

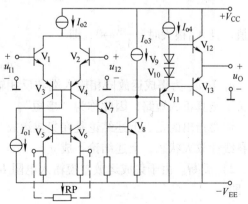

图 3-8 741 通用型集成运算放大器简化电路

要参数。

（1）开环差模电压增益 A_{od}

A_{od} 是指集成运放未加负反馈时的差模电压放大倍数，A_{od} 越大越好，一般 A_{od} 为 $100 \sim$ 140dB。

（2）共模抑制比 K_{CMR}

$K_{CMR} = \left| \dfrac{A_{ud}}{A_{uc}} \right|$，$K_{CMR}$ 主要表明抑制零点零漂的能力，K_{CMR} 越大越好，一般 K_{CMR} 为 $80 \sim$ 100dB。

（3）差模输入电阻 R_{id}

R_{id} 是指开环时集成运放的差模输入电阻，R_{id} 越大越好，一般为几十千欧 ~ 几兆欧。

（4）输出电阻 R_o

R_o 指开环时集成运放输出电阻，R_o 越小越好，一般为几十欧 ~ 几百欧。

（5）输入失调电压 U_{IO}

U_{IO} 是集成运放输出电压为 0 时，加在两个输入端的补偿电压，U_{IO} 越小越好，一般小于 1mV。

几种常用集成运放主要技术指标参阅表 3-1。

4. 理想化集成运放

集成运放是一个高放大倍数的直流放大电路，各种不同型号的集成运放性能差别较大，为了便于分析集成运放电路，可以将集成运放理想化为一个电路模型。

（1）理想化集成运放的参数要求

1）开环电压增益 $A_{od} \to \infty$；

2）共模抑制比 $K_{CMR} \to \infty$，即无零漂，各种失调电压、失调电流为 0；

3）差模输入电阻 $R_{id} \to \infty$；

4）输出电阻 $R_o \to 0$。

除上述四项主要参数外，还要求开环带宽、转换速率趋于无穷大，输入偏置电流趋于 0，无干扰和噪声等。

（2）理想化集成运放的特点

1）虚短。图 3-7a 中，$u_{od} = A_{od} u_{Id} = A_{od}(u_P - u_N)$，$u_P - u_N = \dfrac{u_{od}}{A_{od}}$，当输出电压 u_{od} 为有限值，且 A_{od} 很大时，$\dfrac{u_{od}}{A_{od}} \to 0$，即

$$u_P = u_N \tag{3-12}$$

u_P 和 u_N 为集成运放同相输入端和反相输入端的对地电压，其数值相等，相当于短路，但又不是真正的短路，因此称为"虚短"。

需要指出的是，上述结论是在集成运放工作在线性放大状态时推出的。若集成运放不工作在线性放大状态，上述结论不成立。

2）虚断。由于集成运放差模输入电阻 $R_{id} \to \infty$，则集成运放的输入电流 i_I 必定趋近于 0，即

$$i_I = 0 \tag{3-13}$$

表 3-1　常用集成运放技术指标

型号	电源电压/V	失调电压/mV	失调电压温漂 μV/℃	偏置电流/nA	开环增益/dB	共模抑制比/dB	输入电阻/MΩ	静态电流/mA	转换速率 V/μs	增益带宽/MHz	主要特点
μA741	±22	1	10	80	106	70	1	1.4	0.5	1	通用
μA747	±22	2	10	80	106	90		3.4	0.5		通用
LM356	±5 ~ ±22	3	5	0.03	106	100	1000	5	12	5	高阻抗
LM358	±1.5 ~ ±16	2	7	45	100	85		1			双通用单电源
LM324	±1.5 ~ ±16	2	7	45	100	70		1.5	0.05	0.1	四通用单电源
OP07A	±1.5 ~ ±22	0.03	0.3	1.2	110	126	80	2.5	0.3	0.6	高精度
OP27	±22	0.01	0.2	10	110	126		3	2.8	8	高精度
ICL7650	±9	0.002	0.1	0.0015	300		100	2	2.5	2	斩波稳零
TL084	±18	3	10	0.005	200					3	4JFET
μA253	±3 ~ ±18	3	3	200	110	100	6	0.6mW	2		低功耗
LH0021	±5 ~ ±18	3	20	300	106	90	1	75mW	3		大功率
HA2840	±10 ~ ±20	2	20	0.005	88	80			600		高速
AD522			6				1000		10	2	仪用

$i_I = 0$，相当于集成运放的两个输入端开路，但不是真正的开路，因此称为"虚断"。虚断结论，不论集成运放是否工作在线性放大状态，均能成立。

3.2.2 集成运放基本输入电路

集成运放有两个输入端，其信号基本输入方式可分为三种：反相输入，同相输入和差动输入。

1. 反相输入

反相输入电路如图 3-9a 所示，由于同相输入端接地，且同相输入端无输入电流（虚断），$u_P = 0$。反相输入端电压 $u_N = u_P = 0$（虚短），因此

$$i_1 = \frac{u_I - u_N}{R_1} = \frac{u_I}{R_1}, \ i_F = \frac{u_N - u_O}{R_f} = \frac{-u_O}{R_f}$$

又由于反相输入端无输入电流（虚断），根据 KCL，$i_1 = i_F$。因此，$\dfrac{u_I}{R_1} = \dfrac{-u_O}{R_f}$，即

$$A_u = \frac{u_O}{u_I} = -\frac{R_f}{R_1} \tag{3-14}$$

上式表明，反相输入时，集成运放闭环电压增益取决于 R_f 与 R_1 比值，需要说明的是：

1）反相输入时，同相输入端接地，$u_N = u_P = 0$，反相输入端对地电位为 0，相当于接地，但不是真正接地，称为"虚地"。

2）同相输入端通过电阻 R_2 接地，主要是为了减小集成运放输入偏置电流在反相和同相输入端等效电阻上产生不平衡压降而引起运算误差。对于双极型集成运放，一般要求，$\sum R_P = \sum R_N$，即两个输入端的等效电阻相等。此处要求：$R_2 = R_1 /\!/ R_f$。在输入偏置电流很小且要求不高情况下，R_2 可去除，同相输入端直接接地，对运算影响一般可忽略不计。

3）式（3-14）似乎表明，集成运放的电压增益与集成运放本身无关。但是必须明确，式（3-14）结论是在理想化集成运放的前提下推出的。因此式（3-14）能否成立与集成运放特性是否符合理想化参数要求有关。

4）图 3-9a 电路所加的负反馈属电压并联负反馈。负反馈信号从输出端取出反馈到集成运放反相输入端差动输入管的基极，属电压并联负反馈。

根据理想化运放和电压负反馈的特点，反相输入电路的输入电阻（不是集成运放的输入电阻）

$$R_i = R_1 \tag{3-15}$$

输出电阻

$$R_o \to 0 \tag{3-16}$$

2. 同相输入

同相输入电路如图 3-9b 所示，由于同相输入端无输入电流（虚断），因此 $u_P = u_I$，又由于理想化集成运放虚短特性，$u_N = u_P = u_I$，因此

$$i_1 = -\frac{u_N}{R_1} = -\frac{u_I}{R_1}, \ i_F = \frac{u_N - u_O}{R_f} = \frac{u_I - u_O}{R_f}$$

且 $i_F = i_1$，即：$-\dfrac{u_I}{R_1} = \dfrac{u_I - u_O}{R_f}$，整理得

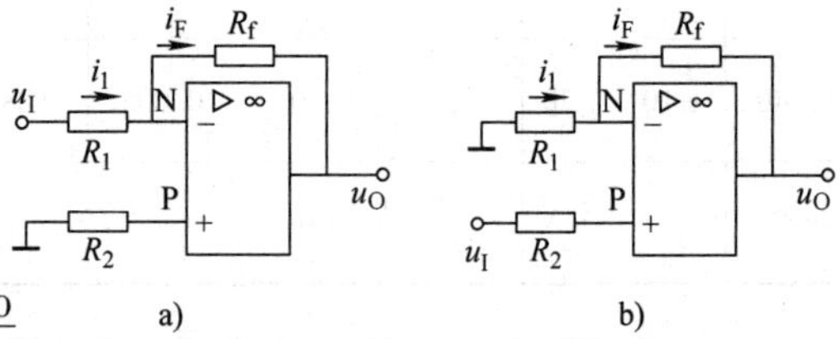

图 3-9　反相输入和同相输入电路
a) 反相输入　b) 同相输入

$$A_u = \frac{u_O}{u_I} = 1 + \frac{R_f}{R_1} \tag{3-17}$$

上式表明，同相输入时，集成运放闭环电压增益为 $\left(1 + \dfrac{R_f}{R_1}\right)$，大于或等于 1，且为正值（同相）。

与反相输入时相同，要求 $R_2 = R_1 /\!/ R_f$，但 R_2 与运算结果基本无关。

同相输入电路属电压串联负反馈，其负反馈电路如图 3-10 所示，负反馈信号反馈至差动管 V_1 的基极，再通过射极耦合加到差动输入管 V_2 的发射极，因此属电压串联负反馈。

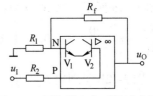

图 3-10　同相输入负反馈示意图

输入电阻

$$R_i \to \infty \qquad (3\text{-}18)$$

输出电阻

$$R_o \to 0 \qquad (3\text{-}19)$$

需要指出的是，同相输入方式存在共模输入电压，要求集成运放有较高的共模最大输入电压和共模抑制比。

3. 差动输入

差动输入电路如图 3-11 所示，输入信号 u_{I1}、u_{I2} 分别从反相和同相输入端输入，根据集成运放"虚断"、"虚短"特性，可得

$$i_1 = \frac{u_{I1} - u_N}{R_1}, \quad i_F = \frac{u_N - u_O}{R_f}$$

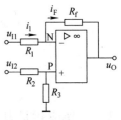

$i_1 = i_F$，$u_N = u_P = \dfrac{u_{I2} R_3}{R_2 + R_3}$，整理得

$$u_O = \left(1 + \frac{R_f}{R_1}\right) \frac{R_3}{R_2 + R_3} u_{I2} - \frac{R_f}{R_1} u_{I1} \qquad (3\text{-}20)$$

图 3-11　差动输入电路

上式表明，差动输入集成运放电路的输出电压由两部分叠加组成：一部分为同相输入端输入电压（u_{I2} 经 R_2、R_3 分压）作用，增益为 $\left(1 + \dfrac{R_f}{R_1}\right)$（与同相输入增益相同）；另一部分为反相输入端输入电压作用，增益为 $-\dfrac{R_f}{R_1}$（与反相输入增益相同）。

【例 3-3】 试按下列电压增益要求设计由集成运放组成的放大电路。（设 $R_f = 20\text{k}\Omega$）

1）$A_{ud} = 2$；2）$A_{ud} = -2$；3）$A_{ud} = -0.5$；4）$A_{ud} = 0.5$。

解：1）$A_{ud} = 2$，既为正值，又大于 1，应选用同相输入电路。

$A_{ud} = 1 + \dfrac{R_f}{R_1} = 2$，当 $R_f = 20\text{k}\Omega$ 时，取 $R_1 = 20\text{k}\Omega$，$R_2 = R_1 /\!/ R_f = 10\text{k}\Omega$，电路同图 3-9b 所示。

2）$A_{ud} = -2$，A_{ud} 为负值，应选用反相输入电路。

$A_{ud} = -\dfrac{R_f}{R_1} = -2$，当 $R_f = 20\text{k}\Omega$ 时，取 $R_1 = 10\text{k}\Omega$，$R_2 = R_1 /\!/ R_f = 6.67\text{k}\Omega$，电路同图 3-9a 所示。

3）$A_{ud} = -0.5$，A_{ud} 为负值，且小于 1，应选用反相输入电路。

$A_{ud} = -\dfrac{R_f}{R_1} = -0.5$，当 $R_f = 20\text{k}\Omega$ 时，取 $R_1 = 40\text{k}\Omega$，$R_2 = R_1 /\!/ R_f = 13.3\text{k}\Omega$，电路同图 3-9a 所示。

4）$A_{ud} = 0.5$，A_{ud} 既为正值，又小于 1，应选用反相输入电路，反相再反相获得正极性，

如图 3-12a 所示。当 $R_f = 20\text{k}\Omega$ 时，取 $R_{11} = 2R_{f1} = 40\text{k}\Omega$，$R_{12} = R_{11} /\!/ R_{f1} = 13.3\text{k}\Omega$，$u_{O1} =$ $-\dfrac{R_{f1}}{R_{11}}u_I = -\dfrac{20}{40}u_I = -0.5u_I$；$R_{21} = R_{f2} = 20\text{k}\Omega$，$R_{22} = R_{21} /\!/ R_{f2} = 10\text{k}\Omega$，$u_O = -u_{O1} = 0.5u_I$。

图 3-12b 是利用 R_2、R_3 分压，减小净输入电压 u_P 值，$A_{ud} = \left(1 + \dfrac{R_f}{R_1}\right)\dfrac{R_3}{R_2 + R_3} = 0.5$，当 $R_f = 20\text{k}\Omega$ 时，取 $R_1 = 20\text{k}\Omega$，$R_3 = 10\text{k}\Omega$，则 $R_2 = 30\text{k}\Omega$。

需要指出的是，$\sum R_P = \sum R_N$，并不需要严格要求，一般只需相对平衡（阻值接近）就可以了，而电阻值应根据电阻标称值系列取用。

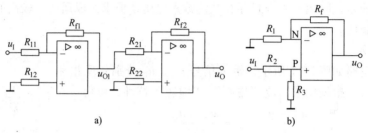

a)　　　　　　　　　　　　　　　b)

图 3-12　例 3-3 电路

3.2.3　集成运放基本运算电路

根据集成运放基本输入电路，可组成许多基本运算功能电路。

1. 比例运算

比例运算可分为反相比例运算和同相比例运算，图 3-9a、b 可分别达到目的，例 3-3 已给出这方面的解答，需要注意的是：

1）反相输入能反相，比例系数可大于 1、等于 1 或小于 1。

2）同相输入能同相，比例系数只能大于 1 或等于 1，若要小于 1，可采用例 3-3（4）方法。

3）相位要求有出入时，可再加一级集成运放反相。

4）比例电阻的选取，从理论上讲，比例运算取决于 R_f 与 R_1 的比值，且无条件限制。但实际上考虑到集成运放电路输入电阻、反馈电压等因素，R_F 与 R_1 并不宜任取，其阻值既不宜过小（如小于 1kΩ），又不宜过大（如大于 1MΩ），一般在几千欧 ~ 几百千欧之间为宜。

2. 电压跟随器

利用同相输入电路可构成电压跟随器。同相输入时，$A_{ud} = 1 + \dfrac{R_f}{R_1}$，若 $R_f = 0$ 或 $R_1 \to \infty$

（开路），则 $A_{ud} = 1$。图 3-13 为电压跟随器电路，其中图 3-13c 简便有效。需要指出的是，电压跟随器与分立元件组成的射极跟随器（射极输出器）、源极输出器相比，电压跟随特性更好（后两种电路不能真正跟随），$u_O = u_I$。对一些负载能力差的信号，用集成运放电压跟随器隔离，电气特性大为改善（集成运放输入电阻大，对信号源几乎无影响）。

3. 加法运算

加法运算可分为反相加法和同相加法运算。

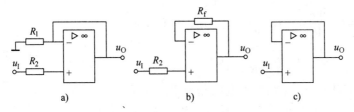

图 3-13　电压跟随器

a) $R_f = 0$　b) $R_1 = \infty$　c) $R_f = 0$, $R_1 = \infty$

（1）反相加法

反相加法运算如图 3-14 所示，$u_N = u_P = 0$，反相输入端为虚地，因此：

$i_{11} = \dfrac{u_{I1}}{R_{11}}$, $i_{12} = \dfrac{u_{I2}}{R_{12}}$, $i_{13} = \dfrac{u_{I3}}{R_{13}}$, $i_F = \dfrac{-u_O}{R_f}$, $i_{11} + i_{13} + i_{13} = i_F$, 即 $\dfrac{u_{I1}}{R_{11}} + \dfrac{u_{I2}}{R_{12}} + \dfrac{u_{I3}}{R_{13}} = \dfrac{-u_O}{R_f}$,

整理得

$$u_O = -\left(\frac{R_f}{R_{11}} u_{I1} + \frac{R_f}{R_{12}} u_{I2} + \frac{R_f}{R_{13}} u_{I3} \right) \tag{3-21}$$

上式表明，图 3-14 电路能将多个输入信号 u_{I1}、u_{I2}、u_{I3} 按一定比例相加并反相后输出。反相加法典型应用如彩色电视中的色彩，就是由三基色红、绿、蓝按一定比例相加后得到。

（2）同相加法

同相加法调节困难，几个输入信号之间相互影响，无法操作，且存在共模电压，因此在实际电路中很少应用。若要同相，可在反相加法后再反相。

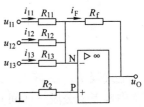

图 3-14　反相加法电路

4. 减法运算

图 3-11 电路，若取 $R_1 = R_2 = R_3 = R_f$，可实现减法运算

$$u_O = u_{I2} - u_{I1} \tag{3-22}$$

若取 $R_2 = R_1$, $R_3 = R_f$，可实现比例减法

$$u_O = \frac{R_f}{R_1}(u_{I2} - u_{I1}) \tag{3-23}$$

【例 3-4】　电路如图 3-11 所示，$R_1 = R_2 = R_3 = R_f = 51\text{k}\Omega$，$u_{I1}$、$u_{I2}$ 波形如图 3-15a、b 所示，试画出输出电压 $u_O(t)$ 的波形。

解：图 3-11 电路，当 $R_1 = R_2 = R_3 = R_f$ 时，电路构成减法器，$u_O = u_{I2} - u_{I1} = u_{I2} + (-u_{I1})$。

画出 $u_O(t)$ 波形如图 3-15c 所示。解题步骤：

1）先画出 $-u_{I1}$ 波形（将 u_{I1} 反相）；

2）再将 u_{I2} 与（$-u_{I1}$）相加。

5. 积分运算

积分运算电路如图 3-16 所示，反相输入端虚地，$u_N = 0$，则

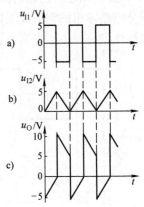

图 3-15　例 3-4 波形

a) u_{I1}　b) u_{I2}　c) u_O

97

$$i_1 = \frac{u_I}{R_1}, \quad i_C = C_f \frac{du_C}{dt} = -C_f \frac{du_O}{dt}, \quad i_1 = i_C, \text{ 整理得：}$$

$$u_O = -\frac{1}{R_1 C_f} \int u_I \, dt \qquad (3-24)$$

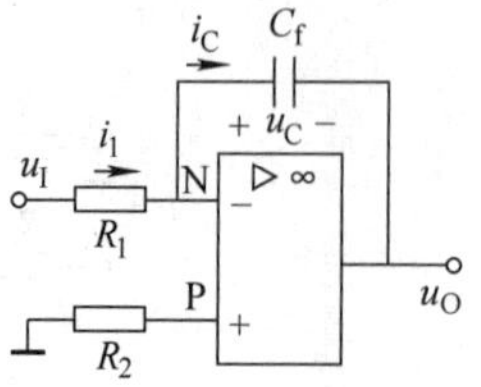

上式表明，输出电压 u_O 与输入电压 u_I 成积分关系。

【例3-5】 已知电路如图 3-16 所示，$R_1 = R_2 = 10\mathrm{k\Omega}$, $C_f = 10\mathrm{nF}$, $u_C(0-) = 0$, $u_I(t)$ 波形如图 3-17a 所示，试求输出电压 $u_O(t)$，并画出 $u_O(t)$ 波形。

图 3-16 积分电路

解： 式（3-24）为积分电路不定积分表达式，考虑到初始条件，$u_O(t)$ 表达式应写为定积分形式：

$$u_O(t) = u_O(t_0) - \frac{1}{R_1 C_f} \int_{t_0}^{t} u_I(t) \, dt \qquad (3-25)$$

由于 $u_I(t)$ 为方波，属分段函数，在一定区间内为直流（常数），因此，上式可写为：

$$
\begin{aligned}
u_O(t) &= u_O(t_0) - \frac{1}{R_1 C_f} u_I(t)(t - t_0) \\
&= u_O(t_0) - \frac{1}{10 \times 10^3 \times 10 \times 10^{-9}} u_I(t)(t - t_0) \\
&= u_O(t_0) - 10000 u_I(t)(t - t_0)
\end{aligned}
$$

上式表明，在一定区间内，$u_O(t)$ 为 t 的一次函数，即为一条直线。线性函数只需求解其中两点，分段（区间）求解如下：

$0 \sim 0.1\mathrm{ms}$: $u_O(0.1\mathrm{ms}) = u_O(0) - 10000 \times 5 \times (0.1 - 0) \times 10^{-3}\mathrm{V} = -5\mathrm{V}$

$0.1 \sim 0.3\mathrm{ms}$: $u_O(0.3\mathrm{ms}) = u_O(0.1\mathrm{ms}) - 10000 \times (-5) \times (0.3 - 0.1) \times 10^{-3}\mathrm{V} = 5\mathrm{V}$

$0.3 \sim 0.5\mathrm{ms}$: $u_O(0.5\mathrm{ms}) = u_O(0.3\mathrm{ms}) - 10000 \times 5 \times (0.5 - 0.3) \times 10^{-3}\mathrm{V} = -5\mathrm{V}$

依次类推，画出 $u_O(t)$ 波形为三角波，如图 3-17b 所示。

若 $u_I(t)$ 为图 3-18a 所示矩形波，同理可导出 $u_O(t)$ 为锯齿波，如图 3-18b 所示。有集成运放组成的积分电路称为有源积分电路，简单的 RC 电路在满足 τ 远大于 τ_a 条件下也能构成积分电路，称为无源积分电路。有什么区别呢？两者都能将矩形波转换为锯齿波。但无源 RC 积分电路输出的锯齿波如图 3-18c 所示，线性度差、幅度小，不如集成运放组成的有源积分电路输出的锯齿波线性度好、幅度大。锯齿波主要用于电视机、示波器扫描电压，锯齿波线性度好，图形失真小。

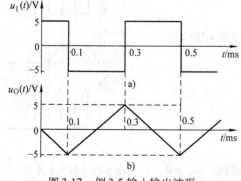

图 3-17 例 3-5 输入输出波形

a）输入波形 b）输出波形

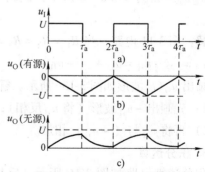

图 3-18 有源积分和无源积分波形

a）u_I b）有源积分 c）无源积分

【例3-6】 已知电路如图3-16所示，$R_1 = R_2 = 10\text{k}\Omega$，$C_f = 10\text{nF}$，$u_C(0-) = 0$，$u_I(t) = 5\text{V}$，$V_{CC} = V_{EE} = 15\text{V}$，试求$u_O(t)$，并画出其波形。

解：根据上例，可写出：

$$u_O(t) = u_O(0) - \frac{1}{R_1 C_f} \int_0^t u_I(t)\,\mathrm{d}t = -50000t$$

$t = 0.1\text{ms}$ 时，$u_O(0.1\text{ms}) = -5\text{V}$

$t = 0.2\text{ms}$ 时，$u_O(0.2\text{ms}) = -10\text{V}$

$t = 0.3\text{ms}$ 时，$u_O(0.3\text{ms}) = -15\text{V}$

$t \to \infty$ 时，$u_O(\infty) = ?$

本题提出了一个问题，当t无限增大时，$u_O(t)$是否也能无限增大？如图3-19b所示，显然，这是不可能的。$u_O(t)$的增大受到电源电压的限制，$u_O(t)$不但不能超出电源电压最大值，而且也不能超出集成运放最大输出电压幅值U_{OH}。一般来讲，集成运放能输出的最大电压幅值U_{OH}比电源电压V_{CC}低$1\sim2\text{V}$。

除此以外，集成运放还可实现微分运算、指数运算、对数运算、乘法运算和除法运算等，需要指出的是上述各种运算，包括加、减、积分、微分、指数和对数运算均为模拟运算，与计算器中的运算（数字运算）相比，性质完全不同。

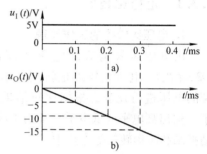

图3-19 例3-6 输入输出波形
a）输入波形 b）输出波形

【复习思考题】

3.12 集成运放主要有哪几部分组成？每一组成部分一般为哪种电路？有什么主要作用？

3.13 集成运放有哪些主要参数？叙述其含义。

3.14 理想化集成运放主要有那些理想化参数要求？

3.15 理想化集成运放有什么特点？有否条件？

3.16 什么叫"虚地"？什么情况下产生虚地？

3.17 集成运放两个输入端的等效电阻一般有何要求？为什么？

3.18 如何理解集成运放反相和同相输入时输入输出电压关系仅与外接电阻R_1、R_f有关？

3.19 集成运放反相和同相输入放大器分别属于什么反馈？为什么？

3.20 集成运放哪一种输入形式的放大电路存在共模输入电压？

3.21 集成运放输入端电阻和负反馈电阻的取值范围有否限制？

3.22 集成运放电压跟随器与分立元件组成的射极跟随器或源极输出器相比有什么不同？

3.23 集成运放构成的有源积分与RC无源积分电路有何区别？

3.24 集成运放的加减运算电路与计算器的加减运算有何不同？

【相关习题】

选做3.4习题中的填空题：3.8～3.13；选择题：3.29～3.36；分析计算题：3.48～3.65。

3.3 集成运放非线性应用

集成运放线性应用时，工作在负反馈状态。既能放大直流信号（变化缓慢的信号），又能放大交流信号。集成运放非线性应用时，工作在开环或正反馈状态。由于集成运放放大倍数很高，又未加负反馈，因此一般不能稳定工作在线性区，而主要工作在非线性区。此时"虚短"和"虚地"等概念一般不再适用，但"虚断"概念仍成立，在非线性应用中，输入端电流仍趋于0。

3.3.1 电压比较器

1. 电压比较器的工作原理

由集成运放构成的电压比较器电路如图3-20a所示。电压比较器是将集成运放两个输入端的电压进行比较，根据比较结果（大于或小于）输出高电平或低电平。常用于信号检测、自动控制和波形转换等电路中。

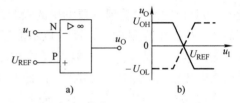

图 3-20　电压比较器及其传输特性
a）电压比较器电路　b）传输特性

若输入信号 u_I 由反相输入端输入，基准电压 U_{REF} 由同相输入端输入，不加负反馈，则

$$U_O = A_{od}(u_P - u_N) = A_{od}(U_{REF} - u_I) = \begin{cases} + U_{OH}, & \text{当 } U_{REF} > u_I \text{ 时} \\ - U_{OL}, & \text{当 } u_I > U_{REF} \text{ 时} \end{cases} \quad (3\text{-}26a)$$

由于 A_{od} 很大，u_I 与 U_{REF} 之间稍有微小差值，均能使开环状态的集成运放输出电压达到正饱和（最大正输出电压 U_{OH}）或负饱和（最大负输出电压 U_{OL}），其传输特性如图3-20b中实线所示。

若输入信号 u_I 由同相输入端输入，基准电压 U_{REF} 由反相输入端输入，不加负反馈，则

$$U_O = A_{od}(u_P - u_N) = A_{od}(u_I - U_{REF}) = \begin{cases} + U_{OH}, & \text{当 } u_I > U_{REF} \text{ 时} \\ - U_{OL}, & \text{当 } U_{REF} > u_I \text{ 时} \end{cases} \quad (3\text{-}26b)$$

其传输特性如图3-20b中虚线所示。

电压比较器输出电平发生跳变的输入电压称为门限电压或阈值电压，用 U_{TH} 表示，上述电路中 $U_{TH} = U_{REF}$。

若 $U_{TH} = U_{REF} = 0$，则上述电压比较器可构成过零比较器，如图3-21a所示。若输入电压 u_I 为正弦波，从反相输入端输入，同相输入端接地，则输出电压 u_{O1} 如图3-21c所示；若输入电压 u_I 从同相输入端输入，反相输入端接地，则输出电压 u_{O2} 如图3-21d所示。

2. 电压比较器改进电路

（1）输入过电压保护

集成运放有一项技术指标称为最大差模输入电压 U_{Idmax}，指集成运放两个输入端允许加入的最大电压差值，若超出 U_{Idmax}，则集成运放将损坏。通常在输入端并联一对反接的二极管，使差模输入电压限制在 ±0.7V 以内，如图3-22所示。

（2）输出电压限幅

集成运放的最大输出电压 U_{OH} 一般比电源电压 V_{CC} 小 1～2V，有时需要限制输出电压的

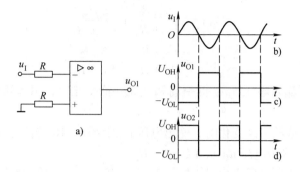

图 3-21　过零比较器

a）过零比较器电路　b）输入电压波形

c）输出电压 u_{O1} 波形　d）输出电压 u_{O2} 波形

幅度，图 3-23 为输出限幅的电压比较器电路。VS 为两个反向串接的稳压管，不论输出电压 $+U_{OH}$ 或 $-U_{OL}$，两个稳压管中，总有一个处于反向稳压状态，另一个处于正向导通状态，输出电压 $U_O = \pm(U_Z + U_D) \approx \pm U_Z$，$R_3$ 为稳压管限流电阻。

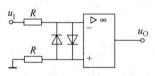

图 3-22　电压比较器输入保护

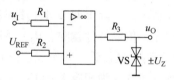

图 3-23　输出电压限幅的电压比较器

（3）滞回电压比较器

图 3-20 电压比较器结构简单，灵敏度高，但抗干扰能力较差，且易振荡。例如当输入电压维持在门限电压附近或受到干扰时，输出电压将反复从一个电平跳到另一个电平，引起振荡。解决这一问题的方法是引入正反馈，如图 3-24a 中 R_3。其作用是使电压比较器具有两个阈值，因此称为滞回电压比较器，又称为施密特触发器。

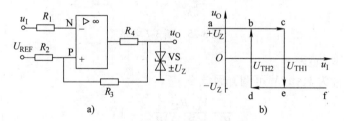

图 3-24　滞回电压比较器

a）电路　b）传输特性

根据叠加原理

$$U_{TH} = u_P = \frac{U_{REF}R_3}{R_2 + R_3} + \frac{u_O R_2}{R_2 + R_3} \qquad (3-27)$$

由于输出端有电压限幅电路。输出电压 u_O 有两个不同值 $+U_Z$ 和 $-U_Z$，因此滞回电压比较器有两个电压阈值，分别为

$$U_{TH1} = \frac{U_{REF}R_3}{R_2 + R_3} + \frac{U_Z R_2}{R_2 + R_3} \tag{3-27a}$$

$$U_{TH2} = \frac{U_{REF}R_3}{R_2 + R_3} - \frac{U_Z R_2}{R_2 + R_3} \tag{3-27b}$$

滞回电压比较器输入电压 u_I 从低→高和从高→低变化时,引起输出电压跳变的阈值电压是不同的。

1)输入电压 u_I 从低→高变化时,输出电压 u_0 沿图 3-24b 传输特性中的 abcef 路径,即 u_I 需上升到 U_{TH1} 时,输出电压 u_0 从 $+U_Z$→ $-U_Z$。

2)输入电压 u_I 从高→低变化时,输出电压 u_0 沿图 3-24b 传输特性中 fedba 路径,即 u_I 需下降到 U_{TH2} 时,输出电压 u_0 从 $-U_Z$→ $+U_Z$。

滞回电压比较器滞回特性的强弱与两个阈值电平的差值 ΔU_{TH} 有关,ΔU_{TH} 越大,滞回特性越明显。

$$\Delta U_{TH} = U_{TH1} - U_{TH2} = \frac{2U_Z R_2}{R_2 + R_3} \tag{3-28}$$

分析上式可得出,调节 R_3 值可明显调节滞回电压比较器的比较特性,包括滞回宽度和传输特性斜率,实际上调节 R_3,即调节电压比较器正反馈强弱,R_3 越小,正反馈越强。滞回宽度越宽,传输特性越陡,R_3 一般取 $100\text{k}\Omega \sim 1\text{M}\Omega$。

【例 3-7】 试设计一个冰箱温度控制器,已知冷冻室温度设置 0℃ ~ −20℃ 可调,由传感器检测变换放大为相应 1 ~ 11V 直流电压(0℃ 对应于 11V,−20℃ 对应于 1V,每 1℃ 对应 0.5V),要求冷冻室实际温度上升时大致高于设置值 1℃,起动压缩机制冷;下降时大致低于设置温度 1℃,关闭压缩机电源。设集成运放电源电压为 ±15V。

解:设计电路如图 3-25 所示。

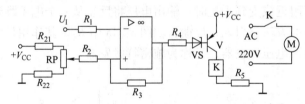

图 3-25 例 3-7 电路

(1)基准电压 U_{REF}

设计要求 U_{REF} 为 1 ~ 11V 可调,因此

$$\frac{V_{CC}R_{22}}{R_{21} + R_P + R_{22}} = 1\text{V}$$

$$\frac{V_{CC}(R_P + R_{22})}{R_{21} + R_P + R_{22}} = 11\text{V}$$

联立求解得:$R_{21} = 4R_{22}$,$R_P = 10R_{22}$,取 $R_{22} = 1\text{k}\Omega$,则 $R_{21} = 4\text{k}\Omega$,$R_P = 10\text{k}\Omega$

(2)滞回特性设计

每 1℃ 对应 0.5V,±1℃,阈值电压相差 1V。设运放最大输出电压 $U_{OH} = 13\text{V}$,则 $\frac{2U_{OH}R_2}{R_2 + R_3} = 1\text{V}$,解得 $R_3 = 25R_2$,取 $R_2 = 10\text{k}\Omega$,则 $R_3 = 250\text{k}\Omega$。

说明：题目仅要求"大致"，因此不必精确计算。精确计算时应考虑修正 U_{REF} 和 U_{REF} 基准电压源内阻，比较烦琐。

（3）驱动电路设计

本设计电路基准电压 U_{REF} 从同相输入端输入，其传输特性如图 3-20b 实线所示，当 $U_I < U_{REF}$ 时，U_O 输出正电压，冰箱压缩机应停止运行；当 $U_I > U_{REF}$ 时，U_O 输出负电压，冰箱压缩机应起动运行。因此，取驱动功率管为 PNP 型，因 U_{OH}（13V）与 $+V_{CC}$（15V）存在压差，为防误触发，可在三极管基极回路中串入稳压管 VS，稳压管 U_Z 应大于 2V，以取 6V 为宜。

图 3-25 所示电路的工作过程为：冷冻室温度低于设置温度时，电压比较器输出正电压 U_{OH}，三极管截止，继电器 K 断电复位，压缩机断电停运行；冷冻室温度上升至设置温度 +1℃时，电压比较器输出负电压 U_{OL}，三极管导通，继电器 K 通电动作，触点 K 接通，压缩机通电运行，制冷，冰箱冷冻室温度下降，下降至设置温度 −1℃时，电压比较器翻转，停制冷。

3. 集成电压比较器

由集成运放组成的电压比较器，其传输特性中的线性一般不陡峭，在要求较高的场合，尚不理想。集成电压比较器具有高精度和高灵敏度的特点，如 LM311（单电压比较器）、LM339（双电压比较器）和 LM393（四电压比较器）等。

需要指出的是，集成运放和集成电压比较器输出端结构不一样，因此电路连接不相同。集成运放输出端一般为互补对称电路，输出端可直接驱动负载；集成电压比较器输出端一般为 OC 门，即集电极开路，需外接上拉电阻。

3.3.2 方波、矩形波、三角波、锯齿波发生器

1. 方波发生器

方波发生器也称多谐振荡器，可由集成运放构成，也可由数字电路中的门电路或其他电路构成。图 3-26a 为由集成运放组成的方波发生器。

（1）工作原理

方波发生器实际是一个滞回电压比较器，基准电压 U_{REF} 由输出电压经 R_1、R_2 分压而得，输入电压由输出电压经 R_f 向电容 C 充放电而得，不需外界输入，因此是一个自激振荡器。

$$u_P = \frac{u_O R_2}{R_1 + R_2} = \frac{\pm U_Z R_2}{R_1 + R_2}$$，高低阈值电压分别为 $\frac{+U_Z R_2}{R_1 + R_2}$ 和

$\frac{-U_Z R_2}{R_1 + R_2}$。

1）设开机瞬间 $u_C = 0$，$u_O = +U_Z$，u_O 通过 R_f 向电容 C 充电，u_C 上升，其波形如图 3-26b 中 t_1 段。

2）当电容两端电压 u_C 上升至正阈值电压 $\frac{+U_Z R_2}{R_1 + R_2}$ 时，

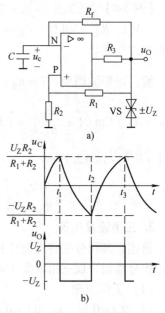

图 3-26 方波发生器
a）电路 b）波形

103

由集成运放组成的滞回电压比较器反转，u_O 输出低电平 $-U_Z$。

3）$u_O = -U_Z$ 后，发生两个变化：一是基准电压变化，即 $u_P = \dfrac{-U_Z R_2}{R_1 + R_2}$；二是电容 C 开始通过 R_f 向 u_O 放电，其波形如图 3-26b 中 $t_1 t_2$ 段。

4）当电容两端电压下降至负阈值电压 $\dfrac{-U_Z R_2}{R_1 + R_2}$ 时，滞回比较器再次反转，u_O 输出高电平 $+U_Z$。

5）$u_O = +U_Z$ 后，再次发生两个变化：一是 $U_{REF} = u_P = \dfrac{+U_Z R_2}{R_1 + R_2}$；二是电容 C 开始充电，其波形图 3-26b 中 $t_2 t_3$ 段。

6）如此反复变换，u_O 输出方波，如图 3-26b 所示。

（2）振荡周期

可以证明，图 3-26a 所示方波发生器的振荡周期

$$T = 2 R_f C \ln\left(1 + \frac{2R_2}{R_1}\right) \tag{3-29}$$

2. 矩形波发生器

矩形波与方波相比，是高、低电平所占时间不等。高电平时间 t_{on} 与周期 T 的比值称为占空比，用 q 表示

$$q = \frac{t_{on}}{T} \tag{3-30}$$

改变电容 C 充放电时间常数，可使方波变为矩形波，如图 3-27 所示。电容 C 的充电时间常数取决于 $R_{f1} C$，放电时间常数取决于 $R_{f2} C$，调节 R_{f1}、R_{f2}，即可调节矩形波占空比。

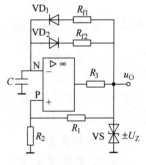

图 3-27　矩形波发生器

【例 3-8】　已知矩形波发生器如图 3-27 所示，$R_1 = 10\text{k}\Omega$，$R_2 = 20\text{k}\Omega$，$R_{f1} = 30\text{k}\Omega$，$R_{f2} = 40\text{k}\Omega$，$C = 0.01\mu\text{F}$，试求矩形波周期和占空比。

解：矩形波周期：$T = R_{f1} C \ln\left(1 + \dfrac{2R_2}{R_1}\right) + R_{f2} C \ln\left(1 + \dfrac{2R_2}{R_1}\right) = $

$(R_{f1} + R_{f2}) C \ln\left(1 + \dfrac{2R_2}{R_1}\right) = (30 + 40) \times 10^3 \times 0.01 \times 10^{-6} \times$

$\ln\left(1 + \dfrac{2 \times 20}{10}\right) \text{s} = 2.13\text{ms}$

占空比：$q = \dfrac{t_{on}}{T} = \dfrac{R_{f1}}{R_{f1} + R_{f2}} = \dfrac{30}{30 + 40} = \dfrac{3}{7} = 0.43$

3. 三角波发生器

前述有源积分能将方波变换为线性度好的三角波，根据这一原理，可以将方波发生器和有源积分器组合成三角波发生器，电路如图 3-28 所示。

（1）工作原理

1）设 $t = 0$ 时，$u_C(0) = 0$，且 A_1 输出高电平，$u_{O1} = +U_Z$。

2）电容 C 开始充电。

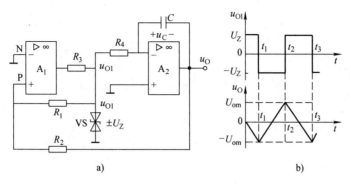

图 3-28　三角波发生器

a）电路　b）波形

$$u_O = -\frac{1}{R_4C}\int_0^t u_{O1}\,\mathrm{d}t = -\frac{U_Z}{R_4C}t$$

u_O 为 t 的一次线性函数，随着 t 增大，u_O 线性下降，对应于图 3-28b 中 t_1 段。

3）根据叠加原理，运放 A_1 同相输入端电压：

$u_P = \dfrac{u_OR_1}{R_1+R_2} + \dfrac{U_ZR_2}{R_1+R_2}$，其中 $\dfrac{U_ZR_2}{R_1+R_2}$ 为正值，$\dfrac{u_OR_1}{R_1+R_2}$ 为负值，随着 u_O 线性下降，u_P 也线性下降，下降至略低于 $u_N = 0$，A_1 翻转，输出低电平，$u_{O1} = -U_Z$。

4）电容 C 开始放电，$u_O = u_C(t_1) - \dfrac{1}{R_4C}\int_{t_1}^t(-U_Z)\,\mathrm{d}t = -U_{Om} + \dfrac{U_Z}{R_4C}(t-t_1)$，$u_O$ 仍为 t 的一次线性函数，随着 t 增大，u_O 线性上升，对应于图 3-28b 中 t_1t_2 段。

5）$u_P = \dfrac{u_OR_1}{R_1+R_2} + \dfrac{-U_ZR_2}{R_1+R_2}$，其中 $\dfrac{-U_ZR_2}{R_1+R_2}$ 为负值，$\dfrac{u_OR_1}{R_1+R_2}$ 开始时为负值，逐渐上升为正值，随着 u_O 上升，u_P 也逐渐上升，上升至略高于 $u_N = 0$，A_1 翻转，输出高电平，$u_{O1} = +U_Z$。

6）电容 C 开始充电，重复上述 2）~4）过程，u_{O1} 为连续方波，u_O 为连续三角波，不需要外界输入信号，属自激振荡器，若从 u_{O1} 和 u_O 输出，可分别得到方波和三角波。

（2）振荡周期

计算 t_1 时间

$$u_P = \frac{u_OR_1}{R_1+R_2} + \frac{U_ZR_2}{R_1+R_2} = -\frac{U_Zt_1}{R_4C}\frac{R_1}{R_1+R_2} + \frac{U_ZR_2}{R_1+R_2} = 0$$

解得

$$t_1 = \frac{R_2R_4C}{R_1}$$

三角波周期

$$T = 4t_1 = \frac{4R_2R_4C}{R_1} \tag{3-31}$$

4. 锯齿波发生器

若改变三角波发生器中电容 C 的充放电时间常数，即可使三角波变为锯齿波，电路和波形如图 3-29 所示，调节 RP 可调节 u_{O1} 占空比，即调节锯齿波上升和下降时间。

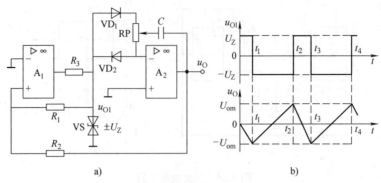

图 3-29 锯齿波发生器

a）电路 b）波形

3.3.3 有源滤波器

1. 滤波器的基本概念

（1）滤波器功能

滤波器的功能是让有用频率范围内的信号顺利通过。而对其他频率范围内的信号起抑制（或衰减）作用。

（2）有源滤波和无源滤波

滤波器按其电路内有否电源可分为有源和无源两大类：

1）无源滤波器一般由电感，电容，电阻等无源元件组成，如 RC 滤波器和 LC 滤波器。

2）有源滤波器一般由集成运放和 RC 网络组成，因电源向集成运放提供能量，因此称为有源滤波器。有源滤波器增益高、性能良好、特性可调节、带负载能力强。

（3）低通滤波器和高通滤波器

滤波器按其幅频特性可分为低通（Low Pass Filter，缩写为 LPF），高通（High Pass Filer，缩写为 HPF）、带通（Band Pass Filter，缩写为 BPF）和带阻滤波器（Band Elimination Filter，缩写为 BEF）。

1）低通滤波器。图 3-30a 为 RC 无源低通滤波器电路，图 3-30b 为其幅频特性。

2）高通滤波器。图 3-31a 为 RC 无源高通滤波器电路，图 3-31b 为其幅频特性。

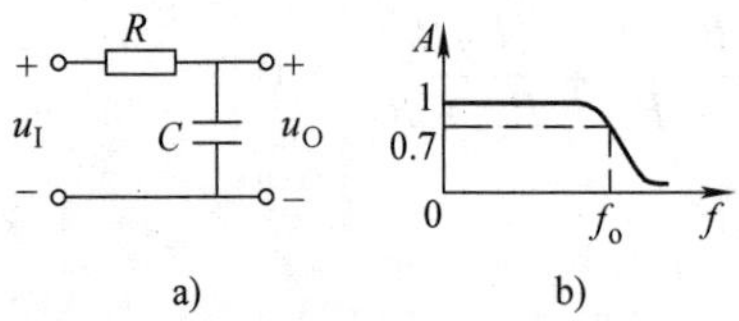

图 3-30 RC 无源低通滤波器

a）RC 电路 b）幅频特性

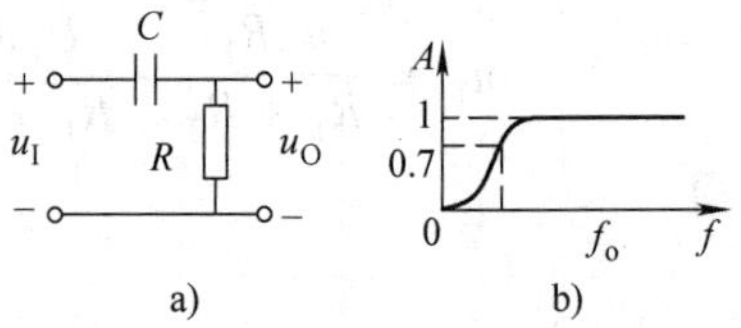

图 3-31 RC 无源高通滤波器

a）RC 电路 b）幅频特性

3）带通滤波器。一般由低通滤波器和高通滤波器串联组成，低通滤波器和高通滤波器幅频特性的重叠部分形成带通，其幅频特性如图 3-32a 所示。

4）带阻滤波器。一般由低通滤波器和高通滤波器并联组成，低通滤波器和高通滤波器幅频特性空隙部分形成带阻，其幅频特性如图 3-32b 所示。

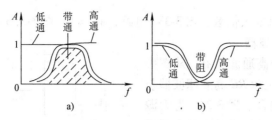

图 3-32　带通和带阻滤波器幅频特性

a）带通滤波器　b）带阻滤波器

（4）滤波器的传递函数

传递函数定义为

$$\dot{A}_u = \frac{\dot{U}_o}{\dot{U}_i}$$

1）无源 RC 低通滤波器的传递函数，按图 3-30a 得

$$\dot{A}_u = \frac{\dot{U}_o}{\dot{U}_i} = \frac{\frac{1}{j\omega C}}{R + \frac{1}{j\omega C}} = \frac{1}{1 + j\omega RC} = \frac{1}{1 + j\frac{\omega}{\omega_0}} = \frac{1}{1 + j\frac{f}{f_0}} \tag{3-32}$$

式中，$\omega_0 = \frac{1}{RC}$，$f_0 = \frac{1}{2\pi RC}$，f_0 称为高通滤波器的上限截止频率，一般用 f_H 表示。传递函数可分解为幅频特性和相频特性，RC 无源低通滤波器的幅频特性如图 3-30b 所示。

2）无源 RC 高通滤波器的传递函数，按图 3-31a 得：

$$\dot{A}_u = \frac{\dot{U}_o}{\dot{U}_i} = \frac{R}{R + \frac{1}{j\omega C}} = \frac{j\omega RC}{1 + j\omega RC} = \frac{j\frac{\omega}{\omega_0}}{1 + j\frac{\omega}{\omega_0}} = \frac{1}{1 - j\frac{\omega_0}{\omega}} = \frac{1}{1 - j\frac{f_0}{f}} \tag{3-33}$$

式中，$\omega_0 = \frac{1}{RC}$，$f_0 = \frac{1}{2\pi RC}$，f_0 称为高通滤波器的下限截止频率，一般用 f_L 表示。传递函数可分解为幅频特性和相频特性，RC 无源低通滤波器的幅频特性如图 3-31b 所示。

2. 一阶有源低通滤波器

图 3-33 为一阶有源低通滤波器，从图中明显看出，图 3-33a 为无源 RC 低通滤波器与集成运放电压跟随器组合，图 3-33b 为无源 RC 低通滤波器与集成运放同相输入放大器组合。其幅频特性与图 3-30b 无源 RC 低通滤波器类似，但具有电压增益 A_{up}，且大大增强了带负载能力。一阶有源低通滤波器的传递函数：

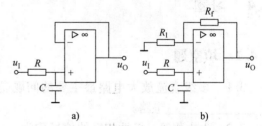

图 3-33　一阶低通有源滤波器

a）$A_{uf} = 1$　b）$A_{uf} = 1 + \frac{R_f}{R_1}$

$$\dot{A}_u = \frac{\dot{U}_o}{\dot{U}_i} = \frac{\dot{A}_{up}}{1 + j\frac{f}{f_0}} \tag{3-34}$$

式中，$\dot{A}_{up}$ 称为通带放大倍数，图 3-33a 电路，$A_{up}=1$；图 3-33b 电路，$A_{up}=1+R_f/R_1$。

3. 一阶有源高通滤波器

图 3-34 为一阶有源高通滤波器，从图中明显看出，图 3-34a 为无源 RC 高通滤波器与集成运放电压跟随器组合，图 3-34b 为无源 RC 高通滤波器与集成运放同相输入放大器组合。其幅频特性与图 3-30b 无源 RC 高通滤波器类似，但具有电压增益 A_{up}，且大大增强了带负载能力。一阶有源高通滤波器的传递函数：

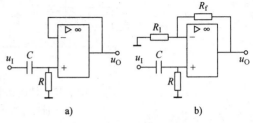

图 3-34　一阶有源高通滤波器

a）$A_{uf}=1$　b）$A_{uf}=1+\dfrac{R_f}{R_1}$

$$\dot{A}_u = \frac{\dot{U}_o}{\dot{U}_i} = \frac{A_{up}}{1-\mathrm{j}\dfrac{f_0}{f}} \tag{3-35}$$

其中图 3-34a 电路，$A_{up}=1$；图 3-34b 电路，$A_{up}=1+R_f/R_1$。

【复习思考题】

3.25　集成运放工作在非线性状态时，虚短、虚断、虚地概念是否成立？

3.26　为什么电压比较器的输出电压总是 $+U_{OH}$ 或 $-U_{OL}$？

3.27　与集成运放组成的电压比较器相比，集成电压比较器有什么特点？

3.28　简述方波发生器工作原理

3.29　如何将方波发生器改为矩形波发生器？

3.30　什么叫滤波器？叙述滤波器的一般分类。

3.31　一阶有源低通滤波器与 RC 无源低通滤波器有什么区别？

【相关习题】

选做 3.4 习题中的填空题：3.14～3.22；选择题：3.37～3.42；分析计算题：3.66～3.77。

3.4　习题

3.4.1　填空题

3.1　多级直流放大电路最主要的问题是＿＿＿＿＿＿＿＿问题，解决的办法是采用＿＿＿＿＿＿＿＿电路。

3.2　大小相等、极性相反的信号称为＿＿＿＿＿＿信号；大小相等、极性相同的信号称为＿＿＿＿＿＿信号。

3.3　对差动放大电路来说，有用的或要放大的信号是＿＿＿＿＿信号；无用的或需要抑制的信号是＿＿＿＿＿信号。

3.4　差动放大电路公共射极电阻 R_{EE} 对＿＿＿＿＿信号无电流负反馈作用，对＿＿＿＿＿信号具有 $2R_{EE}$ 电流负反馈作用。

3.5　在 R_{EE}＿＿＿＿＿＿＿＿条件下，单端输入与双端输入功效相同。

3.6 差动放大器 K_{CMR} 越大，表明其对_____的抑制能力越强。

3.7 电流源电路的特点是交流电阻_____，直流压降_____。

3.8 集成运放第一级采用差动放大电路主要是为了减小_____；中间级采用_____负载放大电路，以提高电压放大倍数；末级采用_____电路，以提高带负载能力。

3.9 理想化集成运放主要参数的理想化要求是：A_{od} _____；K_{CMR} _____；R_{id} _____；R_o _____。

3.10 理想化集成运放有两个特点："虚短"，即_____，其条件是集成运放工作在_____状态。"虚断"，即_____。

3.11 反相输入时，同相输入端接地，反相输入端处于_____状态。"虚地"情况只有在_____输入时产生，_____输入时无"虚地"情况。

3.12 集成运放两个输入端的等效电阻一般要求_____，主要是为了减小集成运放输入偏置电流在反相和同相输入端等效电阻上产生不平衡压降而引起_____。

3.13 集成运放_____输入时，输入端存在共模输入电压。

3.14 过零比较器，若希望 $u_I > 0$ 时，输出负极性电压，则应将 u_I 接集成运放的_____相输入端；若希望 $u_I > 0$ 时，输出正极性电压，则应将 u_I 接集成运放的_____相输入端。

3.15 滞回电压比较器有_____个阈值电压。

3.16 集成电压比较器输出端为_____门，需外接_____。

3.17 方波发生器只要改变_____，就可使方波变为矩形波。

3.18 为了避免 50Hz 电网电压的干扰窜入放大器，应选用_____滤波电路。

3.19 已知输入信号的频率为 10 ~ 12kHz，为了防止干扰信号的混入，应选用_____滤波电路。

3.20 为了获得输入电压中的低频信号，应选用_____滤波电路。

3.21 为了使滤波电路的输出电阻足够小，在负载电阻变化时，滤波特性不变，应选用_____滤波电路。

3.22 已知某一阶有源滤波电路的电压传递函数 $\dot{A} = \dfrac{10}{1 + \mathrm{j}f/100}$，此滤波器为_____通滤波器，其通带电压放大倍数为_____，截止频率为_____Hz。

3.4.2 选择题

3.23 直接耦合放大电路存在零点漂移的原因是（多选）____。（A. 电阻阻值有误差；B. 晶体管参数的分散性；C. 晶体管参数受温度影响；D. 电源电压不稳定）

3.24 差动放大器共模抑制比 K_{CMR} 越大，表明电路____。（A. 放大倍数越稳定；B. 交流放大倍数越大；C. 抑制温漂能力越强；D. 输入信号中的差模成分越大）

3.25 差动放大器公共射极电阻 R_{EE} 对电路的作用是（多选）____。（A. 对差模信号无电流负反馈作用；B. 对差模信号具有一倍 R_{EE} 电流负反馈作用；C. 对差模信号具有 $2R_{EE}$ 电流负反馈作用；D. 对共模信号无电流负反馈作用；E. 对共模信号具有一倍 R_{EE} 电流负反馈作用；F. 对共模信号具有 $2R_{EE}$ 电流负反馈作用）

3.26 差动放大电路的差模信号是两个输入端信号的____；共模信号是两个输入端信号的____。（A. 差值；B. 和值；C. 平均值；D. 有效值）

3.27 用恒流源取代差动放大器中公共射极电阻 R_{EE}，将使电路____。（A. 增大差模增益；B. 增大差模输入电阻；C. 提高共模抑制比；D. 动态范围减小）

3.28 双端输出差动放大电路能抑制零漂的主要原因是____。（A. 电压放大倍数大；B. 电路元件参数对称性好；C. 输入电阻大；D. 采用了双极性电源）

3.29 集成运放电路采用直接耦合方式的原因之一是____。（A. 便于设计；B. 放大交流信号；C. 不易制作大容量电容；D. 省电）

3.30 为了减小温漂，通用型运放的输入级大多采用____。（A. 共射电路；B. 共集电路；C. 差动放大电路；D. 互补对称电路）

3.31 为了减小输出电阻并提高效率，通用型运放的输出级大多数采用____。（A. 共射电路；B. 共集电路；C. 差动放大电路；D. 互补对称电路）

3.32 集成运放第一级采用差动放大电路的原因是____。（A. 减小温漂；B. 提高输入电阻；C. 稳定放大倍数；D. 减小功耗）

3.33 集成运放输出级采用互补对称电路是为了____。（A. 电压放大倍数大；B. 不失真输出电压大；C. 带负载能力强；D. 提高共模抑制比）

3.34 已知反相加法电路，三个输入端输入电阻均为 R_1，欲使输入电压 u_o 为三个输入电压的平均值，R_f 阻值应选为____。（A. R_1；B. $2R_1$；C. $3R_1$；D. $R_1/3$）

3.35 集成运放反相比例运算时，反相输入端电压为____；同相比例运算时，同相输入端电压为____，反相输入端电压为____。（A. 0；B. $\dfrac{R_f}{R_1}u_I$；C. u_I；D. $\dfrac{R_1}{R_2}u_I$）

3.36 单级运放电路，____比例运算电路的比例系数大于1；____比例运算电路的比例运算系数小于0。（A. 反相；B. 同相；C. A 和 B 都不可以；D. A 和 B 都可以）

3.37 由集成运放组成的电压比较器的工作状态主要是____。（A. 开环或正反馈状态；B. 深度负反馈状态；C. 放大状态；D. 线性工作状态）

3.38 由集成运放构成的电压比较器，若输入信号 u_I 由反相输入端输入，基准电压 U_{REF} 由同相输入端输入，不加负反馈，当 $U_{REF} > u_I$ 时，输出电压为____。（A. $+U_{OH}$；B. $-U_{OL}$；C. U_{REF}；D. u_I）

3.39 由集成运放构成的电压比较器，需输出 $-U_{OL}$，则输入端输入信号连结及要求为（多选）____。（A. $u_P = U_{REF}$，$u_N = u_I$，$U_{REF} > u_I$；B. $u_P = U_{REF}$，$u_N = u_I$，$u_I > U_{REF}$；C. $u_P = u_I$，$u_N = U_{REF}$，$U_{REF} > u_I$；D. $u_P = u_I$，$u_N = U_{REF}$，$u_I > U_{REF}$）

3.40 滞回电压比较器具有____个阈值。（A. 1；B. 2；C. 3；D. 4）

3.41 下列有关方波发生器的说法正确的是（多选）____。（A. 方波发生器也称多谐振荡器；B. 方波发生器也可由数字电路中的门电路构成；C. 方波发生器实际是一个滞回电压比较器；D. 方波发生器占空比为100%）

3.42 根据下列情况和要求，应采用的滤波器类型是：①有用信号频率低于 500Hz：____；②希望抑制 50Hz 交流电源的干扰：____；③希望抑制 1kHz 以下的信号：____；（A. 低通滤波器；B. 高通滤波器；C. 带通滤波器；D. 带阻滤波器）

3.4.3 分析计算题

3.43 已知差动放大器，$A_{ud}(dB) = 60dB$，$K_{CMR} = 66dB$，$U_{i1} = 1.0003V$，$U_{i2} = 0.9997V$，求输出电压 U_o。

3.44 已知差动放大电路如图 3-35 所示，$V_{CC} = V_{EE} = 6V$，$R_C = 3.3k\Omega$，$R_{EE} = 5.1k\Omega$，$\beta = 100$，$U_{BEQ} = 0.7V$，$r_{be} = 1k\Omega$，$R_L = 10k\Omega$，试求：A_{ud}、A_{uc}、K_{CMR}。

3.45 已知差动放大电路如图 3-36 所示，电路参数同上题，单端输出，试求：A_{ud}、A_{uc}、K_{CMR}。

3.46 已知差动放大电路如图 3-37 所示，电路参数同上题，$R_P = 100\Omega$，试求 A_{ud} 和 R_{id}。

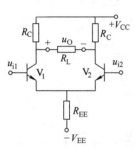
图 3-35 习题 3.44 电路

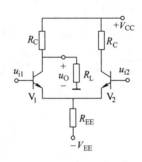
图 3-36 习题 3.45 电路

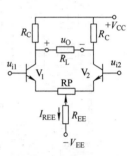
图 3-37 习题 3.46 电路

3.47 若差动放大器输出电压表达式为 $U_o = 1000U_{i1} - 999U_{i2}$，试求该电路差模放大倍数 A_{ud}；共模放大倍数 A_{uc}；共模抑制比 K_{CMR}。

3.48 已知集成运放电路如图 3-38 所示，$R_f = 100k\Omega$，$R_1 = 10k\Omega$，$R_2 = 10k\Omega$，$R_3 = 10k\Omega$，$u_{I1} = 0.1V$，$u_{I2} = 0.2V$，试求输出电压 u_O。

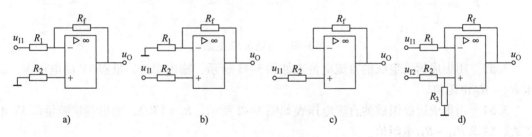

图 3-38 习题 3.48 电路

3.49 按下列输入输出电压关系，画出集成运放电路，并标出电阻值（限用一个运放，$R_f = 20k\Omega$）。

1) $u_O = u_I$；2) $u_O = -u_I$；3) $u_O = 2u_I$；4) $u_O = -2u_I$；5) $u_O = 0.5u_I$；6) $u_O = -0.5u_I$

3.50 按下列要求，画出由集成运放组成的电路（$R_f = 20k\Omega$）。

1) $u_O = u_{I1} - u_{I2}$；　　　2) $u_O = u_{I1} + u_{I2}$；　　　3) $u_O = 2u_{I2} - u_{I1}$；

4) $u_O = 2u_{I1} + u_{I2}$；　　5) $u_O = 3u_{I1} + 4u_{I2} - 5u_{I3}$；　6) $u_O = 2u_{I1} - 0.2u_{I2} + 0.2u_{I3}$

3.51 已知集成运放电路如图 3-39 所示，求输出电压 u_O。

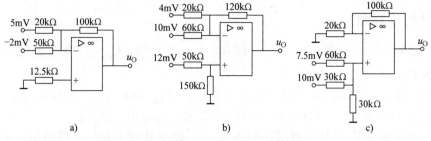

a)   b)   c)

图 3-39　习题 3.51 电路

3.52　已知集成运放电路如图 3-40 所示，分别求输出电压 u_{O1}、u_{O2} 和 u_O。

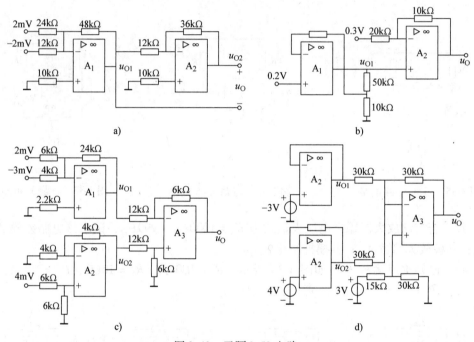

a)   b)

c)   d)

图 3-40　习题 3.52 电路

3.53　用集成运放组成的直流电流表如图 3-41 所示，输出端接满量程 5V 的电压表，试求 $R_{f1}\sim R_{f5}$ 电阻值。

3.54　用集成运放组成的直流电压表如图 3-42 所示，$R_f = 1M\Omega$，输出端接满量程 5V 电压表，试求 $R_{11}\sim R_{15}$ 电阻值。

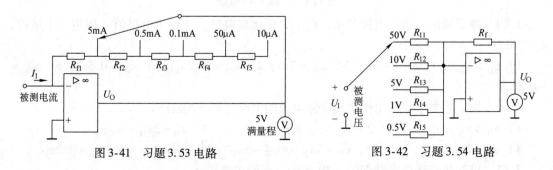

图 3-41　习题 3.53 电路　　　　　　　图 3-42　习题 3.54 电路

3.55 已知集成运放电路如图 3-43 所示，且 $R_1 = R_2 = R_3 = R_{f1} = R_{f2}$，试证明：$u_O = u_1 - u_2$。

3.56 已知集成运放电路如图 3-44 所示，且 $R_1 = R_3 = R_4 = R_6$，试求输出电压 u_O 与输入电压 u_I 关系式。

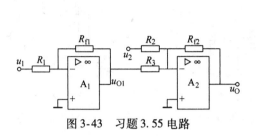

图 3-43 习题 3.55 电路

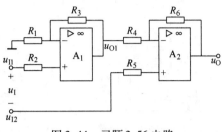

图 3-44 习题 3.56 电路

3.57 已知集成运放电路如图 3-45 所示，求 u_O。

3.58 已知集成运放电路如图 3-46 所示，$R_{f1} = 20\text{k}\Omega$，$R_{f2} = 40\text{k}\Omega$，$R_{11} = R_{12} = R_{21} = R_{22} = 10\text{k}\Omega$，试求 u_O。

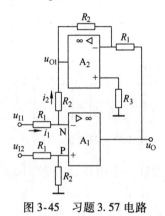

图 3-45 习题 3.57 电路

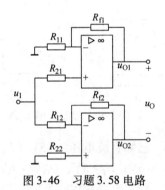

图 3-46 习题 3.58 电路

3.59 已知集成运放电路和输入信号电压波形如图 3-47a、b、c 所示，试画出输出信号电压波形。

3.60 已知集成运放电路和输入信号电压波形如图 3-48a、b、c 所示，试画出输出信号电压波形。

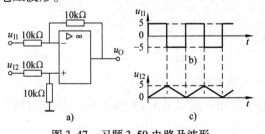

图 3-47 习题 3.59 电路及波形

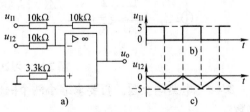

图 3-48 习题 3.60 电路及波形

3.61 已知集成运放电路如图 3-49 所示，$u_C(0) = 1\text{V}$，在 $t = 0$ 时，加入输入电压

$u_I(t) = 2e^{-t/\tau}$，$\tau = R_1 C$，求 $u_0(t)$。

3.62　已知集成运放电路如图 3-50 所示，$u_I(t) = 10e^{-t/\tau}$（mV），$\tau = 5 \times 10^{-4}$ s，$U_C(0) = 0$，$R_1 = 100\text{k}\Omega$，$R_2 = 33\text{k}\Omega$，$C_f = 1000\text{pF}$，$R_f = 50\text{k}\Omega$，试求 $u_0(t)$。

3.63　已知集成运放电路如图 3-51 所示，求 u_0。

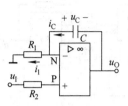
图 3-49　习题 3.61 电路

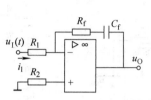
图 3-50　习题 3.62 电路

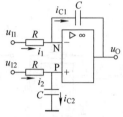
图 3-51　习题 3.63 电路

3.64　已知集成运放电路和输入电压 $u_I(t)$ 波形如图 3-52 所示，$R_1 = R_2 = 10\text{k}\Omega$，$C_f = 10\text{nF}$，$u_C(0) = 0$，试画出输出电压 u_0 波形。

3.65　已知电路同上题，输入电压 $u_I(t)$ 波形如图 3-53 所示，$u_C(0) = 0$，$R_1 = R_2 = 100\text{k}\Omega$，$C_f = 0.5\mu\text{F}$，试画出输出电压 u_0 波形。

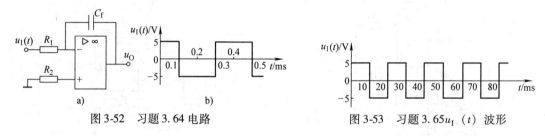
图 3-52　习题 3.64 电路　　　　　图 3-53　习题 3.65 $u_I(t)$ 波形

3.66　已知直流电压 $\pm 15\text{V}$（$U_{OH/OL} = \pm 13\text{V}$），试设计一个电压比较器，要求：$U_I > 5\text{V}$，$U_0 = -6\text{V}$；$U_I < 5\text{V}$，$U_0 = +6\text{V}$。

3.67　给定电路参数同上题，要求：$U_I > 5\text{V}$，$U_0 = +6\text{V}$；$U_I < 5\text{V}$，$U_0 = -6\text{V}$。

3.68　已知滞回比较器和输入电压波形如图 3-54 所示，$U_{REF} = 4\text{V}$，$U_Z = 4\text{V}$，$R_1 = R_2 = 10\text{k}\Omega$，$R_3 = 30\text{k}\Omega$，$R_4 = 1\text{k}\Omega$，试计算阈值电压，并定性画出输出电压 U_0 波形。

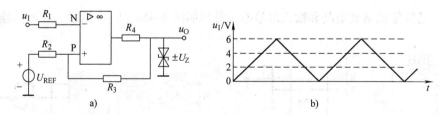
图 3-54　习题 3.68 电路和波形

3.69　电路同上题，若要求缩小两个阈值电压之间的范围至 3.1V 和 2.9V，应如何调节参数？

3.70　已知单运放电压比较器电路如图 3-55 所示，$U_{REFH} > U_{REFL}$，试分析其工作原理，并画出电压传输特性。

3.71　已知双运放电压比较器如图 3-56 所示，$U_{REFH} > U_{REFL}$，试分析其工作原理，并画出电压传输特性。

3.72 已知方波发生器如图 3-26a 所示，$R_1 = R_2 = R_f = 10\text{k}\Omega$，$C = 0.1\mu\text{F}$，试求方波周期 T 和频率 f。

3.73 已知矩形波发生器如图 3-57 所示，$R_1 = 20\text{k}\Omega$，$R_2 = 60\text{k}\Omega$，$R_{f1} = 50\text{k}\Omega$，$R_{f2} = 100\text{k}\Omega$，$C = 0.01\mu\text{F}$，试求矩形波周期和占空比。

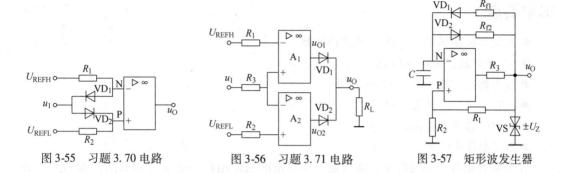

图 3-55　习题 3.70 电路　　　图 3-56　习题 3.71 电路　　　图 3-57　矩形波发生器

3.74 已知集成运放电路如图 3-58 所示，$A_1 \sim A_4$ 均为理想化运放，最大输出电压 $U_{\text{OH/OL}} = \pm 12\text{V}$，$C = 100\mu\text{F}$，$R_1 = R_2 = R_5 = R_6 = R_7 = R_8 = R_9 = 10\text{k}\Omega$，$R_{10} = 20\text{k}\Omega$，$R_3 = R_4 = 100\text{k}\Omega$，$u_{I1} = 1\text{V}$，$u_{I2} = 0.5\text{V}$。试求：

1) $A_1 \sim A_4$ 各组成什么电路？

2) $u_{O1} = ?$　$u_{O2} = ?$

3) 若 $t = 0$ 时，$u_C = 0$，写出 u_{O3} 表达式；

4) 已知 $t = 0$ 时，接通电源瞬间，$u_O = +12\text{V}$，求经多长时间后，u_O 翻转为 -12V？

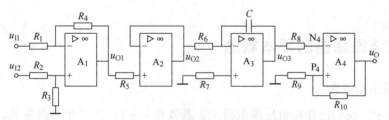

图 3-58　习题 3.74 电路

3.75 已知电路如图 3-59 所示，试分析其输入输出关系。

3.76 设一个 LPF 和一个 HPF 的通带截止频率分别为 1kHz 和 100Hz，通带电压放大倍数都等于 2，若将它们串联起来，可得到什么类型的滤波器？试估算其通带电压放大倍数和通带宽度。

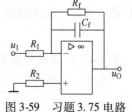

图 3-59　习题 3.75 电路

3.77 设一个 LPF 和一个 HPF 的通带截止频率分别为 1kHz 和 2kHz，通带电压放大倍数都等于 10，若将它们并联起来，可得到什么类型的滤波器？试画出其幅频特性。

第4章 正弦波振荡电路

本章要点

- 正弦波振荡器工作原理、组成和分类
- *RC* 串并联正弦振荡电路
- 变压器反馈式 *LC* 正弦振荡电路
- 电感三点式正弦振荡电路
- 电容三点式正弦振荡电路
- 石英晶体振荡器

在没有外加激励的条件下，能自动产生一定波形输出信号的装置或电路，称为振荡器。振荡器和放大器都是能量转换装置，它们都能将电源中的能量转换为有一定要求的能量输出。其区别在于放大器需要外加激励，而振荡器不需要外加激励。振荡器产生的信号是"自激"的。因此，也称为自激振荡器。按照产生信号的波形是否正弦波，振荡器可分为正弦波振荡器和非正弦波振荡器。

正弦波振荡器和非正弦波振荡器虽然都有一定的振荡频率，但根据傅氏级数分析，正弦波振荡器产生的信号是单一频率的正弦波，而非正弦波振荡器产生的信号是有一系列不同频率的正弦波合成的，如3.3.2节中的方波发生器。本章要研究的是单一频率的反馈式正弦波振荡器。

4.1 正弦波振荡器的基本概念

1. 自激振荡的条件

在 2.6 节中，我们已知在负反馈电路中，若 $\dot{A}\dot{F} = -1$，将产生自激振荡，实际上是负反馈变成了正反馈。在负反馈电路中，线路连接方式是负反馈，由于某种原因产生附加相移而形成正反馈。在正弦波振荡器中，线路连接方式是正反馈，因此产生自激振荡的条件是：

$$\dot{A}\dot{F} = 1 \tag{4-1}$$

式（4-1）又可分解为振幅平衡条件和相位平衡条件：

$$|\dot{A}\dot{F}| = 1 \tag{4-1a}$$

$$\varphi_a + \varphi_f = 2n\pi \qquad (n = 0,1,2,3,\cdots) \tag{4-1b}$$

2. 起振与稳幅过程

1) 起振。由于正弦波属于单一频率，因此在正弦波振荡电路中必须含有选频网络。在振荡电路接通电源瞬间，会产生微小的不规则的噪声或扰动信号，它包含各种频率的谐波成分，通过选频网络，只选出一种符合选频网络频率要求的单一频率信号进行正反馈，让该单一频率信号满足振幅平衡条件和相位平衡条件，其余频率信号均属抑制之列。但在初始阶段由于扰动

信号很微小，仅满足 $|\dot{A}\dot{F}|=1$ 是不够的，必须 $|\dot{A}\dot{F}|>1$，才能使输出信号逐渐由小变大，使电路起振。因此，振荡电路的起振条件与振荡电路稳定工作的振幅平衡条件是不同的。

起振幅值条件为：$|\dot{A}\dot{F}|>1$ $\hspace{6cm}$ (4-2)

2）稳幅。满足起振的振幅条件后，振荡电路开始起振，振荡波形由小变大，但是由于 $|\dot{A}\dot{F}|>1$，最终会进入放大电路的非线性区，致使输出波形变坏，因此必须有稳幅环节，让振荡电路从 $|\dot{A}\dot{F}|>1$ 过渡到 $|\dot{A}\dot{F}|=1$，使输出幅度稳定，稳幅环节通常是一个负反馈网络。正弦波振荡电路起振和稳幅过程如图 4-1 所示。

3. 正弦波振荡器组成

根据上述要求，正弦波振荡器的组成应有 4 个部分：放大电路、正反馈网络、选频网络和稳幅环节，如图 4-2 所示。

放大电路的主要作用是满足振荡电路的振幅条件；正反馈网络的主要作用是满足振荡电路的相位条件；选频网络的主要作用是选取单一频率的正弦波信号；稳幅环节的主要作用是电路起振后满足 $|\dot{A}\dot{F}|=1$，稳定电路静态工作点，稳定输出电压幅度。

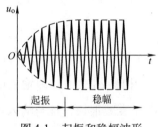

图 4-1 起振和稳幅波形

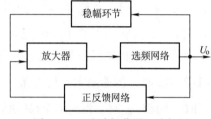

图 4-2 正弦波振荡器组成框图

4. 正弦波振荡器的分类

正弦波振荡器按照选频网络不同，可分为 RC 正弦波振荡器、LC 正弦波振荡器和石英晶体振荡器。

【复习思考题】

4.1 自激振荡的条件是什么？为什么与负反馈中的表达式不一样？

4.2 自激振荡的振幅平衡条件与起振条件有什么不同？为什么？

4.3 画出正弦波振荡器组成框图，并叙述每一组成部分的作用。

【相关习题】

选做 4.5 习题中的填空题：4.1～4.3；选择题：4.11。

4.2 RC 正弦波振荡器

RC 正弦波振荡器可分为 RC 串并联正弦振荡电路、RC 移相式正弦振荡电路和双 T 网络正弦振荡电路，本书介绍 RC 串并联正弦振荡电路。

1. RC 串并联网络的频率特性

图 4-3 为 RC 串并联网络，设 Z_1 为 RC 串联电路复阻抗，$Z_1 = R + \dfrac{1}{\mathrm{j}\omega C}$；$Z_2$ 为 RC 并联电路复阻抗，$Z_2 = R /\!/ \dfrac{1}{\mathrm{j}\omega C}$。则 RC 串并联网络的传递函数（即用作反馈时的反馈系数）$\dot{F}_u$ 为：

$$\dot{F}_{u} = \frac{\dot{U}_2}{\dot{U}_1} = \frac{Z_2}{Z_1 + Z_2} = \frac{R \mathbin{/\mkern-5mu/} \dfrac{1}{j\omega C}}{\left(R + \dfrac{1}{j\omega C}\right) + \left(R \mathbin{/\mkern-5mu/} \dfrac{1}{j\omega C}\right)} = \frac{1}{3 + j\left(\omega RC - \dfrac{1}{\omega RC}\right)}$$

令 $\omega_0 = \dfrac{1}{RC}$，则：$\dot{F}_{u} = \dfrac{1}{3 + j\left(\dfrac{\omega}{\omega_0} - \dfrac{\omega_0}{\omega}\right)}$ \hfill (4-3)

其幅频特性和相频特性分别为：

$$|\dot{F}_{u}| = \frac{1}{\sqrt{3^2 + \left(\dfrac{\omega}{\omega_0} - \dfrac{\omega_0}{\omega}\right)^2}} \tag{4-3a}$$

$$\varphi_{f} = \arctan \frac{(\omega/\omega_0) - (\omega_0/\omega)}{3} \tag{4-3b}$$

由式（4-3a）及式（4-3b）分析可知：

1）当 $\omega = \omega_0$ 时，$|\dot{F}_{u}| = 1/3$，$\varphi_{f} = 0$；

2）当 $\omega \ll \omega_0$ 时，$|\dot{F}_{u}| \to 0$，$\varphi_{f} \to +90°$；

3）当 $\omega \gg \omega_0$ 时，$|\dot{F}_{u}| \to 0$，$\varphi_{f} \to -90°$。

RC 串并联网络的幅频特性曲线和相频特性曲线如图 4-4 所示。图中表明，当 $\omega = \omega_0$ 即 $f = f_0 = 1/2\pi RC$ 时，传递函数 $|\dot{F}_{u}|$ 最大（即 U_2 最大），且相移 φ_{f} 为 0（即输入电压 $\dot{U}_1$ 与输出电压 $\dot{U}_2$ 同相），对于偏离 f_0 的其他频率信号，输出电压衰减很快，且与输入电压有一定相位差。

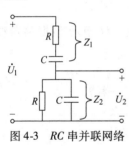

图 4-3　RC 串并联网络

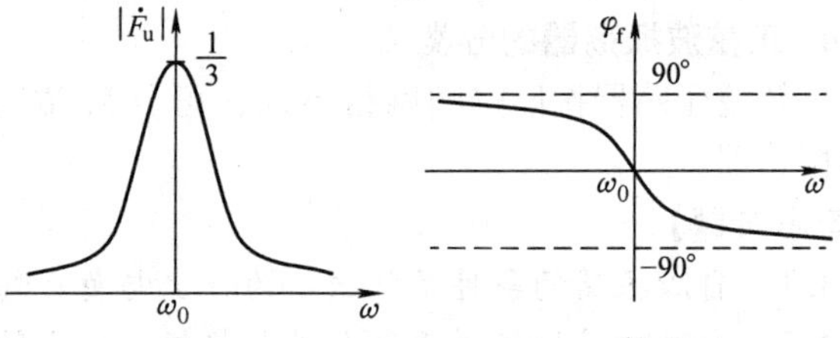

图 4-4　RC 串并联网络频率特性
a）幅频特性　b）相频特性

2. RC 串并联正弦振荡电路

1）电路组成。RC 串并联正弦振荡电路，如图 4-5a 所示，其中集成运放为组成振荡器的放大电路；RC 串并联网络既作为正反馈网络（f_0 时，$\varphi_{f} = 0$，正反馈），又具有选频作用（只有 f_0 满足相位平衡条件，其余频率均不满足）；负反馈支路 R_{f}、R_1 组成稳幅环节。

图 4-5a 也可画成图 4-5b 形式，因此 RC 串并联正弦振荡电路也称为 RC 桥式振荡电路或文氏电桥（Wien Bridge）振荡器。

2）振荡频率：$f_0 = \dfrac{1}{2\pi RC}$ \hfill (4-4)

3）起振条件。根据式（4-2），RC 串并联正弦振荡电路也必须满足 $|\dot{A}\dot{F}| > 1$，因 f_0 时，

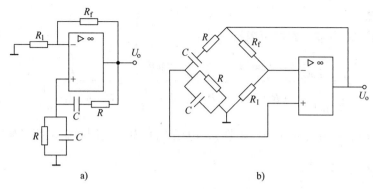

图 4-5　RC 串并联正弦振荡电路

a）一般画法　b）桥式画法

$F = 1/3$，则必须 $A > 3$。根据集成运放同相输入电压增益 $A = 1 + \dfrac{R_f}{R_1}$，则应 $R_f > 2R_1$。

4）稳幅措施。起振时 $A > 3$，稳定工作时应 $A = 3$，因此，通常 R_f 采用具有负温度系数的热敏电阻，起振时 R_f 因温度较低阻值较大，此时 $A > 3$；随着振幅增大，R_f 温度升高，阻值降低，至 $A = 3$，达到稳幅目的。

5）特点：①电路结构简单，易起振。②频率调节方便。由于 RC 串并联正弦振荡电路要求串联支路中的 R 及 C 与并联支路中的 R 及 C 分别相等，一般采用 C 固定，R 用同轴电位器，调节 R 即可调节振荡频率。

6）用途。由于选频网络中的 R 及 C 均不能过小。R 小，使放大电路负载加重；C 小，易受寄生电容影响，使 f_0 不稳定。因此，一般适用于产生较低频率（$f_0 < 1\text{MHz}$）的场合。

【复习思考题】

4.4　画图说明 RC 串并联网络当 $\omega = \omega_0$、$\omega << \omega_0$、$\omega >> \omega_0$ 时的幅频特性和相频特性。

4.5　RC 串并联正弦振荡电路中，对负反馈电阻 R_f 有什么要求？

4.6　简述文氏电桥振荡器的特点和用途。

【相关习题】

选做 4.5 习题中的填空题：4.4 ~ 4.5；选择题：4.12 ~ 4.15；分析计算题：4.20 ~ 4.23。

4.3　LC 正弦振荡电路

LC 正弦振荡电路由 LC 并联谐振回路作为选频网络，可以分为变压器反馈式，电感三点式和电容三点式三种。

4.3.1　LC 并联回路的频率特性

LC 并联谐振回路如图 4-6 所示，其中 R 并非人为串在 L 支路中的电阻，而是线圈 L 的直流电阻和回路其他耗损的总等效电阻，一般 R 很小，R 远小于 $\dfrac{1}{\omega L}$。$\dot{I}_s$ 为加在 LC 并联回路上的正弦电流源，$\dot{U}_o$ 为 LC 并联回路二端电压。

1. 谐振频率

根据图 4-6，LC 并联回路的复阻抗 Z 为：

$$Z = \frac{\frac{1}{j\omega C}(R+j\omega L)}{\frac{1}{j\omega C}+(R+j\omega L)} \approx \frac{\frac{1}{j\omega C}\cdot j\omega L}{R+j(\omega L - \frac{1}{\omega C})} = \frac{\frac{L}{C}}{R+j(\omega L - \frac{1}{\omega C})} \tag{4-5}$$

当 $\omega L = \frac{1}{\omega C}$ 时，Z 为实数（呈纯阻性），电压 $\dot{U}_\mathrm{o}$ 与电流 $\dot{I}_\mathrm{s}$ 同相，电路发生并联谐振。

谐振角频率：$\omega_0 = \frac{1}{\sqrt{LC}}$ $\tag{4-6a}$

谐振频率：$f_0 = \frac{1}{2\pi\sqrt{LC}}$ $\tag{4-6b}$

2. 谐振阻抗

谐振时，因 $\omega_0 L = \frac{1}{\omega_0 C}$，因此，谐振阻抗：$Z_0 = \frac{L}{RC} = Q\sqrt{\frac{L}{C}}$ $\tag{4-7}$

其中 Q 为 LC 谐振回路的品质因素，Q 定义为 $Q = \frac{\omega_0 L}{R} = \frac{1}{\omega_0 CR} = \frac{1}{R}\sqrt{\frac{L}{C}}$，$Q$ 用来表示 LC 谐振回路谐振时耗损的大小，Q 值越大，LC 回路谐振时能量耗损越小。显然，图 4-6 中，R 越小，Q 值越大。

3. 频率特性

用式（4-7）和 Q 代入式（4-5）可得：

$$Z = \frac{Z_0}{1+jQ(\frac{\omega}{\omega_0}-\frac{\omega_0}{\omega})} = \frac{Z_0}{1+jQ(\frac{f}{f_0}-\frac{f_0}{f})} \tag{4-8}$$

Z 的幅频特性和相频特性分别为：

$$|Z| = \frac{Z_0}{\sqrt{1+\left[Q(\frac{f}{f_0}-\frac{f_0}{f})\right]^2}} \tag{4-8a}$$

$$\varphi = -\arctan\left[Q(\frac{f}{f_0}-\frac{f_0}{f})\right] \tag{4-8b}$$

画出其幅频特性曲线和相频特性曲线如图 4-7 所示。从图中看出：

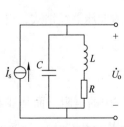

图 4-6 LC 并联谐振回路

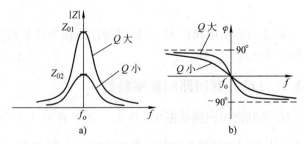

图 4-7 LC 并联网络频率特性
a）幅频特性 b）相频特性

1）$f = f_0$ 时，$Z = Z_0$，阻抗最大，阻抗角（即回路电流与电压相位差角）为 0。且 Q 值大时，幅频特性尖锐，Z_0 较大；Q 值小时，幅频特性较平坦，Z_0 较小。

2）f 远小于 f_0 和 f 远大于 f_0 时，阻抗迅速衰减，且阻抗角增大。

4. LC 并联谐振回路的作用

由于 LC 并联谐振回路在谐振$(f = f_0)$时阻抗最大，若用电流源激励，则其两端电压最大，且电压电流相位差为 0。因此，LC 并联谐振回路具有选频作用。LC 正弦波振荡器就是利用 LC 并联回路作选频网络，组成正弦波振荡电路。

4.3.2 变压器反馈式 LC 正弦振荡电路

1. 电路组成

图 4-8 为变压器反馈式 LC 正弦振荡电路，变压器初级线圈 L（严格来讲，包括次级线圈 L_1 反射到初级的等效电感）与电容 C 组成 LC 并联谐振回路，作为集电极负载，由于 LC 并联回路谐振时，阻抗最大，因此，只有谐振频率 f_0 的信号电压最大，其余偏离 f_0 的信号衰减很大。M 为初级线圈 L 与次级线圈 L_1 的互感系数。按图中同名端，次级线圈 L_1 反馈极性应为正反馈，满足正弦振荡的相位平衡条件，而放大元件三极管 V 很易满足振幅平衡条件。

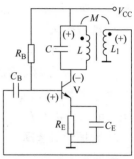

图 4-8　变压器反馈式
LC 正弦振荡电路

2. 谐振频率

$$f_0 = \frac{1}{2\pi\sqrt{LC}} \tag{4-9}$$

3. 起振参数选择

根据有关分析，增大三极管 β 值，增大三极管静态工作电流（r_{be} 小），增大并联谐振回路 Q 值（增大 L，减小 C，减小变压器线圈损耗电阻 R），适当选取 L、L_1 的耦合程度（互感系数 M 不能太大，也不能太小），有利于电路起振。

4. 特点

1）电路结构简单；

2）易起振（容易满足起振条件）；

3）输出幅度大（并联谐振 Z_0 大，增益高；无 R_C，动态范围大）；

4）频率调节方便（一般调 L 磁芯）；

5）调节频率时输出幅度变化不大（不影响电路增益和静态工作点）；

6）频率稳定性较差。

变压器反馈式正弦振荡电路一般适用于振荡频率不太高的场合，如中短波段。

【例 4-1】　已知变压器反馈式正弦振荡电路如图 4-9 所示，$L_2 = 190\mu H$，试计算当电容 C_3 从最小值调至最大值时，电路振荡频率的范围。

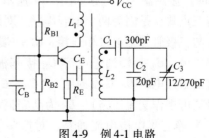

图 4-9　例 4-1 电路

解： LC 振荡回路中等效电容为 C_2、C_3 并联后与 C_1 串联，$\dfrac{1}{C} = \dfrac{1}{C_1} + \dfrac{1}{C_2 + C_3}$，$C_3$ 的调节范围为 12 ~ 270pF，因此等效电容 $C =$

$28.9 \sim 147.5\mathrm{pF}$，电路振荡频率 $f_0 = \dfrac{1}{2\pi \sqrt{LC}}$，振荡频率范围为 $950\mathrm{kHz} \sim 2148\mathrm{kHz}$。

4.3.3 电感三点式正弦振荡电路

1. 电路组成

电感三点式正弦振荡电路又称哈特莱（Hartley）振荡器，其电路如图 4-10 所示。之所以称为电感三点式，是因为电感线圈的三个引出端与三极管三个电极分别相连接。一端与三极管集电极连接；中间抽头接 U_{CC} 相当于交流接地，通过电容 C_E 与发射级连接；另一端通过电容 C_B 与基极连接（C_B、C_E 对振荡信号可视作交流短路）。

根据瞬时极性法判断，图 4-10 电路满足振荡相位平衡条件，也很易满足振幅平衡条件。

2. 振荡频率

$$f_0 = \frac{1}{2\pi \sqrt{LC}} = \frac{1}{2\pi \sqrt{(L_1 + L_2 + 2M)\, C}} \quad (4\text{-}10)$$

注意式中 $L = L_1 + L_2 + 2M$。L_1、L_2 为两个互感线圈顺向串联，M 为 L_1、L_2 间互感系数。

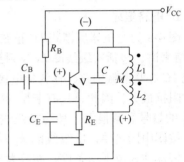

图 4-10　电感三点式正弦振荡电路

3. 起振参数选择

根据有关分析，增大三极管 β，增大三极管静态工作电流（r_{be} 小），适当选取 L_1、L_2 比值有利于电路起振。

4. 特点

1）容易起振；

2）频率调节方便且范围较宽（采用可调电容）；

3）调节频率不影响反馈系数；

4）波形较差（反馈线圈 L_2 对高次谐波感抗大，反馈电压中含有幅度较大的高次谐波分量）。

电感三点式正弦振荡电路适用于振荡频率几十兆赫兹以下，对波形要求不高的场合。

4.3.4 电容三点式正弦振荡电路

1. 电路组成

电容三点式正弦振荡电路又称为考毕兹（Colpitts）振荡器，其电路如图 4-11 所示，之所以称为电容三点式，是因为两个电容串联，对外引出的三个端点与三极管三个电极相连接，C_1 一端通过电容 C_C 接集电极，C_2 一端通过电容 C_B 接基极，C_1、C_2 的连接端通过电容 C_E 接发射级。（C_C、C_B、C_E 对振荡信号均可视作交流短路），L_C 为高频扼流圈，提供三极管 V 静态集电极电流通路，对振荡信号可视作交流开路。L_C 也可用直流电阻 R_C 替代，但用 R_C 有两个

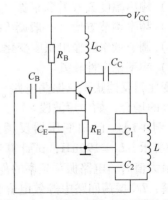

图 4-11　电容三点式正弦振荡电路

缺点，一是减小电路输出动态范围，二是等效并联在振荡回路两端，将使回路等效谐振阻抗减小，降低 Q 值。

根据瞬时极性法判断，图 4-11 电路满足振荡相位平衡条件，也很易满足振幅平衡条件。

2. 振荡频率

$$f_0 = \frac{1}{2\pi\sqrt{LC}} = \frac{1}{2\pi\sqrt{L\dfrac{C_1 C_2}{C_1 + C_2}}} \tag{4-11}$$

注意式中 C 为 C_1、C_2 串联后等效电容。

3. 起振参数选择

根据有关分析，增大三极管 β，增大三极管静态工作电流，适当选取 C_1、C_2 比值有利于电路起振。

4. 特点

1）输出波形好（反馈电压取自 C_2，C_2 对高次谐波容抗小，反馈电压中含有高次谐波分量小）；

2）振荡频率可做到 100MHz 以上（C_1、C_2 容量可选得很小）；

3）频率调节不便（若通过调节电容来调节频率，反馈系数随之变化，将影响振荡器工作状态）。

电容三点式正弦振荡电路适用于频率固定的高频振荡器。

5. 三点式振荡器的组成原则

三点式正弦振荡器，谐振回路的结构有时较复杂，可能不单是一个纯电感或纯电容，而是由 LC 串联、并联或混联组成，这时就较难判断其能否组成三点式振荡器及其特性。但是三点式振荡器的谐振回路组成有其规律和原则。三点式振荡器一般形式（交流通路）如图 4-12 所示。X_{be}、X_{ce}、

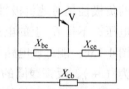

图 4-12　三点式振荡器一般形式（交流通路）

X_{cb} 分别为连接在三极管三个电极之间的电抗元件，其组成原则为：X_{be}、X_{ce} 必须为同性电抗元件，且 X_{cb} 必须与其性质相反。即若 X_{be}、X_{ce} 呈感性，则 X_{cb} 必须呈容性；若 X_{be}、X_{ce} 呈容性，则 X_{cb} 必须呈感性；且 X_{be}、X_{ce} 电抗性质不能相反，才有可能满足相位平衡条件。

【例 4-2】　已知电路如图 4-13 所示，试判断这些电路能否产生正弦波振荡？并说明理由。

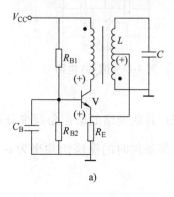
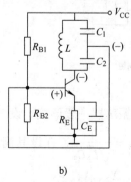
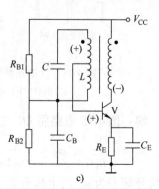

a)　　　　　　　　　　　b)　　　　　　　　　　　c)

图 4-13　例 4-2 电路

解：判断电路能否产生正弦波振荡应按能否满足振幅平衡条件和相位平衡条件。

1）振幅平衡条件，主要看三极管放大电路能否正常工作，能否工作在放大工作状态（静态工作点是否合适），若能工作在放大区，则一般认为能满足振幅平衡和起振条件。

2）相位平衡条件，主要看能否构成正反馈，一般用瞬时极性法，这里涉及共射（输入输出反相）和共基（输入输出同相）电路，但不会影响判断电路正负反馈的结论。

3）若为三点式正弦振荡电路，则可先判断是否符合三点式振荡电路的组成原则，若符合，再按上述1）2）继续判断。

图4-13a：不能。用瞬时极性法判断，符合相位平衡条件。该电路属共基电路，按共基电路判断，设射极瞬时极性为（＋），集电极与其同相为（＋），反馈极性相同为正反馈，符合相位平衡条件；若按共射电路（有时未看清或对共射共基概念不清引起）判断，设基极瞬时极性为（＋），发射极跟随极性为（＋），集电极反相极性为（－），反馈到射极极性相反为正反馈，也符合相位平衡条件。因此即使看错电路组态，并不影响正负反馈的判别。图4-13a不能组成正弦振荡的原因是不满足振幅平衡条件，电路静态工作点不合适，发射极接线圈 L 后接地，直流电压为0，不可以。但若在反馈支路中串联一个电容，隔断直流地电位，则电路能产生正弦波振荡。

图4-13b：不能。该电路属共射组态，设基极瞬时极性为正，集电极为负，反馈端电容 C_1 上电压极性为负，构成负反馈，不满足相位平衡条件。需要说明的是，如何理解反馈至输入端的极性？初学者有的理解为 C_2 上的正极性，有的理解为 C_1 上的负极性，现用图4-14a加以分析说明，首先接 V_{CC} 相当于交流接地，所谓瞬时极性是指对交流地电位而言，集电极的负极性是对地负极性，电容极板上极性如图4-14a所示，反馈至输入端的电压是 C_1 上的电压，不是 C_2 上的电压，因此反馈极性应为负极性。

图4-13c：能。该电路属共射组态，设基极瞬时极性为（＋），集电极为（－），同名端极性为（＋），反馈线圈的一端通过电容 C_B 接地，相当于交流接地，线圈上电压极性如图4-14b所示，反馈至基极的极性为正，满足相位平衡条件。

【例4-3】 图4-15是由三个 LC 谐振电路组成的振荡器的交流通路，试分析电路能否起振？若能起振，L_1C_1、L_2C_2、L_3C_3 应满足什么条件？并确定振荡频率范围。

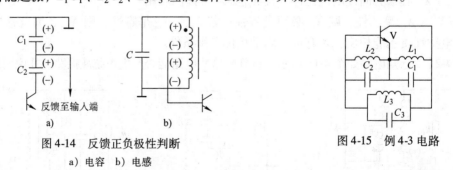

图4-14 反馈正负极性判断
a）电容 b）电感

图4-15 例4-3电路

解：图4-15电路属 LC 三点式振荡器一般形式。设三个 LC 并联网络的谐振角频率分别为：$\omega_1 = \dfrac{1}{\sqrt{L_1C_1}}$、$\omega_2 = \dfrac{1}{\sqrt{L_2C_2}}$、$\omega_3 = \dfrac{1}{\sqrt{L_3C_3}}$，并设其满足振荡条件时的振荡角频率为 ω_o，对信号频率为 ω_o 的电抗分别为 X_1、X_2、X_3。

1）当 $\omega_1 > \omega_o$，$\omega_2 > \omega_o$，$\omega_o > \omega_3$ 时，X_1、X_2 呈感性，X_3 呈容性，电路组成电感三点式振荡器，振荡频率范围：$\min[\omega_1,\omega_2] > \omega_o > \omega_3$。

2）当 $\omega_1 < \omega_o$，$\omega_2 < \omega_o$，$\omega_o < \omega_3$ 时，X_1、X_2 呈容性，X_3 呈感性，电路组成电容三点式振荡器，振荡频率范围：$\max[\omega_1,\omega_2] < \omega_o < \omega_3$。

【复习思考题】

4.7　LC 谐振回路 Q 值的物理含义是什么？

4.8　LC 并联谐振回路在正弦振荡电路中有何作用？

4.9　主要有哪些因素影响变压器反馈式正弦振荡器的起振，应如何选择？

4.10　变压器反馈式正弦振荡器主要有什么特点？

4.11　计算电感三点式振荡器时，L 应如何计算？

4.12　叙述比较电感三点式和电容三点式振荡器的主要特点区别。

4.13　影响电感三点式和电容三点式振荡器起振的主要因素有哪些？如何选择？

4.14　三点式振荡器谐振回路的电抗元件有什么组成原则？

【相关习题】

选做 4.5 习题中的填空题：4.6 ~ 4.7；选择题：4.16 ~ 4.17；分析计算题：4.24 ~ 4.32。

4.4　石英晶体振荡电路

正弦波振荡电路是产生单一频率的振荡器，频率越纯，稳定度越高，正弦波形越好。而频率稳定度与谐振回路的 Q 值有关，如图 4-7a 所示，Q 值越大，谐振曲线越尖锐，频率稳定度越高。但是一般 LC 谐振回路的 Q 值只有几十至几百，而石英晶体的 Q 值可达 $10^4 \sim 10^6$，因此在要求频率稳定度高的场合，常采用石英晶体组成谐振回路。

4.4.1　石英晶体基本特性

1. 石英晶体

石英晶体主要成分是二氧化硅，具有稳定的物理化学性能。从一块晶体按一定方位角切割下来的薄片，称为石英晶片，在晶片的两面涂上银层引出电极外壳封装，便构成石英晶体谐振器，其电路符号如图 4-16a 所示。

2. 等效电路

石英晶体两极若施加交变电压，晶片会产生机械变形振动，同时晶片的机械变形振动又会产生交变电场，当外加交变电压的频

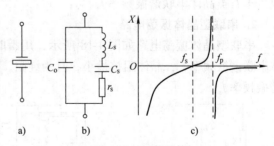

图 4-16　石英晶体

a) 电路符号　b) 等效电路　c) 电抗特性

率与晶片固有振荡频率相等时，会产生压电谐振。压电谐振与 LC 回路谐振十分相似，其等效电路如图 4-16b 所示。

其中 C_o 表示晶片极板间静电电容，约几 ~ 几十皮法；L_s 和 C_s 分别模拟晶片振动时的惯性和弹性，r_s 模拟晶片振动时的摩擦损耗。一般 L_s 很大，约 $10^{-3} \sim 10^2$H；C_s 很小，仅

$10^{-2} \sim 10^{-1} \mathrm{pF}$；$r_s$ 也很小，因此石英晶体的 Q 值很大。

3. 电抗特性

据分析，石英晶体的电抗特性如图 4-16c 所示，它有三个电抗特性区域：两个容性区和一个感性区，并有两个谐振频率 f_s 和 f_p，f_s 称为串联谐振频率，是利用 L_s 与 C_s 串联谐振；f_p 称为并联谐振频率，是利用 L_s 与 C_o 并联谐振。

$$f_s = \frac{1}{2\pi\sqrt{L_s C_s}} \tag{4-12}$$

$$f_p = \frac{1}{2\pi\sqrt{L_s \dfrac{C_s C_o}{C_s + C_o}}} = \frac{1}{2\pi\sqrt{L_s C_s}}\sqrt{1 + \frac{C_s}{C_o}} = f_s\sqrt{1 + \frac{C_s}{C_o}} \approx f_s \tag{4-13}$$

由于 C_s 远小于 C_o，因此 f_s 与 f_p 很接近。一般来讲，石英晶体主要工作在感性区，即 $f_s < f < f_p$。

4. 石英晶体稳频原因

1）石英晶体物理化学性质十分稳定，外界因素对其影响很小；

2）石英晶体 Q 值极高；

3）石英晶体的工作频率被限制在 $f_s \sim f_p$ 范围内，该范围内的电抗特性极其陡峭，石英晶体对频率变化自动调整的灵敏度极高；

4）石英晶体接入系数极小，外电路与谐振回路的耦合很弱，影响很小。

4.4.2 石英晶体正弦振荡电路

利用石英晶体组成正弦振荡电路一般有两种形式：并联型和串联型。

1. 并联型晶体振荡电路

并联型晶体振荡电路及其等效电路如图 4-17 所示，石英晶体支路呈感性，电路属电容三点式振荡电路。

$f_0 = f_s\sqrt{1 + \dfrac{C_s}{C_o'}} \approx f_s$，其中 $C_o' = C_o + \dfrac{C_1 C_2}{C_1 + C_2}$，因 $C_s << C_o < C_o'$，电路振荡频率仍接近并取决于石英晶体串联谐振频率 f_s。

2. 串联型晶体振荡电路

串联型晶体振荡电路如图 4-18 所示，用瞬时极性法可判断电路属正反馈，其中石英晶体串联谐振频率 f_s，晶体阻抗最小，且为纯阻，反馈最强，电路振荡频率即为石英晶体串联谐振频率 f_s。

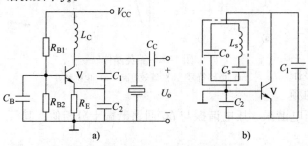

图 4-17 并联型石英晶体振荡电路

a）电路 b）等效电路

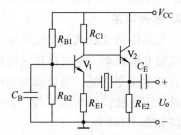

图 4-18 串联型石英晶体振荡电路

【复习思考题】

4.15 石英晶体频率稳定度高的原因是什么？

4.16 石英晶体有几个谐振频率？有何关系？

【相关习题】

选做 4.5 习题中的填空题：4.8 ~ 4.10；选择题：4.18 ~ 4.19；分析计算题：4.33。

4.5 习题

4.5.1 填空题

4.1 自激振荡的条件是：＿＿＿＿＿＿。它又可分解为振幅平衡条件：＿＿＿＿＿＿ 和相位平衡条件：＿＿＿＿＿＿＿＿＿＿＿＿。

4.2 自激振荡的振幅平衡条件是：＿＿＿＿；起振条件为：＿＿＿＿。

4.3 正弦波振荡器的组成应有 4 个组成部分：＿＿＿＿＿、＿＿＿＿＿、 ＿＿＿＿＿和＿＿＿＿＿。

4.4 RC 串并联网络，当 $\omega = \omega_0$ 时，$|\dot{F}_u| = $ ＿＿＿＿，$\varphi_f = $ ＿＿＿＿。

4.5 RC 串并联正弦振荡电路中，负反馈电阻 R_f 通常采用具有＿＿＿＿温度系数的热敏电阻，达到＿＿＿＿目的。

4.6 LC 并联谐振回路在正弦振荡电路中的主要作用是用作＿＿＿＿网络，组成正弦波振荡电路。

4.7 与电容三点式振荡器相比，电感三点式输出波形较＿＿＿＿，原因是反馈线圈 L_2 中含有幅度较大的＿＿＿＿。

4.8 石英晶体电抗特性有＿＿＿＿个容性区和＿＿＿＿个感性区。

4.9 石英晶体有两个谐振频率，分别为＿＿＿＿＿＿＿＿和＿＿＿＿＿＿＿＿，这两个谐振频率＿＿＿＿＿＿。

4.10 石英晶体主要工作在＿＿＿＿性区。

4.5.2 选择题

4.11 正弦波振荡电路维持振荡的条件为＿＿。其中相位平衡条件是 $\varphi_A + \varphi_F = $ ＿＿；幅值平衡条件是＿＿；起振振幅条件是＿＿。（A. $\dot{A}\dot{F} = 1$；B. $\dot{A}\dot{F} = -1$；C. $|\dot{A}\dot{F}| > 1$；D. $|\dot{A}\dot{F}| < 1$；E. $|\dot{A}\dot{F}| = 1$；F. $|\dot{A}\dot{F}| = 0$；G. $|\dot{A}\dot{F}| = \infty$；H. $\pm 2n\pi$；I. $\pm n\pi$；J. $\pm(2n+1)\pi$；K. $n\pi/2$）

4.12 RC 桥式振荡电路电压增益必须满足＿＿＿＿。（A. >1；B. $>\sqrt{2}$；C. >2；D. >3）

4.13 RC 桥式振荡电路，当 $\omega = \omega_0$ 时，其电压反馈系数 $F_u = $ ＿＿＿＿。（A. 1；B. 3；C. 1/3；D. 0.707）

4.14 用集成运放组成的 RC 桥式振荡电路，R_f 与 R_1 的关系应为＿＿＿＿。（A. $R_f = 2R_1$；B. $R_f > 2R_1$；C. $R_f = 3R_1$；D. $R_f > 3R_1$）

4.15 用集成运放组成的 RC 桥式振荡电路，为稳定振幅，负反馈支路中 R_f 可选用＿＿＿

温度系数电阻，R_1 可选用____温度系数电阻。（A. 正；B. 负；C. 零；D. 无关）

4.16 RC 桥式振荡电路的振荡频率 $f_0 =$ ____。（A. $1/RC$；B. $1/2\pi RC$；C. $1/\sqrt{RC}$；D. $1/2\pi\sqrt{RC}$）LC 振荡电路的振荡角频率 $\omega_0 =$ ____。（A. $1/LC$；B. $1/\sqrt{LC}$；C. $1/2\pi LC$；D. $1/2\pi\sqrt{LC}$）

4.17 若 LC 并联谐振回路的谐振频率为 ω_0，则当 $\omega > \omega_0$ 时，回路呈_____性；$\omega < \omega_0$ 时，回路呈____性；$\omega = \omega_0$ 时，回路呈_____性。（A. 感；B. 容；C. 阻；D. 不定）

4.18 有关石英晶体电抗特性区域的正确说法是____。（A. 1 个容性区和 1 个感性区；B. 两个容性区和两个感性区；C. 两个容性区和 1 个感性区；D. 1 个容性区和两个感性区）

4.19 有关石英晶体谐振频率个数的正确说法是____。（A. 1 个谐振频率；B. 两个谐振频率；C. 3 个谐振频率；D. 不定）

4.5.3 分析计算题

4.20 已知电路如图 4-19 所示，试分析：

1）电路有否可能产生正弦波振荡？

2）若能振荡，R_1、R_2 阻值有何关系？振荡频率是多少？

3）为了稳幅，电路中哪个电阻可采用热敏电阻？其温度系数如何？

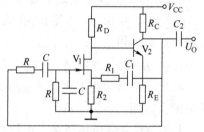

图 4-19 习题 4.20 电路

4.21 已知 RC 桥式振荡电路如图 4-20 所示，$R = 16\mathrm{k\Omega}$，$C = 0.01\mu\mathrm{F}$，$R_1 = 1.1\mathrm{k\Omega}$，试计算：

1）振荡频率 f_0；

2）R_f 最小值；

3）若电路连接无误，但不能振荡，应调整电路哪一个元件？

4）若输出波形失真严重，应如何调整？

4.22 已知文氏电桥和集成运放如图 4-21 所示，试分析：

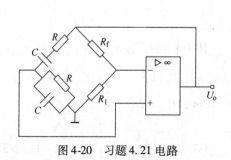

图 4-20 习题 4.21 电路

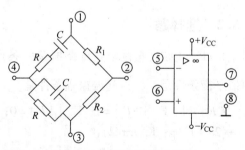

图 4-21 习题 4.22 电路

1）欲组成 RC 桥式振荡电路，电路应如何连接？

2）正确连接后，试求电路振荡频率；

3）电路起振和维持振荡的条件；

4）要使振荡稳定，R_1、R_2 应选用什么元件？

4.23 试判断图 4-22 中各电路能否组成正弦振荡器？（图中 C_B、C_E 均为旁路或隔直耦合电容）

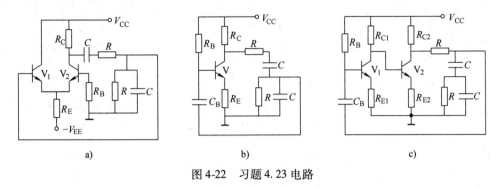

a)   b)   c)

图 4-22 习题 4.23 电路

4.24 已知图 4-23 所示正弦振荡电路的交流通路，试标出能满足相位平衡条件的同名端。

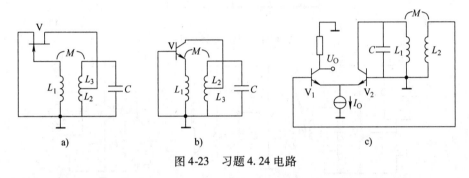

a)   b)   c)

图 4-23 习题 4.24 电路

4.25 试标出图 4-24 所示各电路中变压器的同名端，使之满足正弦振荡的相位平衡条件（图中 C_B、C_E、C_G、C_S 均为旁路或隔直耦合电容）。

4.26 根据三点式 LC 振荡器组成原则，试分析图 4-25 所示电路有否可能组成正弦振荡器？若能，有什么附加条件？

4.27 试判断图 4-26 电路能否产生正弦振荡，并说明理由。（图中 C_B、C_E、C_C、C_L 均为旁路或隔直耦合电容，L_C 为高频扼流圈）

4.28 图 4-26 的 e、f 电路中 L_C 有什么作用？

4.29 试写出图 4-26e、g、h 电路的谐振频率表达式。

4.30 图 4-27 为由集成运放组成三点式振荡器原理电路，为满足相位平衡条件，试在集成运放框内填入同相和反相输入端标志（ + − 号）。

4.31 图 4-28 是由三个 LC 谐振电路组成的振荡器的交流通路，试根据下列条件分析电路能否起振？若能起振，属何种振荡类型？

1）$L_1 C_1 = L_2 C_2 < L_3 C_3$；

2）$L_1 C_1 > L_2 C_2 > L_3 C_3$。

4.32 图 4-29 各振荡电路中均有错误，试画出改正部分电路，并说明其振荡类型。图中 C_B、C_E 均为旁路或隔直耦合电容。

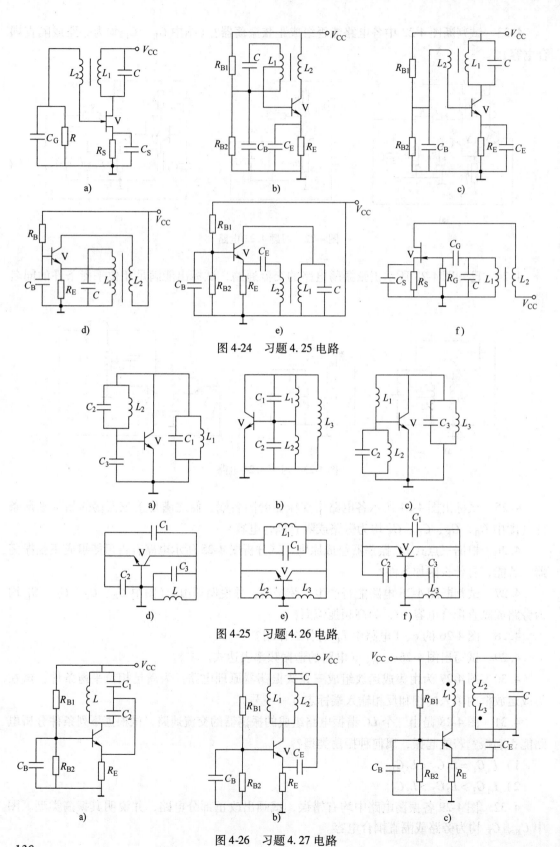

图 4-24　习题 4.25 电路

图 4-25　习题 4.26 电路

图 4-26　习题 4.27 电路

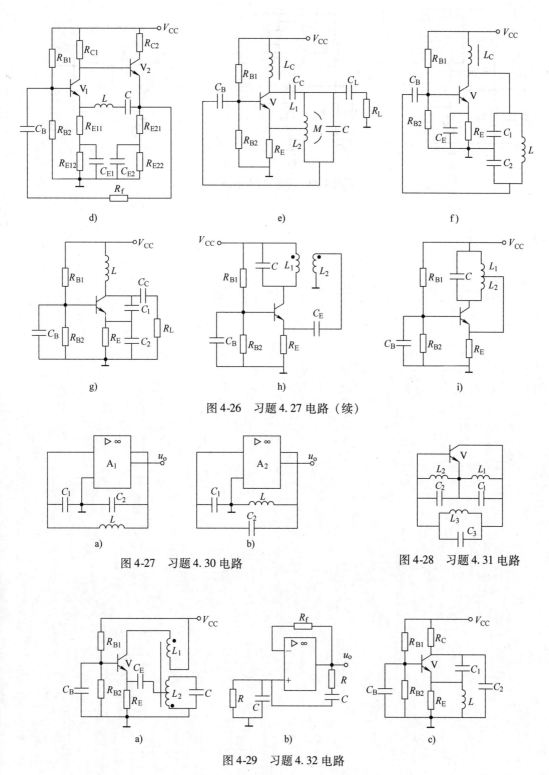

图 4-26 习题 4.27 电路（续）

图 4-27 习题 4.30 电路

图 4-28 习题 4.31 电路

图 4-29 习题 4.32 电路

4.33 试指出图 4-30 各石英晶体振荡电路属于并联型还是串联型（C_B、C_E 均为旁路或隔直耦合电容）？

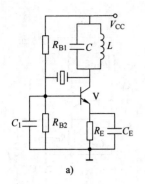 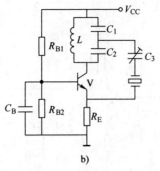 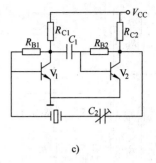

a)

b)

c)

图 4-30　习题 4.33 电路

第5章 直流稳压电源电路

本章要点

- 半波整流、全波整流和桥式整流
- 电容滤波
- 线性串联型稳压电路
- 78/79 系列输出电压固定集成稳压器
- LM317/337 输出电压可调集成稳压器
- 开关型直流稳压电路

电子电路之所以能将输入信号放大，必须依靠电源提供能量，这个电源通常为直流稳压电源。图 5-1 为直流稳压电源组成框图及每一框图输入输出电压波形。

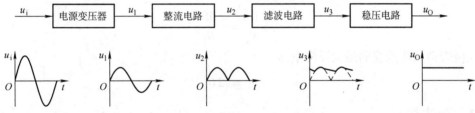

图 5-1 直流稳压电源组成框图

（1）电源变压器

电源变压器的作用是将较高的交流电网电压（例如单相 AC220V）变换为较低的适用的交流电压（电子电路通常需要较低的电压），同时还可起到与电网安全隔离的作用。

（2）整流电路

整流电路的作用是将交流电压变换为单向脉动直流电压，这种电压含有很大的脉动成分（纹波），一般不适合电子电路应用。

（3）滤波电路

滤波电路的作用是将单向脉动电压变得平滑些，但仍含有不少脉动成分，还不能适应要求较高的电子电路。

（4）稳压电路

稳压电路的作用是将含有脉动成分的直流电压变换为稳恒直流电压。

5.1 整流电路

整流电路是利用二极管单向导电特性将交流电压变换为单向脉动直流电压。整流电路按其电路结构可分为半波整流、全波整流和桥式整流。

5.1.1 半波整流

1. 工作原理

半波整流电路如图 5-2a 所示，u_2 为变压器次级电压，VD 为半波整流二极管，u_O 为输出电压，R_L 为负载电阻。u_2 正半周，VD 正偏导通；u_2 负半周，VD 反偏截止。在负载 R_L 上得到一个半波单向脉动电压，如图 5-2b 所示。

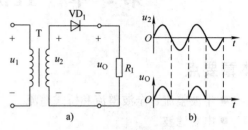

图 5-2　半波整流电路

a）电路　b）输入输出电压波形

2. 电压电流计算

整流电路的输出电压因属于非正弦波，一般不以有效值表示，而以平均值表示。

$$U_O = \frac{1}{2\pi}\int_0^\pi U_{2m}\sin\omega t\mathrm{d}\omega t = \frac{\sqrt{2}}{\pi}U_2 \approx 0.45U_2 \tag{5-1}$$

式中，U_2 为变压器二次电压 u_2 的有效值。

流过二极管 VD 和负载 R_L 电流平均值为

$$I_O = \frac{U_O}{R_L} = \frac{0.45U_2}{R_L} \tag{5-2}$$

二极管两端所承受的最大反向电压

$$U_{Drm} = \sqrt{2}U_2 \tag{5-3}$$

5.1.2 全波整流

1. 工作原理

全波整流电路如图 5-3a 所示，变压器二次侧由两个匝数相同的绕组顺向串联组成，每个绕组电压为 u_2。u_2 正半周，VD_1 导通，VD_2 截止；u_2 负半周，VD_1 截止，VD_2 导通。负载 R_L 上由于正负半周均有电流流过，且方向相同。得到一个全波单向脉动电压，如图 5-3b 所示。

实际上，全波整流相当于两个半波整流电路。

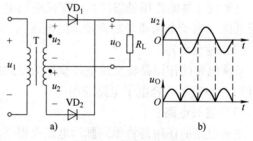

图 5-3　全波整流电路

a）电路　b）输入输出电压波形

2. 电压电流计算

$$U_O = \frac{1}{\pi}\int_0^\pi U_{2m}\sin\omega t\mathrm{d}\omega t = \frac{2\sqrt{2}}{\pi}U_2 \approx 0.9U_2 \tag{5-4}$$

流过负载 R_L 的电流

$$I_0 = \frac{U_0}{R_L} = \frac{0.9U_2}{R_L} \qquad\qquad (5\text{-}5)$$

流过二极管 VD_1、VD_2 的电流

$$I_D = \frac{1}{2}I_0 = \frac{0.45U_2}{R_L} \qquad\qquad (5\text{-}6)$$

二极管所承受的最大反向电压

$$U_{Drm} = 2\sqrt{2}U_2 \qquad\qquad (5\text{-}7)$$

5.1.3 桥式整流

1. 工作原理

桥式整流电路如图 5-4a 所示，有 4 个二极管 $VD_1 \sim VD_4$ 组成。u_2 正半周，VD_1、VD_3 导通，VD_2、VD_4 截止（电流实际流向如实线所示）；u_2 负半周，VD_2、VD_4 导通，VD_1、VD_3 截止（电流实际流向如虚线所示）。负载 R_L 上正负半周均有电流流过，且方向相同，得到一个与图 5-3b 相同波形的全波单极性脉动电压。

综上所述，桥式整流中 4 个二极管分成两组，轮流导通。在实际应用中，4 个整流二极管常封装在一起，称为桥堆，其电路表达形式如图 5-4b 所示。

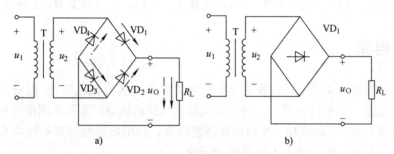

图 5-4 桥式整流电路
a）二极管组成电路 b）桥堆组成电路

2. 电压电流计算

由于桥式整流输出波形与全波整流输出波形相同，因此输出电压 U_0、负载电流 I_0、二极管电流 I_D、脉动系数 S 与全波整流时相同，但二极管承受的最大反向电压为 $\sqrt{2}U_2$。

3. 桥式整流与全波整流比较

桥式整流与全波整流相比，有关问题说明如下：

1）从输出波形角度看，桥式整流也属于全波整流，但习惯上，因其二极管组成桥式电路，称为桥式整流。

2）桥式整流多用了两个二极管，这在早期的电子电路中，因二极管价格原因，桥式整流不及全波整流应用广泛。现代电子技术中，二极管价格低廉，因此全波整流已很少见。

3）全波整流中用的变压器二次侧绕组需双线并绕，工艺复杂，且绕组利用率只有 50% （两个绕组轮流工作），这也是全波整流让位于桥式整流的重要原因。

【例 5-1】 已知桥式整流电路如图 5-4a 所示，分析下列情况下电路正负半周工作状态：1）VD_1 反接；2）VD_1 短路；3）VD_1 开路；4）VD_1、VD_2 均反接；5）VD_1、VD_2、VD_3

均反接；6）VD₁ ~ VD₄ 均反接。

解：1）VD₁ 反接，u_2 正半周时，无输出电流，$u_O = 0$；u_2 负半周时，u_2 短路，变压器一、二次绕组均流过很大电流，轻则 VD₁、VD₂ 和变压器温度大大上升，发烫；重则 VD₁、VD₂ 击穿，变压器烧毁损坏（轻重主要取决于 u_2 的电压值和短路时间的长短）。

2）VD₁ 短路，u_2 正半周时，正常工作；u_2 负半周时，同 VD₁ 反接情况。

3）VD₁ 开路，u_2 正半周时，无输出电流，$u_O = 0$；u_2 负半周，正常工作。整个电路相当于半波整流，$u_O = 0.45U_2$。

4）VD₁、VD₂ 均反接，电路正负半周均截止，无输出电流，$u_O = 0$。

5）VD₁、VD₂、VD₃ 均反接，与情况 1）状态相似。

6）VD₁ ~ VD₄ 均反接，正负半周均能整流工作，输出电压极性相反。

【复习思考题】

5.1　画出直流稳压电源组成框图和输入输出电压波形，并叙述每一部分的功能。

5.2　图 5-2a 中，若二极管 VD 反接，会出现什么情况？画出输出电压波形。

5.3　全波整流电路，若需输出负电压，整流二极管应如何连接？

5.4　为什么全波整流不如桥式整流应用广泛？

【相关习题】

选做 5.6 习题中的填空题：5.1 ~ 5.3；选择题：5.16；分析计算题：5.26 ~ 5.31。

5.2　滤波电路

整流电路虽然能将交流电压转换成为单向脉动电压（属直流电压），但对大多数电子电路，用作直流电源，尚不符合要求，因此必须滤去其脉动成分。非正弦周期电压电流一般是由直流成分（平均值）、基波和一系列高次谐波组成，利用电感电容对不同频率的交流信号呈现不同阻抗的特点，可以滤去大部分脉动成分。

1. 电容滤波工作原理

图 5-5 为桥式整流电容滤波电路，图 5-6 为电容滤波 u_C（$u_C = u_O$）、i_D 波形。为便于叙述其工作原理，忽略其过渡过程。

1）设 $t = 0$ 时，$u_C = 0$，接通电源后，随着 u_2 增大，电容 C 开始充电。当 u_2 过峰值下降至 $u_2 < u_C$ 时，电容 C 开始通过 R_L 放电，放电时间常数 $\tau_d = R_L C$，一般 τ_d 较大，u_C 放得较慢，因此还没等电容上电压放光，u_2 已上升到 $u_2 = u_C$，对应于图 5-6a 中 ab 段。

2）当 $u_2 > u_C$ 后，电容 C 又开始充电，充电时间常数 $\tau_c = (R_L // R_S)C \approx R_S C$，其中 R_S 为从电容 C 两端向桥式整流电路看进去的戴维南等效电路的入端电阻，它包括整流二极管正向导通电阻和变压器二次绕组的直流电阻，一般 R_S 很小，因此电容 C 充电充得很快，对应于图 5-6a 中的 bc 段。

3）当电容电压上升至 $u_C = u_2$（此时 u_2 已开始下降）时，电容 C 再次进入放电周期如图 5-6a 中的 cd 段。

4）如此反复循环，得到图 5-6a 所示 u_C 波形。

5）电容 C 充电的时间也是整流二极管导通的时间，由于 C 充电时间很短，因此整流二极管导通的时间也很短。因横坐标 ωt 的单位是弧度，所以整流二极管导通时间称为导通角，

用 θ 表示。根据能量守恒的概念，从变压器二次绕组输出的电荷量应等于负载上输入的电荷量，而整流二极管导通角 θ 很小，因此整流二极管导通时的瞬时电流 i_D 比负载电流 I_L 大得多，如图5-6b所示。

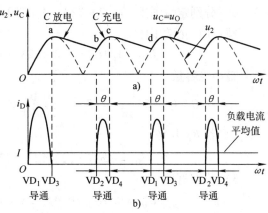

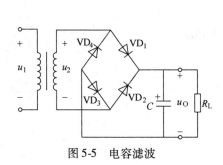

图5-5　电容滤波

图5-6　单相桥式整流电容滤波电路

a) u_2、u_0、u_C 波形

b) 二极管电流 i_D 的波形

2. 电容滤波输出电压平均值

电容滤波输出电压平均值一般很难精确计算，主要取决于放电时间常数 τ_d，即 R_L 和 C 的大小。R_L、C 越大，输出电压平均值越高；$R_L \to \infty$（开路）时，$U_0 = \sqrt{2}U_2$；$C \to 0$ 时，桥式整流，$U_0 = 0.9U_2$；即输出电压平均值介于 $0.9 \sim 1.4U_2$ 之间，如图5-7所示。一般来说，满足 $R_L C \geqslant (3 \sim 5)\dfrac{T}{2}$ 时（T 为输入

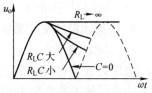

图5-7　$R_L C$ 对 u_0 的影响

交流电压周期，工频电，$T = 20\text{ms}$），可用下式估算：

$$U_0 = 1.2U_2 \text{（桥式整流）} \tag{5-8a}$$
$$U_0 = 1.0U_2 \text{（半波整流）} \tag{5-8b}$$

3. 电容滤波的特点

1）电路简单、轻便。

2）输出电压平均值升高（原因是电容储能）。

3）外特性较差（即输出电压平均值随负载电流增大而很快下降，带负载能力差）。

4）对整流二极管有很大的冲击电流，选管参数要求较高。整流二极管的冲击电流主要体现在以下两个方面：

① 若电容初始电压为0，开机瞬间，相当于短路，整流二极管会流过很大的电流；

② 由于整流二极管导通角较小，导通时电流很大。

故电容滤波适用于负载电流变化不大的场合。

【例5-2】已知电路如图5-5所示，$U_2 = 12\text{V}$，$f = 50\text{Hz}$，$R_L = 100\Omega$，试求下列情况下输出电压平均值 u_0。

1）正常工作，并求滤波电容容量；

2）R_L 开路；

3）C 开路；

4）VD_2 开路；

5）VD_2、C 同时开路；

6）分别定性画出 1）、2）、3）、4）、5）题 U_0 波形。

解：1）正常工作

$$U_{01} = 1.2U_2 = 1.2 \times 12\text{V} = 14.4\text{V}$$

最小电容量

$$C = (3 \sim 5)\frac{T}{2R_L} = (3 \sim 5)\frac{0.02}{2 \times 100}\text{F} = 300 \sim 500\,\mu\text{F}$$

2）若 R_L 开路

$$U_{02} = \sqrt{2}U_2 = \sqrt{2} \times 12\text{V} = 17.0\text{V}$$

3）若 C 开路

$$U_{03} = 0.9U_2 = 0.9 \times 12\text{V} = 10.8\text{V}$$

4）若 VD_2 开路，相当于半波整流

$$U_{04} = 1.0U_2 = 12\text{V}$$

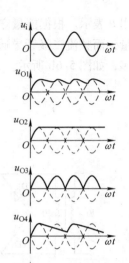

图 5-8 例 5-2 u_0 波形

5）若 VD_2、C 同时开路

$$U_{05} = 0.45U_2 = 5.4\text{V}$$

6）分别定性画出 1）、2）、3）、4）、5）题 u_0 波形如图 5-8 所示。

4. 电感滤波和复式滤波

（1）电感滤波

电感滤波是利用电感对脉动成分呈现较大感抗的原理来减少输出电压中的脉动成分。其主要特点是输出特性较平坦，整流二极管电流为连续波形。缺点是电感的铁心质重体大价高，且易引起电磁干扰。适用于输出电流较大、负载变化较大的场合。

（2）复式滤波

电容滤波和电感滤波各有优缺点，复式滤波是将电阻电感电容组合，可进一步提高滤波效果。元件组合方式有 RC 滤波和 LC 滤波，结构型式有 π 型和 Γ 型。

【复习思考题】

5.5　电容滤波有什么主要特点？

5.6　电容滤波输出电压平均值与哪些因素有关？如何估算？有什么条件？

5.7　如何理解电容滤波中整流二极管的冲击电流？

5.8　为什么电容滤波整流二极管导通角小？

【相关习题】

选做 5.6 习题中的填空题：5.4 ~ 5.8；选择题：5.17 ~ 5.20；分析计算题：5.32 ~ 5.34。

5.3　硅稳压管稳压电路

1. 电路和工作原理

硅稳压管组成的稳压电路如图 5-9 所示，其中 U_I 为输入电压，U_0 为输出电压，VS 为

稳压管（处于反偏状态），R 为限流电阻（提供稳压管合适工作电流，使 $I_{Zmin} < I_Z < I_{ZM}$），R_L 为负载电阻。按图 5-9 电路，可列出 KVL 和 KCL 方程

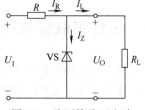

图 5-9　稳压管稳压电路

$$U_O = U_I - I_R R = U_Z$$

$$I_R = I_Z + I_L$$

其稳压过程可从两个方面分析：一是输入电压 U_I 变化；二是负载电阻 R_L 变化，看电路能否起稳压作用。所谓稳压，就是当该两个参数发生变化时，仍能保持输出电压稳定。

（1）输入电压 U_I 变化

设 U_I 上升引起 U_O 上升，即 U_Z 变大，根据稳压管伏安特性可知，U_Z 稍有增大，就能引起 I_Z 增大很多，从而引起一系列负反馈过程而稳定输出电压 U_O，其过程如下：

$$U_I \uparrow \rightarrow U_O \uparrow (U_Z \uparrow) \rightarrow I_Z \uparrow \rightarrow I_R \uparrow (I_R = I_Z + I_L) \rightarrow U_R \uparrow (U_R = I_R R) \rightarrow U_O \downarrow (U_O = U_I - I_R R)$$

维持 U_O 基本不变

若 U_I 下降，其过程相反。

（2）负载 R_L 变化（输出电流 I_L 变化）

负载 R_L 变化时，稳压过程如下：

$$R_L \downarrow \rightarrow I_L \uparrow (I_L = U_O/R_L) \rightarrow I_R \uparrow (I_R = I_Z + I_L) \rightarrow U_R \uparrow \rightarrow U_O \downarrow (U_Z \downarrow) \rightarrow I_Z \downarrow \rightarrow I_R \downarrow \rightarrow U_R \downarrow \rightarrow U_O \downarrow$$

维持 U_O 基本不变

综上所述，硅稳压管组成的稳压电路中，稳压管是通过自身的电流调节作用，并通过限流电阻 R，转化为电压调节作用，从而达到稳定电压的目的。

2. 元件选择

硅稳压管稳压电路的稳压性能主要取决于限流电阻 R 和稳压管动态电阻 r_Z。稳压管动态电阻 r_Z 越小，电流调节作用越明显；限流电阻 R 越大，电压调节作用越明显。但是限流电阻 R 大小受到其他参数（如输入电压 U_I、负载电流 I_L、稳压管电流 I_{Zmin} 和 I_{ZM}、电阻功耗、电路效率等）的限制，一般可按下式求取：

$$\frac{U_{Imax} - U_Z}{I_{ZM} + I_{Lmin}} < R < \frac{U_{Imin} - U_Z}{I_{Zmin} + I_{Lmax}} \tag{5-9}$$

3. 适用场合

硅稳压管电流变化范围不大，即电流调节范围有限，因此，硅稳压管稳压电路适用于负载电流较小，且变化不大的场合。

【复习思考题】

5.9　为什么稳压管处于稳压工作状态时必须有合适的工作电流？

5.10　在稳压管稳压电路中，稳压管起什么作用？限流电阻 R 起什么作用？

5.11　利用硅二极管较陡峭的正向特性，能否稳压？

【相关习题】

选做 5.6 习题中的填空题：5.9；选择题：5.21；分析计算题：5.35 ~ 5.37。

5.4 线性串联型稳压电路

硅稳压管稳压电路在要求输出电流较大，负载电流变化较大，输出电压可调、稳压精度较高的场合，不太适用。线性串联型稳压电路能获得较好的稳压效果。

5.4.1 线性串联型稳压电路概述

1. 电路组成

图 5-10 为线性串联型稳压电路，该电路可分为 4 个组成部分：基准、取样、比较放大和调整。

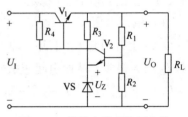

1）基准。由 R_3、VS 组成稳压管稳压电路，提供基准电压；

2）取样。由 R_1、R_2 组成输出电压分压取样电路；

3）比较放大。由 V_2、R_4 组成比较放大电路，将基准电压和取样电压比较并放大；

图 5-10　线性串联型稳压电路

4）调整。V_1 为调整管，根据比较放大的信号控制和调整输出电压。

2. 工作原理

稳压电路在某种原因下输出电压发生变化时能稳定输出电压，其控制过程如下：

$$U_O \uparrow \rightarrow U_{B2} \uparrow (U_{B2} = \frac{U_O R_2}{R_1 + R_2}) \rightarrow U_{BE2} \uparrow (U_{BE2} = U_{B2} - U_Z) \rightarrow I_{C2} \uparrow \rightarrow U_{B1} \downarrow (U_{B1} = U_I - I_{C2}R_4)$$
$$U_O \downarrow (U_O = U_{B1} - U_{BE1})$$

线性串联型稳压电路是一个二级直流放大器，射极输出，从负反馈角度看，是一个电压串联负反馈电路。电压负反馈，能稳定输出电压。

3. 输出电压

根据 $\frac{U_O R_2}{R_1 + R_2} = U_{B2} = U_{BE2} + U_Z \approx U_Z$，可得出

$$U_O \approx (1 + \frac{R_1}{R_2}) U_Z \tag{5-10}$$

4. 性能分析

稳压电路的主要技术指标有稳压系数、输出电阻和温度系数，线性串联型稳压电路的性能主要与调整管、比较放大电路的增益以及基准电压的稳定有关。

（1）调整管 V_1

1）线性串联型稳压电路要求调整管工作在放大状态，β 越大，效果越好。因此，通常用复合管组成调整管。

2）线性串联型稳压电路的输出电流须全部流过调整管，即输出电流受制于调整管 I_{CM}。

3）因调整管工作在放大状态，且输出较大电流。因此，调整管功耗较大，即输出电流同时受制于调整管 P_{CM}。为减小调整管 P_{CM}，输入输出压差（$U_O - U_I$）不宜过大，一般视

输出电流大小取 2 ~ 5V，同时选饱和压降 U_{CES} 小的调整管。一般情况下，调整管应加装散热片。

（2）比较放大电路增益

据分析，线性串联型稳压电路的稳压系数，输出电阻均与比较放大电路增益 A_{u2} 有关。A_{u2} 越大，电路稳压性能越好。

$$A_{u2} = \frac{\beta_2 R_4}{R_1 /\!/ R_2 + r_{be2} + (1 + \beta_2) r_Z} \tag{5-11}$$

式中 r_Z 为稳压管动态电阻，从上式看出，欲增大 A_{u2}，主要从以下几点着手：

1）提高比较放大管 V_2 的 β 值；

2）增大 V_2 管集电极负载电阻 R_4，但 R_4 过大会减小 V_2 管的动态范围，因此改进电路中常用恒流源代替 R_4。

3）选用动态电阻 r_Z 较小的稳压管，基准电压 U_{REF} 的稳定对串联型稳压电路的性能有很大影响，稳压管的 r_Z 越小，稳压性能越好。

5. 改进电路

图 5-10 是线性串联型稳压电路的基本电路，根据上述性能分析，改进电路如下：

1）用集成运放代替比较放大管。线性串联型稳压电源是一个直流放大器，为减小零漂，采用集成运放。且集成运放开环增益很高，可引入深度负反馈，如图 5-11a 所示。需要指出的是，取样电压必须从集成运放反相输入端馈入，否则不能构成负反馈。

2）输出电压可调。根据式（5-10），在 R_1、R_2 之间接一个可调电阻 RP，调节 RP 即可调节输出电压，如图 5-11a 所示。

3）用恒流源代替 R_4 作为比较放大电路的集电极负载。如图 5-11b 所示，R_4、R_5、V_3、VS_2 组成恒流源，代替图 5-10 中的 R_4。

4）限流保护。图 5-11c 为限流保护电路，输出端接小电阻 R（称为取样电阻），$U_Z = U_{BE1} + I_0 R$，当 $I_0 < (U_Z - U_{BE1})/R$ 时，稳压管截止；当 $I_0 = (U_Z - U_{BE1})/R$ 时，进入稳压工作状态，从而限制了输出电流进一步增大，$I_0 \leqslant (U_Z - U_{BE1})/R$。

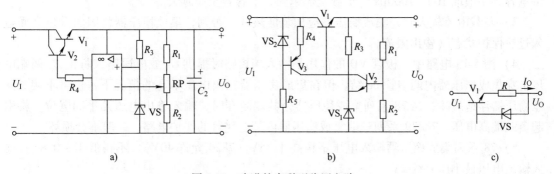

图 5-11　改进的串联型稳压电路

a）改进的串联型稳压电器　b）恒流源用作比较放大电路负载　c）限流保护电路

5.4.2　三端集成稳压器

用分立元件组成的线性串联型稳压电路，电路较复杂，已很少见。目前在电子设备中普遍应用集成稳压电路，其中广泛应用的是输出电压固定的三端集成稳压器 78/79 系列和输出电压可调的三端集成稳压器 LM317/337。

1. 78/79 系列输出电压固定的集成稳压器

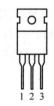

78/79 系列集成稳压器内部具有过电流、过热和安全工作区三种保护，稳压性能优良可靠，使用简单方便，价格低廉，体积小，国内外许多生产厂商制造生产。图 5-12 为 78/79 系列集成稳压器 TO220 封装外形正视图。78 系列引脚 1、2、3 依次为输入端、公共端和输出端；79 系列引脚 1、2、3 依次为公共端、输入端和输出端。

图 5-12　集成稳压器

（1）分类

78 系列输出正电压，79 系列输出负电压；按输出电压高低（以 78 系列为例）可分为 7805、7806、7808、7809、7812、7815、7818、7824V（末两位数字为输出电压值）；按输出电流大小可分 78L（0.1A）、78M（0.5A）、78（1.5A）、78T（3A）、78H（5A）、78P（10A）系列。

（2）典型应用电路

图 5-13 为 78 系列集成稳压器典型应用电路（79 系列应用电路电解电容 C_3 及二极管 VD 应反接，输入电压必须为负极性），说明如下：

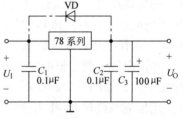

图 5-13　78 系列集成稳压器典型应用电路

1）电容 C_1 用于输入端高频滤波，包括滤除电源中高频噪声和干扰脉冲；

2）电容 C_2、C_3 用于输出端滤波，改善负载的瞬态响应，并消除来自负载电路的高频噪声。需要指出的是多数教材和技术资料有关三端集成稳压器的电路中，没有大容量电容 C_3，这是不合理的。实验表明，如 78 系列（1.5A）输出电流大于 200mA 后，输出电压纹波明显增大。因此应根据负载电流的大小在输出端接大容量电解电容，一般取 100～1000μF，负载电流越大，电容容量应越大。

3）负载电流较大时，集成稳压器应加装散热片，否则，集成稳压器将因温升过高而进入过热保护状态（输出限流）。

4）图 5-13 电路中二极管 VD 的作用是输入端短路时提供 C_3 放电通路，防止 C_3 两端电压击穿集成稳压器内调整管 be 结。但在集成稳压器输出电压不高的情况下，也可不接。注意稳压器浮地故障，当 78 系列集成稳压器公共端断开时，输入输出电压几乎同电位，将引起负载端高电压。78/79 系列三端集成稳压器内部有完善的保护电路，一般不会损坏。

5）78 系列集成稳压器输入电压不得高于 35V（7824 允许 40V），不得低于 -0.8V；输入输出电压最小压差约 2V。

6）78/79 系列集成稳压器输出最大电流是在三种保护电路未作用时的极限参数，实际上，还未到输出最大电流极限值，三种保护电路已动作。增大输出电流并保持稳压的途径是加装大散热片和在输出端接大容量电容。

7）当需要输出正负两组电源时，可按图 5-14 连接。

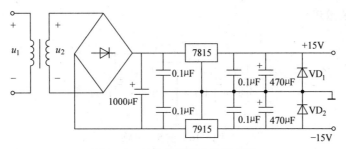

图 5-14　正负电源输出稳压电路

2. LM317/337 输出电压可调的集成稳压器

LM317/337 为输出电压可调集成稳压器。317 输出正电压，337 输出负电压。TO220 封装外形正视图同图 5-12。引脚 1、2、3 依次为调整端（Adjust）、输出端和输入端。图 5-15 为 LM317 典型应用电路（LM337 电路连接与图 5-15 相似，但二极管、电解电容极性应反接，输入电压也必须是负极性）。

LM317/337 有两个特点：一是输出端与 Adj 端之间有一个稳定的带隙基准电压 U_{REF} = 1.25V；二是 $I_{ADJ} < 50\mu A$。因此按图 5-15，输出电压：

$$U_O = I_1 R_1 + (I_1 + I_{ADJ}) R_p \approx I_1 (R_1 + R_p) = \frac{U_{REF}}{R_1} (R_1 + R_p) = (1 + \frac{R_P}{R_1}) U_{REF} \qquad (5-12)$$

上式表明，输出电压 U_O 与取决于 R_P 与 R_1 的比值，调节 RP 即能调节输出电压 U_O。对图 5-15 电路说明如下：

1）R_1 的取值范围应适当，一般取 120 ~ 240Ω。$I_1 = U_{REF}/R_1 = (10 ~ 5)mA$，满足 $I_1 >> I_{ADJ}$，I_{ADJ} 可忽略不计，R_1 越小，输出电压精度及稳压性能越好；但 R_1 过小，功耗过大，热稳定性变差，一般可选用 RJX/0.25W 电阻（金属膜）。

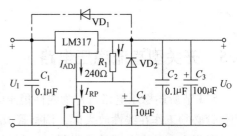

图 5-15　LM317 典型应用电路

2）调节 RP 即可调节输出电压，RP 可选用线性线绕电位器或多圈电位器。其最大阻值视输入输出电压值确定。LM317 输入电压不得高于 40V。输入输出电压最小压差约 2V。

3）电容 C_4 用于旁路 RP 两端的纹波电压。VD_2 用于输出端短路时提供 C_4 放电回路，VD_1 用于输入端短路时提供 C_3 的放电回路，以防损坏 LM317。

【例 5-3】　试设计一个输出电压电流 5V/0.5A 的稳压电路，并画出电路。

解：1）选择集成稳压器芯片：输出电压电流 5V/0.5A，选 7805。

2）确定输入电压范围：集成稳压器输入电压既不能过高，又不能过低。输入电压过高，集成稳压器功耗大，容易进入过热保护状态；输入电压过低，接近或小于最小压差 2V，输出电压纹波将增大，直至不能稳压。一般来说，取输入最小电压比输出电压高 2 ~ 3V，输入最大电压比输出电压高 5 ~ 9V。输出电流较小时取下限值，输出电流较大时取上限值。因此取输入电压范围为 8 ~ 12V。

3）选择输入输出端电容，C_1、C_3 为 0.1μF（聚苯乙烯电容）；C_2、C_4 为 470μF（铝电解电容）。电路如图 5-16 所示。

4）7805 加装散热片。

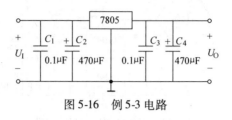

图 5-16 例 5-3 电路

【复习思考题】

5.12 画出线性串联型稳压电路的基本电路，并指出该电路由哪几部分组成，每个部分又由哪些元件组成？

5.13 线性串联型稳压电路的输出电压与哪些因素有关？

5.14 线性串联型稳压电路的稳压性能主要与哪些因素有关？

5.15 叙述输出电压固定的三端集成稳压器输出电压正负、输出电压高低、输出电流大小分类概况。

5.16 应采取什么措施保障 78 系列集成稳压器有足够的输出电流？

【相关习题】

选做 5.6 习题中的填空题：5.10 ~ 5.12；选择题：5.22 ~ 5.23；分析计算题：5.38 ~ 5.44。

5.5 开关型直流稳压电路

5.4 节所述稳压电路也称为线性稳压电路，无论是分立元器件组成还是集成稳压器，其调整管必须工作在线性放大区，调整管 U_{CE} 较大，同时输出电流全部流过调整管，因此调整管功耗很大，整个电源效率很低，一般只有 30% ~ 60%。特别是当输入输出压差大、输出电流大时，不但电源效率很低，同时也使调整管工作可靠性降低。开关型稳压电路中的调整管工作在截止与饱和两种状态，管耗很小，电源效率明显提高，可达 70% ~ 90%，近年来发展迅速，得到广泛应用。

1. 工作原理

图 5-17 为开关型稳压电路工作原理示意图，电路由开关元件、控制电路和滤波器组成。其中开关元件由功率晶体管或功率 MOSFET 担任，工作在饱和导通或截止状态，由控制电路根据输出电压的高低组成闭环控制系统。开关元件饱和导通时，$U_D = U_I$；截止时，$U_D = 0$。因此 U_D 为矩形脉冲波，其包络线为输入电压 U_I，如图 5-18 所示。此矩形

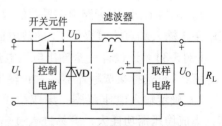

图 5-17 开关型稳压电路示意图

脉冲再经过 LC 滤波器，得到比较平滑的直流电压。LC 滤波器工作原理如图 5-19 所示。

开关元件导通时，L、C 充电储能，同时负载 R_L 中有电流流过；开关元件截止时，L 与 C 中储能向负载放电，二极管 VD 提供放电时的电流通路，称为续流二极管。显然，输出电压 U_O 的大小与一个周期中开关元件导通的时间 t_{on} 成正比。

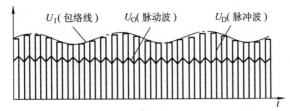

图 5-18 开关型稳压电路 U_I、U_D、U_O 波形

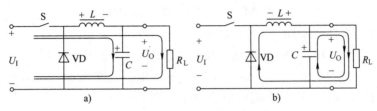

图 5-19 滤波器工作示意图

a) 充电阶段　b) 放电阶段

$$U_O = \frac{t_{on}}{T}U_I = qU_I \tag{5-13}$$

式中，T 为矩形脉冲周期；q 称为矩形脉冲的占空比，$q = t_{on}/T$。

读者可能有疑问的是，仅凭 LC 滤波能否达到稳压的目的？若能达到稳压目的，那么还要稳压电路做什么？需要指出的是，开关型稳压电路中的 LC 滤波与 5.2 节中所述的 LC 滤波不一样。5.2 节所述 LC 滤波是对 100Hz（50Hz 电源桥式整流后为 100Hz）脉动电压滤波，而开关型稳压电路中的 LC 滤波器是对高频脉冲波（早期多为 20 ~ 50kHz，目前多为 200 ~ 500kHz，已有大量 1MHz 以上应用）滤波，因此较小的 LC 元件即能达到很好的滤波效果，电感元件 L 中的磁心也不是普通的低频磁心，而是一种特殊的高频磁心，体积很小，L 线圈匝数很少，开关频率越高，L 可越小。当然，与线性串联型稳压电路相比，开关型稳压电路输出电压中含有较多的高频脉动成分，这是开关型稳压电路的缺点。

2. 开关型稳压电路分类

开关型稳压电路发展很快，种类很多，各有优缺点和用途。主要分类情况如下：

（1）串联型和并联型

按开关元件连接方式，开关型稳压电路可分为串联型（Buck）和并联型（Boost），串联型属降压型变换，并联型属升压型变换，图 5-17 为串联型开关稳压电路；图 5-20a 为并联型开关稳压电路，其工作原理是，开关元件导通时，L 充电，C 放电，如图 5-20b 所示；开关元件截止时，L 上的反电动势与 U_I 叠加，向 C 充电，如图 5-20c 所示，C 上充得的电压将大于 U_I，因此负载 R_L 上可获得比 U_I 更高的电压。

（2）脉宽调制型和频率调制型

脉宽调制型（Pulse Width Modulation）简称 PWM，PWM 是在开关元件开关周期 T 不变条件下，改变导通脉冲宽度 t_{on}，从而改变占空比 q，改变输出电压 U_O，如图 5-21a 所示。

频率调制型（Pulse Frequency Modulation）简称 PFM，PFM 是在开关元件导通脉冲宽度 t_{on} 不变的条件下，改变开关元件工作频率，从而改变占空比 q，改变输出电压 U_O，如图 5-21b 所示。

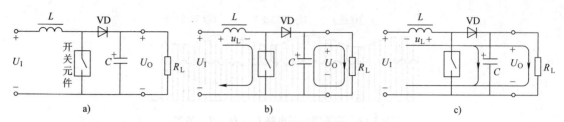

图 5-20　并联型开关稳压电路原理图

a) 电路组成　b) L 充电　c) L 放电

（3）AC – DC 变换型和 DC – DC 变换型

AC – DC 变换型与 DC – DC 变换型的区别是指开关型稳压电源的输入电压是交流 AC 还是直流 DC，但即使输入电压是交流 AC，也需将其整流滤波变换为直流电压后再输入开关型稳压电路。

（4）正激式和反激式

正激式变换是在开关元件导通时传递能量，如图 5-22a 所示，开关元件导通时，VD_1 导通（注意变压器 T 同名端），LC 充电；开关元件截止时，VD_1 截止，LC 放电（VD_2 为续流二极管）。

反激式变换是在开关元件截止时传递能量，如图 5-22b 所示，开关元件导通时，VD 截止（注意变压器 T 同名端），变压器 T 二次绕组储能；开关元件截止时，VD 导通，变压器 T 二次绕组在开关元件导通时储存的能量通过 VD 向电容 C 充电。显然，反激式变换电路简单，但对元件要求较高。

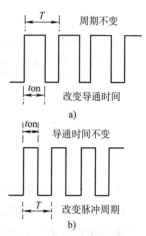

图 5-21　开关电源调制形式

a) PWM　b) PFM

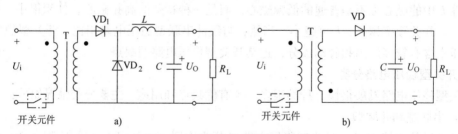

图 5-22　正激式和反激式开关电源

a) 正激式　b) 反激式

3. 开关电源中的开关元件

开关元件在开关型稳压电路中是一个很关键的元件，要求高频，大电流，通态电压低，驱动控制简单等，目前常用 MOSFET、VMOS 和 IGBT 元件，小功率开关电源也使用双极型晶体管，其中以 IGBT 元件最为理想。

4. 开关电源与线性电源性能比较

与串联型线性电源相比，开关电源的主要优点是效率高；调整管功耗低，不需要较大的散热器；用轻量的高频变压器替代笨重的工频变压器，体小量轻。表 5-1 为开关型稳压电源与串联型线性稳压电源性能比较。

146

表 5-1　开关型稳压电源与串联型线性电源性能比较

	串联型线性稳压电源	开关型稳压电源
效率	低（30% ~ 60%）	高（70% ~ 90%）
尺寸	大	小
重量	重	轻
电路	简单	复杂
稳定度	高（0.001% ~ 0.1%）	普通（0.1% ~ 3%）
纹波（p - p）	小（0.1 ~ 10mV）	大（10 ~ 200mV）
暂态反映速度	快（50μs ~ 1ms）	普通（500μs ~ 10ms）
输入电压范围	窄	宽
成本	低	普通
电磁干扰	无	有

5. 开关型稳压电路实例

（1）SU3842 组成的 48V/5A 开关型稳压电路

SU1842/2842/3842 属 PWM 型控制电路，由其组成的 48V/5A 开关型稳压电路如图 5-23 所示，分析说明如下。

1）电源及基准电压。

① 图 5-23 电路为 AC – DC 变换型，输入电压 AC220V，经 VD_1 ~ VD_4、C_1、C_2 桥式整流滤波，转换为约 300V 直流电压。

② 高频电源变压器 T_{r1} 二次绕组 N_2（12T）的高频电压经 VD_6、C_4、C_5 整流滤波约 20V 直流电压，从 SU3842 V_{CC}（7）端输入，作为 SU3842 电源。R_2 为启动电阻。

③ SU3842 内部稳压电路从 U_{REF}（8）输出 5V/50mA 基准电压，供用户使用。图 5-23 中作为光耦 IC_2（4N35）二次电源。

2）振荡频率由外接电阻电容 R_t、C_t 决定。R_t 一端接 U_{REF}（8），C_t 一端接地，R_t、C_t 充放电端从 R_T/C_T（4）引入，$f_o = 1.8/R_t C_t$，本电路开关频率为 180kHz。

3）误差放大控制。

① 输出电压由 R_{12}、R_{13} 和 RP 组成的分压电路取样，输入到 IC_3（TL431），与其内部基准比较，控制 TL431 两端电压，即控制 IC_2 初级发光二极管的电流。经 IC_2 光电耦合，输入到 SU3842 的 V_{fb} 端（2），作为误差放大的输入信号，与 SU3842 内部基准电压（2.5V）比较，控制 PWM 脉宽。R_6、C_7 为频率补偿网络，接在 Comp 端（1）与 V_{fb} 之间。

② 根据输出电压取样值，SU3842 从 Out 端（6）输出 PWM 控制信号，控制 V_1 管开关脉冲的宽度从而达到控制输出电压的目的。

4）限流控制。

限流控制由串接在开关管源极的 R_S 取样，R_S 两端的电压经 R_4、C_6 组成的滤波电路滤波后，从 Sen 端（3）输入，由 SU3842 内部电流测定比较器控制，参与 PWM 控制。

5）电源变换输出。

① 由开关管 V_1 将 AC220V 整流滤波后的直流电压（300V）斩波为高频脉冲电压加在高频电源变压器 T_{r1} 一次 N_1 两端，VD_5、R_3、C_3 组成钳位电路，防止 N_1 两端反电势过压，损坏 V_1 管。

② 高频电源变压器二次 N_3 的输出电压经 VD_7 整流，C_9、C_{10}、L_1、C_{11}、C_{12} 组成 LC π型滤波器电路，能得到稳定的 48V/5A 直流电源。

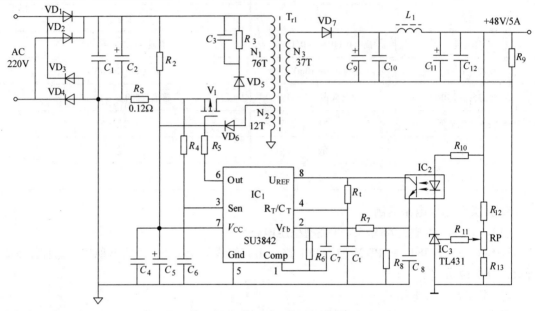

图 5-23　SU3842 典型应用电路

（2）TINY264 组成的 5V/500mA 开关型稳压电路

TINY264 将控制电路和功率开关元件集成在一起，因此也称为智能功率开关，主要优点是体小量轻效率高，性价比高，适合 AC220V 输入电压、较小功率输出场合，在移动电话充电器、PC 机电源、电视机电源中有广泛应用，图 5-24 为 TINY264 组成的 5V/500mA 开关型稳压电路。

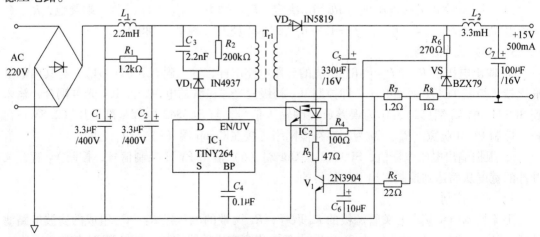

图 5-24　TINY264 典型应用电路

1) TINY264 D 端 S 端为集成在片内的功率 MOSFET 管漏极 D 和源极 S,同时提供片内工作电源通路。

2) TINY264 片内功率 MOSFET 管导通时,向 BP 端的外接 $0.1\mu F$ 电容充电,为片内电路提供 5.8V 电源。由于 TINY264 低功耗,即使很少的导通周期,$0.1\mu F$ 电容充电电能也足以维持 TINY264 片内电能需求。

3) EN/UV 端,具有双重功能:正常工作时,用于控制片内功率 MOSFET 的通断;超载时(从 EN/UV 流出的电流大于 $240\mu A$),强迫 TINY264 片内功率 MOSFET 关断。

4) 图 5-24 输入电压 AC220V,经桥式整流、$LC\pi$ 型滤波转换为 300V 直流脉动电压。由 TINY264 控制,斩波为高频脉冲,VD_1、R_2、C_3 组成钳位电路,防止高频电源变压器初级线圈反电势过压。

5) 高频电源变压器二次绕组经 VD_2 整流,C_5、L_2、C_7 组成 π 型滤波,变换为 5V/500mA 直流电压。

6) 光耦合器 IC_2 作用有两个:一是连接输出电压电流取样信号与智能功率开关控制器 TINY264,组成闭环控制系统;二是起隔离作用。IC_2 初级发光二极管一端通过 R_4 接稳压管 VS (3.9V),VS、R_6 组成稳压管稳压电路,R_4 中的电流取决于输出电压高低;发光二极管一端同时通过 R_3 接 V_1 管,V_1 管电流取决于输出电流的大小,输出电流在取样电阻 R_7 上的电压决定了 V_1 管电流;IC_2 中的发光二极管电流受输出电压和输出电流双重控制。

需要指出的是,TINY264 的工作原理与传统的 PWM 控制器不同,称为 Tiny Switch (或 On /Off 型),内部有固定频率(132kHz)的振荡器,正常工作时,依靠简单的开/关控制调节输出电压,并在每个时钟周期检测 EN/UV 端的电流,若大于 $240\mu A$,开关控制器跳过(关断)一个周期。而 EN/UV 端的电流取样正比于负载端电压电流,满负载时,Tiny Switch 几乎工作在所有周期;负载低一些时,Tiny Switch 会跳过一些周期;负载非常小时,Tiny Switch 只产生很少的周期维持电能供给。因此,Tiny Switch 响应时间比普通的 PWM 型快得多。

智能功率开关因其优点而发展很快,除 Tiny Switch 外,还有一种 Top Switch 属复合控制型 (PWM + On/Off),已发展为 Top Switch – FX(第三代)和 Top Switch – GX(第四代),性能优越,在 PC,电视机等现代电子产品中得到广泛应用。

【复习思考题】

5.17 串联型线性稳压电源与开关型稳压电源的效率各为多少?为什么串联型线性稳压电源效率低而开关型稳压电源效率高?

5.18 开关型稳压电路输出电压如何计算?

5.19 同样是 LC 滤波,为什么开关型稳压电路中的 LC 滤波器所需 LC 数值小得多?

5.20 简述 PWM 和 PFM 开关型稳压电路的区别。

5.21 简述正激式和反激式开关型稳压电路的区别。

5.22 比较串联型线性稳压电源和开关型稳压电源的优缺点。

5.23 AC – DC 变换型开关稳压电路中也有电源变压器,与线性稳压电路中的电源变压器有什么区别?

【相关习题】

选做 5.6 习题中的填空题:5.13 ~ 5.15;选择题:5.24 ~ 5.25;分析计算题:5.45。

5.6 习题

5.6.1 填空题

5.1 直流稳压电源由＿＿＿＿＿＿＿、＿＿＿＿＿＿、滤波电路和＿＿＿＿＿＿＿组成。

5.2 电源变压器的作用，一是＿＿＿＿＿＿，二是＿＿＿＿＿。

5.3 整流电路的作用是将交流电压变换为＿＿＿＿＿＿＿＿＿＿＿＿＿＿＿。

5.4 一般来说，在满足 R_LC ＿＿＿＿＿＿条件下，全波（桥式）整流电容滤波输出电压平均值可按 $U_0 =$ ＿＿＿ U_2 估算；半波整流电容滤波输出电压平均值可按 $U_0 =$ ＿＿＿ U_2 估算。

5.5 电容滤波时，整流二极管的冲击电流主要体现在两个方面：一是＿＿＿＿＿；二是整流二极管＿＿＿＿＿很小。

5.6 电容滤波＿＿＿＿＿能力较差。

5.7 电感滤波时整流二极管电流为＿＿＿＿＿波形。

5.8 电感滤波的主要缺点是＿＿＿＿＿＿＿＿＿＿＿＿＿＿。

5.9 硅稳压管组成的稳压电路中，稳压管是通过自身的＿＿＿＿＿调节作用，并通过限流电阻 R，转化为＿＿＿＿＿调节作用，从而达到稳定电压的目的。

5.10 线性串联型稳压电路可分为 4 个组成部分：＿＿＿、＿＿＿、＿＿＿和＿＿＿。

5.11 线性串联型稳压电路中的比较放大环节用集成运放替代时，取样电压必须从集成运放＿＿＿＿输入端输入，否则不能构成＿＿＿＿反馈。

5.12 三端集成稳压器输出电流较大时，集成稳压器必须加装＿＿＿＿＿，输出端一定接有＿＿＿＿＿＿＿＿＿＿＿。

5.13 串联型线性稳压电源效率低的主要原因是调整管工作在＿＿＿＿＿区，管耗较大；开关型稳压电源效率高的主要原因是调整管工作在＿＿＿＿＿＿状态，管耗很小。

5.14 开关型稳压电源脉宽调制型简称＿＿＿＿，是在开关元件＿＿＿＿＿不变条件下，改变＿＿＿＿＿，从而改变＿＿＿＿＿＿，改变输出电压 U_0；频率调制型简称＿＿＿＿，是在开关元件＿＿＿＿＿不变的条件下，改变开关元件＿＿＿＿＿，从而改变＿＿＿＿＿，改变输出电压 U_0。

5.15 正激式变换是在开关元件＿＿＿＿＿＿时传递能量；反激式变换是在开关元件＿＿＿＿＿＿时传递能量，反激式变换电路＿＿＿＿，对元件要求＿＿＿＿。

5.6.2 选择题

5.16 已知桥式整流电路，试求：

1）若变压器二次绕组电压有效值 $U_2 = 20V$，输出电压平均值 $U_0 =$ ＿＿＿。（A. 20V；B. 18V；C. 9V；D. 10V）

2）若输出电流平均值为 I_0，整流二极管电流平均值 $I_D =$ ＿＿＿。（A. $I_0/4$；B. $I_0/2$；C. I_0；D. $I_0/\sqrt{2}$）

3）若变压器二次绕组电压有效值为 U_2，每个整流二极管最大反向电压 $U_{Drm}=$____。（A. $2\sqrt{2}U_2$；B. $\sqrt{2}U_2$；C. $U_2/\sqrt{2}$；D. U_2）

4）若一个整流二极管开路，则输出____。（A. 半波整流波形；B. 全波整流波形；C. 无波形；D. 不能整流）

5.17 滤波电路的主要目的是____。（A. 将交流变直流；B. 将交直流混合量中的交流成分全部去掉；C. 将交直流混合量中的交流成分去掉一部分；D. 将高频变为低频）

5.18 已知桥式整流电容滤波电路，变压器二次侧电压 $u_2=10\sqrt{2}\sin\omega t$ V，$R_LC>3T/2$，在下列情况下，测得输出电压平均值 U_0 数值可能为：1）正常情况下，$U_0=$____；2）滤波电容虚焊时，$U_0=$____；3）负载电阻 R_L 开路时，$U_0=$____；4）一只整流二极管和滤波电容同时开路时，$U_0=$____。（A. 14V；B. 12V；C. 9V；D. 4.5V）

5.19 桥式整流电容滤波电路，变压器二次绕组电压有效值 $U_2=20$V，参数满足 $R_LC>(3\sim5)\ T/2$。输出电压平均值 $U_0=$____。（A. 28V；B. 24V；C. 20V；D. 18V）；接入电容滤波后，比未接入电容时，输出电压平均值____。（A. 升高；B. 降低；C. 不变；D. 不定）；整流二极管导通角____。（A. 变大；B. 变小；C. 不变；D. 不定）；外特性____。（A. 变好；B. 变差；C. 不变；D. 不定）

5.20 下列条目中，属于电容滤波特点的是（多选）_____；属于电感滤波特点的是_____。（A. 轻便；B. 整流二极管电流波形连续；C. 外特性较差；D. 笨重；E. 输出电压升高；F. 输出电压降低；G. 输出电压基本不变；H. 整流二极管导通角小；I. 对整流二极管有冲击电流；J. 有电磁干扰）

5.21 硅稳压管组成的稳压电路，只适用于____的场合。（A. 输出电压不变，负载电流变化较小；B. 输出电压可调，负载电流不变；C. 输出电压可调，负载电流变化较小；D. 输出电压不变，负载电流变化较大）

5.22 线性串联型稳压电路，选择下列（多选）_____因素，能有效提高稳压性能。（A. 调整管 β 大；B. 调整管 β 小；C. 稳压管动态电阻 r_z 大；D. 比较放大电路增益高；E. 稳压管动态电阻 r_z 小；F. 比较放大电路增益低；G. 取样分压比低）

5.23 输出电压固定的三端集成稳压器在使用时，要求输入电压绝对值比输出电压绝对值至少____。（A. 大于1V；B. 大于2V；C. 大于5V；D. 相等）

5.24 开关型稳压电源效率比串联型线性稳压电源高的主要原因是____。（A. 输入电源电压较低；B. 内部电路元件较少；C. 采用 LC 平滑滤波电路；D. 调整管处于开关状态）

5.25 开关型稳压电源与线性电源相比，有如下特点（多选）_____。（A. 效率高；B. 尺寸小；C. 电路简单；D. 稳定度高；E. 输出电压纹波小；F. 暂态响应速度快；G. 输入电压范围宽；H. 成本低；I. 无电磁干扰）

5.6.3 分析计算题

5.26 已知半波整流电路如图 5-2a 所示，输入电压为 AC220V，变压器变比为 10∶1，$R_L=10\Omega$，试求：

1）变压器二次绕组电压有效值 U_2；

2）输出电压平均值 U_0；

3）负载电流平均值 I_O；

4）输出电压有效值是否等于输出电压平均值？若不同，写出输出电压有效值表达式。

5.27 已知全波整流电路如图5-3a所示，$U_2 = 12V$，$R_L = 8\Omega$，试求：

1）输出电压平均值 U_O；

2）负载电流平均值 I_O；

3）整流二极管平均电流 I_D；

4）整流二极管承受的最大反向电压 U_{Drm}；

5）若 VD_1 反接、开路、短路，会出现什么情况？

6）若 VD_1、VD_2 均反接会出现什么情况？

5.28 已知桥式整流电路如图5-4所示，$U_2 = 8V$，$R_L = 5\Omega$，试求：

1）输出电压平均值 U_O；

2）负载电流平均值 I_O；

3）整流二极管平均电流 I_D；

4）整流二极管承受的最大反向电压 U_{Drm}；

5）若 VD_2 反接、开路、短路，会出现什么情况？

6）分析桥式整流4个整流二极管中，两个反接，3个反接和4个反接各会出现什么情况？

5.29 已知整流电路如图5-25所示，$U_{21} = 10V$，$U_{22} = 20V$，$R_{L1} = 100\Omega$，$R_{L2} = 300\Omega$，试求：

1）分析变压器二次绕组电压 u_{21}、u_{22} 正负半周时电流流通路径；

2）计算 U_{O1}、U_{O2} 和 U_O；

3）若变压器二次绕组接地点 O 开路，重新计算 U_{O1}、U_{O2} 和 U_O。

5.30 已知整流电路如图5-26所示，$U_{21} = 10V$，$U_{22} = 8V$，试计算 U_{O1}、U_{O2}。

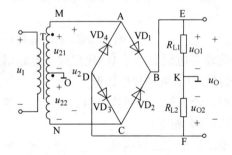

图 5-25 习题 5.29 电路

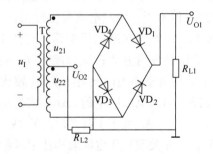

图 5-26 习题 5.30 电路

5.31 已知整流电路如图 5-27 所示，$U_{21} = 50V$，$U_{22} = U_{23} = 10V$，试计算 U_{O1}、U_{O2}。

5.32 已知桥式整流电容滤波电路如图5-5所示，$U_2 = 10V$，$R_L = 100\Omega$，输入电压为工频 50Hz，试估算滤波电容取值和输出电压平均值。

5.33 已知桥式整流电容滤波电路如图5-5所示，$U_2 = 10V$，有 5 位同学用直流电压表测得输出电压 U_O 值：1）12V；2）14V；3）10V；4）9V；5）4.5V。试分析电路这 5 种情况工

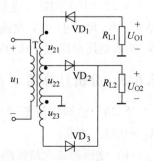

图 5-27 习题 5.31 电路

作是否正常？若不正常试指出故障情况。

5.34 已知桥式整流电容滤波电路如图 5-5 所示，有 5 位同学用示波器观察输出电压波形，如图 5-28 所示，试分析电路工作是否正常？若不正常，试指出电路故障情况。

5.35 已知稳压管稳压电路如图 5-29 所示，u_1 为 AC220V，$U_C = -12V$，$U_O = -8V$，$R_L = 200\Omega$，$R = 80\Omega$，试求：

1）画出整流二极管 $VD_1 \sim VD_4$，滤波电容 C（包括极性），稳压管 VS；

2）选取稳压管参数：U_Z、I_Z；

3）选取滤波电容值；

4）计算变压器二次绕组电压有效值 U_2；

5）忽略滤波电容充放电电流，计算整流二极管 U_{Drm}、I_D。

5.36 已知稳压管稳压电路如图 5-30 所示，U_I 波动范围为 17 ~ 20V，R_L 变化范围为 510Ω ~ 1kΩ，稳压管 $U_Z = 6.2V$，$I_{ZM} = 20mA$，$I_{Zmin} = 5mA$，试求 R 取值范围。

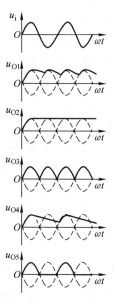

图 5-28　习题 5.34 波形

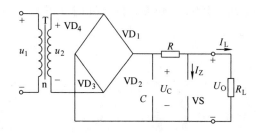

图 5-29　习题 5.35 电路

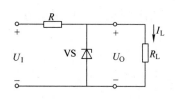

图 5-30　习题 5.36 电路

5.37 已知稳压管稳压电路如图 5-31 所示，U_I 足够大且极性为正，R 能使稳压管中电流工作于稳压状态，$U_{Z1} = 5V$，$U_{Z2} = 8V$，正向导通时，$U_{on} = 0.7V$，试求输出电压 U_O。

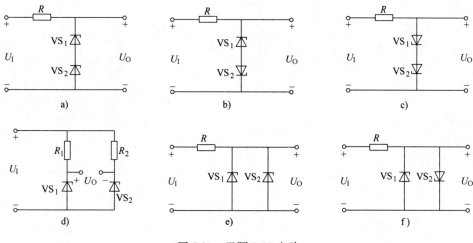

图 5-31　习题 5.37 电路

5.38 已知稳压电路如图 5-11a 所示，$R_1 = R_2 = R_p = 2k\Omega$，$U_Z = 6.2V$，$U_I$ 足够大，R_3、

R_4 取合适阻值，试求调节 R_p 时 U_O 的范围。

5.39 试设计一个输出电压电流 12V/0.5A 的稳压电路，并画出电路。

5.40 试设计一个输出电压电流 −15V/0.5A 的稳压电路，并画出电路。

5.41 试设计一个输出电压电流 ±5V/0.5A 的稳压电路，并画出电路。

5.42 已知图 5-32 电路，试分析电路工作状况，输出电压是否可调？与 LM317 组成的输出电压可调稳压电路有什么区别？

5.43 已知图 5-33 电路，试求 I_L 并分析其特点。

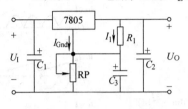

图 5-32 习题 5.42 电路

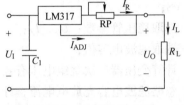

图 5-33 习题 5.43 电路

5.44 画出有三端可调稳压集成器组成的稳压电路，若输入电压足够大，$R_1 = 250\Omega$，要求输出 1.25 ~ 32V 可调，试求 RP 值。

5.45 已知开关型稳压电路，输入电压平均值 $U_I = 100V$，开关元件导通时间占整个周期 1/3，试估算其输出电压平均值 U_O。

第6章　数字逻辑基础

本章要点

- 数字电路的特点
- 二进制数和十六进制数
- 基本逻辑运算与、或、非
- 逻辑代数的基本定律、规则和常用公式
- 逻辑函数及其表示方法
- 公式法化简逻辑函数
- 卡诺图化简逻辑函数
- 集成门电路外部特性和主要参数
- OC 门和 TSL 门的特性和功能
- CMOS 门电路的特点
- TTL 门电路与 CMOS 门电路的连接
- 常用集成门电路

电子电路根据其处理信号不同可以分为模拟电子电路和数字电子电路。本书前 5 章，分析研究模拟电子电路。本章开始，分析数字电子电路。

6.1　数字电路概述

在时间上和数值上都是连续变化的信号，称为模拟信号。如音频信号、视频信号、温度信号等，其信号电压波形如图 6-1a 所示。处理模拟信号的电子电路称为模拟电路。如各类放大器、稳压电路等。

在时间上和数值上都是离散（变化不连续）的信号，称为数字信号。如脉冲方波、计算机和手机中的信号等，数字信号电压波形如图 6-1b 所示。处理数字信号的电子电路称为数字电路。如各类门电路、触发器、寄存器等。

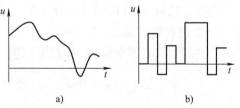

图 6-1　模拟信号和数字信号
a）模拟信号　b）数字信号

数字电路已十分广泛地应用于数字通信、自动控制、家用电器、仪器仪表、计算机等各个领域。如手机、电脑、数字视听设备、数码相机等。可以这样认识，数字电路的发展标志着电子技术发展进入了一个新的阶段，进行了一场新的革命。当今电子技术的飞速发展是以数字化作为主要标志的。当然这并不是说数字化可以代替一切，信号的放大、转换和功能的执行等都离不开模拟电路，模拟电路是电子技术的基础，两者互为依存，互相促进，缺一不可。

与模拟电路相比，数字电路的主要特点是：

1) 内部晶体管主要工作在饱和导通或截止状态；

2) 只有两种状态：高电平和低电平，便于数据处理；

3) 抗干扰能力强。其原因是高低电平间容差较大，幅度较小的干扰不足以改变信号的有无状态；

4) 电路结构相对简单，功耗较低，便于集成；

5) 在计算机系统中得到广泛应用。

【复习思考题】

6.1 与模拟电路相比，数字电路主要有什么特点？

【相关习题】

选做 6.6 习题中的填空题：6.1；选择题：6.25。

6.2 数制与编码

6.2.1 二进制数和十六进制数

人们习惯于用十进制数，但在数字电路和计算机中，通常采用二进制数和十六进制数。有些场合也用其他进制数，如时间，分秒的进位用 60，即 60 进制。

1. 十进制数（DeCimal Number）

十进制数有 10 个数码（数符）：0、1、2、3、4、5、6、7、8、9。进位规则是"逢十进一"。其数值可表达为：

$$[N]_{10} = d_{i-1} \times 10^{i-1} + d_{i-2} \times 10^{i-2} + \cdots + d_1 \times 10^1 + d_0 \times 10^0 = \sum_{n=0}^{i-1} d_n \times 10^n \quad (6-1)$$

$[N]_{10}$ 中的下标 10 说明数 N 是十进制数，十进制数也可用 $[N]_D$ 表示。更多情况下，下标 10 或 D 省略不标。

10^{i-1}、10^{i-2}、$\cdots$、10^1、10^0 称为十进制数各数位的权。

例如，$1234 = 1 \times 10^3 + 2 \times 10^2 + 3 \times 10^1 + 4 \times 10^0$

2. 二进制数（Binary Number）

二进制数只有两个数码：0 和 1。进位规则是"逢二进一"。其数值可表达为：

$$[N]_2 = b_{i-1} \times 2^{i-1} + b_{i-2} \times 2^{i-2} + \cdots + b_1 \times 2^1 + b_0 \times 2^0 = \sum_{n=0}^{i-1} b_n \times 2^n \quad (6-2)$$

$[N]_2$ 中的下标 2 说明数 N 是二进制数，二进制数也可用 NB 表示。例如，1011B。尾缀 B 一般不能省略。

2^{i-1}、2^{i-2}、$\cdots$、2^1、2^0 称为二进制数各数位的权。

例如，$10101011B = 1 \times 2^7 + 0 \times 2^6 + 1 \times 2^5 + 0 \times 2^4 + 1 \times 2^3 + 0 \times 2^2 + 1 \times 2^1 + 1 \times 2^0 = 171$

为什么要在数字电路和计算机中采用二进制数呢？

1) 二进制数只有两个数码 0 和 1，可以代表两个不同的稳定状态，如灯泡的亮和暗、继电器的合和开、信号的有和无、电平的高和低、晶体管的饱和导通和截止。因此，可用电路来实现这两种状态。

2) 二进制基本运算规则简单，操作方便。

但是二进制数也有其缺点，数值较大时，位数过多，不便于书写和识别。因此，在数字系统中又常用十六进制数来表示二进制数。

3. 十六进制数（HexadeCimal Number）

十六进制数有 16 个数码：0、1、…、9、A、B、C、D、E、F。其中 A、B、C、D、E、F 分别代表 10、11、12、13、14、15。进位规则是"逢十六进一"。其数值可表达为：

$$[N]_{16} = h_{i-1} \times 16^{i-1} + h_{i-2} \times 16^{i-2} + \cdots + h_1 \times 16^1 + h_0 \times 16^0 = \sum_{n=0}^{i-1} h_n \times 16^n \quad (6-3)$$

$[N]_{16}$ 中的下标 16 说明数 N 是十六进制数，十六进制数也可用 NH 表示。例如，A3H。尾缀 H 一般不能省略。

16^{i-1}、16^{i-2}、…、16^1、16^0 称为十六进制数各位的权。

例如，AB H $= 10 \times 16^1 + 11 \times 16^0 = 160 + 11 = 171$

十六进制数与二进制数相比，大大缩小了位数，缩短了字长。一个 4 位二进制数只需要用 1 位十六进制数表示，一个 8 位二进制数只需用两位十六进制数表示，转换极其方便，例如上例中 AB H $= 10101011$ B $= 171$。

十六进制数、二进制数、十进制数对应关系表如表 6-1 所示。

表 6-1　十六进制数、二进制数和十进制数对应关系表

十进制数	十六进制数	二进制数	十进制数	十六进制数	二进制数
0	00H	0000B	11	0BH	1011B
1	01H	0001B	12	0CH	1100B
2	02H	0010B	13	0DH	1101B
3	03H	0011B	14	0EH	1110B
4	04H	0100B	15	0FH	1111B
5	05H	0101B	16	10H	0001 0000B
6	06H	0110B	17	11H	0001 0001B
7	07H	0111B	18	12H	0001 0010B
8	08H	1000B	19	13H	0001 0011B
9	09H	1001B	20	14H	0001 0100B
10	0AH	1010B	21	15H	0001 0101B

需要指出的是，除二进制数、十六进制数外，早期数字系统中还推出过八进制数，现早已淘汰不用。

4. 不同进制数间相互转换

（1）二进制数、十六进制数转换为十进制数

二进制数、十六进制数转换为十进制数只需按式（6-2）、式（6-3）展开相加即可。

（2）十进制整数转换为二进制数

十进制整数转换为二进制数用"除 2 取余法"。即用 2 依次去除十进制整数及除后所得的商，直到商为 0 止，并依次记下除 2 时所得余数，第一个余数是转换成二进制数的最低位，最后一个余数是最高位。

【**例 6-1**】　将十进制数 41 转换为二进制数。

解：

```
        余数 低位
2  41    1    ↑
2  20    0    │
2  10    0    │
2   5    1    │
2   2    0    │
2   1    1    │
    0        高位
```

因此，41 = 101001B

（3）十进制整数转换为十六进制数

十进制整数转换为十六进制数用"除16取余法"，方法与"除2取余法"相同。

【例6-2】 将十进制数8125转换为十六进制数。

解：

```
          余数  低位
16  8125   13(D)  ↑
16   509   11(B)  │
16    31   15(F)  │
16     1    1     │
       0         高位
```

因此，8125 = 1FBDH

（4）二进制数与十六进制数相互转换

前述4位二进制数与1位十六进制数有一一对应关系，如表6-1所示。相互转换时，只要用相应的数值代换即可。二进制数转换为十六进制数时，应从低位开始自右向左每4位一组，最后不足4位用零补足。

【例6-3】 $11100010011100\text{B} = \underset{3}{0011}\ \underset{8}{1000}\ \underset{9}{1001}\ \underset{C}{1100}\text{B} = 389\text{C H}$

【例6-4】 $5\text{DFE H} = \underset{5}{101}\ \underset{D}{1101}\ \underset{F}{1111}\ \underset{E}{1110}\text{B} = 101110111111110\text{ B}$

5. 二进制数加减运算

（1）二进制数加法运算

运算规则：① 0 + 0 = 0

② 0 + 1 = 1 + 0 = 1

③ 1 + 1 = 10，向高位进位1

运算方法：两个二进制数相加时，先将相同权位对齐，然后按运算规则从低到高逐位相加，若低位有进位，则必须同时加入。

【例6-5】 计算 10100101 B + 11000011 B

解：

```
      10100101 B    加数
  +   11000011 B    加数
     101101000 B    和
```

因此，10100101 B + 11000011 B = 101101000 B

158

（2）二进制数减法运算

运算规则：① $0-0=0$

② $1-0=1$

③ $1-1=0$

④ $0-1=1$，向高位借位1

运算方法：两个二进制数相减时，先将相同权位对齐，然后按运算规则从低到高逐位相减。不够减时可向高位借位，借1当2。

【例6-6】 计算 10100101 B － 11000011 B

解： 　　　　　　10100101 B　被减数

－　　11000011 B　减数

借位 1　　11100010 B　差

因此，10100101 B － 11000011 B ＝ 11100010 B（借位1）

读者可能感到奇怪的是，二进制数减法怎么会出现差值比被减数和减数还要大的现象？在数字电路和计算机中，无符号二进制数减法可无条件向高位借位，不出现负数（二进制负数另有表达方法，不在本书讨论范围）。实际上该减法运算是 110100101 B － 11000011 B。

（3）二进制数移位

二进制数移位可分为左移和右移。左移时，若低位移进位为0，相当于该二进制数乘2；右移时，若高位移进位为0，移出位作废，相当于该二进制数除以2。

例如，1010 B 左移后变为10100 B，10100 B ＝ 1010 B ×2；1010 B 右移后变为0101 B，0101 B ＝ 1010 B / 2。

6.2.2　BCD 码

人们习惯上是用十进制数，而数字系统必须用二进制数分析处理，这就产生了二－十进制代码，也称为 BCD 码（Binary Coded DeCimal）。BCD 码种类较多，有 8421 码、2421 码和余 3 码等，其中 8421 BCD 码最为常用。8421 BCD 码用 $[N]_{8421BCD}$ 表示，常简化为 $[N]_{BCD}$。

1. 编码方法

BCD 码是十进制数，逢十进一，只是数符 0~9 用 4 位二进制码 0000~1001 表示而已。8421 BCD 码每 4 位以内按二进制进位；4 位与 4 位之间按十进制进位。其与十进制数之间的对应关系如表 6-2 所示。

但是 4 位二进制数可有 16 种状态，其中 1010、1011、1100、1101、1110 和 1111 六种状态舍去不用，且不允许出现，这 6 种数码称为非法码或冗余码。

2. 转换关系

（1）BCD 码与十进制数相互转换

表 6-2　十进制数与 8421 BCD 码对应关系

十进制数	8421 BCD 码
0	0000
1	0001
2	0010
3	0011
4	0100
5	0101
6	0110
7	0111
8	1000
9	1001

由表 6-2 可知，十进制数与 8421 BCD 码转换十分简单，只要把数符 0 ~ 9 与 0000 ~ 1001 对应互换就行了。

【例 6-7】 $[010010010001]_{BCD} = [\underset{4}{\underline{0100}}\ \underset{9}{\underline{1001}}\ \underset{1}{\underline{0001}}]_{BCD} = 491$

【例 6-8】 $786 = [\underset{7}{\underline{0111}}\ \underset{8}{\underline{1000}}\ \underset{6}{\underline{0110}}]_{BCD} = [011110000110]_{BCD}$

（2）BCD 码与二进制数相互转换

8421 BCD 码与二进制数之间不能直接转换，通常需先转换为十进制数，然后再转换。

【例 6-9】 将二进制数 01000011B 转换为 8421 BCD 码。

解：$01000011\ B = 67 = [01100111]_{BCD}$

需要指出的是，决不能把 $[01100111]_{BCD}$ 误认为 01100111 B，二进制码 01100111 B 的值为 103，而 $[01100111]_{BCD}$ 的值为 67。显然，两者是不一样的。

【复习思考题】

6.2 为什么要在数字系统中采用二进制数？

6.3 二进制数减法，为什么有时差值会大于被减数？

6.4 BCD 码与二进制码有否区别？如何转换？

【相关习题】

选做 6.6 习题中的填空题：6.2 ~ 6.4；选择题：6.26 ~ 6.28；分析计算题：6.41 ~ 6.49。

6.3 逻辑代数基础

逻辑代数又称布尔（Boole）代数，是研究逻辑电路的数学工具。逻辑代数与数学代数不同，逻辑代数不是研究变量大小之间的关系，而是分析研究变量之间的逻辑关系。

6.3.1 基本逻辑运算

基本逻辑运算共有三种：与、或、非。

1. 逻辑与和与运算（AND）

（1）逻辑关系

逻辑与可用图 6-2 说明。只有当 A、B 两个开关同时闭合时，灯 F 才会点亮。即只有当决定某种结果的条件全部满足时，这个结果才能产生。

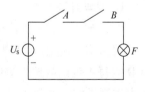

图 6-2 逻辑与关系示意图

（2）逻辑表达式

$$F = A \cdot B = AB$$

其中 "·" 表示逻辑与，"·" 号也可省略。有关技术资料中也有用 $A \wedge B$、$A \cap B$ 表示逻辑与。逻辑与也称为逻辑乘。

（3）运算规则

$$0 \cdot 0 = 0$$
$$0 \cdot 1 = 1 \cdot 0 = 0$$

$$1 \cdot 1 = 1$$

上述运算规则可归纳为：有 0 出 0，全 1 出 1。

（4）逻辑电路符号

与逻辑电路符号可用图 6-3a 表示，矩形框表示门电路，方框中的 "&" 表示逻辑与。图 6-3b、c 为常用和国际上通用的符号。

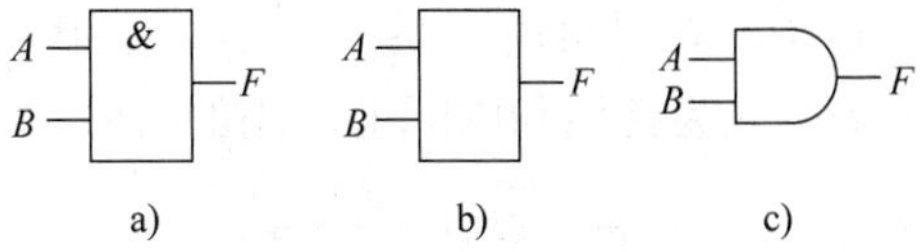

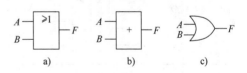

图 6-3　逻辑与符号

a）国标　b）常用　c）国际

2. 逻辑或和或运算（OR）

（1）逻辑关系

逻辑或可用图 6-4 说明，A、B 两个开关中，只需要有一个闭合，灯 F 就会点亮。即决定某种结果的条件中，只需其中一个条件满足，这个结果就能产生。

（2）逻辑表达式

$$F = A + B$$

其中 "＋" 表示逻辑或，有关技术资料也用 $A \vee B$、$A \cup B$ 表示逻辑或。逻辑或也称为逻辑加。

（3）运算规则

$$0 + 0 = 0$$
$$0 + 1 = 1 + 0 = 1$$
$$1 + 1 = 1$$

上述运算规则可归纳为：有 1 出 1，全 0 出 0。

（4）逻辑电路符号

逻辑或电路符号可用图 6-5a 表示，矩形框中的 "≥1" 表示逻辑或，图 6-5b、c 为常用和国际上通用的符号。

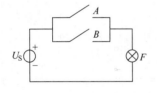

图 6-4　逻辑或关系示意图

图 6-5　逻辑或符号

a）国标　b）常用　c）国际

3. 逻辑非和非运算

（1）逻辑关系

逻辑非可用图 6-6 说明，只有当开关 A 断开时，灯 F 才会通电点亮；开关 A 闭合时，灯 F 反而不亮。即条件和结果总是相反。

（2）逻辑表达式

$$F = \bar{A}$$

$\bar{A}$ 读作 "A 非"。

（3）运算规则

$$A = 0，F = 1$$
$$A = 1，F = 0$$

（4）逻辑电路符号

逻辑非符号可用图6-7a表示，矩形框中的"1"表示逻辑值相同，小圆圈表示逻辑非，图6-7b、c为常用和国际上通用的符号。

图6-6　逻辑非关系示意图

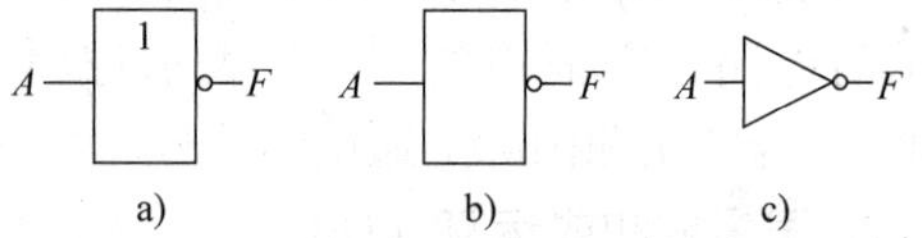

图6-7　逻辑非符号
a）国标　b）常用　c）国际

4. 复合逻辑运算

除与、或、非基本逻辑运算外，广泛应用的还有复合逻辑运算，由两种或两种以上逻辑运算组成，如表6-3所示。在此基础上，还可组合成更复杂的逻辑运算。

表6-3　复合逻辑门

名　称	逻辑符号	逻辑表达式
与非门	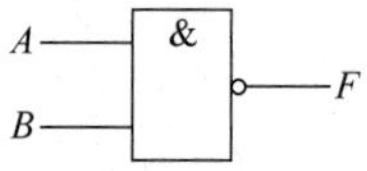	$F = \overline{AB}$
或非门	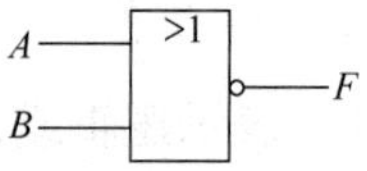	$F = \overline{A + B}$
与或非门	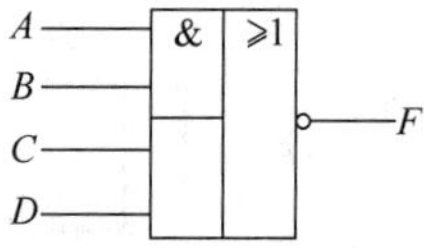	$F = \overline{AB + CD}$
异或门	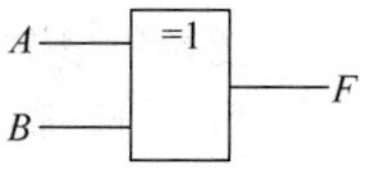	$F = A \oplus B = A\overline{B} + \overline{A}B$
同或门	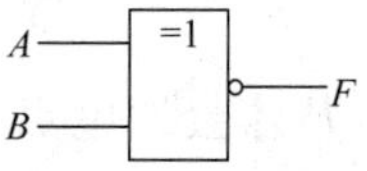	$F = A \odot B = AB + \overline{A}\,\overline{B}$

需要指出的是，多种逻辑运算组合在一起时，其运算次序应按如下规则进行：

1）有括号时，先括号内，后括号外；

2）有非号时应先进行非运算；

3）同时有逻辑与和逻辑或时，应先进行与运算。

例如，表6-3中异或运算逻辑表达式中，应先进行B和A非运算；再进行$A\overline{B}$和$\overline{A}B$的与运算，最后进行$A\overline{B}$和$\overline{A}B$之间的或运算。

6.3.2 逻辑代数

1. 逻辑代数的基本定律

(1) 0-1律：$A \cdot 0 = 0$ $A + 1 = 1$

(2) 自等律：$A \cdot 1 = A$ $A + 0 = A$

(3) 重叠律：$A \cdot A = A$ $A + A = A$

(4) 互补律：$A \cdot \overline{A} = 0$ $A + \overline{A} = 1$

(5) 交换律：$A \cdot B = B \cdot A$ $A + B = B + A$

(6) 结合律：$A \cdot (B \cdot C) = (A \cdot B) \cdot C$ $A + (B + C) = (A + B) + C$

(7) 分配律：$A \cdot (B + C) = AB + AC$ $A + B \cdot C = (A + B)(A + C)$

(8) 吸收律：$A(A + B) = A$ $A + AB = A$

(9) 反演律：$\overline{AB} = \overline{A} + \overline{B}$ $\overline{A + B} = \overline{A}\,\overline{B}$

(10) 非非律：$\overline{\overline{A}} = A$

2. 逻辑代数三项规则

逻辑代数除上述基本定律外，还有三项重要规则：

(1) 代入规则

任一逻辑等式，若将等式两边所有出现同一变量代之以一个逻辑函数，则此等式仍然成立。

例如，若将 $F = BC$ 代入 $\overline{AB} = \overline{A} + \overline{B}$ 中的 B，等式仍然成立。

左式 $= \overline{A(BC)} = \overline{A} + \overline{BC} = \overline{A} + \overline{B} + \overline{C}$

右式 $= \overline{A} + \overline{BC} = \overline{A} + \overline{B} + \overline{C}$

上述证明还可以推广到 n 个变量的情况：

$$\overline{A_1 + A_2 + \cdots + A_n} = \overline{A_1} \cdot \overline{A_2} \cdot \cdots \cdot \overline{A_n}$$

$$\overline{A_1 \cdot A_2 \cdot \cdots \cdot A_n} = \overline{A_1} + \overline{A_2} + \cdots + \overline{A_n}$$

(2) 反演规则

若将原函数 F 中的原变量变为反变量，反变量变为原变量，"·"变为"+"，"+"变为"·"，"1"变为"0"，"0"变为"1"，则得到的新函数为原函数的反函数 $\overline{F}$。

例如异或门，$F = A\overline{B} + \overline{A}B$，求其反函数同或门时可得：

$$\overline{F} = (\overline{A} + B) \cdot (A + \overline{B}) = A\overline{A} + \overline{A}\,\overline{B} + AB + B\overline{B} = AB + \overline{A}\,\overline{B}$$

(3) 对偶规则

若将逻辑函数中的"·"变为"+"，"+"变为"·"，"1"变为"0"，"0"变为"1"，则得到的新函数与原来的函数成对偶关系。

例如上述基本定律 (1) ~ (9) 中的两个公式均符合对偶规则。

3. 逻辑代数常用公式

在逻辑代数的运算、化简和变换中，除上述基本定律、规则外，还经常用到以下公式：

(1) $A + \overline{A}B = A + B$

证明：根据分配律，$A + \overline{A}B = (A + \overline{A}) \cdot (A + B) = 1 \cdot (A + B) = A + B$

上式的含义是：如果两个乘积项，其中一个乘积项的部分因子恰是另一个乘积项的补，则该乘积项中的这部分因子是多余的。

（2）$AB + A\overline{B} = A$

证明：$AB + A\overline{B} = A(B + \overline{B}) = A \cdot 1 = A$

上式的含义是：如果两个乘积项中的部分因子互补，其余部分相同，则可合并为公有因子。

（3）$AB + \overline{A}C + BC = AB + \overline{A}C$

证明：$AB + \overline{A}C + BC = AB + \overline{A}C + (A + \overline{A})BC = AB + \overline{A}C + ABC + \overline{A}BC = AB(1 + C) + \overline{A}C(1 + B) = AB \cdot 1 + \overline{A}C \cdot 1 = AB + \overline{A}C$

上式的含义是：如果两个乘积项中的部分因子互补（例如 A 和 $\overline{A}$），而这两个乘积项中的其余因子（例如 B 和 C）都是第三乘积项中的因子，则这个第三乘积项是多余的。也可反过来理解：如果两个乘积项中的部分因子互补（例如 A 和 $\overline{A}$），其余部分不同（例如 B 和 C），则可扩展一项其余部分的乘积（例如 BC）。

【例 6-10】 求证：$AB + \overline{BCD} + \overline{A}\overline{C} + \overline{B}\overline{C} = AB + C$

证明：$AB + \overline{BCD} + \overline{A}\overline{C} + \overline{B}\overline{C} = AB + \overline{A}\overline{C} + \overline{B}\overline{C} + \overline{BCD} + \overline{B}\overline{C}$

$\qquad = AB + \overline{A}\overline{C} + \overline{B}\overline{C} + \overline{B}\overline{C}$

$\qquad = AB + \overline{A}\overline{C} + \overline{C}$

$\qquad = AB + C$

【例 6-11】 化简：$F = (\overline{A} + \overline{B})(\overline{A} + \overline{C} + D)(A + \overline{C})(B + \overline{C})$

解：先求 F 的对偶式 F'：

$F' = \overline{A}\,\overline{B} + \overline{A}\,\overline{C}D + A\overline{C} + B\overline{C}$

$\quad = \overline{A}\,\overline{B} + A\overline{C} + B\overline{C} + B\overline{C} + \overline{A}\,\overline{C}D = \overline{A}\,\overline{B} + A\overline{C} + \overline{C} + \overline{A}\,\overline{C}D$

$\quad = \overline{A}\,\overline{B} + \overline{C}(A + 1 + \overline{A}D)$

$\quad = \overline{A}\,\overline{B} + \overline{C}$

再求 F' 的对偶式 F：

$$F = (\overline{A} + \overline{B})\overline{C}$$

说明，上述化简也可按分配律展开为与或表达式，再加以化简。

【复习思考题】

6.5 逻辑代数中的"1"和"0"与数学代数中的"1"和"0"有否区别？

6.6 多种逻辑运算组合在一起时，其运算次序有什么规则？

【相关习题】

选做 6.6 习题中的填空题：6.5～6.8；选择题：6.29～6.31；分析计算题：6.50～6.55。

6.4 逻辑函数

6.4.1 逻辑函数及其表示方法

1. 逻辑函数定义

输入输出变量为逻辑变量的函数称为逻辑函数。

在数字电路中，逻辑变量只有逻辑 0 和逻辑 1 两种取值，它们之间没有大小之分，不同于数学中的 0 和 1。

逻辑函数的一般表达式可写为：$F = f(A、B、C、\cdots)$ (6-4)

2. 逻辑函数的表示方法

逻辑函数的表示方法主要有真值表、逻辑表达式、逻辑电路图、卡诺图和波形图等。

（1）真值表

真值表是将输入逻辑变量各种可能的取值和相应的函数值排列在一起而组成的表格。

现以三人多数表决逻辑为例，说明真值表的表示方法。

设三人为 A、B、C，同意为 1，不同意为 0；表决为 Y，有 2 人或 2 人以上同意，表决通过，通过为 1，否决为 0。因此，ABC 为输入量，Y 为输出量。列出输入输出量之间关系的表格如表 6-4 所示。

列真值表时，应将逻辑变量所有可能取值列出。例如，两个逻辑变量可列出 4 种状态：00、01、10、11；3 个逻辑变量可列出 8 种状态：000、001、010、011、100、101、110、111；n 个逻辑变量可列出 2^n 种状态，按 $0 \to (2^n - 1)$ 排列，既不能遗漏，又不能重复。这种所有输入变量的组合称为最小项，最小项主要有以下特点：

1）每项都包括了所有输入逻辑变量；

2）每个逻辑变量均以原变量或反变量形式出现一次。

用真值表表示逻辑函数，直观明了。但变量较多时，较繁琐。

（2）逻辑表达式

逻辑表达式是用各逻辑变量相互间与、或、非逻辑运算组合表示的逻辑函数，相当于数学中的代数式、函数式。

如上述三人多数表决通过的逻辑表达式为：

$$Y = \overline{A}BC + A\overline{B}C + AB\overline{C} + ABC$$

上式表示，A、B、C 三人在投票值为 011、101、110、111 时表决通过，即 $Y = 1$。

书写逻辑表达式的方法是：把真值表中逻辑值为 1 的所有项相加（逻辑或）；每一项中，A、B、C 的关系为"与"，变量值为 1 时取原码，变量值为 0 时取反码。

将最小项按序编号，并使其编号值与变量组合值对应一致，记作 m_i。如上述三人多数表决逻辑表达式中出现的最小项为 m_3、m_5、m_6 和 m_7。

由最小项组成的逻辑表达式称为最小项表达式。最小项表达式可用下式表示：

$$F(A、B、C、\cdots) = \sum m_i$$ (6-5)

如上述三人多数表决逻辑最小项表达式为：

$$Y = F(A、B、C、\cdots) = \sum m(3,5,6,7) = m_3 + m_5 + m_6 + m_7$$

（3）逻辑电路图

逻辑电路图是用规定的逻辑电路符号连接组成的电路图。

逻辑电路图可按逻辑表达式中各变量之间与、或、非逻辑关系用逻辑电路符号连接组成。图 6-8 为三人多数表决逻辑电路图。

（4）卡诺图

卡诺图是按一定规则画出的方格图，是真值表的另一种形式，主要用于化简逻辑函数，其画法将在 6.4.3 节详述。

表 6-4 三人多数表决真值表

输入			输出
A	B	C	Y
0	0	0	0
0	0	1	0
0	1	0	0
0	1	1	1
1	0	0	0
1	0	1	1
1	1	0	1
1	1	1	1

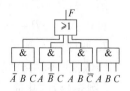

图 6-8 三人多数表决逻辑电路图

（5）波形图

波形图是逻辑函数输入变量每一种可能出现的取值与对应的输出值按时间顺序依次排列的图形，也称为时序图。波形图可通过实验观察，在逻辑分析仪和一些计算机仿真软件工具中，常用这种方法给出分析结果。图6-9为三人多数表决逻辑函数波形图。

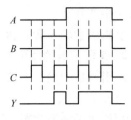

图6-9 三人多数表决波形图

真值表、逻辑表达式、逻辑电路图、卡诺图和波形图具有对应关系，可相互转换。对同一逻辑函数，真值表、卡诺图和波形图具有惟一性；逻辑表达式和逻辑电路图可有多种不同的表达形式。

3. 逻辑函数相等概念

逻辑函数的逻辑表达式和逻辑电路图往往不是惟一的，但真值表是惟一的。因此，若两个逻辑函数具有相同的真值表，则认为该两个逻辑函数相等。

例如，上述三人多数表决逻辑函数 $F = ABC + AB\overline{C} + \overline{A}BC + A\overline{B}C$。化简后，也可表达为：$F = AB + BC + CA$，或 $F = \overline{\overline{AB} \cdot \overline{BC} \cdot \overline{CA}}$，其逻辑电路图分别如图6-10a和图6-10b所示。因此，逻辑函数的逻辑表达式和逻辑电路图可有多种形式。当然，我们希望得到最简逻辑表达式和逻辑电路，显然图6-10比图6-8简洁，这就需要对逻辑函数化简。

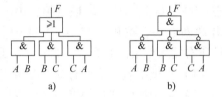

图6-10 三人多数表决逻辑电路

a）$F = AB + BC + CA$ b）$F = \overline{\overline{AB} \cdot \overline{BC} \cdot \overline{CA}}$

逻辑函数化简一般化简为最简与或表达式。符合最简与或表达式的条件是：

1）乘积项个数最少；

2）每个乘积项中变量最少。

6.4.2 公式法化简逻辑函数

变换和化简逻辑表达式，一般可有两种方法：公式法和卡诺图法。

公式法化简逻辑函数是运用逻辑代数公式，消去多余的"与"项及"与"项中多余的因子。公式法化简一般有以下几种方法：并项法、吸收法、消去法和配项法。

1. 并项法

并项法是利用 $AB + A\overline{B} = A$ 将两个乘积项合并为一项，合并后消去一个互补的变量。

【例6-12】 化简：$A\overline{B}C + A\overline{B}\,\overline{C}$

解： $A\overline{B}C + A\overline{B}\,\overline{C} = A\overline{B}(C + \overline{C}) = A\overline{B}$

【例6-13】 化简：$A(B + C) + A \cdot \overline{B + C}$

解： $A(B + C) + A \cdot \overline{B + C} = A[(B + C) + (\overline{B + C})] = A$

说明：将 $(B + C)$ 看作一个变量，$(B + C)$ 与 $(\overline{B + C})$ 互补。

2. 吸收法

吸收法是利用公式 $A + AB = A$ 吸收多余的乘积项。

【例6-14】 化简：$\overline{A}B + \overline{A}BC$

解： $\overline{A}B + \overline{A}BC = \overline{A}B$

说明：将 $\overline{A}B$ 看作是一个变量。

【例 6-15】 化简：$AD + BCD + A\overline{C}D + D + EF$

解：$AD + BCD + A\overline{C}D + D + EF = D(A + BC + A\overline{C} + 1) + EF = D + EF$

说明：若多个乘积项中有一个单独变量，那么其余含有该变量原变量的乘积项都可以被吸收。

3. 消去法

消去法是利用 $A + \overline{A}B = A + B$ 消去多余的因子。

【例 6-16】 化简：$A + \overline{A}B + \overline{A}C$

解：$A + \overline{A}B + \overline{A}C = A + B + C$

说明：若多个乘积项中有一个是单独变量，且其余乘积项中含有该变量的反变量因子，则该反变量因子可以消去。

【例 6-17】 化简：$\overline{A} + ABC + ADE$

解：$\overline{A} + ABC + ADE = \overline{A} + BC + DE$

说明：将 $\overline{A}$ 看作为一个原变量，则 A 是 $\overline{A}$ 的反变量。

4. 配项法

配项法是利用 $X + \overline{X} = 1$，将某乘积项一项拆成两项，然后再与其他项合并，消去多余项。有时多出一项后，反而有利于化简逻辑函数。

【例 6-18】 化简：$A\overline{B} + B\overline{C} + \overline{B}C + \overline{A}B$

解：$A\overline{B} + B\overline{C} + \overline{B}C + \overline{A}B = A\overline{B}(C + \overline{C}) + (A + \overline{A})B\overline{C} + \overline{B}C + \overline{A}B$

$\qquad = A\overline{B}C + A\overline{B}\,\overline{C} + AB\overline{C} + \overline{A}B\overline{C} + \overline{B}C + \overline{A}B = \overline{B}C + A\overline{C} + \overline{A}B$

另解：$A\overline{B} + B\overline{C} + \overline{B}C + \overline{A}B = A\overline{B} + B\overline{C} + (A + \overline{A})\overline{B}C + \overline{A}B(C + \overline{C})$

$\qquad = A\overline{B} + B\overline{C} + A\overline{B}C + \overline{A}\,\overline{B}C + \overline{A}BC + \overline{A}B\overline{C} = A\overline{B} + B\overline{C} + \overline{A}C$

上述两种解法表明，用公式法化简，方法不是惟一的，结果也不是惟一的。

配项法的另一种方法是利用公式 $AB + \overline{A}C = AB + \overline{A}C + BC$，增加一项再化简。

【例 6-19】 化简 $AB + BCD + \overline{A}C + \overline{B}C$

解：$AB + BCD + \overline{A}C + \overline{B}C = AB + \overline{A}C + \overline{B}C + BCD + \overline{B}C = AB + \overline{A}C + BCD + C = AB + C$

6.4.3 卡诺图化简逻辑函数

1. 卡诺图

卡诺图是根据真值表按相邻原则排列而成的方格图，是真值表的另一种形式，主要有如下特点：

1）n 变量卡诺图有 2^n 个方格，每个方格对应一个最小项。

2）相邻两个方格所代表的最小项只有一个变量不同。

图 6-11a、b 分别为 3 变量和 4 变量逻辑函数卡诺图，其中 m_i 为最小项编号。二变量较简，不需要用卡诺图；5 变量及 5 变量以上卡诺图较繁杂，且与 3 变量、4 变量原理相同，也不予研究，本书例题和习题全部为 3 变量或 4 变量卡诺图。

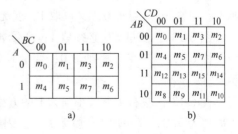

图 6-11　卡诺图

a）3 变量　b）4 变量

2. 卡诺圈合并

卡诺图的主要功能是合并相邻项。其方法是将最小项为 1（称为 1 方格）的相邻项圈起来，称为卡诺圈。一个卡诺圈可以包含多个 1 方格，一个卡诺圈可以将多个 1 方格合并为一项。因此，卡诺图可以化简逻辑函数。

（1）3 变量卡诺圈合并

图 6-12 为 3 变量卡诺图。其中：

图 6-12a，变量 AB 必须取 0；变量 C 既可取 0，又可取 1，属无关项。因此 $F = \overline{A}\,\overline{B}$。

图 6-12b，左右两个最小项为 1 的方格应看作为相邻项，可合并。变量 AC 必须取 0；变量 B 既可取 0，又可取 1，属无关项。因此，$F = \overline{A}\,\overline{C}$。

图 6-12c，变量 BC 必须取 1；变量 A 既可取 0，又可取 1，属无关项。因此，$F = BC$。

图 6-12d，变量 B 必须取 0；变量 AC 既可取 0，又可取 1，属无关项。因此 $F = \overline{B}$。

图 6-12e，变量 A 必须取 0；变量 BC 既可取 0，又可取 1，属无关项。因此，$F = \overline{A}$。

图 6-12f，左右 4 个最小项为 1 的方格应看作为相邻项，可合并。变量 C 必须取 0；变量 AB 既可取 0，又可取 1，属无关项。因此，$F = \overline{C}$。

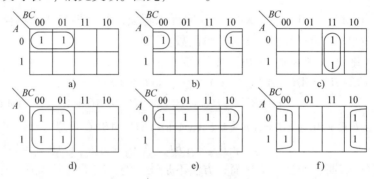

图 6-12 三变量卡诺圈合并

a）$F = \overline{A}\,\overline{B}$ b）$F = \overline{A}\,\overline{C}$ c）$F = BC$ d）$F = \overline{B}$ e）$F = \overline{A}$ f）$F = \overline{C}$

（2）4 变量卡诺圈合并

图 6-13 为 4 变量卡诺图。其中：

图 6-13a，变量 BC 必须取 0；变量 AD 既可取 0，又可取 1，属无关项。因此 $F = \overline{B}\,\overline{C}$。

图 6-13b，变量 B 必须取 1；变量 D 必须取 0；变量 AC 既可取 0，又可取 1，属无关项。因此，$F = B\overline{D}$。

图 6-13c，上下左右 4 个角最小项为 1 的方格应看作为相邻项，可合并。变量 BD 必须取 0；变量 AC 既可取 0，又可取 1，属无关项。因此，$F = \overline{B}\,\overline{D}$。

图 6-13d，变量 CD 必须取 1；变量 AB 既可取 0，又可取 1，属无关项。因此 $F = CD$。

图 6-13e，变量 A 必须取 0；变量 C 必须取 1；变量 BD 既可取 0，又可取 1，属无关项。因此，$F = \overline{A}C$。

图 6-13f，左右 4 个最小项为 1 的方格应看作为相邻项，可合并。变量 D 必须取 0；变量 ABC 既可取 0，又可取 1，属无关项。因此，$F = \overline{D}$。

图 6-13g，上下 4 个最小项为 1 的方格应看作为相邻项，可合并。变量 B 必须取 0；变量 ACD 既可取 0，又可取 1，属无关项。因此，$F = \overline{B}$。

图 6-13h，变量 D 必须取 1；变量 ABC 既可取 0，又可取 1，属无关项。因此，$F = D$。

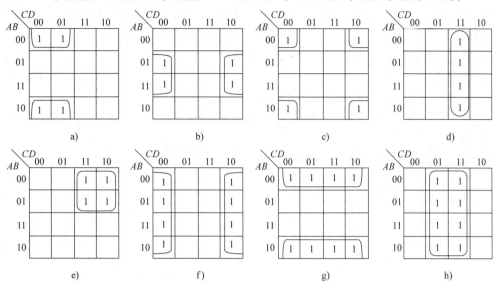

图 6-13 四变量卡诺圈合并

a）$F = \overline{B}\,\overline{C}$ b）$F = B\overline{D}$ c）$F = \overline{B}\,\overline{D}$ d）$F = CD$ e）$F = \overline{A}C$ f）$F = \overline{D}$ g）$F = \overline{B}$ h）$F = D$

3. 卡诺图化简逻辑函数

利用卡诺圈合并，可化简逻辑函数。步骤如下：

（1）画卡诺图

（2）化简卡诺图

化简卡诺图要遵循以下规则：

1）卡诺圈内的 1 方格应尽可能多，卡诺圈越大，消去的乘积项数越多。但卡诺圈内的 1 方格个数必须为 2^n 个，即 2、4、8、16 等，不能是其他数字。

2）卡诺圈的个数应尽可能少，卡诺圈数即与或表达式中的乘积项数。

3）每个卡诺圈中至少有一个 1 方格不属于其他卡诺圈。

4）不能遗漏任何一个 1 方格。若某个 1 方格不能与其他 1 方格合并，可单独作为一个卡诺圈；

（3）根据化简后的卡诺图写出与或逻辑表达式

需要说明的是：

1）若卡诺图为最简（即按上述规则化简至不能再继续合并），则据此写出的与或表达式为最简与或表达式；

2）由于卡诺图圈法不同，所得到的最简与或表达式也会不同。即一个逻辑函数可能有多种圈法，而得到多种最简与或表达式。

【例 6-20】 化简：$F(ABCD) = \sum m\,(0,\ 1,\ 3,\ 5,\ 6,\ 9,\ 11,\ 12,\ 13,\ 15)$，写出其最简与或表达式。

解：1）画出卡诺图，如图 6-14a 所示。

2）化简卡诺图。

化简卡诺图具体操作可按如下步骤：

① 先找无相邻项的 1 方格，称为孤立圈。本题只有一个孤立圈，$F_1 = \overline{A}BC\,\overline{D}$，如图

6-14b 中所示。

② 再找只能按一条路径合并的 2 个相邻 1 方格。本题有两个：$F_2 = AB\bar{C}$；$F_3 = \bar{A}\,\bar{B}\,\bar{C}$；如图 6-14b 中所示。$m_1 m_3$、$m_9 m_{11}$、$m_{13} m_{15}$ 因有两条以上路径，暂不管它。

③ 然后再找只能按一条路径合并的 4 个相邻 1 方格。本题有 3 个：$F_4 = \bar{C}D$；$F_5 = AD$；$F_6 = \bar{B}D$，如图 6-14c 所示。

3）最终可化简的卡诺图如图 6-14d 所示，写出最简与或表达式：

$$F = F_1 + F_2 + F_3 + F_4 + F_5 + F_6 = \bar{A}BC\bar{D} + AB\bar{C} + \bar{A}\,\bar{B}\,\bar{C} + \bar{C}D + AD + \bar{B}D$$

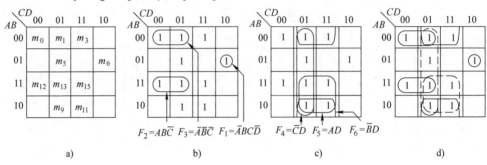

图 6-14　例 6-20 卡诺图

4. 具有无关项的卡诺图化简

在一些逻辑函数中，输入变量的某些取值组合不允许出现，称为约束项。如 8421 BCD 码输入变量不允许出现 1010、1011、…、1111 等 6 种状态，这 6 种状态就属于约束项。另有一种情况是，输入变量的某些取值组合项不影响逻辑函数输出的逻辑表达式，这种组合项称为任意项。如某些 BCD 码输入显示译码器对 1010、1011、…、1111 等 6 种输入变量不显示，不影响该显示译码器输出的逻辑表达式。这 6 个输入变量就属于任意项。约束项和任意项统称为无关项。无关项用 d_i 表示，i 仍为最小项按序编号，在卡诺图中无关项用"×"填充。具有无关项的卡诺图化简时，无关项可以视作 1，也可以视作 0，以有利于化得最简为前提。

【例 6-21】　试设计一个能实现四舍五入功能的逻辑函数，输入变量为 8421 码，当 $X \geqslant 5$ 时，输出变量 $Y = 1$，否则 $Y = 0$。

解：列出真值表如表 6-5 所示，最小项为 $\sum m$（5，6，7，8，9）；因输入变量 X 为 8421 码，逻辑函数无关项为 $\sum d(10，11，12，13，14，15)$；因此，其逻辑函数最小项表达式可写为：

表 6-5　例 6-21 真值表

X	A	B	C	D	Y	X	A	B	C	D	Y
0	0	0	0	0	0	8	1	0	0	0	1
1	0	0	0	1	0	9	1	0	0	1	1
2	0	0	1	0	0	10	1	0	1	0	×
3	0	0	1	1	0	11	1	0	1	1	×
4	0	1	0	0	0	12	1	1	0	0	×
5	0	1	0	1	1	13	1	1	0	1	×
6	0	1	1	0	1	14	1	1	1	0	×
7	0	1	1	1	1	15	1	1	1	1	×

$$Y = \sum m(5,6,7,8,9) + \sum d(10,11,12,13,14,15)$$

画出卡诺图如图 6-15 所示，合并相邻项得：$Y = A + BD + BC$。

若不考虑无关项，则 $Y = \overline{A}BD + \overline{A}BC + A\,\overline{B}\,\overline{C}$。显然，有无关项的逻辑函数化简后表达式可能更简单些。

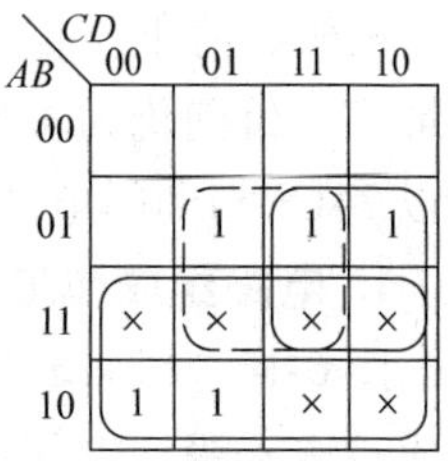

5. 卡诺图化简的特点

卡诺图化简法的优点是简单、直观，而且有一定的操作步骤可循，化简过程中易于避免差错，便于检验逻辑表达式是否化至最简，初学者容易掌握。但逻辑变量超过 5 个（含）时，将失去简单直观的优点，也就没有太大的实用意义了。

公式法化简的优点是它的使用不受条件限制，但化简时没有一定的操作步骤可循，主要靠熟练、技巧和经验；且一般较难判定逻辑表达式是否化至最简。

图 6-15　例 6-21 卡诺图

【复习思考题】

6.7　逻辑函数主要有哪几种的表示方法？相互间有什么关系？

6.8　什么叫最小项和最小项表达式？

6.9　两个逻辑函数符合怎样的条件可以认为相等？

6.10　什么叫卡诺圈？画卡诺圈应遵循什么规则？

【相关习题】

选做 6.6 习题中的填空题：6.9 ~ 6.10；选择题：6.32 ~ 6.34；分析计算题：6.56 ~ 6.64。

6.5　集成门电路

逻辑门电路是能实现基本逻辑功能的电子电路。早期，门电路通常由二极管和三极管等分列元件组成；后来，发展成集成门电路。集成门电路按其内部器件组成主要可分为 TTL 门电路和 CMOS 门电路。

6.5.1　TTL 集成门电路

TTL 是三极管 – 三极管逻辑（Transistor – Transistor Logic）集成门电路，是双极型器件组成的门电路。TTL 门电路有许多不同的系列，总体可分为 54 系列和 74 系列，54 系列为满足军用要求设计，工作温度范围为 $-50℃ ~ +125℃$；74 系列为满足民用要求设计，工作温度范围为 $0℃ ~ +70℃$。而每一大系列中又可分为（为便于书写，以 74 为例）以下几个子系列：

（1）74 系列（基本型）

（2）74L 系列（低功耗）

（3）74H 系列（高速）

（4）74S 系列（肖特基）

（5）74LS 系列（低功耗肖特基）

（6）74AS 系列（先进高速肖特基）

（7）74ALS 系列（先进低功耗肖特基）

其中 74（基本型）子系列为早期 TTL 产品，已基本淘汰。74LS 子系列采用肖特基二极管三极管，降低三极管的饱和程度，开关速度大为提高，以其价廉物美、综合性能较好而应用最广，目前仍为主流应用品种之一。本书后续章节均以 74LS 系列作为主要分析研究对象，现以 74LS 与非门电路为例，分析 TTL 集成门电路的外部特性和主要参数。

1. 电路组成和工作原理

图 6-16 为 74LS 与非门电路，电路由三部分组成：输入级、中间级和输出级。

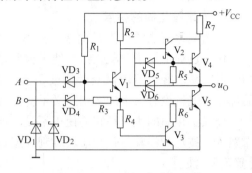

（1）输入级

输入级由 VD_1、VD_2、VD_3、VD_4 和 R_1 组成。其中 VD_1、VD_2 构成输入端钳位电路，限制输入端可能出现的负极性干扰脉冲；VD_3、VD_4、R_1 组成二极管与门电路，VD_3、VD_4 为肖特基二极管，其特点是速度快，正向压降小（0.3 ~ 0.4V）。

图 6-16　74LS TTL 与非门电路

（2）中间级

中间级由 V_1、V_3、和 R_2、R_3、R_4、R_6 组成。V_1 的作用是信号耦合，并分别从集电极和发射极以不同的相位输出。V_3 的作用是构成有源泄放电路，提供 V_5 退出饱和时基极过剩电荷的泄放通路，使电压传输特性中的线性区很窄，更接近于理想开关特性，也有效地提高了工作速度。

（3）输出级

输出级由 V_2V_4（复合管）、V_5 和 VD_5、VD_6、R_5、R_7 组成。由于 V_2V_4 和 V_5 基极输入信号总是相反，因此两个三极管中只能有一个导通，另一个截止，成为推拉式电路（或称为图腾柱电路），使输出级的静态功耗大大降低。VD_5 提供 V_4 退出饱和时基极过剩电荷的泄放通路，VD_6 提供 u_O 由高电平转为低电平时的电荷泄放通路，两者均可提高工作速度。

2. 外部特性和主要参数

门电路的特性参数反映了门电路的电气特性，是合理应用门电路的重要依据。若超出这些参数规定的范围，可能会引起逻辑功能的混乱，甚至损坏 TTL 门电路。不同系列的 TTL 门电路参数含义相同，但数值各有不同。即使同一系列的 TTL 门电路，其特性参数的确切数值也因每一器件而异。现以 74LS 系列门电路为例介绍 TTL 门电路的特性参数。

（1）电压传输特性

TTL 门电路的电压传输特性，是指空载时，输出电压与输入电压间的函数关系。

图 6-17 为 74LS 与非门电压传输特性。该传输特性大致可分为三个区域：截止区、转折区和饱和区。截止区是输入电压 u_I 很低时，与非门输出高电平。饱和区是输入电压 u_I 较高时，与非门输出低电平。转折区是输出电压由高电平变为低电平或由低电平变为高电平的分界线。转折区输入电压称为阈值电压 U_{TH}，也称为门限电压或门槛电压，它的含义是：对与非门电路，当 $u_I > U_{TH}$ 时，$u_O = U_{OL}$；当 $u_I < U_{TH}$ 时，$u_O = U_{OH}$。

74LS 系列门电路，$U_{TH} \approx 1V$，$U_{OH} \approx 3.4V$，

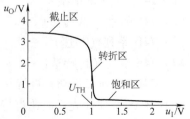

图 6-17　74LS TTL 与非门电压传输特性

$U_{OL} \approx 0.35V$。

（2）输出特性

门电路输出高电平时，输出电流从门电路输出端流出，称为拉电流。显然拉电流过大，将降低输出高电平电压值。输出高电平最大电流 I_{OHmax} 和输出高电平最小值 U_{OHmin} 即为衡量该特性的最低标准参数。

门电路输出低电平时，输出电流从门电路输出端流进，称为灌电流。显然灌电流过大，将使图 6-16 电路中的 V_5 管脱离饱和状态，输出低电平随灌电流增大而上升，可能会高于允许的低电平阈值。输出低电平最大电流 I_{OLmax} 和输出低电平最大值 U_{OLmax} 即为衡量该特性的最低标准参数。

74LS 系列门电路，$I_{OHmax} = 4mA$，$U_{OHmin} = 2.7V$；$I_{OLmax} = 8mA$，$U_{OLmax} = 0.5V$。

门电路的负载能力也常用扇出系数 N_O 表示。扇出系数是指门电路带动（负载）同类门电路的数量，系数值越大，表明带负载能力相对越强。

（3）输入特性

从图 6-17 与非门电压传输特性中可得出，门电路对输入高电平和输入低电平有一定要求。为保证 TTL 与非门输出高电平，应满足 $u_I \leqslant U_{OFF}$，U_{OFF} 的称为关门电平，确切数值因每一器件而异，通常手册中给出输入低电平最大值 U_{ILmax} 代替 U_{OFF}。为保证 TTL 与非门输出低电平，应满足 $u_I \geqslant U_{ON}$，U_{ON} 称为开门电平，确切数值因每一器件而异，通常手册中给出输入高电平最小值 U_{IHmin} 代替 U_{ON}。

74LS 系列门电路，$U_{ILmax} = 0.8V$，$U_{IHmin} = 2V$。

此外，门电路输入端对接地电阻也有一定要求。输入端接对地电阻 R_I 时，从输入端流出的电流在 R_I 上产生一定的电压降，将影响输入电平的高低，R_I 较小时，u_I 相当于输入低电平，与非门处于关门状态；R_I 较大时，u_I 相当于输入高电平，与非门处于开门状态。即：若需保持 u_I 为低电平（$u_I < U_{ILmax}$），R_I 不能过大，须 $R_I < R_{OFF}$，R_{OFF} 称为关门电阻，是使与非门保持关门状态的 R_I 最大值。若需保持 u_I 相当于输入高电平，R_I 不能过小，须 $R_I > R_{ON}$，R_{ON} 称为开门电阻，是使与非门保持开门状态的 R_I 最小值。

74LS 系列门电路，$R_{OFF} \approx 4.2k\Omega$，$R_{ON} \approx 6.3k\Omega$。

（4）噪声容限

噪声容限是指输入电平受噪声干扰时，为保证电路维持原输出电平，允许叠加在原输入电平上的最大噪声电平。因输入低电平和输入高电平时允许叠加的噪声电平不同，噪声容限可分为低电平噪声容限 U_{NL} 和高电平噪声容限 U_{NH}。噪声容限示意图如图 6-18 所示。其中：

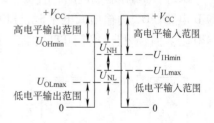

图 6-18　噪声容限示意图

高电平噪声容限 $U_{NH} = U_{OHmin} - U_{IHmin}$　　　（6-6a）

低电平噪声容限 $U_{NL} = U_{ILmax} - U_{OLmax}$　　　（6-6b）

74LS 系列门电路，$U_{NH} = 0.7V$，$U_{NL} = 0.3V$。

（5）静态动耗 P_D

静态功耗 P_D 是指维持输出高电平或维持输出低电平不变时的最大功耗。

74LS 系列门电路，$P_D < 2mW$。

需要说明的是，门电路输出高电平和输出低电平时，分别工作在截止区和饱和区，功耗很低。功耗较大的阶段发生在高低电平转换区域，因此，TTL 的电路功耗与信号频率有关，信号频率越高，功耗越大。

(6) 传输延迟时间 t_{pd}

t_{pd} 是电路传输延迟时间的平均值，74LS 系列门电路，$t_{pd} < 10ns$。

3. 集电极开路门（OC 门）

TTL 门电路中，有一种特殊功能的门电路，即集电极开路门。图 6-16 中，若将 R_7、V_2、V_4、VD_5、VD_6 取消，V_5 集电极开路，就构成了集电极开路门（Open Collector，缩写为 OC）。OC 门使用时，必须在电源 U_{CC} 与输出端之间外接上拉电阻 R_L，如图 6-19a 所示。图 6-19b 为 OC 门电路符号，符号"◇"是 OC 门的标志。

OC 门的主要作用：

(1) 实现"线与"功能

一般来说，几个 TTL 门电路输出端不允许直接连接在一起。试想，若直接连接在一起，一个门电路输出高电平，另一个门电路输出低电平，其间没有限流电阻，将发生短路，损坏门电路。但 OC 门输出端集电极是开路的，不但可以直接接在一起，而且连接在一起后，可实现"与"逻辑功能，如图 6-19c 所示。当两个 OC 门输出 Y_1、Y_2 均为低电平（V_{51}、V_{52} 均饱和导通）时，Y 为低电平；当 Y_1、Y_2 中一个为低电平另一个为高电平（V_{51}、V_{52} 中一个饱和导通，另一个截止）时，因为截止的那个三极管门对电路无影响，Y 仍为低电平；只有当 Y_1、Y_2 均为高电平（V_{51}、V_{52} 均截止）时，Y 才为高电平。从而实现了两个 OC 门电路输出电平的"与"逻辑功能，这种两个 OC 门输出端直接连接在一起，实现"与"逻辑的方法称为"线与"。

(2) 实现电平转换

TTL 门电路电源电压为 +5V，输出高电平约为 3.4V，输出低电平约为 0.3V，若要求将高电平变得更高，可采用图 6-19d 电路，将上拉电阻 R_L 接更高电源电压，高电平输出将接近于更高电源电压，低电平输出不变，从而实现电平转换。

(3) 用作驱动电路

OC 门可用作驱动电路，直接驱动 LED、继电器、脉冲变压器等，图 6-19e 为 OC 门驱动 LED 电路。OC 门输出低电平时，LED 亮；OC 门输出高电平时，由于输出端晶体管截止，LED 暗。但若用非 OC 门 TTL 电路，则输出高电平约为 3.4V，LED 仍会微微发亮。

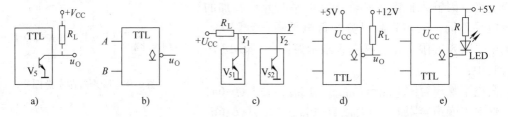

图 6-19 集电极开路门（OC 门）及其应用

a) 输出端结构 b) 电路符号 c) 线与 d) 电平转换 e) 驱动

【例 6-22】 试分析图 6-20 电路工作状态。

解： 图 6-20 中反相器均为 OC 门。

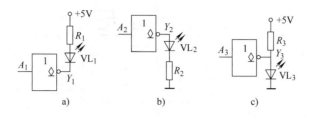

图 6-20　例 6-22 电路

图 6-20a：A_1 为高电平时，Y_1 输出低电平，VL_1 亮；A_1 为低电平时，Y_1 输出高电平，内部输出端晶体管截止，VL_1 暗。

图 6-20b：A_2 为高电平时，Y_2 输出低电平，VL_2 暗；A_2 为低电平时，Y_2 输出高电平，内部输出端晶体管截止，由于未接上拉电阻，因此 VL_2 中无电流，暗。

图 6-20c：A_3 输入低电平时，内部输出端晶体管截止。但因外接上拉电阻，R_3 中电流流进 VL_3，亮；A_3 输入高电平时，内部输出端晶体管饱和导通，Y_3 输出低电平，R_3 中电流全部流进内部输出端晶体管，VL_3 中无电流，暗。

4. 三态门（TSL 门）

三态门（Three State Logic，缩写为 TSL）是在普通门电路的基础上，在电路中添加控制电路，它的输出状态，除了高电平、低电平外，还有第三种状态：高阻态（或称禁止态）。高阻态相当于输出端开路。图 6-21 三态门电路中，符号"▽"为三态门标志，EN（Enable）为使能端（或称输出控制端），EN 端信号电平有效时，门电路允许输出；EN 端信号电平无效时，门电路禁止输出。输出端既不是高电平，也不是低电平，呈开路状态，即高阻态。

三态门主要用于总线分时传送电路信号。在微机电路中，地址信号和数据信号均用总线传输，在总线上挂接许多门电路，如图 6-21 所示。在某一瞬时，总线上只允许有一个门电路的输出信号出现，其余门电路输出均呈高阻态。否则若几个门电路均允许输出，且信号电平高低不一致，将引起短路而损坏门电路器件。至于允许哪一个门电路输出，由控制端 EN 信号电平决定。例如，图 6-21 中，E_1 信号电平有效，则 Y_1 输出信号出现在总线上（即总线输出 Y_1 信号）；此时 E_2、E_3 信号电平必须无效，Y_2、Y_3 与总线相当于断开。即在任一瞬时，挂接在总线上门电路的控制信号，只允许其中一个有效，其余必须无效。

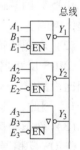

图 6-21　三态门电路

需要指出的是，EN 控制信号有效电平有正有负，视不同门电路而不同，但多数为低电平有效，常在 EN 端用一个小圆圈表示，或用 $\overline{EN}$ 表示。

【**例 6-23**】 已知三态门电路和输入电压波形如图 6-22 所示，试画出输出电压波形。

解：图 6-22a 为带三态门的两个与门电路，一般情况下，三态门电路输出端是不能连接在一起的。现两个三态门控制信号一个为 EN，另一个为 $\overline{EN}$，控制端信号极性恒相反，输出端可连接在一起。当 EN 为低电平时，上方三态门电路允许输出；EN 为高电平时，下方三态门电路允许输出；两者互不影响，因此可正常工作。

$$Y = Y_1 + Y_2 = AB \cdot \overline{EN} + CD \cdot EN$$

画出输出电压 Y_1、Y_2 和 Y 波形如图 6-22b 所示。

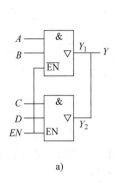

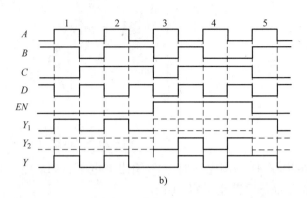

图 6-22 例 6-23 电路和电压波形

6.5.2 CMOS 集成门电路

CMOS 器件属单极型器件，不同于双极型晶体三极管组成的器件。CMOS 集成电路的主要特点是输入阻抗高，功耗低，工艺简单，集成度高。

1. CMOS 反相器及其特点

图 6-23 CMOS 反相器

CMOS 电路由一个 N 沟道增强型 MOS 管和一个 P 沟道增强型 MOS 管互补组成，如图 6-23 所示，其中 V_1 为 PMOS 管，V_2 为 NMOS 管。当输入电压 u_I 为低电平时，V_1 导通，V_2 截止，u_O 输出高电平；当输入电压 u_I 为高电平时，V_1 截止，V_2 导通，u_O 输出低电平。因此，CMOS 电路具有反相功能。其主要特点是：

（1）输入电阻高

MOS 管因其栅极与导电沟道绝缘，因而输入电阻很高，可达 $10^{15}\Omega$，基本上不需要信号源提供电流。

（2）电压传输特性好

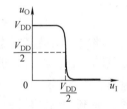

图 6-24 CMOS 反相器电压传输特性

CMOS 反相器电压传输特性如图 6-24 所示，与 TTL 电压传输特性相比，其线性区很窄，特性曲线陡峭，且高电平趋于 V_{DD}，低电平趋于 0，因此，其电压传输特性接近于理想开关。

（3）静态功耗低

CMOS 反相器无论输入高电平还是输入低电平，两个 MOS 管总有一个是截止的，静态电流极小（纳安级），且线性区很窄（线性区范围越宽，功耗越大），因此功耗很低（小于 $1\mu W$）。

（4）抗干扰能力强

CMOS 反相器的阈值电压 $U_{TH} \approx V_{DD}/2$，噪声容限很大，也接近于 $V_{DD}/2$。因此，CMOS 反相器抗干扰能力强。

（5）扇出系数大

由于 CMOS 电路输入电阻高，作为负载时几乎不需要前级门提供电流。因此，CMOS 反相器前级门的扇出系数不是取决于后级门的输入电阻，而是取决于后级门的输入电容，而 CMOS 电路输入电容约为几个皮法，所以，CMOS 反相器带同类门的负载能力很强，即扇出系数很大。

（6）电源电压范围大

TTL 门电路的标准工作电压为 +5V，要求电源电压范围为（5V ± 5 × 5% V）。CMOS 反相器的电源电压可为 3 ~ 18V。

CMOS 电路也有一些缺点，例如输入端易被静电击穿、工作速度不高、输出电流较小等，但随着 CMOS 电路新工艺的发展，这些问题已逐步改善。高速工作、输出较大电流的 CMOS 产品已经问世。易静电击穿问题采用在输入端加保护二极管电路，也已被大大改善。

2. CMOS 集成门电路

CMOS 集成门电路也有多种不同系列，应用广泛的有 CMOS 4000 系列（包括 4500 系列、MC14000/MC14500 系列）和 74HC 系列（HCMOS）。MC14000 系列与 4000 系列兼容，MC14500 系列与 4500 系列兼容，前者为美国摩托罗拉公司产品。74HC 系列中：74HC 系列与 74 系列引脚兼容，但电平不兼容；74HCT 系列与 74 系列引脚、电平均兼容。近年来，74HC 系列应用广泛，有逐步取代 74LS 系列的趋势。表 6-6 为 TTL 和 CMOS 门电路输入/输出特性参数表。

需要说明的是，CMOS 集成门电路也有类似 TTL 的 OC 门（称为 OD 门，漏极开路）和三态门输出端，其作用与 TTL OC 门、三态门相同。

特别需要指出的是，CMOS 门电路的输入端不应悬空。在 TTL 门电路中，输入端引脚悬空相当于接高电平。但在 CMOS 门电路中，输入端悬空是一个不确定因素，因此必须根据需要接高电平（接正电源电压）或接低电平（接地）。

另外，由于输入端保护二极管电流容量有限（约为 1mA），在可能出现较大输入电流的场合应采取保护措施，如输入端接有大电容和输入引线较长时，可在输入端串接电阻，一般为 1 ~ 10kΩ。

3. TTL 门电路与 CMOS 门电路的连接

从表 6-6 可知，TTL 门电路与 CMOS 门电路在输入输出高低电平上，有一定差别，称为输入输出电平不兼容。在一个数字系统中，为了输入输出电平兼容，一般全部用 TTL 门电路或全部用 CMOS 门电路。但有时也会碰到在一个系统中需要同时应用 TTL 和 CMOS 两种门电路的情况，这就出现了两类门电路如何连接的问题。

表 6-6　TTL 和 CMOS 门电路输入/输出特性参数

电路 参数	TTL		CMOS	高速 CMOS	
	74 系列	74LS 系列	4000 系列	74HC 系列	74HCT 系列
U_{OHmin}/V	2.4	2.7	$V_{DD} - 0.05$	4.4	4.4
U_{OLmax}/V	0.4	0.5	0.05	0.1	0.33
I_{OHmax}/mA	4	4	0.4	4	4
I_{OLmax}/mA	16	8	0.4	4	4
U_{IHmin}/V	2	2	$2V_{DD}/3$	3.15	2
U_{ILmax}/V	0.8	0.8	$V_{DD}/3$	1.35	0.8
I_{IHmax}/μA	40	20	0.1	0.1	0.1
I_{ILmax}/μA	1600	400	0.1	0.1	0.1

连接原则：前级门电路驱动后级门电路，存在着高低电平和电流负载能力是否适配的问题，驱动门电路必须提供符合负载门电路输入要求的电平和驱动电流。因此，必须同时满足下列各式：

驱动门　　　　　负载门

$$U_{OHmin} \geqslant U_{IHmin} \tag{6-7a}$$

$$U_{\text{OLmax}} \leqslant U_{\text{ILmax}} \qquad\qquad (6\text{-}7\text{b})$$
$$I_{\text{OHmax}} \geqslant nI_{\text{IHmax}} \qquad\qquad (6\text{-}7\text{c})$$
$$I_{\text{OLmax}} \geqslant nI_{\text{ILmax}} \qquad\qquad (6\text{-}7\text{d})$$

其中 n 是负载门的个数。根据上述连接原则和表 6-5，可以得出：

1）74HCT 系列门电路与 74LS 系列门电路可直接相互连接。

2）74HC 系列门电路可以驱动 74LS 系列门电路。

3）CMOS 4000 系列门电路可以驱动一个（不能多个）74LS 系列负载门电路。

原因是 CMOS 4000 系列 I_{OLmax}（0.4mA）等于 74LS 系列 I_{ILmax}（0.4mA）。若需驱动多个，可在 CMOS 门电路后增加一级 CMOS 缓冲器或用多个 CMOS 门并联使用，以增大 I_{OLmax}。

4）74LS 系列门电路不能直接驱动 CMOS 4000 系列和 74HC 系列门电路。

原因是 74LS 系列 U_{OHmin}（2.7V）小于 CMOS 4000 系列和 74HC 系列 U_{IHmin}（分别为 $2U_{\text{DD}}/3$ 和 3.15V）。

解决的办法是在 TTL 门电路输出端加接上拉电阻，如图 6-25 所示。

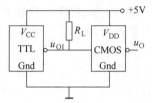

图 6-25 TTL 与 CMOS 门连接电路

6.5.3 常用集成门电路

如前所述，集成门电路主要有 54/74 系列和 CMOS 4000 系列，其引脚排列有一定规律，一般为双列直插式。若将电路芯片如图 6-26a 放置，缺口向左，按图 6-26b 正视图观察，引脚编号由小到大按逆时针排列，其中 V_{CC} 为上排最左引脚（引脚编号最大），Gnd 为下排最右引脚（引脚编号为最大编号的一半）。

集成门电路通常在一片芯片中集成多个门电路，常用集成门电路主要有以下几种形式：

1）2 输入端 4 门电路。即每片集成电路内部有 4 个独立的功能相同的门电路，每个门电路有两个输入端。

2）3 输入端 3 门电路。即每片集成电路内部有 3 个独立的功能相同的门电路，每个门电路有 3 个输入端。

3）4 输入端 2 门电路。即每片集成电路内部有 2 个独立的功能相同的门电路，每个门电路有 4 个输入端。

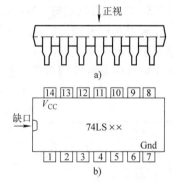

图 6-26 集成电路引脚排列图
a）侧视图 b）正视图

为便于认识和熟悉这些集成门电路，选择其中一些常用典型芯片介绍。

1. 与门和与非门

与门和与非门常用典型芯片有 2 输入端 4 与非门 74LS00、2 输入端 4 与门 74LS08、3 输入端 3 与非门 74LS10、4 输入端 2 与非门 74LS20、8 输入端与非门 74LS30 和 CMOS 2 输入端 4 与非门 CC 4011。其引脚排列如图 6-27 所示。

2. 或门和或非门

或门和或非门常用典型芯片有 2 输入端 4 或非门 74LS02、2 输入端 4 或门 74LS32、3 输入端 3 或非门 74LS27 和 CMOS 2 输入端 4 或非门 CC 4001、4 输入端 2 或非门 CC 4002、3 输入端 3 或门 CC 4075。其引脚排列如图 6-28 所示。

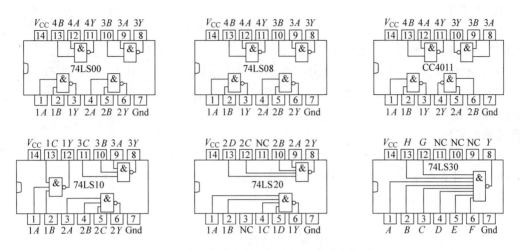

图 6-27　常用集成与门和与非门电路引脚排列图

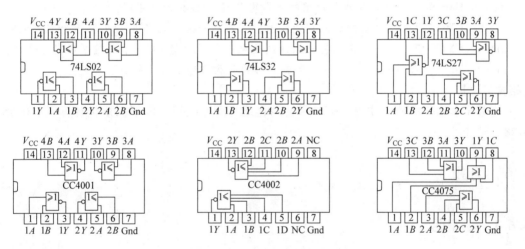

图 6-28　常用集成或门和或非门电路引脚排列图

3. 与或非门

74LS54 为 4 路与或非门，其引脚排列如图 6-29 所示。内部有 4 个与门：其中 2 个与门为 2 输入端；另 2 个与门为 3 输入端；4 个与门再输入到一个或非门。

4. 异或门和同或门

74LS86 为 2 输入端 4 异或门，其引脚排列如图 6-30 所示。CC4077 为 2 输入端 4 同或门，其引脚排列如图 6-31 所示。

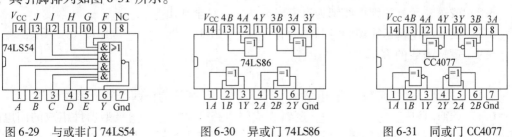

图 6-29　与或非门 74LS54　　　　图 6-30　异或门 74LS86　　　　图 6-31　同或门 CC4077

5. 反相器

TTL 6 反相器 74LS04 和 CMOS 6 反相器 CC 4069 引脚排列相同，内部有 6 个非门，如图 6-32 所示。

从上述列举的 74LS 系列和 CMOS 4000 系列门电路芯片，表明门电路品种繁多，应用时可根据需要选择实用芯片构成所需功能电路。

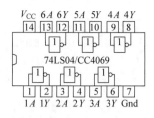

图 6-32　6 反相器

【复习思考题】

6.11　什么叫拉电流？若门电路拉电流过大，会产生什么后果？

6.12　什么叫灌电流？若门电路灌电流过大，会产生什么后果？

6.13　什么叫噪声容限？

6.14　什么叫 OC 门？画出其电路符号标志，叙述其主要功能。

6.15　什么叫 TSL 门？画出其电路符号标志，叙述其主要功能。

6.16　CMOS 反相器的主要特点是什么？

6.17　CMOS 4000 系列集成门电路的电源电压与 TTL 有什么不同？

6.18　CMOS 门电路不用的输入端能否悬空？在这一点上与 TTL 门电路有什么不同？

6.19　CMOS 门电路中，哪一种子系列逻辑电平和引脚与 74LS 系列门电路完全兼容？

6.20　74 系列和 CMOS 4000 系列集成电路的引脚排列有什么规律？

【相关习题】

选做 6.6 习题中的填空题：6.11 ~ 6.24；选择题：6.35 ~ 6.40；分析计算题：6.65 ~ 6.78。

6.6　习题

6.6.1　填空题

6.1　数字电路内部的晶体管（包括单、双极型）主要工作在_____状态；模拟电路内部的晶体管主要工作在_____状态。

6.2　十进制整数转换为二进制数，用"除_____取_____法"。

6.3　8421 BCD 码每 4 位以内按_____进位；4 位与 4 位之间按_____进位。

6.4　对 8421 BCD 码，1010 ~ 1111 六种数码称为_____码或_____码。

6.5　与逻辑运算规则可归纳为有 0 出_____，全 1 出_____。

6.6　与非门逻辑运算规则可归纳为有_____出 1，全_____出 0。

6.7　或逻辑运算规则可归纳为有 1 出_____，全 0 出_____。

6.8　或非门逻辑运算规则可归纳为有_____出 0，全_____出 1。

6.9　逻辑函数的表示方法主要有_____、_____、_____、_____和_____等。

6.10　若两个逻辑函数具有相同的_____，则认为该两个逻辑函数相等。

6.11　TTL 是_____逻辑集成门电路，是_____极型器件组成的门电路。可分为两大系列：满足军用要求设计的_____系列和满足民用要求设计的_____系列。

前者工作温度范围为＿＿＿＿＿＿℃；后者工作温度范围为＿＿＿＿＿＿℃。

6.12　74LS 系列门电路转折区电压对应于＿＿＿＿＿＿。阈值电压也称为＿＿＿＿＿电压或＿＿＿＿＿电压，是输出电压由高电平变为低电平或由低电平变为高电平的＿＿＿＿＿线。74LS 系列门电路 $U_{TH} \approx$＿＿＿＿＿ V。

6.13　74LS 系列门电路输出高电平 U_{OH} =＿＿＿＿＿ V，U_{OHmin} =＿＿＿＿＿ V，I_{OHmax} =＿＿＿＿＿；输出低电平 U_{OL} =＿＿＿＿＿ V，U_{OLmax} =＿＿＿＿＿ V，I_{OLmax} =＿＿＿＿＿。

6.14　关门电平 U_{OFF} 一般用＿＿＿＿＿＿＿＿＿＿代替；开门电平 U_{ON} 一般用＿＿＿＿＿＿＿＿＿＿代替。74LS 系列门电路 U_{ILmax} =＿＿＿＿＿ V；U_{IHmin} =＿＿＿＿＿ V。

6.15　TTL 门电路输入端接对地电阻 R_I 时，若 $R_I < R_{OFF}$，相当于接＿＿＿＿＿电平；若 $R_I > R_{ON}$，相当于接＿＿＿＿＿电平。74LS 系列门电路，$R_{OFF} \approx$＿＿＿＿＿，$R_{ON} \approx$＿＿＿＿＿。

6.16　OC 门即集电极＿＿＿＿＿＿门。使用时，必须在电源 V_{CC} 与输出端之间外接＿＿＿＿＿。OC 门的标志符号是＿＿＿＿＿。

6.17　OC 门的主要作用有实现＿＿＿＿＿功能；实现＿＿＿＿＿转换；用作＿＿＿＿＿电路。

6.18　三态门的输出状态，除高电平、低电平外，还有第三种状态：＿＿＿＿＿态，相当于输出端＿＿＿＿＿。三态门的标志符号是＿＿＿＿＿。

6.19　三态门主要用于总线＿＿＿＿＿传送电路信号。

6.20　CMOS 门电路噪声容限很大，接近于＿＿＿＿＿。

6.21　CMOS 门电路主要特点是＿＿＿＿＿高，＿＿＿＿＿特性好，＿＿＿＿＿低，＿＿＿＿＿能力强，＿＿＿＿＿系数大，＿＿＿＿＿范围大。

6.22　TTL 门电路的标准工作电压为＿＿＿＿＿ V，CMOS 门电路的电源电压允许范围为＿＿＿＿＿ V。

6.23　＿＿＿＿＿系列门电路与 74LS 系列门电路输入输出电平及引脚排列均兼容。可＿＿＿＿＿连接。

6.24　集成门电路引脚排列有一定规律，一般为双列直插式。若缺口向左，按正视图观察，引脚编号由小到大按＿＿＿＿＿时针排列，其中引脚编号最大的是＿＿＿＿＿，引脚编号为最大编号一半的是＿＿＿＿＿。

6.6.2　选择题

6.25　下列特点中，不属于数字电路特点的是＿＿＿。（A. 电路结构相对较简单；B. 内部晶体管主要工作在放大状态；C. 功耗较低；D. 便于集成）

6.26　下列因素中，不属于数字电路采用二进制数原因的是＿＿＿。（A. 可以代表两种不同状态；B. 运算规则简单；C. 便于书写；D. 便于计算机数据处理）

6.27　下列代码中，不属于 BCD 码的是＿＿＿。（A. 8421 码；B. 余 3 码；C. 2421 码；D. ASCII 码）

6.28　BCD 码是＿＿＿。（A. 二进制码；B. 十进制码；C. 二 – 十进制码；D. ASCII 码）

6.29　能使图 6-33 逻辑电路输出 $Y = 1$ 时的 AB 取值有＿＿＿种。（A. 1；B. 2；C. 3；D. 4）

6.30　已知某逻辑电路输入变量 AB 和输出函数 Y 的波形如图 6-34 所示，该逻辑门应为＿＿＿门。（A. 与非；B. 同或；C. 异或；D. 或非）

6.31　已知某逻辑电路输入变量 AB 和输出函数 Y 的波形如图 6-35 所示，该逻辑门应为

____门。（A. 与非；B. 或非；C. 与；D. 异或）

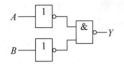　　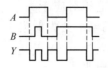　　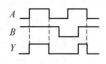

图 6-33　习题 6.29 电路　　　图 6-34　习题 6.30 电路　　　图 6-35　习题 6.31 电路

6.32　下列逻辑函数表示方法中，具有惟一性的是（多选）_____。（A. 真值表；B. 逻辑表达式；C. 逻辑电路图；D. 卡诺图）

6.33　下列不属于卡诺图特点的是____。（A. n 变量卡诺图有 2^n 个方格；B. 每个方格对应一个最小项；C. 相邻两个方格所代表的最小项只有一个变量不同；D. 每个方格按最小项编号顺序排列）

6.34　下述有关卡诺图化简须遵循规则说法错误的是____。（A. 卡诺圈内的 1 方格个数必须为 2n 个；B. 每个卡诺圈中至少有一个 1 方格不属于其他卡诺圈；C. 不能遗漏任何一个 1 方格；D. 卡诺圈的个数应尽可能少）

6.35　能实现"线与"功能的门电路是____。（A. OC 门；B. TSL 门；C. TTL 与门；D. 74LS 与门）

6.36　（多选）TTL 与（与非）门电路，多余输入端可接____；TTL 或（或非）门电路，多余输入端可接____。（A. $+V_{CC}$；B. 与有信号输入端并联；C. 悬空；D. 接地；E. 接对地电阻 $R_I > R_{ON}$；F. 接对地电阻 $R_I < R_{OFF}$）

6.37　在图 6-36 中，用 TTL 门电路能实现逻辑功能 $Y = \overline{A}$ 功能的门电路是____。

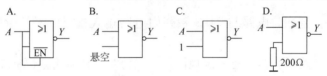

图 6-36　习题 6.37 电路

6.38　与 TTL 74LS 系列门电路引脚和电平均兼容的 CMOS 门电路是____。（A. CMOS 4000 系列；B. 74HC 系列；C. 74HCT 系列；D. MC14000/MC14500 系列）

6.39　与 TTL 门电路相比，CMOS 门电路的优点在于（多选）____。（A. 微功耗；B. 高速；C. 抗干扰能力强；D. 电源电压范围大）

6.40　在图 6-37 电路中，能实现逻辑功能 $Y = A + B$ 的电路是（多选）_____。

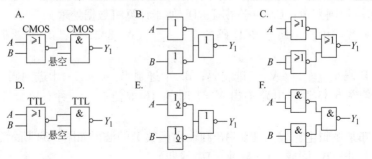

图 6-37　习题 6.40 电路

6.6.3 分析计算题

6.41 试将下列十进制数转换为二进制数

1）48 = _____ ;　　　　2）123 = _____。

6.42 试将下列二进制数转换为十进制数：

1）10100101B = _____ ;　　2）01110110B = _____。

6.43 试将习题6.41中十进制数直接转换为十六进制数。

6.44 试将习题6.42中二进制数直接转换为十六进制数。

6.45 试将下列十六进制数转换为十进制数：

1）E7H = _____ ;　　　　2）2AH = _____。

6.46 试将习题6.45中十六进制数直接转换为二进制数。

6.47 已知下列二进制数 X、Y，试求 $X+Y$、$X-Y$。

1）$X=01011011B$，$Y=10110111B$；　2）$X=11101100B$，$Y=11111001B$。

6.48 试将十进制数转换成8421 BCD码：

1）34　　　　　　　　　　2）100

6.49 试将下列二进制数转换成8421 BCD码：

1）10110101B　　　　　　　2）11001011B

6.50 已知门电路和输入信号（正逻辑）如图6-38所示，试填写 $Y_1 \sim Y_{12}$ 逻辑电平值。

6.51 已知门电路和输入信号如图6-39所示，试写出 $Y_1 \sim Y_6$ 逻辑电平值。

6.52 已知逻辑电路输入信号 A、B 和输出信号 Y_1、Y_2 的波形如图6-40所示，试写出其逻辑函数 Y_1 和 Y_2 表达式。

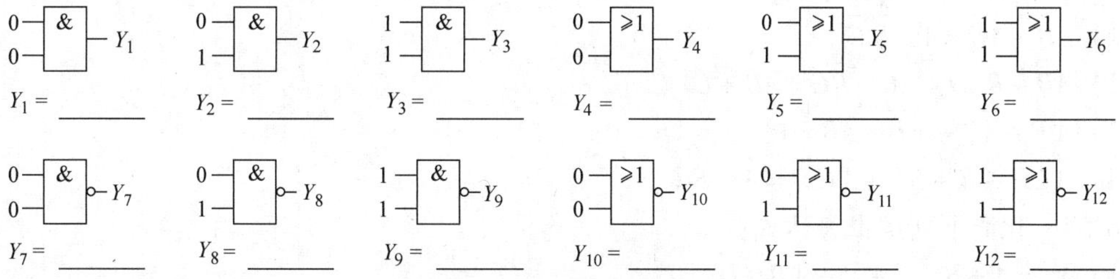

$Y_1 =$ _____　$Y_2 =$ _____　$Y_3 =$ _____　$Y_4 =$ _____　$Y_5 =$ _____　$Y_6 =$ _____

$Y_7 =$ _____　$Y_8 =$ _____　$Y_9 =$ _____　$Y_{10} =$ _____　$Y_{11} =$ _____　$Y_{12} =$ _____

图6-38　习题6.50电路

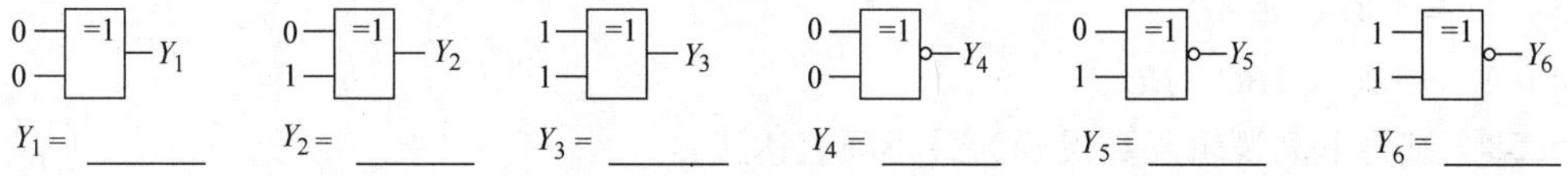

$Y_1 =$ _____　$Y_2 =$ _____　$Y_3 =$ _____　$Y_4 =$ _____　$Y_5 =$ _____　$Y_6 =$ _____

图6-39　习题6.51电路

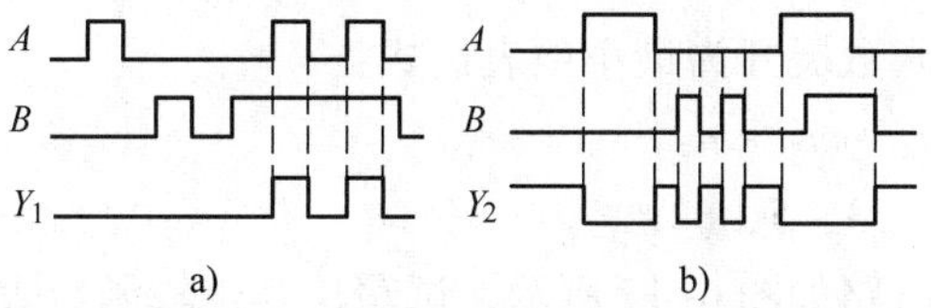

a)　　　　　　　　　　b)

图6-40　习题6.52波形

6.53 已知逻辑电路输入信号 A、B 和输出信号 Y_1、Y_2 的波形如图 6-41 所示，试写出其逻辑函数 Y_1 和 Y_2 表达式。

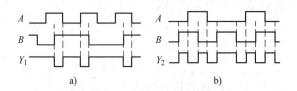

图 6-41 习题 6.53 波形

6.54 已知电路如图 6-42 所示，试写出输出信号表达式（不需化简）。

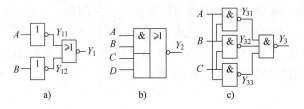

图 6-42 习题 6.54 电路

6.55 试根据下列输出信号表达式，画出逻辑电路图。

1）$Y_1 = \overline{\overline{AB} \cdot \overline{CD}}$

2）$Y_2 = \overline{AB + CD}$

3）$Y_3 = (A + B)(C + D)(A + C)$

6.56 求证下列逻辑等式：

1）$\overline{AB + AC} = \overline{A} + \overline{B}\,\overline{C}$

2）$AB + BCD + \overline{A}C + \overline{B}C = AB + C$

3）$\overline{A}\,\overline{B} + \overline{A}B + A\overline{B} + AB = 1$

4）$\overline{A}\,C + \overline{A}\,B + BC + \overline{A}\,C\,D = \overline{A} + BC$

6.57 化简下列逻辑表达式：

1）$Y_1 = A + B + C + D + \overline{A}\,\overline{B}\,\overline{C}\,\overline{D}$

2）$Y_2 = A(\overline{A} + B) + B(B + C) + B$

3）$Y_3 = A\overline{B} + B + \overline{A}B$

4）$Y_4 = ABC + \overline{A}BC + \overline{BC}$

6.58 试将下列逻辑函数展开为最小项表达式：

1）$Y_1 = AB + A\overline{C}$

2）$Y_2(ABC) = AB + BC + CA$

6.59 试将下列逻辑函数展开为最小项表达式：

1）$Y_1(ABC) = m_2 + m_4 + m_5 + m_7$

2）$Y_2(ABC) = \sum m(0, 3, 5, 6)$

6.60 已知下列逻辑电路如图 6-43 所示，试写出其逻辑函数表达式，并化简。

6.61 化简下列逻辑函数：

1) $Y_1 = \overline{A}CD + (\overline{C} + \overline{D})E + A + A\overline{B}\,\overline{C}$

2) $Y_2 = ABC + \overline{B}C + A\overline{C}$

3) $Y_3 = \overline{\overline{A}\,\overline{B}\,\overline{C}} \cdot \overline{\overline{A}\,\overline{B}} + \overline{B\,\overline{C}} + \overline{C\overline{A}}$

4) $Y_4 = (A + B)(\overline{A} + C)(B + C)$

6.62　试画出下列逻辑函数的卡诺图，并化简为最简与或表达式。

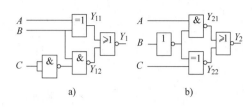

图 6-43　习题 6.60 逻辑电路

1) $Y_1 = \overline{A}\,\overline{B}\,\overline{C} + \overline{A}\,\overline{B}C + \overline{A}B\overline{C} + A\overline{B}C$

2) $Y_2(ABC) = \sum m(1,\ 2,\ 3,\ 4,\ 6)$

6.63　已知卡诺图如图 6-44 所示，试写出最小项表达式 $Y(ABCD) = \sum m_i$，并按已画好的卡诺圈，写出逻辑函数的最简与或表达式。

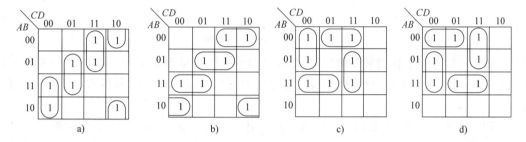

图 6-44　习题 6.63 卡诺图

6.64　试画出下列逻辑函数卡诺图，并化简为最简与或表达式。

1) $Y_1 = \overline{A}\,\overline{C}D + A\overline{B}\,\overline{C} + B\overline{C} + \overline{B}CD$

2) $Y_2 = \overline{A}\,\overline{B}\,\overline{C}\,\overline{D} + \overline{A}\,\overline{B}CD + \overline{A}BC\overline{D} + A\,\overline{B}\,\overline{C}D + A\,\overline{B}\,CD + A\overline{B}C\overline{D}$

6.65　已知 74LS 系列三输入端与非门电路如图 6-45 所示，其中两个输入端分别接输入信号 A、B，另一个输入端为多余引脚。试分析电路中多余引脚的接法是否正确？

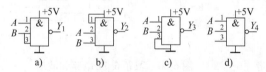

图 6-45　习题 6.65 电路

6.66　已知 74LS 系列三输入端或非门电路如图 6-46 所示，其中两个输入端分别接输入信号 A、B，另一个输入端为多余引脚。试分析电路中多余引脚接法是否正确？

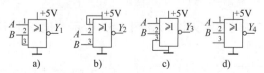

图 6-46　习题 6.66 电路

6.67　已知图 6-47 电路中 TTL 门电路的 $R_{OFF} = 0.8\text{k}\Omega$，$R_{ON} = 2.5\text{k}\Omega$，试写出输出端 $Y_1 \sim Y_4$ 函数表达式。

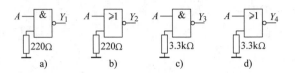

图 6-47　习题 6.67 电路

6.68　已知 74LS 系列三输入端门电路如图 6-48 所示，A、B 为有效输入信号，另一个输入端为多余引脚。若要求电路输出 $Y_1 \sim Y_6$ 按图所求，试判断电路接法是否正确？若有错，试予以改正。

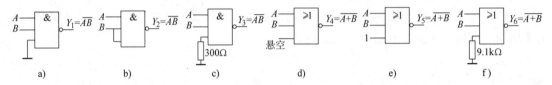

图 6-48　习题 6.68 电路

6.69　已知发光二极管驱动电路如图 6-49 所示，图中反相器为 74LS04，设 LED 正向压降为 1.7V，电流大于 1mA 时发光，最大电流为 10mA，$V_{CC} = 5V$，试分析 R_1、R_2 的阻值范围。

6.70　已知下列 74LS 系列与非门器件开门电平和关门电平，试求其噪声容限。

1）$U_{ON} = 1.4V$，$U_{OFF} = 1.1V$

2）$U_{ON} = 1.6V$，$U_{OFF} = 1V$

6.71　已知三态门电路和输入电压波形如图 6-50 所示，试画出输出电压波形。

6.72　已知 TTL74LS 系列门电路如图 6-51 所示，试写出输出端 Y 的逻辑表达式。

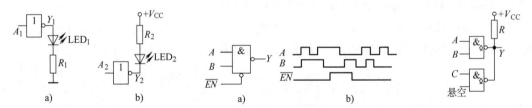

图 6-49　习题 6.69 电路　　　　图 6-50　习题 6.71 电路和波形　　　　图 6-51　习题 6.72 电路

6.73　若图 6-45 中与非门改成 74HC 系列或 CMOS 4000 系列，再判电路接法是否正确？

6.74　已知 CMOS 门电路如图 6-47 所示，试重新写出输出端 $Y_1 \sim Y_4$ 函数表达式。

6.75　已知 CMOS 三输入端门电路如图 6-48 所示，试重新判断电路接法是否正确？若有错，试予以改正。

6.76　已知 CMOS 三态门和输入波形如图 6-52 所示，试写出 Y_1 和 Y_2 的逻辑表达式，并画出 Y_1、Y_2 波形。

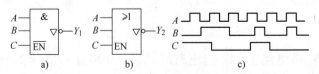

图 6-52　习题 6.76 电路和波形

6.77 已知 74LS00 连接电路如图 6-53 所示，A、B 为输入信号，试写出输出端 Y 的逻辑表达式。

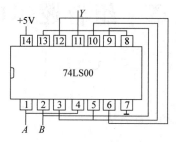

图 6-53 习题 6.77 电路

6.78 试用 74LS27 实现逻辑函数 $Y = \overline{\overline{\overline{A+B} + C + D} + E}$。要求按图 6-28 中 74LS27 芯片引脚画出连接线路。

第 7 章　组合逻辑电路

本章要点

- 组合逻辑电路的分析方法和设计方法
- 编码器
- 译码器
- 数码显示电路
- 数据选择器
- 加法器
- 竞争冒险的产生和消除

门电路的基本逻辑功能是与、或、非，相对简单。实际应用中，常需要功能相对复杂的数字逻辑电路，这些数字逻辑电路由若干门电路组成，具有特定逻辑功能。按电路输出量与原来的状态有无关系可分为组合逻辑电路和时序逻辑电路。

7.1　组合逻辑电路的基本概念

7.1.1　组合逻辑电路概述

1. 组合逻辑电路的特点

若任一时刻数字电路的稳态输出只取决于该时刻输入信号的组合，而与这些输入信号作用前电路原来的状态无关，则该数字电路称为组合逻辑电路（Combinational logic circuit）。

组合逻辑电路通常由多种门电路组成，且电路中不含有具有记忆功能的逻辑部件（如触发器、计数器等）。

2. 组合逻辑电路的分析和设计

组合逻辑电路的分析，是对给定组合逻辑电路进行逻辑分析，求出其相应的输入输出逻辑表达式，确定其逻辑功能。

组合逻辑电路的设计，则是组合逻辑电路分析的逆过程，已知逻辑功能要求，设计出具体的符合该要求的组合逻辑电路。

7.1.2　组合逻辑电路的分析方法

组合逻辑电路的分析方法一般可按如下步骤进行：

1）根据给定的组合逻辑电路，逐级写出每个门电路的逻辑表达式，直至写出输出端的逻辑表达式。

2）化简输出端的逻辑表达式（一般为较简的与或表达式）。

3）根据化简后的逻辑表达式列出真值表。

4）根据真值表，分析和确定电路的逻辑功能。

【例 7-1】 已知逻辑电路如图 7-1 所示，试求电路逻辑功能。

解：对于图 7-1a，有：$Y_A = \overline{A}$，$Y_B = \overline{B}$，$Y = \overline{Y_A Y_B} = \overline{\overline{A}\,\overline{B}} = A + B$

因此，图 7-1a 电路的逻辑功能为或门。

对于图 7-1b，有：$Y_A = \overline{A}$，$Y_B = \overline{B}$，$Y = \overline{Y_A + Y_B} = \overline{\overline{A} + \overline{B}} = AB$

因此，图 7-1b 电路的逻辑功能为与门。

【例 7-2】 已知组合逻辑电路如图 7-2 所示，试分析其逻辑功能。

解：1）逐级写出每个门电路的逻辑表达式。

$$Y_1 = \overline{A},\ Y_2 = \overline{B},\ Y_3 = \overline{AB},\ Y_4 = \overline{C};\ Y_5 = \overline{Y_1 Y_2} = \overline{\overline{A}\,\overline{B}},\ Y_6 = \overline{Y_3 Y_4} = \overline{\overline{AB}\,\overline{C}};$$
$$Y = \overline{Y_5 Y_6} = \overline{Y_5} + \overline{Y_6} = \overline{A}\,\overline{B} + \overline{AB}\,\overline{C}$$

2）化简。

$$Y = \overline{A}\,\overline{B} + \overline{AB}\,\overline{C} = \overline{A}\,\overline{B} + (\overline{A} + \overline{B})\overline{C} = \overline{A}\,\overline{B} + \overline{A}\,\overline{C} + \overline{B}\,\overline{C}$$

3）列出真值表如表 7-1 所示。

4）分析逻辑功能。

从表 7-1 可得出，输入信号 ABC 中，若只有一个或一个以下的信号为 1 时，输出 $Y = 1$，否则 $Y = 0$。

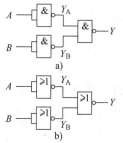

图 7-1　例 7-1 逻辑电路　　　图 7-2　例 7-2 逻辑电路

表 7-1　例 7-2 真值表

输	入		输出
A	B	C	Y
0	0	0	1
0	0	1	1
0	1	0	1
0	1	1	0
1	0	0	1
1	0	1	0
1	1	0	0
1	1	1	0

7.1.3　组合逻辑电路的设计方法

组合逻辑电路的设计方法，一般可按如下步骤进行：

1）分析逻辑命题，明确输入量和输出量，并确定其状态变量（逻辑 1 和逻辑 0 含义）。

2）根据逻辑命题要求，列出真值表。

3）根据真值表写出逻辑函数最小项表达式。

4）化简逻辑表达式。

5）根据逻辑表达式，画出相应逻辑电路。

【例 7-3】 试设计一个三人多数表决组合逻辑电路。

解：1）分析逻辑命题。

设三人为 A、B、C，同意为 1，不同意为 0；表决为 Y，有 2 人或 2 人以上同意，表决通过，通过为 1，否决为 0。因此，ABC 为输入量，Y 为输出量。

2）列出真值表，如表 7-2 所示。

3）写出最小项表达式。

$$Y = \overline{A}BC + A\overline{B}C + AB\overline{C} + ABC$$

4）化简逻辑表达式。

$$Y = \overline{A}BC + ABC + A\overline{B}C + ABC + AB\overline{C} + ABC$$
$$= (A + \overline{A})BC + AC(B + \overline{B}) + AB(C + \overline{C})$$
$$= AB + BC + AC$$

5）画出相应电路图如图 7-3a 所示。

若将上述与或表达式 $Y = AB + BC + AC$ 化为与非与非表达式，$Y = \overline{\overline{AB} \cdot \overline{BC} \cdot \overline{CA}}$，则逻辑电路可用图 7-3b 表示。

需要说明的是，上述组合逻辑电路设计步骤并非必须遵循的步骤，运用熟练者可根据命题要求，灵活地将上述 2）、3）、4）项合并，有两人同意表决通过，直接写出 $Y = AB + BC + AC$。

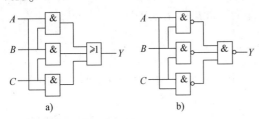

图 7-3　例 7-3 逻辑电路

a）与或电路　b）与非-与非电路

表 7-2　例 7-3 真值表

输　入			输出
A	B	C	Y
0	0	0	0
0	0	1	0
0	1	0	0
0	1	1	1
1	0	0	0
1	0	1	1
1	1	0	1
1	1	1	1

【例 7-4】　已知某工厂电源允许功率容量为 35kW，厂内有 3 台设备 A、B、C，其额定功率分别为 10kW、20kW 和 30kW，他们投入运行为随机组合，未超出工厂电源允许功率容量则为安全运行，试求工厂用电安全运行组合逻辑电路。

解：1）分析逻辑命题。

设 3 台设备为 A、B、C，运行为 1，停机为 0；工厂用电为 Y，安全用电为 1，否则为 0。

2）列出真值表，如表 7-3 所示。

3）写出最小项表达式。

$$Y = \overline{A}\,\overline{B}\,\overline{C} + \overline{A}BC + \overline{A}B\overline{C} + A\overline{B}\,\overline{C} + AB\overline{C}$$

4）化简逻辑表达式。

$$Y = \overline{A}\,\overline{B}\,\overline{C} + \overline{A}BC + \overline{A}B\overline{C} + A\overline{B}\,\overline{C} + AB\overline{C}$$
$$= (\overline{A}\,\overline{B}\,\overline{C} + \overline{A}B\overline{C}) + (\overline{A}B\overline{C} + \overline{A}BC) + (A\overline{B}\,\overline{C} + AB\overline{C}) + AB\overline{C}$$
$$= \overline{A}\,\overline{B} + \overline{A}C + B\overline{C} + AB\overline{C} = \overline{A}\,\overline{B} + \overline{C}(\overline{A} + B + AB) = \overline{A}\,\overline{B} + \overline{C}(\overline{A} + \overline{B} + B)$$
$$= \overline{A}\,\overline{B} + \overline{C}(\overline{A} + 1) = \overline{A}\,\overline{B} + \overline{C}$$

5）画出相应逻辑电路如图 7-4a 所示。Y 可接绿色 LED，灯亮表示安全用电。

除上述解题方法外，还可用如下方法：

① 观察法：从表 7-3 中看出，凡是 $C = 0$ 时，Y 均等于 1，因此得到第 1 项组合 $Y = \overline{C}$；5 项 $Y = 1$ 中除去 4 项 $C = 0$，还剩下一项 $\overline{A}\,\overline{B}C$。因此，$Y = \overline{A}\,\overline{B}C + \overline{C} = \overline{A}\,\overline{B} + \overline{C}$。

② 卡诺图法：根据最小项表达式，画出卡诺图如图 7-5 所示，合并卡诺圈得出：$Y = \overline{A}\,\overline{B} + \overline{C}$。用卡诺图法可检验公式法或观察法化简后的逻辑表达式是否为最简与或表达式。

表7-3　例7-4 真值表1

A	B	C	Y
0	0	0	1
0	0	1	1
0	1	0	1
0	1	1	0
1	0	0	1
1	0	1	0
1	1	0	1
1	1	1	0

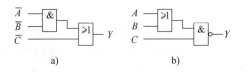

图 7-4　例 7-4 组合逻辑电路

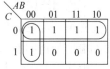

图 7-5　例 7-4 卡诺图

需要说明的是，上述图 7-4a 中输入变量为 $\overline{A}$、$\overline{B}$、$\overline{C}$，可能与设备运行检测电路的输出信号 A、B、C 极性不一致，此时可应用逻辑变换，$Y = \overline{A}\,\overline{B} + \overline{C} = \overline{\overline{AB} + \overline{C}} = \overline{\overline{AB} \cdot \overline{\overline{C}}} = \overline{(A + B) \cdot C}$，变换为图 7-4b 所示电路。

从上述两例中可以看出，实现某一逻辑命题的逻辑电路一般不是惟一的，可以由多种门电路，用多种组合方式实现逻辑功能。一般来讲，尽量采用现有各种通用集成门电路，在成本相同的条件下，尽量采用较少芯片设计组合。

【复习思考题】

7.1　什么叫组合逻辑电路？有什么特点？

7.2　什么叫组合逻辑电路的分析和设计？两者有什么关系？

【相关习题】

选做 7.4 习题中的填空题：7.1 ~ 7.2；选择题：7.21；分析计算题：7.36 ~ 7.44。

7.2　常用集成组合逻辑电路

为了便于应用，常用组合逻辑电路，不是由各类门电路外部连接组合，而是集成在一块芯片上，组成具有专用功能的集成组合逻辑电路。其特点是通用性强、能扩展、可控制，一般有互补信号输出端。

常用集成组合逻辑电路主要有编码器、译码器、数据选择器和加法器等。

7.2.1　编码器

用二进制代码表示数字、符号或某种信息的过程称为编码。能实现编码的电路称为编码器（Encoder）。编码器一般可分为普通编码器和优先编码器；按编码形式可分为二进制编码器和 BCD 编码器；按编码器编码输出位数可分为 4-2 线编码器、8-3 线编码器和 16-4 线编码器等。

1. 工作原理

为便于分析理解，以 4-2 线编码器为例。表 7-4 为 4-2 线编码器功能表。该编码器有 4 个输入端 $I_0 \sim I_3$，有两个输出端 Y_1、Y_0。当 4 个输入端 $I_0 \sim I_3$ 中有一个依次为 1（其与 3 个为 0）时，编码器依次输出 00 ~ 11。从而实现 4 个输入信号的编码。

但是，上述编码器正确实现编码需要条件。即 4 个输入端中，只允许有一个为逻辑 1。若有 2 个输入端为逻辑 1，输出编码将出

表 7-4　4-2 线编码器功能表

I_3	I_2	I_1	I_0	Y_1	Y_0
0	0	0	1	0	0
0	0	1	0	0	1
0	1	0	0	1	0
1	0	0	0	1	1

错。为了解决这一问题，一般把编码器设计为优先编码器。

2. 优先编码器

优先编码器是将输入信号的优先顺序排队，当有 2 个或 2 个以上输入端信号同时有效时，编码器仅对其中一个优先等级最高的输入信号编码，从而避免输出编码出错。表 7-5 为 4-2 线优先编码器功能表。$I_0 \sim I_3$ 中，I_0 优先等级最高。当 I_0 为 1 时，$I_1 \sim I_3$ 不论是 1 是 0，$Y_1 Y_0 = 00$；当 $I_0 = 0$，$I_1 = 1$ 时，I_2、I_3 不论是 1 是 0，$Y_1 Y_0 = 01$；以此类推。

表 7-5 4-2 线优先编码器功能表

I_3	I_2	I_1	I_0	Y_1	Y_0
×	×	×	1	0	0
×	×	1	0	0	1
×	1	0	0	1	0
1	0	0	0	1	1

3. 8-3 线优先编码器 74LS148

74LS148 引脚图如图 7-6 所示，其功能如表 7-6 所示。

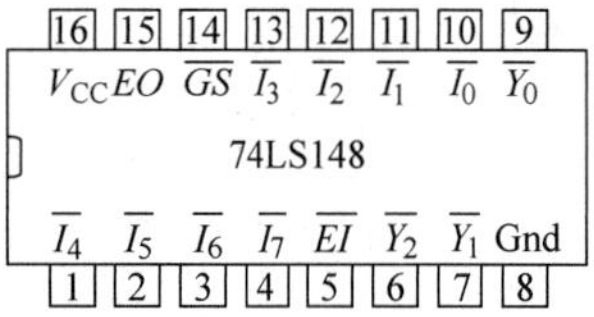

图 7-6 74LS148 引脚图

表 7-6 74LS148 功能表

输 入 端									输 出 端				
$\overline{EI}$	$\overline{I_7}$	$\overline{I_6}$	$\overline{I_5}$	$\overline{I_4}$	$\overline{I_3}$	$\overline{I_2}$	$\overline{I_1}$	$\overline{I_0}$	$\overline{Y_2}$	$\overline{Y_1}$	$\overline{Y_0}$	EO	$\overline{GS}$
1	×	×	×	×	×	×	×	×	1	1	1	1	1
0	1	1	1	1	1	1	1	1	1	1	1	0	1
0	0	×	×	×	×	×	×	×	0	0	0	1	0
0	1	0	×	×	×	×	×	×	0	0	1	1	0
0	1	1	0	×	×	×	×	×	0	1	0	1	0
0	1	1	1	0	×	×	×	×	0	1	1	1	0
0	1	1	1	1	0	×	×	×	1	0	0	1	0
0	1	1	1	1	1	0	×	×	1	0	1	1	0
0	1	1	1	1	1	1	0	×	1	1	0	1	0
0	1	1	1	1	1	1	1	0	1	1	1	1	0

1）$\overline{I_0} \sim \overline{I_7}$：输入端，低电平有效，$\overline{I_7}$ 优先等级最高。

2）$\overline{EI}$：控制端，低电平有效。

3）$\overline{Y_2}$、$\overline{Y_1}$、$\overline{Y_0}$：输出端，为反码形式（111 相当于 000）。

4）EO：选通输出端。

5）$\overline{GS}$：扩展输出端。

从表 7-6 中看出，$\overline{EI} = 1$ 时，芯片不编码；$\overline{EI} = 0$ 时，芯片编码。EO 和 $\overline{GS}$ 除用于选通输出和扩展输出外，还可用于区分芯片非编码状态和无输入状态。

除 74LS148 外，其他常用编码器芯片有 10-4 线 BCD 码优先编码器 74LS147、CMOS 8-3 线优先编码器 CC 4532、CMOS 10-4 线 BCD 码优先编码器 CC 40147 等。

7.2.2　译码器

将给定的二值代码转换为相应的输出信号或另一种形式二值代码的过程，称为译码。能实现译码功能的电路称为译码器（Decoder）。译码是编码的逆过程。

译码器大致可分为两大类：通用译码器和显示译码器。通用译码器又可分为变量译码器和代码变换译码器。

1. 工作原理

为便于分析理解，以 2-4 线译码器为例，表 7-7 为 2-4 线译码器功能表。该译码器有两个输入端 A_0 和 A_1，有 4 个输出端 $Y_0 \sim Y_3$。当输入编码依次为 00 ~ 11 时，输出端 $Y_0 \sim Y_3$ 依

192

次为 1，从而实现对两个输入编码信号 4 种状态的译码。

需要说明的是，编码器和译码器的输入输出端有相应的依存关系。对编码器来说，两个输出端最多能对 4 个输入信号编码，m 个输出端最多能对 2^m 个输入信号编码；对译码器来说，2 个输入信号最多能译成 4 种输出状态，n 个输入信号最多能译成 2^n 种输出状态。

表 7-7   2-4 线译码器功能表

输入		输出			
A_1	A_0	Y_3	Y_2	Y_1	Y_0
0	0	0	0	0	1
0	1	0	0	1	0
1	0	0	1	0	0
1	1	1	0	0	0

2. 3-8 线译码器 74LS138

图 7-7 为 74LS138 引脚图，表 7-8 为其功能表。74LS138 有 3 个输入端，8 个输出端，因此称为 3-8 线译码器。有 3 个门控端 G_1、$\overline{G_{2A}}$、$\overline{G_{2B}}$。当 $G_1 = 1$，$\overline{G_{2A}} = 0$，$\overline{G_{2B}} = 0$，同时有效时，芯片译码，反码输出，相应输出端低电平有效。3 个控制端只要有一个无效，芯片禁止译码，输出全 1。

表 7-8   74LS138 功能表

输入						输出							
G_1	$\overline{G_{2A}}$	$\overline{G_{2B}}$	A_2	A_1	A_0	$\overline{Y_7}$	$\overline{Y_6}$	$\overline{Y_5}$	$\overline{Y_4}$	$\overline{Y_3}$	$\overline{Y_2}$	$\overline{Y_1}$	$\overline{Y_0}$
0	×	×	×	×	×	1	1	1	1	1	1	1	1
×	1	×	×	×	×	1	1	1	1	1	1	1	1
×	×	1	×	×	×	1	1	1	1	1	1	1	1
1	0	0	0	0	0	1	1	1	1	1	1	1	0
1	0	0	0	0	1	1	1	1	1	1	1	0	1
1	0	0	0	1	0	1	1	1	1	1	0	1	1
1	0	0	0	1	1	1	1	1	1	0	1	1	1
1	0	0	1	0	0	1	1	1	0	1	1	1	1
1	0	0	1	0	1	1	1	0	1	1	1	1	1
1	0	0	1	1	0	1	0	1	1	1	1	1	1
1	0	0	1	1	1	0	1	1	1	1	1	1	1

图 7-7   74LS138 引脚图

引脚图：
16	15	14	13	12	11	10	9
V_{CC}	$\overline{Y_0}$	$\overline{Y_1}$	$\overline{Y_2}$	$\overline{Y_3}$	$\overline{Y_4}$	$\overline{Y_5}$	Y_0

74LS138

$\overline{A_0}$	A_1	A_2	$\overline{G_{2A}}$	$\overline{G_{2B}}$	G_1	$\overline{Y_7}$	Gnd
1	2	3	4	5	6	7	8

与 74LS138 相同功能的芯片是 74LS238，其与 74LS138 的惟一区别是 $Y_0 \sim Y_7$ 输出高电平有效。除 74LS138 外，其他常用编码器芯片有双 2 – 4 线译码器 74LS139、4 – 16 线译码器 74LS154、BCD 码输入 4 – 10 线译码器 74LS42。CMOS 译码器除与 74LS 系列相应的 74HC 系列芯片外，还有双 2 – 4 线译码器 4555（反码输出）、4556（反码输出），4 – 16 线译码器 4514（原码输出）、4515（反码输出）和 BCD 码输出 4 – 10 线译码器 4028（原码输出）等。

3. 译码器应用举例

（1）译码器扩展

【例 7-5】　试利用二片 74LS138 扩展组成 4 – 16 线译码器。

解：图 7-8 即为用二片 74LS138 扩展组成 4 – 16 线译码器。总输入为 $X_0 \sim X_3$，总输出端为 $\overline{Z_0} \sim \overline{Z_{15}}$。

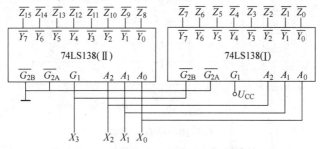

图 7-8   二片 74LS138 扩展组成 4 – 16 线译码器

当 $X_3 = 0$ 时，芯片（Ⅰ）$\overline{G_{2B}} = 0$（$G_1 = 1$，$\overline{G_{2A}} = 0$，不参与控制），译码；芯片（Ⅱ）$G_1 = 0$，禁止译码。

当 $X_3 = 1$ 时，芯片（Ⅰ）$\overline{G_{2B}} = 1$，禁止译码；芯片（Ⅱ）$G_1 = 1$（$\overline{G_{2A}} = \overline{G_{2B}} = 0$，不参与控制），译码工作。

需要说明的是，例举本例的目的，并非真要求用 2 片 74LS138 实现 4 - 16 线译码，主要是为了提供一种扩展思路，多片小容量译码芯片可扩展组成大容量译码电路。实现 4 - 16 线译码可直接运用 74LS154，其性能价格比肯定比 2 片 74LS138 高。

（2）用译码器实现组合逻辑函数

【例 7-6】 试利用 74LS138 和门电路实现例 7-3 中要求的 3 人多数表决逻辑电路。

解： 从例 7-3 中得到 3 人表决逻辑最小项表达式为：

$$Y = \overline{A}BC + A\overline{B}C + AB\overline{C} + ABC = m_3 + m_5 + m_6 + m_7$$

据此，画出图 7-9 逻辑电路。3 人表决输入端 A、B、C 依次接 74LS138 A_2、A_1、A_0 端；$G_1 = 1$，$\overline{G_{2A}} = \overline{G_{2B}} = 0$，不参与控制，始终有效。当 3 人表决输入符合最小项表达式要求时，74LS138 $\overline{Y_3}$、$\overline{Y_5}$、$\overline{Y_6}$、$\overline{Y_7}$ 端分别有效，输出为 0，经过与非门，有 0 出 1，完成 3 人多数表决逻辑要求。

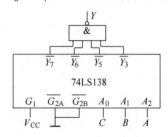

图 7-9 例 7-6 逻辑电路

从上例中看出，用译码器实现组合逻辑函数，非常方便。只需先求出组合逻辑要求的最小项表达式，将最小项 m 值相应的输出变量用一个与非门（原码输出用与门）组合，即可实现。

7.2.3 数码显示电路

数码显示通常有 LED 数码管显示和液晶显示器显示，本节研究分析 LED 数码管显示。

1. LED 数码管

LED 数码管由发光二极管（Light Emitting Diode，缩写为 LED。参阅 1.2.2 节）分段组成。因其工作电压低、体积小、可靠性高、寿命长、响应速度快（< 10ns）、使用方便灵活而得到广泛应用。按其外形尺寸有多种形式，使用较多的是 0.5″；按其连接方式可分为共阴型和共阳型两类。图 7-10a 为 0.5″ 数码管外型和引脚图，共有 8 个笔段：a、b、c、d、e、f、g 组成数字 8，Dp 为小数点。图 7-10b 和图 7-10c 分别为共阴型和共阳型数码管内部连接

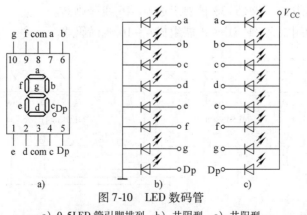

图 7-10 LED 数码管

a) 0.5LED 管引脚排列 b) 共阴型 c) 共阳型

方式。从图中看出，共阴型数码管是将所有笔段 LED 的阴极（负极）连接在一起，作为公共端 com；共阳型数码管是将所有笔段 LED 的阳极（正极）连接在一起，作为公共端 com。应用 LED 共阴型数码管时，公共端 com 接地，笔段端接高电平（串接限流电阻）时亮，笔段接低电平时暗。应用 LED 共阳型数码管时，公共端 com 接 V_{CC}，笔段端接低电平（串接限流电阻）时亮，笔段接高电平时暗。控制笔段亮或暗，可组成 0 ~ 9 数字显示，除此外，LED 数码管还可显示 A、B、C、D、E、F 等 16 进制数和其他一些字符。

2. 七段显示译码器 74LS47/48

在 74 系列和 CMOS 4000 系列电路中，7 段显示译码器品种很多，功能各有差异，现以 74LS47/48 为例，分析说明显示译码器的功能和应用。

图 7-11 为 74LS48 引脚图，表 7-9 为其功能表。74LS47 与 74LS48 的主要区别为输出有效电平不同。74LS47 是输出低电平有效，可驱动共阳 LED 数码管；74LS48 是输出高电平有效，可驱动共阴 LED 数码管。（以下分析以 74LS48 为例）

图 7-11　74LS48 引脚图

表 7-9　74LS48 功能表

输入数字	输入							$\overline{RBO}$	输出							显示数字
	$\overline{LT}$	$\overline{BI}$	$\overline{RBI}$	A_3	A_2	A_1	A_0		Y_a	Y_b	Y_c	Y_d	Y_e	Y_f	Y_g	
0	0	1	×	×	×	×	×	—	1	1	1	1	1	1	1	8
×	×	0	×	×	×	×	×	—	0	0	0	0	0	0	0	全暗
×	1	—	0	0	0	0	0	0	0	0	0	0	0	0	0	全暗
0	1	1	1	0	0	0	0	—	1	1	1	1	1	1	0	0
1	1	1	1	0	0	0	1	—	0	1	1	0	0	0	0	1
2	1	1	1	0	0	1	0	—	1	1	0	1	1	0	1	2
3	1	1	1	0	0	1	1	—	1	1	1	1	0	0	1	3
4	1	1	1	0	1	0	0	—	0	1	1	0	0	1	1	4
5	1	1	1	0	1	0	1	—	1	0	1	1	0	1	1	5
6	1	1	1	0	1	1	0	—	0	0	1	1	1	1	1	6
7	1	1	1	0	1	1	1	—	1	1	1	0	0	0	0	7
8	1	1	1	1	0	0	0	—	1	1	1	1	1	1	1	8
9	1	1	1	1	0	0	1	—	1	1	1	0	0	1	1	9
10	1	1	1	1	0	1	0	—	0	0	0	1	1	0	1	⊏
11	1	1	1	1	0	1	1	—	0	0	1	1	0	0	1	⊐
12	1	1	1	1	1	0	0	—	0	1	0	0	0	1	1	⊔
13	1	1	1	1	1	0	1	—	1	0	0	1	0	1	1	⊏
14	1	1	1	1	1	1	0	—	0	0	0	1	1	1	1	⊏
15	1	1	1	1	1	1	1	—	0	0	0	0	0	0	0	全暗

1）输入端 A_3 ~ A_0，二进制编码输入。

2）输出端 Y_a ~ Y_f，译码字段输出。高电平有效，即 74LS48 必须配用共阴 LED 数码管。

3）控制端：

① $\overline{LT}$：灯测试，低电平有效。$\overline{LT}$ = 0 时，笔段输出全 1。

② $\overline{RBI}$：输入灭零控制，$\overline{RBI}=0$ 时，若原输出显示数为 0，则 "0" 笔段码输出低电平（即 0 不显示），同时使 $\overline{RBO}=0$；若输出显示数非 0，则正常显示。

③ $\overline{BI}/\overline{RBO}$：具有双重功能。输入时作消隐控制（$\overline{BI}$ 功能）；输出时可用于控制相邻位灭零（$\overline{RBO}$ 功能），两者关系在片内 "线与"。

输入消隐控制：$\overline{BI}=0$，笔段输出全 0，显示暗。

输出灭零控制：输出灭零控制 $\overline{RBO}$ 须与输入灭零控制 $\overline{RBI}$ 配合使用。当输出显示数为 0 时，若 $\overline{RBI}=0$，则 $\overline{RBO}=0$，该 $\overline{RBO}$ 信号可用于控制相邻位灭零，可使整数高位无用 0 和小数低位无用 0 不显示。若输出显示数不为 0，或输入灭零控制 $\overline{RBI}=1$，则 $\overline{RBO}$ 无效。

74 系列 7 段显示译码器有 74LS46、74LS49、74LS246、74LS247、74LS248、74LS249 等，其中 74LS246 ~ 74LS249 笔段输出中的 6、9 显示符号为 ⊔、⊓。其余参数大致相同，可查阅有关技术手册。

【例 7-7】 试利用 74LS48 组成 3 位显示电路。

解：根据题意，画出 3 位显示电路，如图 7-12 所示。

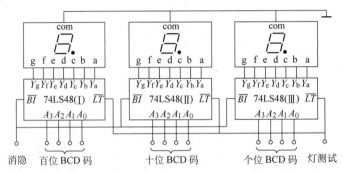

图 7-12　74LS48 组成 3 位显示电路

① 数码管采用共阴 LED 数码管，公共端 com 接地；3 位 LED 数码管笔段 a、b、c、d、e、f、g 分别接 3 位 74LS48 输出端 Y_a、Y_b、Y_c、Y_d、Y_e、Y_f、Y_g。

② 3 位 74LS48 的输入端 A_3、A_2、A_1、A_0 端分别接百位、十位和个位的 BCD 码信号，A_0 为低位端，A_3 为高位端。

③ 3 位 74LS48 的 $\overline{BI}$ 端连在一起，不需闪烁显示时，可悬空；需闪烁显示时，该端可输入方波脉冲，脉冲宽度宜 100 ~ 500ms。3 位 74LS48 的 $\overline{LT}$ 端连在一起，接低电平时，可测试 3 位 LED 数码管笔段是否完整有效以及初步判定显示电路能否正常工作。不测试时，可悬空。需要指出的是，若采用 74HC48（HCMOS TTL 电路），则 $\overline{BI}$ 和 $\overline{LT}$ 均不能悬空，正常显示时应接 V_{CC}。

【例 7-8】 试利用 74LS47 组成 3 位显示电路，小数点固定第一位，须具有灭零功能。

解：根据题意，画出由 74LS47 组成的 3 位显示电路如图 7-13 所示。其与例 7-7 图 7-12 的区别如下：

① 数码管采用共阳 LED 数码管，因为 74LS47 笔段输出低电平有效，其公共端 com 接 V_{CC}。按题目要求，第 1 位小数点串联 510Ω 限流电阻接地。

② 芯片（Ⅲ）的 $\overline{RBI_3}$ 接地，使百分位具有灭零功能；同时其 $\overline{BI}/\overline{RBO_3}$ 与芯片（Ⅱ）的 $\overline{RBI_2}$ 连接，使十分位在百分位为零时也具有灭零功能；芯片（Ⅰ）$\overline{RBI_1}$、$\overline{BI}/\overline{RBO_1}$ 和芯片

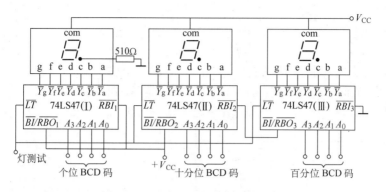

图 7-13　74LS47 组成 3 位显示电路

（Ⅱ）的 $\overline{BI}/\overline{RBO}_2$ 接高电平（LS 系列可悬空，HC 系列须接 V_{CC}）。

3. CMOS 7 段显示译码器 CC 4511

CMOS 4000 系列 7 段显示译码器有 CC 4026、CC 4033、CC 4055（驱动液晶）、CC 40110（加减计数译码/驱动）、CC 4511、CC 4513、CC 4543/4544（可驱动 LED 或液晶）、CC 4547（大电流）等，有关资料可查阅技术手册。其中典型常用芯片为 CC 4511。

图 7-14 为 CC 4511 引脚图，表 7-10 为其功能表。$\overline{LT}$ 为灯测试控制端，$\overline{LT}=0$，全亮；$\overline{BI}$ 为消隐控制端，$\overline{BI}=0$，全暗；LE 为数据锁存控制端，$LE=0$，允许从 $A_3 \sim A_0$ 输入 BCD 码数据，刷新显示；$LE=1$，锁存并维持原显示状态。

表 7-10　CC 4511 功能表

LE	$\overline{BI}$	$\overline{LT}$	A_3	A_2	A_1	A_0	显示数字
×	×	0	×	×	×	×	全亮
×	0	1	×	×	×	×	全暗
1	1	1	×	×	×	×	维持
0	1	1	0000 ~ 1001				0 ~ 9
0	1	1	1010 ~ 1001				全暗

图 7-14　CC 4511 引脚图

引脚图：
```
16   15   14   13   12   11   10   9
V_CC  Y_f  Y_g  Y_a  Y_b  Y_c  Y_d  Y_e

          CC 4511

A_1  A_2  LT̄  B̄I  LE  A_3  A_0  V_SS
 1    2    3   4   5   6    7    8
```

【例 7-9】　试用 CC 4511 组成 8 位显示电路。

解：用 CC 4511 组成 8 位显示电路，每位 4511 需要 4 根数据线和 1 根控制线，8 位共需 40 根连线，使得电路非常复杂。为此，采用数据公共通道（称为数据总线 Data Bus）和地址译码选通，电路如图 7-15 所示。分析说明如下：

1）CC 4511 数据输入端为 $A_0 \sim A_3$，将 8 位 CC 4511 的数据线相应端连在一起，即每位的 A_0 连在一起，A_1 连在一起，…；分别由数据总线 $D_0 \sim D_3$ 输入。

2）8 位 CC 4511 数据锁存控制端 LE 由一片 CC 4515 选通。CC 4515 为 4-16 线译码器，输出端 $\overline{Y}_0 \sim \overline{Y}_{15}$ 低电平有效，取其低 8 位 $\overline{Y}_0 \sim \overline{Y}_7$，正好用于控制 8 位 CC 4511 LE 端。CC 4515 输入端 $A_0 \sim A_3$，用其 $A_0 \sim A_2$，A_3 作为输入信号控制端。当 $A_3=0$，$A_0 \sim A_2$ 依次为 000 ~ 111 时，$\overline{Y}_0 \sim \overline{Y}_7$ 依次输出为 0，依次选通 8 位 CC 4511 锁存控制端 LE，同时依次分时从 $D_0 \sim D_3$ 输入 8 位数据显示信号（BCD 码），更新显示数据。

3）需要刷新显示时，令 CC 4515 $A_3=0$，$A_2A_1A_0=000$，此时 CC 4515 $\overline{Y}_0=0$，$\overline{Y}_1 \sim \overline{Y}_7=1$，选通 CC 4511（0），然后从 $D_0 \sim D_3$ 输入第 0 位（最低位）显示数字（BCD 码），CC 4511（0）刷新显示。

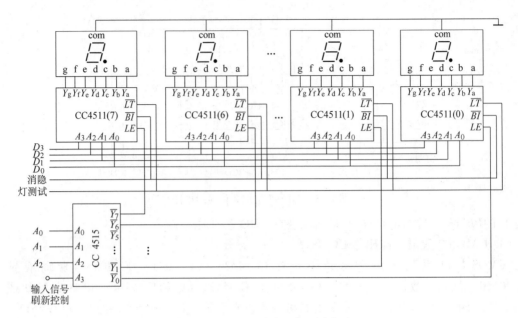

图 7-15　CC 4511 组成 8 位显示电路

然后再从 CC 4515 输入 $A_2A_1A_0 = 001$，此时 CC 4515 $\overline{Y_0} = 1$，$\overline{Y_1} = 0$，$\overline{Y_2} \sim \overline{Y_7} = 1$。$\overline{Y_0} = 1$ 使 CC 4511 (0) 锁存已刷新的显示数据；$\overline{Y_1} = 0$ 选通 CC 4511 (1) LE 端，然后从 $D_0 \sim D_3$ 输入第 1 位（次低位）显示数字（BCD 码），CC 4511 (1) 刷新显示。

以此类推，直至 8 位显示全部刷新。

4）刷新完毕，令 CC 4515 $A_3 = 1$，则 $\overline{Y_0} \sim \overline{Y_7}$ 全为 1，8 位 CC 4511 均不接受 $D_0 \sim D_3$ 端的数据输入信号，稳定锁存并显示以前输入刷新的数据。

5）8 位 CC 4511 的 $\overline{BI}$ 端（消隐控制）连在一起、$\overline{LT}$ 端连在一起，可作为闪烁显示控制和灯测试控制（均为低电平有效）。

综上所述，应用图 7-15，只需要 8 根线（$D_0 \sim D_3$、$A_0 \sim A_3$），即可控制 8 位数据显示。利用数据总线传输多位显示数据，这是 CC 4511 的特点，CC 4511 常用于微机控制显示电路。

7.2.4　数据选择器

能够从多路数据中选择一路进行传输的电路称为数据选择器（Multiplexer）。其原理框图如图 7-16 所示，基本功能相当于一个单刀多掷开关，通过开关切换，将输入信号 $D_0 \sim D_3$ 中的一个信号传送到输出端输出。A_1A_0 为选择控制端，当 $A_1A_0 = 00 \sim 11$ 时，输出信号分别为 $D_0 \sim D_3$。

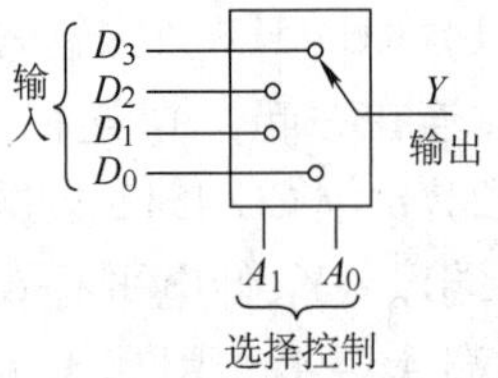

数据选择器有 2 选 1、4 选 1、8 选 1 和 16 选 1 等多种类型。8 选 1 数据选择器 74LS151/251 功能如表 7-11 所示，引脚图如图 7-17 所示。$D_7 \sim D_0$ 为数据输入端，$\overline{Y}$、Y 为互补数据输出端，$A_2 \sim A_0$ 为地址输入端，$\overline{ST}$ 为芯片选通端。74LS251 与 74LS151 引脚兼容，功能相同。惟一区别是 74LS251 具有三态功能，即未选通（$\overline{ST} = 1$）时，Y、$\overline{Y}$ 均呈高阻态；而 74LS151 在未选通时，Y、$\overline{Y}$ 分别输出 0、1。

图 7-16　数据选择器原理框图

198

表 7-11　74LS151/251 功能表

输入												输出	
$\overline{ST}$	A_2	A_1	A_0	D_7	D_6	D_5	D_4	D_3	D_2	D_1	D_0	Y	$\overline{Y}$
1	×	×	×	×	×	×	×	×	×	×	×	0/Z	1/Z
0	0	0	0	×	×	×	×	×	×	×	D_0	D_0	$\overline{D_0}$
0	0	0	1	×	×	×	×	×	×	D_1	×	D_1	$\overline{D_1}$
0	0	1	0	×	×	×	×	×	D_2	×	×	D_2	$\overline{D_2}$
0	0	1	1	×	×	×	×	D_3	×	×	×	D_3	$\overline{D_3}$
0	1	0	0	×	×	×	D_4	×	×	×	×	D_4	$\overline{D_4}$
0	1	0	1	×	×	D_5	×	×	×	×	×	D_5	$\overline{D_5}$
0	1	1	0	×	D_6	×	×	×	×	×	×	D_6	$\overline{D_6}$
0	1	1	1	D_7	×	×	×	×	×	×	×	D_7	$\overline{D_7}$

图 7-17　74LS151/251 引脚图

（引脚图）
16 15 14 13 12 11 10 9
V_{CC} D_4 D_5 D_6 D_7 A_0 A_1 A_2
74LS151/251
D_3 D_2 D_1 D_0 Y $\overline{Y}$ $\overline{ST}$ Gnd
1 2 3 4 5 6 7 8

数据选择器的应用很广泛，除从多路数据中选择一路输出的一般应用外，主要还有下列应用（以 8 选 1 数据选择器为例）：

1）将并行数据变为串行数据。若将顺序递增的地址码加在 $A_0 \sim A_1$ 端，将并行数据加在 $D_0 \sim D_7$ 端，则在输出端能得到一组 $D_0 \sim D_7$ 的串行数据。

2）实现组合逻辑函数。将地址信号 $A_2 \sim A_0$ 看作输入逻辑变量，将数据输入信号 $D_7 \sim D_0$ 看作 8 个最小项的值，则 Y 端数据即为组合逻辑函数值。

需要说明的是，数据选择器只能传输数字信号。有一种模拟开关电路（例如 CC 4051），既可传输数字信号，又可传输模拟信号，也可用作数据选择器。

【例 7-10】　试利用 74LS151 实现例 7-3 中要求的 3 人多数表决逻辑电路。

解：从例 7-3 中得到 3 人表决逻辑最小项表达式为：

$$Y = \overline{A}BC + A\overline{B}C + AB\overline{C} + ABC = m_3 + m_5 + m_6 + m_7$$

据此，画出逻辑电路如图 7-18 所示。三人表决意见 A、B、C 分别接 74LS151 地址输入端 $A_2 \sim A_0$（A 是高位，C 是低位），选通端 $\overline{ST}$ 接地（使芯片处于选通状态），当 ABC 分别为 011、101、110 和 111（即 $m_3 m_5 m_6 m_7$）时，$Y = D_3$、D_5、D_6 和 D_7，即 $Y = 1$。

与例 7-6 比较，可以看出，应用 74LS151 实现组合逻辑函数比 74LS138 电路更简洁。

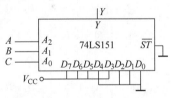

图 7-18　例 7-10 逻辑电路

【例 7-11】　试用数据选择器实现 4 变量地址组合逻辑函数：

$$Y = \overline{A}\,\overline{B}CD + A\overline{B}CD + A\overline{B}C\overline{D} + \overline{A}C\overline{D} + B\overline{C}$$

解：4 变量地址组合逻辑函数，一般需 16 选 1 数据选择器来实现，但利用 8 选 1 数据选择器，也可实现 4 变量地址逻辑函数。方法如下：

1）先将其变换为最小项表达式，并依次排列：

$$Y = \overline{A}\,\overline{B}CD + A\overline{B}CD + A\overline{B}C\overline{D} + \overline{A}C\overline{D}(B+\overline{B}) + B\overline{C}(A+\overline{A})(D+\overline{D})$$

$$= \overline{A}\,\overline{B}CD + A\overline{B}CD + A\overline{B}C\overline{D} + \overline{A}BC\overline{D} + \overline{A}\,\overline{B}C\overline{D} + AB\overline{C}D + AB\overline{C}\,\overline{D} + \overline{A}B\overline{C}D + \overline{A}B\overline{C}\,\overline{D}$$

$$= \overline{A}\,\overline{B}CD + A\overline{B}CD + A\overline{B}C\overline{D} + AB\overline{C}D + \overline{A}BC\overline{D} + AB\overline{C}\,\overline{D} + \overline{A}B\overline{C}D + \overline{A}B\overline{C}\,\overline{D}$$

$$= \overline{A}\,\overline{B}\,\overline{C}\,\overline{D} + \overline{A}\,\overline{B}CD + \overline{A}B\overline{C}\,\overline{D} + \overline{A}B\overline{C}D + A\overline{B}CD + A\overline{B}C\overline{D} + AB\overline{C}\,\overline{D} + AB\overline{C}D$$

$$= m_0 + m_3 + m_4 + m_5 + m_9 + m_{10} + m_{12} + m_{13}$$

2）将上述最小项表达式中的 ABC 项看作8选1数据选择器的地址信号 $A_2A_1A_0$，将 D 项看作数据信号 $D_0 \sim D_7$，列出表7-12。

① 最小项中，若有连续两位高3位地址 ABC 相同，则相应数据输入端 D_i 接1；

② 最小项缺项者，则相应数据输入端 D_i 接0；

③ 其余按最小项编号 D_i 数据接 D（$D_i = 1$）或 $\overline{D}$（$D_i = 0$）。

或者也可这样理解：

$$Y = \overline{A}\,\overline{B}\,\overline{C}\,\overline{D} + \overline{A}\,\overline{B}\,\overline{C}D + \overline{A}B\overline{C}\,\overline{D} + \overline{A}B\overline{C}D + A\overline{B}\,\overline{C}D + A\overline{B}C\overline{D} + AB\overline{C}\,\overline{D} + AB\overline{C}D$$

$$= \underset{000}{\overline{A}\,\overline{B}\,\overline{C}\,\overline{D}} + \underset{001}{\overline{A}\,\overline{B}\,C D} + \underset{010}{\overline{A}B\overline{C}(D+\overline{D})} + \underset{100}{A\overline{B}\,\overline{C}D} + \underset{101}{A\overline{B}C\overline{D}} + \underset{110}{AB\overline{C}(D+\overline{D})}$$

$$= \underset{D_0 = \overline{D}}{000 D_0} + \underset{D_1 = D}{001 D_1} + \underset{D_2 = 1}{010 D_2} + \underset{缺项 D_3 = 0}{011 D_3} + \underset{D_4 = D}{100 D_4} + \underset{D_5 = \overline{D}}{101 D_5} + \underset{D_6 = 1}{110 D_6} + \underset{缺项 D_7 = 0}{111 D_7}$$

3）根据表7-12画出本题要求的组合逻辑电路如图7-19所示。ABC 接74LS151地址端 $A_2A_1A_0$（A 是高位，C 是低位）。D 经过一个反相器产生 $\overline{D}$，D 接74LS151数据端 D_1 和 D_4；$\overline{D}$ 接 D_0 和 D_5；$D_2 = D_6 = 1$，接 V_{CC}；$D_3 = D_7 = 0$，接地。选通端 $\overline{ST}$ 接地，Y 端输出即为本题逻辑函数所求。

本例说明，2^n 选1数据选择器可以实现（$n+1$）个地址变量的逻辑函数。

表7-12　例7-11地址/数据表

最小项	地址			数据	代表最小项表达式	Y
	A_2	A_1	A_0	$D_0 \sim D_7$		
	A	B	C	D		
m_0	0	0	0	$D_0 = \overline{D}$	$\overline{A}\ \overline{B}\ \overline{C}\ \overline{D}$	1
m_3	0	0	1	$D_1 = D$	$\overline{A}\ \overline{B}\ C\ D$	1
$m_4\ m_5$	0	1	0	$D_2 = 1$	$\overline{A}\ B\ \overline{C}\ (\overline{D}+D)$	1
—	0	1	1	$D_3 = 0$	—	0
m_9	1	0	0	$D_4 = D$	$A\ \overline{B}\ \overline{C}\ D$	1
m_{10}	1	0	1	$D_5 = \overline{D}$	$A\ \overline{B}\ C\ \overline{D}$	1
$m_{12}\ m_{13}$	1	1	0	$D_6 = 1$	$A\ B\ \overline{C}\ (\overline{D}+D)$	1
—	1	1	1	$D_7 = 0$	—	0

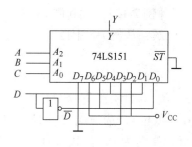

图7-19　例7-11逻辑电路

7.2.5　加法器

全加器、半加器和数值比较器、奇偶检测器等通常称为"数字运算器"，是计算机系统必不可少的单元电路。

1. 半加器（Half Adder）

1）定义：能够完成两个一位二进制数 A 和 B 相加的组合逻辑电路称为半加器。

2）真值表：半加器真值表如表7-13所示，其中 S 为和，C_0 为进位。

3）逻辑表达式：$S = A\overline{B} + \overline{A}B = A \oplus B$；$C_0 = AB$。

4）逻辑符号：半加器逻辑符号如图 7-20 所示。

2. 全加器（Full Adder）

半加器运算仅是两个数 A、B 之间的加法运算，并未包括来自低位进位的运算。若包括低位进位就成为全加运算。

1）定义：两个二进制数 A、B 与来自低位的进位 C_I 三者相加的组合逻辑电路称为全加器。

2）真值表：全加器真值表如表 7-14 所示。

3）逻辑表达式：

$$S = \overline{A}\,\overline{B}C_I + \overline{A}B\,\overline{C_I} + A\overline{B}\,\overline{C_I} + ABC_I = (\overline{A}\,\overline{B} + AB)C_I + (\overline{A}B + A\overline{B})\overline{C_I}$$

$$= (\overline{A \oplus B})C_I + (A \oplus B)\overline{C_I} = A \oplus B \oplus C_I$$

$$C_O = \overline{A}BC_I + A\overline{B}C_I + AB\overline{C_I} + ABC_I = (\overline{A}B + A\overline{B})C_I + AB(\overline{C_I} + C_I) = (A \oplus B)C_I + AB$$

4）逻辑符号：全加器的逻辑符号如图 7-21 所示。

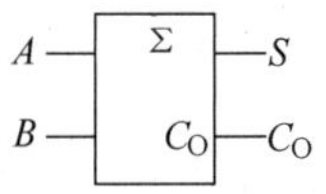

表 7-13　半加器真值表

输　入		输　出	
A	B	S	C_O
0	0	0	0
0	1	1	0
1	0	1	0
1	1	0	1

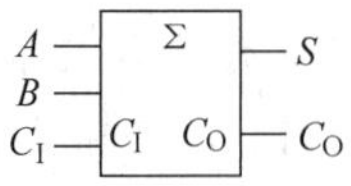

图 7-20　半加器逻辑符号

图 7-21　全加器逻辑符号

表 7-14　全加器真值表

输　入			输　出	
A	B	C_I	S	C_O
0	0	0	0	0
0	0	1	1	0
0	1	0	1	0
0	1	1	0	1
1	0	0	1	0
1	0	1	0	1
1	1	0	0	1
1	1	1	1	1

5）串行进位全加器。

利用多个一位全加器可组成多位二进制全加器，图 7-22 为 4 位串行加法逻辑电路。其中 $A_3 \sim A_0$、$B_3 \sim B_0$ 为两个 4 位二进制加数；其和为 $S_3 \sim S_0$；每一位的进位逐位向高位串行传送，最低位 C_I 接地，最高位进位 C_O 即为总进位。该电路属串行加法器，其优点是电路结构简单，缺点是由于串行逐级进位，完成整个运算所需时间较长。

6）集成全加器。

74LS283 为 4 位超前进位全加器，图 7-23 为其引脚图。$A_3 \sim A_0$、$B_3 \sim B_0$ 为两个 4 位二进制加数；$S_3 \sim S_0$ 为 4 位和输出；C_I 为来自低位的输入进位，C_O 为总的输出进位。所谓"超前进位"，是根据加法运算前的低位状态直接得到本位进位信号。因此，速度上明显快于逐级传输方法。"超前进位"可有效提高加法器的运算速度。

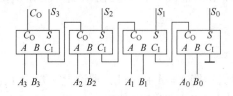

图 7-22　4 位串行加法器逻辑电路

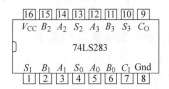

图 7-23　74LS283 引脚图

图 7-24 为两片 74LS283 组成的 8 位二进制数加法电路。两个 8 位二进制数的低 4 位和高 4 位分别从两片 74LS283 $A_3 \sim A_0$ 和 $B_3 \sim B_0$ 输入；芯片 I 的输入进位 C_I 接地，输出进位

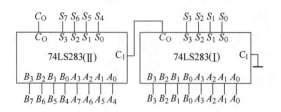

图 7-24　74LS283 组成 8 位二进制数加法器

C_0 连接至芯片 Ⅱ 输入进位 C_I；低 4 位和 $S_3 \sim S_0$ 从芯片 Ⅰ 输出，高 4 位和 $S_7 \sim S_4$ 从芯片 Ⅱ 输出；输出总进位 C_0 即芯片 Ⅱ 输出进位 C_0。

【复习思考题】

7.3　什么叫优先编码器？

7.4　BCD 码编码器与二进制编码器有什么区别？

7.5　什么叫译码器？如何分类？

7.6　74LS138 有几个输入端，几个输出端，几个控制端？

7.7　74LS138 三个控制端有什么关系？

7.8　74LS138 译码输出时，8 个输出端各是什么状态？

7.9　什么叫译码器的原码输出和反码输出？

7.10　什么叫共阴型和共阳型 LED 数码管？

7.11　74LS47 与 74LS48 主要有什么区别？

7.12　画出数据选择器原理框图，叙述其定义。

7.13　数据选择器如何将并行数据变为串行数据？

7.14　全加器与半加器有何区别？

【相关习题】

选做 7.4 习题中的填空题：7.3 ~ 7.16；选择题：7.22 ~ 7.33；分析计算题：7.45 ~ 7.63。

7.3　组合逻辑电路的竞争冒险现象

前几节分析的组合逻辑电路，均没有考虑门电路的传输延迟时间，而实际上，门电路在信号转换时，均会出现不同程度的延时，致使在某些情况下，电路输出端产生错误组合信号。

1. 竞争冒险的两种现象

（1）现象 Ⅰ

如图 7-25a 所示，电路 $Y = A + \overline{A}$，按电路逻辑功能 $Y = A + \overline{A} = 1$，理论上 Y 恒为 1，不会产生错误。但由于门电路传输时间延迟，就有可能产生错误输出波形。如图 7-25b 所示。设每个门延迟时间为 t_{pd}，则 $\overline{A}$ 延迟 A 时间为 t_{pd}，在 A 脉冲后沿，全 0 出 0，$Y = A + \overline{A}$ 会出现一个低电平窄脉冲。

（2）现象 Ⅱ

如图 7-26a 所示，电路 $Y = A\bar{A}$，按电路逻辑功能 $Y = A\bar{A} = 0$，理论上 Y 恒为 0，不会产生错误。但由于门电路传输时间延迟，就有可能产生错误输出波形。如图 7-26b 所示，设每个门延迟时间为 t_{pd}，则 $\bar{A}$ 延迟 A 时间为 t_{pd}，在 A 脉冲的前沿，全 1 出 1，$Y = A\bar{A}$ 会出现一个高电平窄脉冲。

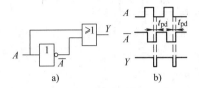

图 7-25　冒险现象 I 示意图

a）$Y = A + \bar{A}$ 电路　b）冒险波形示意

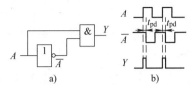

图 7-26　冒险现象 II 示意图

a）$Y = A\bar{A}$ 电路　b）冒险波形示意

2. 竞争与冒险的含义

1）竞争：门电路输入端的两个互补输入信号同时向相反的逻辑电平跳变的现象称为竞争。

例如，图 7-25 中或门和图 7-26 中与门的两个互补输入信号 A 和 $\bar{A}$ 同时向相反方向发生跳变瞬间，产生竞争。

2）冒险：门电路由于竞争而产生错误输出（尖峰脉冲）的现象称为竞争 - 冒险。

对大多数组合逻辑电路来说，竞争现象是不可避免的。但竞争不一定会产生冒险，而产生冒险必定存在竞争。

如图 7-25 所示，或门输入端信号 A 和 $\bar{A}$，每个周期产生两次竞争，一次产生在脉冲前沿，另一次产生在脉冲后沿。脉冲前沿的那次竞争未形成冒险，而脉冲后沿的那次竞争形成了冒险。

同理，图 7-26 中，与门输入端信号 A 和 $\bar{A}$，每个周期产生两次竞争，脉冲前沿和脉冲后沿各一次，脉冲后沿的那次竞争未形成冒险，而脉冲前沿的那次竞争形成了冒险。

3. 判断产生竞争 - 冒险的方法

有竞争就有可能形成冒险，判断有无竞争 - 冒险可先判断有无竞争。一般可用下述两种方法：

1）或（或非）门，在某种条件下形成 $Y = A + \bar{A}$（$\overline{A + \bar{A}}$）时，会产生竞争现象；与（与非）门，在某种条件下形成 $Y = A\bar{A}$（$\overline{A\bar{A}}$）时，会产生竞争现象。

例如逻辑函数 $Y = AB\bar{C} + CD$，在 $A = B = D = 1$ 情况下，$Y = C + \bar{C}$，存在竞争。

又如逻辑函数 $Y = \overline{\overline{\overline{A}\,BD} \cdot \overline{BC} \cdot \overline{A\,B\,\bar{C}}}$，在 $A = 0$，$C = D = 1$ 情况下，$Y = \bar{B}\bar{\bar{B}}$，存在竞争。

2）卡诺图中有相邻的卡诺圈相切。

例如逻辑函数 $Y = AB\bar{C} + CD$，画出其卡诺图如图 7-27a 所示，其中卡诺圈 CD 与卡诺圈 $AB\bar{C}$ 相切，因此存在竞争。

又如逻辑函数 $Y = \overline{\overline{\overline{A}\,BD} \cdot \overline{BC} \cdot \overline{A\,B\,\bar{C}}} = \bar{A}\,BD + BC + A\,B\,\bar{C}$，画出其卡诺图如图 7-27b 所示，其中卡诺圈 BC 与卡诺圈 $\bar{A}\,BD$ 相切，卡诺圈 $\bar{A}\,BD$ 与卡诺圈 $A\,B\,\bar{C}$ 相切，因此存在竞争。

4. 竞争冒险的消除

为消除组合逻辑电路中的竞争冒险现象，可以采用的方法很多，常用的方法有以下两种：

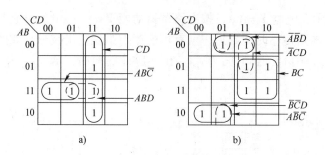

图 7-27 从卡诺图判断竞争现象举例

a) $Y = A\bar{B} + CD$ b) $Y = \overline{A}BD + BC + \overline{A}CD + A\bar{B}\bar{C}$

（1）引入冗余项

引入冗余项也称为修改逻辑设计法。上例中，逻辑函数 $Y = AB\bar{C} + CD$，在 $A = B = D = 1$ 情况下存在竞争。为消除竞争，可增加冗余项。$Y = AB\bar{C} + CD = AB\bar{C} + CD + ABD$，增加的 ABD 项可以从图 7-27a 中得出。增加了 ABD 项后，消除了卡诺圈 CD 与卡诺圈 $AB\bar{C}$ 相切情况。原来在 $A = B = D = 1$ 情况下，出现 $Y = C + \bar{C}$，输出端形成错误负脉冲（参阅图 7-26）。现在由于 ABD 项的存在，跳变瞬间 $Y = \bar{C} + C + ABD = \bar{C} + C + 1 = 1$，从而消除了错误负脉冲。

引入冗余项后，增加了电路复杂性，但消除了竞争冒险现象，提高了电路的可靠性。图 7-28a 为原逻辑电路，图 7-28b 为引入冗余项 ABD 后的逻辑电路。

这种方法适用于较简单的电路。若输入变量较多，且有两个或两个以上变量出现竞争，则难于简单地解决所有竞争 – 冒险。

（2）输出端增加滤波电容 C_f

利用电容的滤波特性，在输出端对地并接小电容 C_f，可滤除可能产生的冒险窄脉冲。电容 C_f 的取值主要与门电路的延迟时间有关，例如图 7-28c 中，若门电路延时时间为 10ns，电容 C_f 可取 390pF。

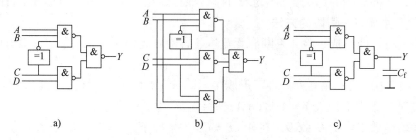

图 7-28 消除竞争冒险的方法

a) $Y = AB\bar{C} + CD$ 逻辑电路   b) 增加冗余项 ABD c) 增加滤波电容 C_f

这种方法的优点是简单易行，缺点是增加了输出电压波形的上升时间和下降时间，使波形变坏。

【例 7-12】 已知 4 变量逻辑函数 $Y(ABCD) = \sum m(1, 3, 6, 7, 8, 9, 14, 15)$，当用最少数目的与非门实现时，分析电路在什么时刻可能出现冒险现象？如何采取措施消除？

解：根据逻辑函数 Y 表达式，先画出卡诺图如图 7-27b 所示。根据卡诺图化简可得出最简与或表达式 $Y = \overline{A}BD + BC + A\bar{B}\bar{C} = \overline{\overline{A}BD \cdot \overline{BC} \cdot \overline{A\bar{B}\bar{C}}}$。

从卡诺图中看出，卡诺圈 $\overline{A}\,\overline{B}D$ 与 BC 相切，即在 $A=0$，$C=D=1$，且 B 信号变化时，会产生竞争，有可能产生冒险。消除的方法是引入冗余项 $\overline{A}CD$；另外，卡诺圈 $\overline{A}\,\overline{B}D$ 与卡诺圈 $\overline{A}\,\overline{B}\,\overline{C}$ 相切，即在 $B=C=0$，$D=1$，且 A 信号变化时，会产生竞争，有可能产生冒险。消除方法是引入冗余项 $\overline{B}\,\overline{C}D$。

【复习思考题】

7.15　叙述组合逻辑电路竞争与冒险的含义，二者有何关系？

7.16　对或门和或非门电路、与门和与非门电路，什么情况下会产生竞争冒险现象？

7.17　从卡诺图上如何判断组合逻辑电路会产生竞争？

7.18　简述消除组合逻辑电路竞争的常用方法。

【相关习题】

选做 7.4 习题中的填空题：7.17~7.20；选择题：7.34~7.35；分析计算题：7.64~7.65。

7.4　习题

7.4.1　填空题

7.1　数字电路任一时刻的稳态输出只取决于该时刻输入信号的组合，而与这些输入信号作用前电路原来的状态无关，则该数字电路称为_____逻辑电路。

7.2　给定组合逻辑电路，求出其相应的输入输出逻辑表达式，确定其逻辑功能。称为组合逻辑电路的_____。

7.3　用二进制代码表示数字、符号或某种信息的过程称为_____。

7.4　将给定的代码转换为相应的输出信号或另一种形式代码的过程称为_____。

7.5　普通编码器输入端中，_____有效。优先编码器输入端中，_____有效编码。

7.6　编码器 74LS148 输出端 $\overline{Y}_2\ \overline{Y}_1\ \overline{Y}_0$ 为_____码形式，000 相当于_____。

7.7　译码器输出有效时，74LS138 是输出____电平有效；74LS238 是输出____电平有效。

7.8　发光二极管正向压降大多在_____ V 之间；工作电流一般为_____ mA；亮度随_____增大而增强。

7.9　LED 数码管按内部 LED 连接方式可分为共_____型和共_____型。

7.10　对于共阳型 LED 数码管，应选用输出_____电平的显示译码器。

7.11　能够从多路数据中选择一路进行传输的电路称为_____。

7.12　2^n 选 1 数据选择器有____位地址码，最多可以实现____个变量地址组合逻辑函数。

7.13　数据选择器除从多路数据中选择一路输出应用外，还可将_____行数据变为_____行数据。

7.14　数据选择器只能传输_____信号。

7.15　串行加法器，优点是_____，缺点是_____。

7.16 所谓"超前进位"，是根据加法运算前低位的状态_____。

7.17 门电路输入端的两个互补输入信号同时向_____的现象称为竞争。

7.18 逻辑函数卡诺图中有相邻的卡诺圈_____，该逻辑函数存在竞争。

7.19 门电路由于竞争而产生错误输出（尖峰脉冲）的现象称为_____。

7.20 消除组合逻辑电路中的竞争冒险现象，常用_____和_____的方法。

7.4.2 选择题

7.21 组合逻辑电路分析方法的一般步骤有（多选）____。（A. 逐级写出每个门电路的逻辑表达式；B. 化简输出端的逻辑表达式；C. 列出真值表；D. 根据真值表，分析和确定电路的逻辑功能）

7.22 若需对 50 个输入信号编码，则输出编码位数至少为____个。（A. 5；B. 6；C. 10；D. 50）

7.23 若编码器编码输出位数为 4 位，则最多可对____个输入信号编码。（A. 4；B. 8；C. 16；D. 32）

7.24 将给定的二进制代码变换为相应的（多选）____功能之一者，就属于译码器。（A. 另一种形式二值代码；B. 显示代码；C. BCD 码；D. 十进制数）

7.25 74LS138 输入输出端线为____。（A. 输入 2，输出 4；B. 输入 4，输出 2；C. 输入 3，输出 8；D. 输入 8，输出 3）

7.26 74LS138 三个控制端 G_1、$\overline{G_{2A}}$ 和 $\overline{G_{2B}}$ 的关系为____。（A. 与；B. 或；C. 无关；D. 不定）

7.27 16 选 1 数据选择器，其地址输入端至少应有____位。（A. 2；B. 4；C. 8；D. 16）

7.28 下列有关数据选择器说法正确的是（多选）____。（A. 只能传输数字信号；B. 既可传输数字信号，又可传输模拟信号；C. 基本功能相当于一个单刀多掷开关；D. 可用于数据分配器）

7.29 8 选 1 数据选择器，其数据输入端有____个。（A. 2；B. 3；C. 4；D. 8）

7.30 n 选 1 数据选择器，最多能实现____个变量地址组合逻辑函数。（A. $n-1$；B. n；C. $n+1$；D. $2n$；E. n^2；F. 2^n）

7.31 数据选择器主要应用功能有（多选）____。（A. 从多路数据中选择一路输出；B. 将并行数据变为串行数据；C. 将串行数据变为并行数据；D. 实现组合逻辑函数）

7.32 半加器有____；全加器有____。（A. 2 个输入端，2 个输出端；B. 2 个输入端，3 个输出端；C. 3 个输入端，2 个输出端；D. 3 个输入端，3 个输出端）

7.33 全加器与半加器的区别为____。（A. 不包含异或运算；B. 加数中包含来自低位的进位；C. 无进位；D. 有进位）

7.34 组合逻辑电路中，若在某种条件下形成（多选）____，会产生竞争现象。（A. 或门电路，形成 $Y=A+\overline{A}$；B. 或非门电路，形成 $Y=\overline{A+\overline{A}}$；C. 与门电路，形成 $Y=A\overline{A}$；D. 与非门电路，形成 $Y=\overline{A\overline{A}}$）

7.35 下列关于组合逻辑电路竞争冒险现象说法不正确的是____。（A. 对组合逻辑电

来说，竞争是不可避免的；B. 竞争不一定会产生冒险；C. 产生冒险必定存在竞争；D. 竞争冒险可以消除）

7.4.3 分析计算题

7.36 已知逻辑电路如图 7-29 所示，试分析其逻辑功能。

7.37 试分析图 7-30 所示电路逻辑功能。

7.38 已知某工厂电源允许功率容量为 100kW，厂内有 3 台大功率设备，分别为 30kW、50kW 和 65kW，其余用电设备均可忽略不计，它们投入运行为随机组合，试求工厂安全用电运行组合逻辑电路。

7.39 条件同上题，若要求实现用电超负荷报警，试求组合逻辑电路。

7.40 某企业有两台电动机，试用门电路设计一个故障指示电路，要求：

1）若两台电动机工作正常，绿灯 G 亮，其余灯暗；

2）若其中一台发生故障，黄灯 Y 亮，其余灯暗；

3）若两台电动机均有故障，红灯 R 亮，其余灯暗。

7.41 自动控制地铁列车，在关门和下一段路轨空出条件下，列车可以开出。其中关门可分自动关门或手动关门，试用门电路设计列车可以开出的逻辑电路（设自动关门信号为 A，$A=1$，自动关门；手动关门信号为 B，$B=1$，手动关门；下一段路轨空出信号为 C，$C=1$，空出；列车可以开出信号为 Y，$Y=1$，可以开出。）

7.42 试用门电路实现 3 变量奇校验电路，即输入 "1" 的个数为奇数时，输出 1；否则为 0。要求列出真值表，写出逻辑表达式并化简，画出由门电路组成的组合逻辑电路。

7.43 试用门电路实现 3 变量偶校验电路，即输入 "1" 个数为偶数（包括 0）时，输出 1；否则为 0。要求列出真值表，写出逻辑表达式并化简，画出由门电路组成的组合逻辑电路。

7.44 已知输入信号 ABC 和输出信号 Y 波形如图 7-31 所示，试用最少与非门电路，实现该波形要求。

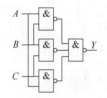
图 7-29 习题 7.36 逻辑电路

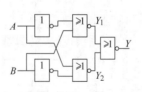
图 7-30 习题 7.37 逻辑电路

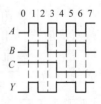
图 7-31 习题 7.44 波形

7.45 已知逻辑电路如图 7-32 所示，试求其输出端 $\overline{GS}$、EO、$\overline{Y}_2$、$\overline{Y}_1$、$\overline{Y}_0$ 电平值。

7.46 已知 CMOS 8-3 线优先编码器 CC 4532 引脚图如图 7-33 所示，芯片功能与 74LS148 相同，输入端 $I_0 \sim I_7$、输出端 $Y_0 \sim Y_2$、编码选通端 ST、扩展输出端 GS、选通输出端 EO，均为高电平有效。试以 CC 4532 和门电路组成 0~9 数字键盘编码器，要求按引脚图排列画出连接线路。

7.47 试按上题要求用 CC 4532（8-3 线编码器）、4071（2 输入端 4 或门）、4069（6 反相器）在面包板上连接组成 0~9 数字键盘编码器。10 个键值输入有效时接 V_{CC}，无效时接地。并用万用表测试输出端编码状态。

7.48 试应用74LS138和门电路实现逻辑函数：$F = ABC + \overline{A}BC + A\overline{B}C$。

7.49 试应用74LS138和门电路实现逻辑函数：$Y = \overline{A}\,\overline{B}\,\overline{C} + A\,\overline{B}\,\overline{C} + A\,\overline{B}\,C + ABC$。

7.50 试应用74LS138和门电路实现逻辑函数：$F = \overline{B}\,\overline{C} + AB\overline{C}$。

7.51 已知逻辑电路如图7-34所示，试写出F_1、F_2最简与或表达式。

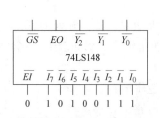

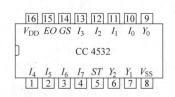

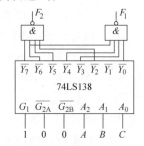

图7-32 习题7.45 逻辑电路　　　　图7-33 CC 4532 引脚图　　　　图7-34 习题7.51 逻辑电路

7.52 试用一片74LS138辅以门电路同时实现下列函数：

1）$F_1 = A\overline{B} + \overline{B}C + AC$

2）$F_2 = \overline{A}C + BC + A\overline{C}$

7.53 试利用74LS48实现2位LED数码管显示，画出电路，并说明电路连接关系。

7.54 试利用74LS47实现2位LED数码管显示，画出电路，并说明电路连接关系。

7.55 试用一片74LS47和一位共阳LED数码管组成译码显示电路。要求：

1）按图7-35在面包板上连接电路。

2）$\overline{LT} = 0$（接地），$\overline{BI} = 1$（接 +5V），观察显示情况。

3）$\overline{LT} = \overline{BI} = \overline{RBI} = 1$，$A_3 \sim A_0$ 依次接 0000～1111，观察显示情况，并填写表7-15。

4）若需使数字显示闪烁，应如何处理？

表7-15 习题7.55 数据表

A_3	A_2	A_1	A_0	显示字符
0	0	0	0	
0	0	0	1	
0	0	1	0	
0	0	1	1	
0	1	0	0	
0	1	0	1	
0	1	1	0	
0	1	1	1	
1	0	0	0	
1	0	0	1	
1	0	1	0	
1	0	1	1	
1	1	0	0	
1	1	0	1	
1	1	1	0	
1	1	1	1	全暗

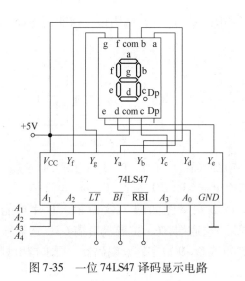

图7-35 一位74LS47译码显示电路

7.56 已知逻辑电路如图7-36所示，74LS153为双4选1数据选择器，其功能如表7-16所示，试写出其逻辑函数表达式。

7.57 试应用74LS153实现逻辑函数：$F = \overline{A}B\overline{C} + A\overline{B} + \overline{A}\,\overline{B}C$。

7.58 试应用数据选择器 74LS151 实现逻辑函数：$F = \overline{B}\,\overline{C} + AB\overline{C}$。

7.59 试应用数据选择器 74LS151 实现组合逻辑函数：$F = A\overline{B} + \overline{A}C + B\overline{C}$。

7.60 已知逻辑电路如图 7-37 所示，试分析电路逻辑功能，并写出最简与或表达式。

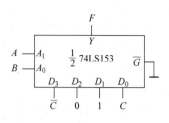

图 7-36 习题 7.56 逻辑电路

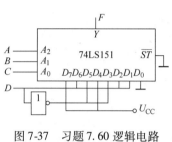

图 7-37 习题 7.60 逻辑电路

表 7-16 74LS153/253 功能表

输　　入							输出
$\overline{G}$	A_1	A_0	D_3	D_2	D_1	D_0	Y
1	×	×	×	×	×	×	0/Z
0	0	0	×	×	×	D_0	D_0
0	0	1	×	×	D_1	×	D_1
0	1	0	×	D_2	×	×	D_2
0	1	1	D_3	×	×	×	D_3

7.61 三人多数表决实验。试分别按图 7-38 和图 7-39 两种方法在面包板上连接电路。表决输入端接 +5V 表示赞成，接地表示否决（每一输入端不能悬空，悬空表示接高电平）。表决通过，表决指示灯亮；否则灯暗。

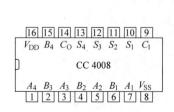

图 7-38 74LS138 三人多数表决电路

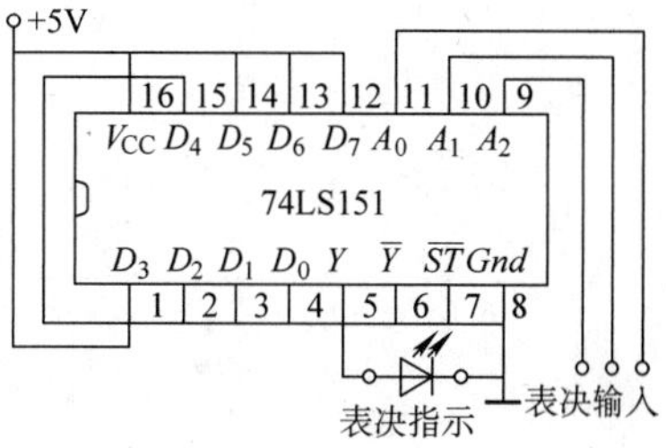

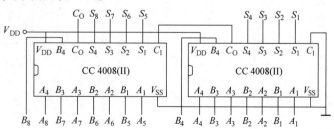

图 7-39 74LS151 三人多数表决电路

7.62 试应用数据选择器 74LS151 实现组合逻辑函数：
$$F(ABCD) = \overline{A}\,\overline{B}\,\overline{C}\,\overline{D} + \overline{A}\,\overline{B}CD + \overline{A}B\,\overline{C}\,\overline{D} + \overline{A}B\overline{C} + A\overline{B}\,\overline{C}D + A\overline{B}C\overline{D} + AB\overline{C}$$

7.63 已知 CMOS 4 位超前进位加法器 CC 4008（引脚图如图 7-40 所示），其功能与 74LS283 相同。试用两片 CC 4008 按图 7-41 在面包板上连接线路，组成 8 位二进制加法器。并按表 7-17 分别置入 AB 两个加数实验数据，其中 1 接 5V，0 接地。用万用表逐位测试两片 CC 4008 $S_3 \sim S_0$ 和 C_0 对地电压数据，并填入表 7-17。

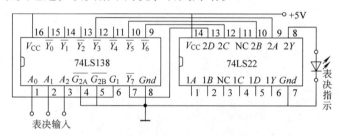

图 7-40 CC 4008 引脚图

图 7-41 二片 CC 4008 组成 8 位加法器

7.64 试判断下列逻辑函数有否可能产生竞争冒险？若有，试指出其条件和消除方法。

1) $F = AC + B\overline{C}$

2) $F = (A + C)(B + \overline{C})$

表 7-17 8 位加法器实验数据

	$A_8 \sim A_1$	$B_8 \sim B_1$	$S_8 \sim S_1$	C_O
实验数据①	10110111	11010100		
实验数据②	01101001	10011110		

7.65 已知逻辑函数 $F(ABCD) = \sum m$（2、3、5、7、8、10、13），若考虑用最少数目的与非门实现其逻辑功能时，分析电路冒险现象可能出现在什么时刻？如何用引入冗余项的方法消除？

第 8 章　时序逻辑电路

本章要点

- 触发器的基本概念
- JK 触发器
- D 触发器
- 时序逻辑电路的特点和分析方法
- 数码寄存器功能及其应用
- 移位寄存器功能及其应用
- 异步计数器
- 集成计数器及其应用

数字逻辑电路按输出量与电路原来的状态有无关系可分为组合逻辑电路和时序逻辑电路。组合逻辑电路的输出仅取决于输入信号的组合，时序逻辑电路的输出则与输入信号和电路原来的输出状态均有关系。因此，时序逻辑电路具有记忆功能。触发器、寄存器、计数器和顺序脉冲发生器等均属于时序逻辑电路，本章将分析研究这些电路的组成和功能。

8.1　触发器

数字系统中，不但要对数字信号进行算术运算和逻辑运算，而且还需要将运算结果保存起来。能够存储一位二进制数字信号的逻辑电路称为触发器（Flip – Flop，简称 FF）。和门电路一样，触发器也是组成各种复杂数字系统的一种基本逻辑单元，其主要特征是具有"记忆"功能。因此，触发器也称为半导体存储单元或记忆单元。

8.1.1　触发器基本概念

1. 基本 RS 触发器

（1）电路组成

图 8-1a 为由与非门组成的基本 RS 触发器。图 8-1b 为其逻辑符号。图中 Q、$\overline{Q}$ 端为输出端，逻辑电平值恒相反。Q 和 $\overline{Q}$ 端有两种稳定状态：$Q=1$，$\overline{Q}=0$ 或 $Q=0$，$\overline{Q}=1$，所以也称为双稳态触发器。S、R 分别称为置"1"端和置"0"端。即 $\overline{S}$ 有效时，Q 端输出"1"；$\overline{R}$ 有效时，Q 端输出"0"。图 8-1a 中 $\overline{S}$、$\overline{R}$ 低电平有效，在图 8-1b 中以输入端小圆圈表示。基本 RS 触发器也可由或非门组成，逻辑功能基本相同。

（2）逻辑功能

在描述触发器逻辑功能时，为分析方便，触发器原来的状态称为初态，用 Q^n 表示，触发以后的状态称为次态，用 Q^{n+1} 表示。基本 RS 触发器的功能表如表 8-1 所示。

（3）功能缺陷

表 8-1　基本 RS 触发器功能表

$\bar{R}$	$\bar{S}$	Q^{n+1}
0	0	不定
0	1	0
1	0	1
1	1	Q^n

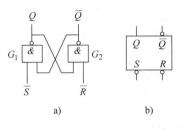

图 8-1　基本 RS 触发器

a）电路　b）逻辑符号

1）触发时刻不能同步。

基本 RS 触发器的输出状态能跟随输入信号按一定规则相应变化。但在实际应用中，一般仅要求将输入信号 R、S 作为触发器输出状态变化的转移条件，不希望其立即变化。通常需要按一定节拍、在统一的控制脉冲作用下同步改变输出状态。

2）有不定状态。

当 $\bar{S}=0$、$\bar{R}=0$ 时，$Q^{n+1}=\overline{Q^{n+1}}=1$，违背了触发器对 Q 与 $\bar{Q}$ 互补的定义，不允许出现。且触发器具有记忆功能，即触发脉冲消失后，能保持（记忆）原来的输出状态。若 $\bar{S}=0$、$\bar{R}=0$ 触发脉冲同时消失，则要看门 G_1、G_2 传输延迟时间 t_{pd} 的长短。若 G_1 的 t_{pd1} 短，则 G_1 首先翻转，即 $Q=0$，反馈至 G_2 输入端，使 $\bar{Q}=1$；若 G_2 的 t_{pd2} 短，则使 $\bar{Q}=0$、$Q=1$。因此，$\bar{R}\,\bar{S}=00$ 同时消失（即 $\bar{R}\,\bar{S}$ 从 00→11）后的输出状态不定。

2. 基本 RS 触发器的改进

（1）钟控 RS 触发器

钟控 RS 触发器也称同步 RS 触发器，由统一的 CP 脉冲触发翻转。但钟控 RS 触发器属于电平触发，具有"透明"特性，存在"空翻"现象。即在 $CP=1$ 期间，若 RS 多次变化，Q 也随之多次变化。一般要求，在 CP 有效期间，触发器只能翻转一次。

（2）主从型 RS 触发器

主从型 RS 触发器由二个钟控 RS 触发器即主触发器 F_1 和从触发器 F_2 串接而成，在 CP 脉冲的一个周期内，输出状态只改变一次，而不会多次翻转（空翻），主从触发也称为脉冲触发。但主从型 RS 触发器仍存在 $RS=11$ 时输出状态不定的问题。

（3）JK 触发器

JK 触发器解决了上述不同步、空翻和不定状态的问题，其功能和特点将在下节详述。

（4）边沿触发

边沿触发能根据时钟脉冲 CP 上升沿或下降沿时刻的输入信号转换输出状态，其抗干扰能力和实用性大大提高，因而得到了广泛的应用。目前，触发器中大多采用边沿触发方式。

图 8-2 为边沿触发示意图，C 端的小"∧"表示动态输入，即边沿触发。无小圆圈表示上升沿触发；有小圆圈表示下降沿触发。

（5）初始状态的预置

触发器在实际应用中，常需要在 CP 脉冲到来之前预置输出信号。预置端 $\bar{R}_d$、$\bar{S}_d$ 电平有效时，输出状态立即按要求转换。$\bar{R}_d$、$\bar{S}_d$ 具有强置性质，即与 CP 脉冲无关，与 CP 脉冲不同步，所以称为异步置位

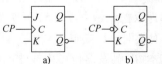

图 8-2　边沿触发

a）上升沿触发　b）下降沿触发

端，权位最高。

8.1.2 JK触发器

JK触发器具有与RS触发器相同功能，且无输出不定状态。其逻辑符号如图8-3所示。Q、$\overline{Q}$为输出端，$\overline{R}_d$、$\overline{S}_d$为预置端，低电平触发有效；C_1为时钟脉冲CP输入端，$1J$、$1K$为触发信号输入端，其中1表示相关联序号，写在后面表示主动信号，写在前面表示被动信号。即在C_1作用下，将$1J$、$1K$信号注入触发器。在本书后续课文中，为简化图形，"1"常省略不写。

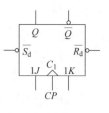

图8-3 JK触发器
逻辑符号

1. JK触发器基本特性

（1）功能表

表8-2为JK触发器功能表（CP和预置端$\overline{R}_d$、$\overline{S}_d$未列入），其与RS触发器的显著区别是无不定输出状态，$JK=11$时，$Q^{n+1}=\overline{Q^n}$。

（2）特征方程

表8-2 JK触发器功能表

J	K	Q^{n+1}
0	0	Q^n
0	1	0
1	0	1
1	1	$\overline{Q^n}$

$$Q^{n+1} = J\,\overline{Q^n} + \overline{K}Q^n \tag{8-1}$$

2. 常用JK触发器典型芯片介绍

（1）上升沿JK触发器CC 4027

CC 4027是CMOS双JK触发器，包含了两个相互独立的JK触发器，CP上升沿触发有效，R_d、S_d预置端高电平有效。引脚如图8-4所示。

（2）下降沿JK触发器74LS112

74LS112为TTL双JK触发器，包含了两个相互独立的JK触发器，CP下降沿触发有效，$\overline{R}_d$、$\overline{S}_d$预置端低电平有效，引脚如图8-5所示。

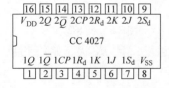

图8-4 CC4027引脚图

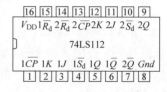

图8-5 74LS112引脚图

【例8-1】 已知边沿型JK触发器CP、J、K输入波形如图8-6a所示，试分别按上升沿触发和下降沿触发画出其输出端Q波形。

解：1）上升沿触发输出波形Q'如图8-6b所示。

初始，预置端$\overline{R}_d=0$，$Q'=0$；

① CP_1上升沿，$JK=10$，$Q'=1$；

② CP_2上升沿，$JK=00$，$Q'=1$（不变）；

③ CP_3上升沿，$JK=11$，$Q'=0$（取反）；

④ $CP_3=1$期间，预置端$\overline{S}_d=0$，$Q'=1$（强置1）；

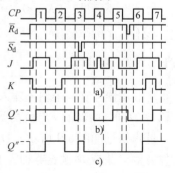

图8-6 例8-1波形图

213

⑤ CP_4 上升沿，$JK=01$，$Q'=0$；

⑥ $CP_4=1$ 期间，J 有一个窄脉冲，但上升沿已过，J 窄脉冲不起作用。

⑦ CP_5 上升沿，$JK=11$，$Q'=1$（取反）；

⑧ CP_5 后，预置端 $\overline{R}_d=0$，$Q'=0$（强置0）；

⑨ CP_6 上升沿，$JK=00$，$Q'=0$（不变）；

⑩ CP_7 上升沿，$JK=01$，$Q'=1$。

2）下降沿触发输出波形 Q'' 如图 8-6c 所示。

初始，预置端 $\overline{R}_d=0$，$Q''=0$；

① CP_1 下降沿，$JK=10$，$Q''=1$；

② CP_2 下降沿，$JK=01$，$Q''=0$；

③ CP_3 期间，预置端 $\overline{S}_d=0$，$Q''=1$（强置1）；

④ CP_3 下降沿，$JK=11$，$Q''=0$（取反）；

⑤ $CP_4=1$ 期间，J 有一个窄脉冲，下降沿未到，J 窄脉冲不起作用。

⑥ CP_4 下降沿，$JK=01$，$Q''=0$（继续保持0）；

⑦ CP_5 下降沿，$JK=00$，$Q''=0$（不变）；

⑧ CP_5 后，预置端 $\overline{R}_d=0$，$Q''=0$（继续保持0）；

⑨ CP_6 下降沿，$JK=10$，$Q''=1$；

⑩ CP_7 下降沿，$JK=00$，$Q''=1$（不变）。

【例 8-2】 已知 JK 触发器电路如图 8-7 所示，输入信号 CP 和 A 波形如图 8-8a 所示，设初始 $Q_1^0=Q_2^0=0$，试画出输出端 Q_1、Q_2 波形。

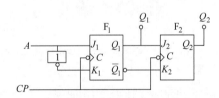

图 8-7 例 8-2 电路

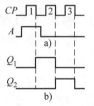

图 8-8 例 8-2 波形

解：从图 8-7 中看出：两个 JK 触发器均为下降沿触发，且 JK 状态始终相反（10 或 01）。据此，画出输出端 Q_1Q_2 波形如图 8-8b 所示。

① CP_1 下降沿，$J_1K_1=10$，$Q_1^1=1$；$J_2K_2=Q_1^0\overline{Q}_1^0=01$，$Q_2^1=0$。

② CP_2 下降沿，$J_1K_1=01$，$Q_1^2=0$；$J_2K_2=Q_1^1\overline{Q}_1^1=10$，$Q_2^2=1$。

③ CP_3 下降沿，$J_1K_1=01$，$Q_1^3=0$；$J_2K_2=Q_1^2\overline{Q}_1^2=01$，$Q_2^3=0$。

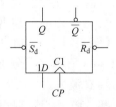

图 8-9 D 触发器逻辑符号

8.1.3 D 触发器

D 触发器只有一个信号输入端 D，实际上是将 D 反相后的 $\overline{D}$ 与原码 D 加到其内部的 RS 触发器的 RS 端，使其 RS 永远互补，从而消除它们之间的约束关系。逻辑符号如图 8-9 所示。1D 端为信号输入端，C1 端加 CP 脉冲，无小圆圈表示上升沿触发有效（集成 D 触发器均为上升沿触发）。$\overline{R}_d$、$\overline{S}_d$ 为预置端，有小圆圈表示低电平有效；无小圆圈表示高电平有效。Q 和 $\overline{Q}$ 端为互补输出端。

1. D 触发器的基本特性

（1）功能表

表 8-3 为 D 触发器功能表（预置端 $\overline{R}_d$、$\overline{S}_d$ 未列入），从表 8-3 中看出，CP 脉冲上升沿触发时，输出信号跟随 D 信号电平。非 CP 脉冲上升沿时刻，输出信号保持不变。

（2）特征方程

表 8-3 D 触发器功能表

CP	D	Q^{n+1}
↑	0	0
↑	1	1
非 ↑	×	Q^n

$$Q^{n+1} = D \tag{8-2}$$

2. 常用 D 触发器典型芯片介绍

（1）TTL D 触发器 74LS74

图 8-10 为 74LS74 引脚图，片内有两个相互独立的 D 触发器。预置端 $\overline{R}_d$、$\overline{S}_d$ 低电平有效。

（2）CMOS D 触发器 CC 4013

图 8-11 为 CC4013 引脚图，片内有两个相互独立的 D 触发器。预置端 R_d、S_d 高电平有效。

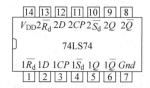

图 8-10   74LS74 引脚图

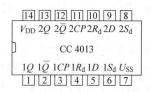

图 8-11   CC4013 引脚图

【例 8-3】   已知 4013 输入信号 CP、R_d、S_d、D 波形如图8-12a所示，试画出输出信号 Q 波形（设初态 $Q=1$）。

解：画出输出波形如图 8-12b 所示。

① CP_1 上升沿，$D=0$，$Q=0$。

② CP_1 期间，$S_d=1$，$Q=1$（与 CP_1 无关）。

③ CP_2 上升沿，$D=1$，$Q=1$。

④ CP_3 上升沿，$D=0$，$Q=0$；$CP_3=1$ 期间，D 变化对 Q 无影响。

⑤ CP_4 上升沿，$D=1$，$Q=1$。

⑥ CP_4 后，$R_d=1$，$Q=0$。

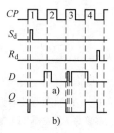

图 8-12   例 8-3 波形图

8.1.4 T 触发器和 T' 触发器

1. T 触发器

（1）逻辑符号

T 触发器逻辑符号如图 8-13 所示。

（2）功能表

T 触发器功能表如表 8-4 所示。从表中看出，$T=0$，T 触发器保持；$T=1$ 时，CP 脉冲到来时，T 触发器翻转。

（3）特征方程

$$Q^{n+1} = T\overline{Q^n} + \overline{T}Q^n \tag{8-3}$$

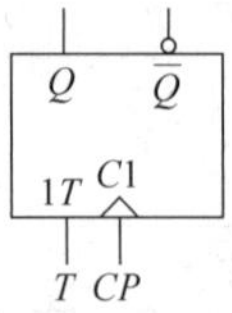

图 8-13　T 触发器逻辑符号

表 8-4　T 触发器功能表

T	Q^{n+1}
0	Q^n
1	$\overline{Q^n}$

2. T' 触发器

T' 触发器没有专门的逻辑符号。其功能为每来一个 CP 脉冲，触发器输出状态就翻转一次，相当于将 CP 脉冲二分频。

所谓分频是将某一频率的信号降低到其 $1/N$，称为 N 分频。若该信号频率为 f，二分频后频率为 $f/2$，三分频后频率为 $f/3$。分频电路的主要作用是可以组成计数器。

特征方程：$Q^{n+1} = \overline{Q^n}$ $\tag{8-4}$

3. 不同功能触发器之间的转换

集成触发器中，没有专门的 T 触发器和 T' 触发器，而是由 RS 触发器、JK 触发器或 D 触发器组合转换而成。因此，T 触发器和 T' 触发器可理解为触发器的 T 功能和 T' 功能。

5 种不同功能的触发器相互之间均能互相转换，常用和有实用价值的转换有以下两种：

1）JK 触发器转换为 T 触发器和 T' 触发器，如图 8-14 所示。

2）D 触发器转换为 T' 触发器，如图 8-15 所示。

【例 8-4】　已知 T 触发器和 T' 触发器的 CP、T 波形和图 8-16a 所示，试分别画出 T 触发器和 T' 触发器 Q 端波形（设均为 CP 上升沿触发）。

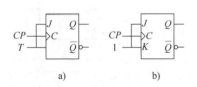

图 8-14　JK 触发器转换为 T 和 T' 触发器

a）转换为 T 触发器　b）转换为 T' 触发器

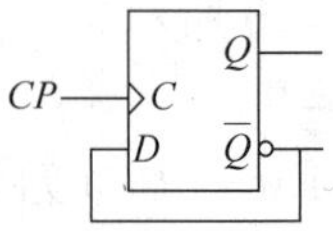

图 8-15　D 触发器转换为 T' 触发器

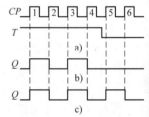

图 8-16　例 8-4 波形图

解：根据 T 触发器功能，$T=1$ 时，每来一个 CP 脉冲，输出端取反；$T=0$ 时，输出端保持不变，画出其输出端波形图如图 8-16b 所示。

根据 T' 触发器功能，每来一个 CP 脉冲，输出端取反，画出其输出端波形如图 8-16c 所示。

比较 T 触发器和 T' 触发器输出端波形，不难得出，T 触发器相当于一个可控的 T' 触发器。当 $T=1$ 时，T 触发器功能与 T' 触发器相同。

【例 8-5】　已知电路如图 8-17 所示，试求 Q_1、Q_2、Q_3、Q_4 表达式。

解：根据 JK 触发器特征方程：$Q^{n+1} = J\overline{Q^n} + \overline{K}Q^n$ 可得：

$Q_1^{n+1} = J_1\overline{Q_1^n} + \overline{K_1}Q_1^n = Q_1^n\overline{Q_1^n} + \overline{\overline{Q_1^n}}Q_1^n = Q_1^n$

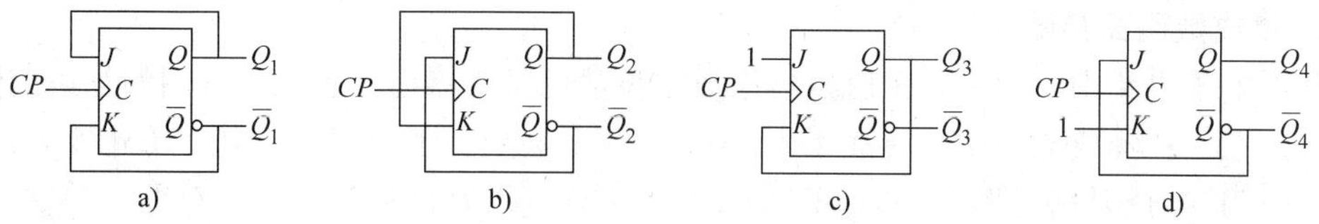

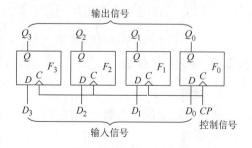

图 8-17 例 8-5 电路

$$Q_2^{n+1} = J_2 \overline{Q_2^n} + \overline{K_2} Q_2^n = \overline{Q_2^n} \, \overline{Q_2^n} + \overline{Q_2^n} Q_2^n = \overline{Q_2^n}$$

$$Q_3^{n+1} = J_3 \overline{Q_3^n} + \overline{K_3} Q_3^n = 1 \cdot \overline{Q_3^n} + \overline{Q_3^n} Q_3^n = \overline{Q_3^n}$$

$$Q_4^{n+1} = J_4 \overline{Q_4^n} + \overline{K_4} Q_4^n = \overline{Q_4^n} \, \overline{Q_4^n} + 0 \cdot Q_4^n = \overline{Q_4^n}$$

【复习思考题】

8.1 什么叫时序逻辑电路？有什么特点？

8.2 基本 RS 触发器有什么缺点？

8.3 什么叫"透明"特性？钟控 RS 触发器有什么缺点？

8.4 与钟控 RS 触发器相比，主从型 RS 触发器有什么改进？还存在什么问题？

8.5 触发器中的预置端 $\overline{R}_d$、$\overline{S}_d$ 有什么作用？有条件吗？

8.6 触发器有哪几种触发方式？

8.7 简述 T 触发器和 T' 触发器功能。

8.8 什么叫分频？分频电路主要有什么作用？

8.9 触发器构成二分频电路的要素是什么？

【相关习题】

选做 8.4 习题中的填空题：8.1 ~ 8.16；选择题：8.28 ~ 8.39；分析计算题：8.61 ~ 8.78。

8.2 寄存器

能存放一组二进制数码的逻辑电路称为寄存器。在数字电路中，寄存器一般由具有记忆功能的触发器和具有控制功能的门电路组成。寄存器按其功能可分为数码寄存器和移位寄存器。寄存器主要用于在计算机中存放数据和组成加法器、计数器等运算电路。

8.2.1 数码寄存器

1. 工作原理

以图 8-18 为例，D 触发器 $F_0 \sim F_3$ 组成 4 位数码寄存器，输入信号为 $D_0 \sim D_3$，输出信号为 $Q_0 \sim Q_3$，CP 脉冲为控制信号，CP 有效（上升沿）时，输入信号 $D_0 \sim D_3$ 分别寄存至 $F_0 \sim F_3$，并从 $Q_0 \sim Q_3$ 输出。

需要注意的是，输入信号 $D_0 \sim D_3$ 必须在 CP 脉冲触发有效前输入，否则将出错。

图 8-18　4 位数码寄存器

2. 集成数码寄存器

现代电子电路中，用一个个触发器组成多位数码寄存器已不多见，常用的是集成数码寄存器，即在一片集成电路中，集成 4 个、6 个、8 个甚至更多触发器，如 74LS175（4D 触发器）、74LS174（6D 触发器）、74LS377（8D 触发器）和 74LS373（8D 锁存器）等。

（1）8D 触发器 74LS377

图 8-19 为 74LS377 逻辑结构引脚图，内部有 8 个 D 触发器，输入端分别为 $1D \sim 8D$，输出端分别 $1Q \sim 8Q$，共用一个时钟脉冲，上升沿触发；同时 8 个 D 触发器共用一个控制端 $\overline{G}$，低电平有效。门控端 $\overline{G}$ 的作用是在门控电平有效，且在触发脉冲作用下，允许从 D 端输入数据信号；门控电平无效时，输出状态保持不变。其功能表如表 8-5 所示。

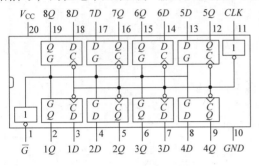

图 8-19　74LS377 逻辑结构引脚图

表 8-5　74LS377 功能表

$\overline{G}$	CLK	D	Q^{n+1}
1	×	×	Q^n
0	↑	0	0
0	↑	1	1
×	0	×	Q^n

（2）8D 锁存器 74LS373

74LS373 为 8D 锁存器，图 8-20 为其引脚图。锁存器与触发器的区别在于触发信号的作用范围。触发器是边沿触发，在触发脉冲的上升沿锁存该时刻的 D 端信号，例如 74LS377；锁存器是电平触发，在 CP 脉冲有效期间（74LS373 是门控端 G 高电平），且输出允许（$\overline{OE}$ 有效）条件下，Q 端信号随 D 端信号变化而变化，即具有钟控 RS 触发器的"透明"特性，当 CP 脉冲有效结束跳变时，锁存该时刻的 D 端信号。

$\overline{OE}$ 为输出允许（Output Enable），低电平有效，与门控端共同控制输出信号，$\overline{OE}$ 无效时，输出端呈高阻态（相当于断开），表 8-6 为 74LS373 功能表。

表 8-6　74LS373 功能表

G	$\overline{OE}$	D	Q^{n+1}
1	0	0	0
1	0	1	1
0	0	×	Q^n
×	1	×	Z

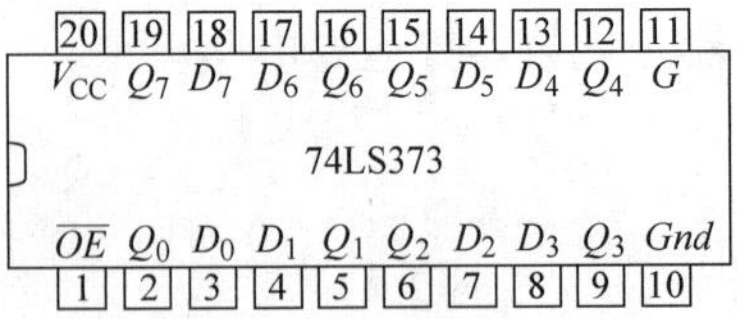

图 8-20　74LS373 引脚图

8.2.2 移位寄存器

1. 功能

移位寄存器除具有数码寄存功能外，还能使寄存数码逐位移动。

2. 用途

1）移位寄存器是计算机系统中的一个重要部件，计算机中的各种算术运算就是由加法器和移位寄存器组成的。例如，将多位数据左移一位，相当于乘 2 运算；右移一位，相当于除 2 运算。

2）现代通信中数据传送主要以串行方式传送，而在计算机或智能化通信设备内部，数据则主要以并行形式传送。移位寄存器可以将并行数据转换为串行传送，也可将串行数据转换为并行传送。

3. 分类

按数据移位方向，可分为左移和右移移位寄存器，单向移位型和双向移位型。

按数据形式变换，可分为串入并出型和并入串出型。

4. 工作原理

图 8-21 为移位寄存器原理电路图。数据输入可以串行输入也可并行输入。

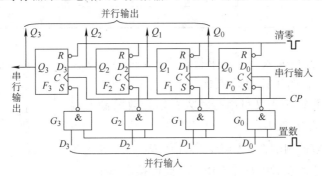

图 8-21　移位寄存器原理图

（1）串入并出

数据串行输入时，从最低位触发器 F_0 的 D 端输入，随着 CP 移位脉冲作用，串行数据依次移入 $F_0 \sim F_3$，此时，若从 $Q_3 \sim Q_0$ 输出，则为并行输出；若从 $F_3 Q_3$ 端输出，则为串行输出，若在 F_3 左侧再级联更多触发器，则可组成 8 位、16 位或更多位并行数据。

（2）并入串出

数据并行输入时，采用两步接收。第一步先用清零脉冲把各触发器清 0；第二步利用置数脉冲打开 4 个与非门 $G_3 \sim G_0$，将并行数据 $D_3 \sim D_0$ 置入 4 个触发器，然后再在 CP 移位脉冲作用下，逐位从 Q_3 端串行输出。

5. 集成移位寄存器

常用集成移位寄存器，TTL 芯片主要有 74LS164、74LS165 等，CMOS 芯片主要有 CC 4014、CC 4094 等。

（1）74LS164

74LS164 为串入并出 8 位移位寄存器，表 8-7 为功能表，图 8-22 为引脚图。

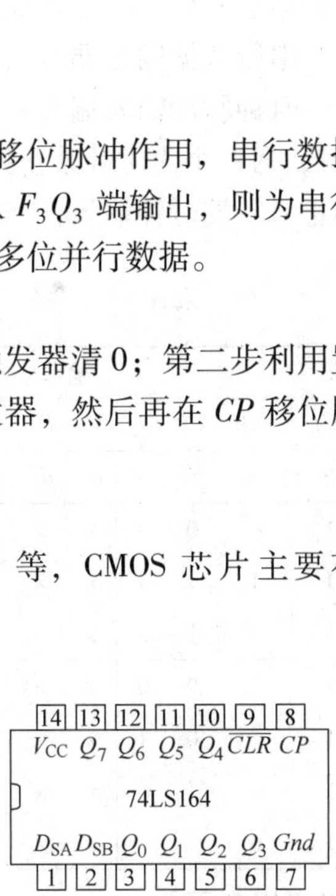

$Q_0 \sim Q_7$：并行数据输出端；

D_{SA}、D_{SB}：串行数据输入端；当 $D_{SA} D_{SB} = 11$ 时，移入数据为 1；

14	13	12	11	10	9	8
V_{CC}	Q_7	Q_6	Q_5	Q_4	CLR	CP

74LS164

D_{SA}	D_{SB}	Q_0	Q_1	Q_2	Q_3	Gnd
1	2	3	4	5	6	7

图 8-22　74LS164 引脚图

当 D_{SA}、D_{SB} 中有一个为 0 时，移入数据为 0。实际运用中，常将 D_{SA}、D_{SB} 短接，串入数据同时从 D_{SA}、D_{SB} 输入。需要注意的是，串入数据从最低位 Q_0 移入，然后依次移至 $Q_1 \sim Q_7$。

$\overline{CLR}$：并行输出数据清 0 端，低电平有效；

CP：移位脉冲输入端，上升沿触发。

表 8-7　74LS164 功能表

输入				输出								功能
$\overline{CLR}$	CP	D_{SA}	D_{SB}	Q_0	Q_1	Q_2	Q_3	Q_4	Q_5	Q_6	Q_7	
0	×	×	×	0	0	0	0	0	0	0	0	清0
1	↑	1	1	1	Q_0^n	Q_1^n	Q_2^n	Q_3^n	Q_4^n	Q_5^n	Q_6^n	移位
1	↑	0	×	0	Q_0^n	Q_1^n	Q_2^n	Q_3^n	Q_4^n	Q_5^n	Q_6^n	
1	↑	×	0	0	Q_0^n	Q_1^n	Q_2^n	Q_3^n	Q_4^n	Q_5^n	Q_6^n	
1	0	×	×	Q_0^n	Q_1^n	Q_2^n	Q_3^n	Q_4^n	Q_5^n	Q_6^n	Q_7^n	保持

（2）74LS165

74LS165 为串/并行输入、互补串行输出、8 位移位寄存器，表 8-8 为功能表，图 8-23 为引脚图。

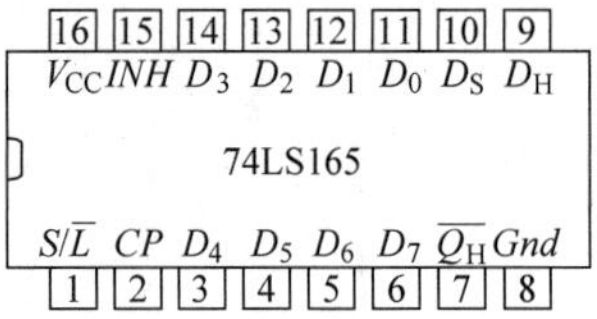

数据输入既可并行输入又可串行输入：串行数据输入端 D_S，并行数据输入端 $D_0 \sim D_7$。

$S/\overline{L}$ 为移位/置数控制端，$S/\overline{L}=0$，芯片从 $D_0 \sim D_7$ 置入并行数据；$S/\overline{L}=1$，芯片在时钟脉冲作用下，允许移位操作。

图 8-23　74LS165 引脚图

串行数据输出端 Q_H、$\overline{Q_H}$，为互补输出。

时钟脉冲输入端有两个：CP 和 INH，功能可互换使用。一个为时钟脉冲输入（CP 功能），另一个为时钟禁止控制端（INH 功能）。当其中一个为高电平时，该端履行 INH 功能，禁止另一端时钟输入；当其中一个为低电平时，允许另一端时钟输入，时钟输入上升沿有效。

表 8-8　74LS165 功能表

输入												内部数据								输出		功能
$S/\overline{L}$	INH	CP	D_S	D_0	D_1	D_2	D_3	D_4	D_5	D_6	D_7	Q_0	Q_1	Q_2	Q_3	Q_4	Q_5	Q_6	Q_7	Q_H	$\overline{Q_H}$	
0	×	×	×	d_0	d_1	d_2	d_3	d_4	d_5	d_6	d_7	d_0	d_1	d_2	d_3	d_4	d_5	d_6	d_7	d_7	$\overline{d_7}$	置入数据
1	0	0	×	×	×	×	×	×	×	×	×	Q_0^n	Q_1^n	Q_2^n	Q_3^n	Q_4^n	Q_5^n	Q_6^n	Q_7^n	Q_7^n	$\overline{Q_7^n}$	保持
1	1	×	×	×	×	×	×	×	×	×	×	Q_0^n	Q_1^n	Q_2^n	Q_3^n	Q_4^n	Q_5^n	Q_6^n	Q_7^n	Q_7^n	$\overline{Q_7^n}$	
1	×	1	×	×	×	×	×	×	×	×	×	Q_0^n	Q_1^n	Q_2^n	Q_3^n	Q_4^n	Q_5^n	Q_6^n	Q_7^n	Q_7^n	$\overline{Q_7^n}$	
1	↑	0	0	×	×	×	×	×	×	×	×	0	Q_0^n	Q_1^n	Q_2^n	Q_3^n	Q_4^n	Q_5^n	Q_6^n	Q_6^n	$\overline{Q_6^n}$	移位
1	↑	0	1	×	×	×	×	×	×	×	×	1	Q_0^n	Q_1^n	Q_2^n	Q_3^n	Q_4^n	Q_5^n	Q_6^n	Q_6^n	$\overline{Q_6^n}$	
1	0	↑	0	×	×	×	×	×	×	×	×	0	Q_0^n	Q_1^n	Q_2^n	Q_3^n	Q_4^n	Q_5^n	Q_6^n	Q_6^n	$\overline{Q_6^n}$	
1	0	↑	1	×	×	×	×	×	×	×	×	1	Q_0^n	Q_1^n	Q_2^n	Q_3^n	Q_4^n	Q_5^n	Q_6^n	Q_6^n	$\overline{Q_6^n}$	

【复习思考题】

8.10　寄存器输入信号的输入时刻有什么要求？

8.11　8D 触发器与 8D 锁存器有什么区别？

8.12　移位寄存器主要有什么用途？

8.13　简述移位寄存器数据输入/输出形式。

8.14 74LS165 有两个时钟脉冲输入端，如何理解？如何处理？

8.15 简述 74LS165 $S/\overline{L}$ 端的作用。

【相关习题】

选做 8.4 习题中的填空题：8.17 ~ 8.20；选择题：8.40 ~ 8.48；分析计算题：8.79 ~ 8.82。

8.3 计数器

统计输入脉冲个数的过程叫做计数，能够完成计数工作的数字电路称为计数器。计数器不仅可用来对脉冲计数，而且广泛用于分频、定时、延时、顺序脉冲发生和数字运算等。

8.3.1 计数器基本概念

计数器按计数长度可分为二进制、十进制和 N 进制计数器；按计数增减趋势可分为加法计数器、减法计数器和可逆计数器；按计数脉冲引入方式可分为异步计数器和同步计数器。

1. 异步计数器

计数脉冲未加到组成计数器的所有触发器的 CP 端，只作用于其中一些触发器 CP 端的计数器称为异步计数器。现以异步二进制加法计数器为例分析计数器。

（1）电路和工作原理

图 8-24a 为由 JK 触发器组成的异步二进制加法计数器，JK = 11，各触发器构成 T' 触发器。

图 8-24b 为由 D 触发器组成的异步二进制加法计数器，$\overline{Q}$ 端与 D 端相接，组成 T' 触发器。

（2）时序波形图

T' 触发器的特点是每来一个 CP 脉冲，电路翻转。图 8-24a 是 CP 下降沿触发，图 8-24b 是 CP 上升沿触发，画出它们的时序波形分别如图 8-25a、b 所示。需要注意的是，异步计数器中各触发器的翻转时刻不同。因此，分析时应特别注意各触发器的时钟条件是否有效。图 8-25b 中，F_1、F_2 的时钟信号分别为 $\overline{Q_0}$、$\overline{Q_1}$，是在 $\overline{Q_0}$、$\overline{Q_1}$ 上升沿触发翻转。

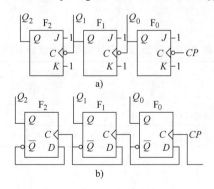

图 8-24 异步二进制加法计数器

a）由 JK 触发器组成 b）由 D 触发器组成

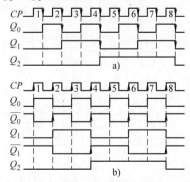

图 8-25 异步二进制加法计数器时序波形图

a）下降沿触发 b）上升沿触发

（3）状态转换表和状态转换图

根据时序波形图列出异步二进制加法计数器状态转换表如表8-9所示。画出状态转换图如图8-26所示。从表8-9中得出，3个触发器最多可构成 $2^3 = 8$ 种状态，即最大可构成8进制计数器，推而广至，n 个触发器最大可构成 2^n 进制计数器。

从图8-25中看出，Q_0 的频率只有 CP 的 $1/2$，Q_1 的频率只有 CP 的 $1/4$，Q_2 的频率只有 CP 的 $1/8$。即计数脉冲每经过一个 T' 触发器，输出信号频率就下降一半。由 n 个 T' 触发器组成的二进制加法计数器，其末级触发器输出信号频率为 CP 脉冲频率的 $1/2^n$，即实现对 CP 的 2^n 分频。

表 8-9　二进制加法计数器状态转换表

CP	Q_2	Q_1	Q_0
0	0	0	0
1	0	0	1
2	0	1	0
3	0	1	1
4	1	0	0
5	1	0	1
6	1	1	0
7	1	1	1
8	0	0	0

（4）特点

1）电路结构简单。

2）组成计数器的触发器的翻转时刻不同。

3）工作速度较慢。由于异步计数器后级触发器的触发脉冲需依靠前级触发器的输出，而每个触发器信号的传递均有一定的延时，因此其计数速度受到限制，工作信号频率不能太高。

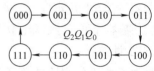

图 8-26　二进制加法计数器状态转换图

4）译码时易出错。由于触发器信号传递有一定延时时间，若将计数器在延时过渡时间范围内的状态译码输出，则会产生错误（延时过渡结束稳定后，无错）。

2. 异步二进制计数器级间连接规律

改变计数器级间连接，可组成异步二进制减法计数器。图8-27a、b分别为由 JK 触发器和 D 触发器组成的异步二进制减法计数器。异步二进制减法计数器的分析方法与异步二进制加法计数器相同，不再赘述。

分析图8-24a、b，图8-27a、b，发现异步二进制计数器级间连接有规律可循，如表8-10所示。

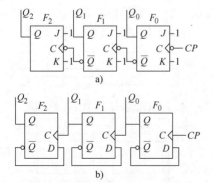

图 8-27　异步二进制减法计数器

a）由 JK 触发器组成　b）由 D 触发器组成

表 8-10　异步二进制计数器级间连接规律

连接规律	T' 触发器触发沿	
	上升沿	下降沿
加法计数	$CP_i = \overline{Q_{i-1}}$	$CP_i = Q_{i-1}$
减法计数	$CP_i = Q_{i-1}$	$CP_i = \overline{Q_{i-1}}$

1）异步二进制计数器均接成 T' 触发器。

2）上升沿触发时，若 CP 端接低位触发器 $\overline{Q}$ 端，则构成加法计数器；若 CP 端接低位触

发器 Q 端，则构成减法计数器。

3) 下降沿触发时，若 CP 端接低位触发器 Q 端，则构成加法计数器；若 CP 端接低位触发器 $\overline{Q}$ 端，则构成减法计数器。

3. 异步 N 进制计数器

除二进制计数器外，在实际应用中，常要用到十进制和任意进制计数器。

十进制计数器有 0～9 十个数码，需要 4 个触发器才能满足要求，但 4 个触发器共有 $2^4 = 16$ 种不同状态，其中 1010～1111 六种状态属冗余码（即无效码），应予剔除。因此，十进制计数器实际上是 4 位二进制计数器的改型，是按二－十进制编码（一般为 8421 BCD 码）的计数器。

N 进制计数器是在二进制和十进制计数器的基础上，运用级联法、反馈法获得。级联法是由若干个低于 N 进制的计数器串联而成。如十进制计数器由一个二进制和一个五进制串联而成，即 $2 \times 5 = 10$；反馈法是由一个高于 N 进制的计数器缩减而成。缩减的方法主要有反馈复位法、反馈置数法，将在 8.3.2 节中举例说明。

4. 同步计数器

计数脉冲同时加到各触发器的时钟输入端，在时钟脉冲触发有效时同时翻转的计数器称为同步计数器。同步二进制加法计数器如图 8-28 所示，其中 $J_2 = K_2 = Q_1 Q_0$，该电路的时序波形图与异步二进制加法计数器相同（参阅图 8-25a），不再赘述。

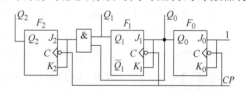

图 8-28 同步二进制加法计数器

与异步计数器相比，同步计数器有以下特点：

1) 电路结构较异步计数器稍复杂些。

2) 组成计数器的触发器的翻转时刻相同。

3) 工作速度较快。因 CP 脉冲同时触发同步计数器中的全部触发器，各触发器的翻转与 CP 同步，允许有较高的工作信号频率。因此，工作速度快。

4) 译码时不会出错。虽然触发器信号传递也有一定延时时间，甚至各触发器的延时时间也有快有慢，在这个延时时间范围内的过渡状态也有可能不符合要求，但由于有统一时钟 CP，可将 CP 同时控制译码，仅在翻转稳定后译码，则译码输出不会出错。

8.3.2 集成计数器

用触发器组成计数器，电路复杂且可靠性差。随着电子技术的发展，一般均用集成计数器（也称为中规模集成计数器）构成具有各种功能的计数器。

现以 74LS160/161 为例，介绍集成计数器。74LS160/161 为同步可预置计数器，74LS160 为十进制计数器（最大计数值 10）；74LS161 为二进制计数器（最大计数值 16）。功能如表 8-11 所示，引脚图如图 8-29 所示。其中：

$\overline{CLR}$——异步清零端，低电平有效，$\overline{CLR} = 0$ 时，$Q_3 Q_2 Q_1 Q_0 = 0000$；

$\overline{LD}$——同步置数端，低电平有效，$\overline{LD} = 0$ 时，在 CP 上升沿，将并行数据 $D_3 D_2 D_1 D_0$ 置入片内触发器，并从 Q_3、Q_2、Q_1、Q_0 端分别输出，即 $Q_3 Q_2 Q_1 Q_0 = D_3 D_2 D_1 D_0$。

CT_T、CT_P——计数允许控制端。$CT_T \cdot CT_P = 1$ 时允许计数；$CT_T \cdot CT_P = 0$ 时禁止计数，

表 8-11　74LS160/161 功能表

$\overline{CLR}$	$\overline{LD}$	CP	CT_T	CT_P	功能
0	×	×	×	×	清零
1	0	↑	×	×	置数
1	1	↑	1	1	计数
1	1	×	0	×	保持
1	1	×	×	0	保持

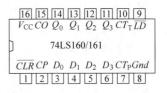

图 8-29　74LS160/161 引脚图

保持输出原状态。CT_T、CT_P 可用于级联时超前进位控制。

$D_3 \sim D_0$ ——预置数据输入端。

$Q_3 \sim Q_0$ ——计数输出端。

CO ——进位输出端。

CP ——时钟脉冲输入端，上升沿触发。

利用 74LS160/161 可以很方便地组成 N 进制计数器（N 须小于最大计数值）。

【例 8-6】 试利用 74LS161 组成 12 进制计数器。

解：利用 74LS161 组成 12 进制计数器，方法可有多种，现举例说明如下：

（1）反馈置数法

图 8-30a 为 74LS161 利用反馈置数法构成 12 进制计数器，其计数至 1011 时，$Q_3Q_1Q_0$ 通过与非门全 1 出 0，置数端 $\overline{LD}=0$，重新置入 $Q_3Q_2Q_1Q_0 = D_3D_2D_1D_0 = 0000$。该电路状态转换图如图 8-30b 所示。

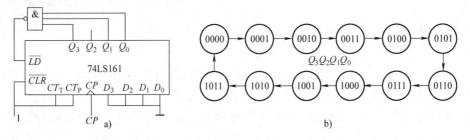

图 8-30　反馈置数法构成 M12 计数器

a）电路图　b）状态转换图

（2）反馈复位法

图 8-31a 为 74LS161 利用反馈复位法构成 12 进制计数器，计数至 1100 时，Q_3Q_2 通过与非门全 1 出 0，复位端 $\overline{CLR}=0$，复位 $Q_3Q_2Q_1Q_0 = 0000$，该电路状态转换图如图 8-31b 所示。

图 8-31 与图 8-30 有什么不同？为什么图 8-30 是计数到 1011，而图 8-31 要计数到 1100？图 8-30 是反馈到同步置位端 $\overline{LD}$，而同步置位的条件是要有 CP 脉冲，因此计数至 1011 后，需等待至下一 CP 上升沿，才能复位 0000。而图 8-31 是反馈到异步复位端 $\overline{CLR}$，异步复位是不需要 CP 脉冲的，电路计数至 1100 瞬间，即能产生复位信号，1100 存在时间约几纳秒，因此实际上 1100 状态是不会出现的。但是在要求较高的场合，这类电路仍有可能出错，应采用 RC 滤波电路吸收干扰脉冲。

（3）进位信号置位法

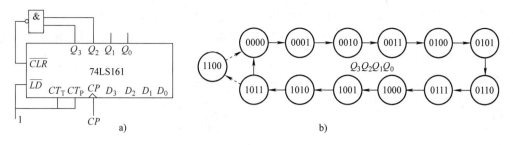

图 8-31　反馈复位法构成 M12 计数器

a）电路图　b）状态转换图

需要说明的是，对 N 进制计数器的广义理解，并不仅是计数 0→N，只要有 N 种独立的状态，计满 N 个计数脉冲后，状态能复位循环的时序电路均称为模 N 计数器，或称为 N 进制计数器。

图 8-32a 为 74LS161 利用进位信号 CO 置位，构成 M12 计数器。进位信号产生于 1111，数据输入端接成 0100，计数从 0100 开始，至 1111 时，触发 74LS161 重新置位 0100，则从 0100→1111 共有 12 种状态构成 M12 计数器，其状态转换图如图 8-32b 所示。

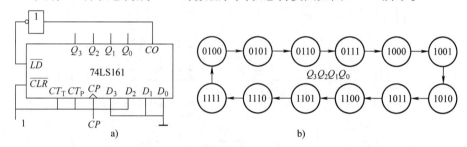

图 8-32　进位信号置位法构成 M12 计数器

a）电路图　b）状态转换图

集成计数器品种繁多，应用方便。读者可参阅有关技术资料。

8.3.3　计数器应用举例

计数器主要用于计数、分频。此外，还常用于测量脉冲频率和脉冲宽度（或周期），组成定时电路、数字钟和顺序脉冲发生器等。

1．测量脉冲频率和脉冲宽度

（1）测量脉冲频率

测量脉冲频率的示意电路框图如图 8-33 所示。被测脉冲从与门的一个输入端输入，取样脉冲从与门的另一个输入端输入。无取样脉冲时，与门关；有取样脉冲时，与门开，被测脉冲进入计数器计数，若取样脉冲的宽度 T_w 已知，则被测脉冲的频率 $f = N/T_w$。若将取样脉冲的宽度 T_w 设定为 1s、0.1s、0.01s…，则被测脉冲的频率就为 N、10N、100N…，可经过译码直接显示出来。

取样脉冲的产生可用石英晶体（精度高）振荡器振荡产生，并经十进制计数器逐级分频而得，例 100kHz 晶体振荡器，10 分频后为 10kHz（$T = 0.1$ms），再 10 分频（$T = 1$ms），再 10 分频（$T = 10$ms），…

（2）测量脉冲宽度

测量脉冲宽度的方法与测量脉冲频率类似，但被测脉冲代替了取样脉冲的位置，而与门的另一个输入端输入单位时钟脉冲（频率较高），如图 8-34 所示。设单位时钟脉冲的周期为 T_0，则被测脉冲宽度 $T_w = NT_0$。例如，若 $T_0 = 1\mu s$，则 $T_w = N\mu s$。

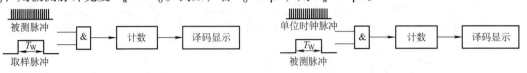

图 8-33　脉冲频率测量示意电路框图　　　　图 8-34　脉冲宽度测量示意电路框图

2. 组成定时电路和数字钟

若已知 CP 脉冲周期 T_0，则计数 N 个 CP 脉冲就可得到 $t = NT_0$ 的定时时间。单片计算机中的定时器就是根据这一原理设计的。精确的定时电路经计数器计数还可组成数字钟，其框图如图 8-35 所示。秒和分显示位分别为 6×10 计数，而时计数除驱动时译码显示外，还应有 M24 计数器，计数满 24，产生一个复位脉冲，使时计数器清 0。

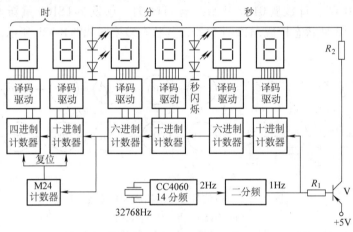

图 8-35　数字钟电路框图

秒基准信号由 CC 4060 和二分频电路组成。除作为秒个位十进制计数器的 CP 脉冲外，同时可作为秒闪烁冒号（用两个发光二极管串联组成）驱动信号。

CC4060 为 14 级二进制串行计数器/分频器，其引脚图如图 8-36 所示，CC4060 由两部分组成，一部分是 14 级分频器，另一部分是振荡器，如图 8-37 所示。振荡器需外接 RC 网络（或石英晶体），振荡频率 $f_0 \approx 1/2.2RC$（详细分析参阅 9.4.1 节）。CC 4060 采用双列直插 DIP16 封装，引脚较少，其中 Q_1、Q_2、Q_3 及 Q_{11} 没有相应输出管脚，因此，输出的分频系数只有 $2^4 \sim 2^{10}$ 及 $2^{12} \sim 2^{14}$，分别从 $Q_4 \sim Q_{10}$ 及 $Q_{12} \sim Q_{14}$ 输出。

图 8-36　CC4060 引脚图

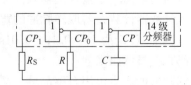

图 8-37　CC4060 振荡器结构框图

由 CC 4060 组成的精确秒信号电路如图 8-38 所示。电路选用 32768Hz 晶振，各种电子钟、电子表和电脑内部时钟均用此晶振，只要晶振频率精确，电路振荡稳定，分频后秒信号就精确。32768Hz 经 2^{14} 分频后为 2Hz，再经过一个由 D 触发器组成的 T′ 触发器二分频，就得到 1Hz 秒脉冲，D 触发器选用 74HC74（双 D 触发器），以与 CMOS 电平匹配，74HC74 输出最大电流可达 4mA，正好用于驱动发光二极管，不需

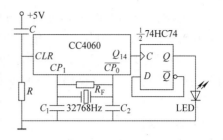

图 8-38 CC4060 组成秒闪烁电路

另加驱动电路。晶体振荡电路采用典型应用电路，其中 R_F 为直流负反馈电阻，一般取 2MΩ 左右，使 CC 4060 内部与非门工作于传输特性的线性转折区；C_1、C_2 用于稳定振荡，一般取几十皮法；RC 组成上电复位电路，在接通电源瞬间产生一个微分脉冲，使 CC 4060 输出清 0，R、C 一般分别取 10kΩ、10μF。

3. 产生顺序脉冲

在数字系统中常需要一些串行周期性信号，在每个循环周期中，1 和 0 数码按一定规则顺序排列，这种信号称为序列脉冲信号。若每个循环周期中，1 的个数只有一个，则称为顺序脉冲信号。

能产生顺序脉冲的电路称为顺序脉冲发生器，顺序脉冲发生器一般由计数器和译码器组成。CC 4017 为 CMOS 十进制计数/分频器，其内部由计数器和译码器两部分电路组成，即兼有计数和译码功能，能实现对输入 CP 脉冲的信号分配，是一种应用广泛的数字集成电路。图 8-39 为其引脚图，图8-40 为其时序波形图，表 8-12 为其功能表。

图 8-39 CC4017 引脚图

CC 4017 有两个 CP 脉冲输入端：CP 和 INH，类似于 8.2.2 中介绍的 74LS165。当 CP 端输入时钟脉冲时，INH 端应接低电平；此时时钟脉冲上升沿触发计数；当从 INH 端输入时钟脉冲时，CP 端应接高电平，此时时钟脉冲下降沿触发计数。或者说：当需要上升沿触发时，时钟脉冲应从 CP 端输入，INH 端接低电平；当需要下降沿触发时，时钟脉冲应从 INH 端接输入，CP 端应接高电平。另外，在 CP 端低电平期间或 INH 端高电平期间时钟脉冲从另一时钟端输入均不会触发计数；CP 端输入的下降沿和 INH 端输入的上升沿也不会触发计数。

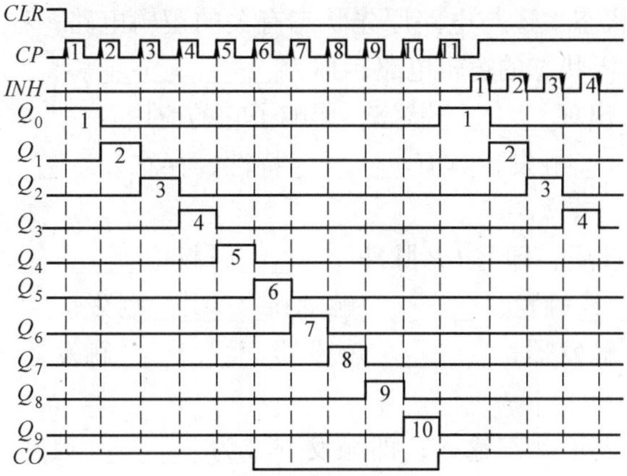

图 8-40 CC4017 时序波形图

表 8-12 CC 4017 功能表

输入			输出	
CLR	CP	INH	$Q_0 \sim Q_9$	CO
1	×	×	$Q_0 = 1$	——
0	↑	0	计数	
0	1	↓		$Q_0 \sim Q_4 = 1$ 时
0	0	×		CO = 1
0	×	1	保持	$Q_5 \sim Q_9 = 1$ 时
0	↓	×		CO = 0
0	×	↑		

图 8-41 为应用 4017 实现的循环灯电路，在 CP 脉冲作用下，$LED_0 \sim LED_9$ 依次点亮，每次亮一个，不断循环（注意 CP 脉冲频率不要太高，以视觉能辨别为宜，否则 10 个 LED 灯相当于全部点亮）。

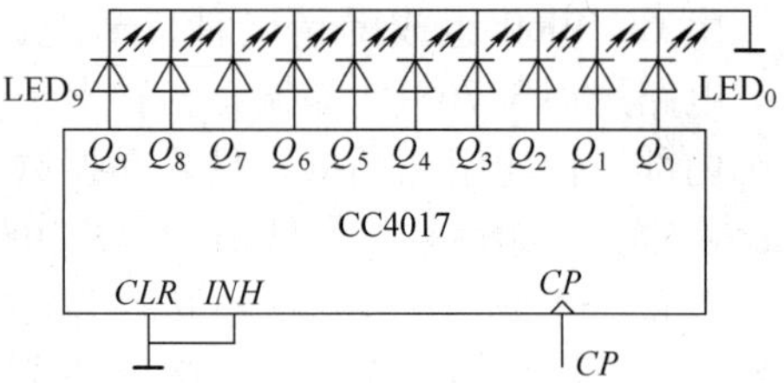

图 8-41　循环灯电路

【复习思考题】

8.16　叙述计数器分类情况

8.17　异步计数器和同步计数器如何定义区分？

8.18　异步二进制计数器级间连接有什么规律？

8.19　异步计数器和同步计数器各有什么特点？

8.20　异步计数器输出译码时易出错的原因是什么？

8.21　集成计数器中，欲使计数器输出端为 0 有几种方法？

8.22　集成计数器中，如何理解清 0 异步同步、置位异步同步？

8.23　图 8-30 与图 8-31 电路的状态转换图有什么区别？

8.24　如何从广义上理解模 N 进制计数器？

【相关习题】

选做 8.4 习题中的填空题：8.21 ~ 8.27；选择题：8.49 ~ 8.60；分析计算题：8.83 ~ 8.92。

8.4　习题

8.4.1　填空题

8.1　数字电路按有否记忆功能通常可分为_____逻辑电路和_____逻辑电路。

8.2　组合逻辑电路任何时刻的输出信号，与该时刻的输入信号_____；与电路原来所处的状态_____；时序逻辑电路任何时刻的输出信号，与该时刻的输入信号_____；与信号作用前电路原来所处的状态_____。

8.3　输出状态不仅取决于该时刻的输入状态，还与电路原先状态有关的逻辑电路，称为_____；输出状态仅取决于该时刻输入状态的逻辑电路，称为_____。

8.4　基本 RS 触发器具有_____条件，出现_____状态，影响了它的应用。

8.5　钟控 RS 触发器的触发方式为_____触发，具有_____特性，存在_____现象。

8.6　触发器预置端 $\overline{R_d}$、$\overline{S_d}$ 具有_____性质，即与 CP 脉冲_____，权位_____。

8.7　触发器的触发方式可有三种：_____触发、_____触发和_____触发。

8.8　触发器按逻辑功能可分为_____触发器、_____触发器、_____触发器、_____触发器和_____触发器。

8.9　触发器逻辑符号中 C 端的_____表示动态输入，即触发方式为_____触发。有小圆圈表示_____沿触发；无小圆圈表示_____沿触发。

8.10　JK 触发器，$JK = 11$ 时，$Q^{n+1} = $_____；$JK = 00$ 时，$Q^{n+1} = $_____。

228

8.11 JK 触发器的特征方程是_____。

8.12 D 触发器的特征方程是_____。

8.13 T' 触发器的特征方程是_____。

8.14 D 触发器的 D 端与_____连结时，构成 T' 触发器。

8.15 JK 触发器的 JK 端接_____时，构成 T' 触发器。

8.16 触发器构成_____触发器时，对 CP 脉冲具有二分频功能。

8.17 寄存器按照功能不同可分为_____寄存器和_____寄存器。

8.18 移位寄存器除具有数码寄存功能外，还能使寄存数码_____。

8.19 移位寄存器按数据移位方向，可分为_____移和_____移移位寄存器；按数据形式变换，可分为_____并出型和_____串出型。

8.20 一个 4 位移位寄存器输入 4 位串行数码，经过_____个时钟脉冲后，4 位串行数码全部存入寄存器；再经过_____个时钟脉冲后，串行输出全部 4 位数码。

8.21 计数器不仅可用来对脉冲计数，而且广泛用于_____、_____、_____、_____和_____等。

8.22 分析异步计数器时，应特别注意各触发器的时钟条件是否_____。

8.23 同步计数器中所有触发器的时钟端应_____。

8.24 n 个触发器最大可构成_____进制计数器。

8.25 异步二进制计数器一般接成_____。上升沿触发时，若 CP 端接低位触发器_____端，则构成加法计数器；若 CP 端接低位触发器_____端，则构成减法计数器。下降沿触发时，若 CP 端接低位触发器_____端，则构成加法计数器；若 CP 端接低位触发器_____端，则构成减法计数器。

8.26 要组成模 15 计数器，至少需要采用_____个触发器。

8.27 二进制计数器利用反馈法组成 N 进制计数器时，异步复位时，计数至_____反馈；同步置 0 时，计数至_____反馈。

8.4.2 选择题

8.28 不属于触发器特点的是____。（A. 有两个稳定状态；B. 可以由一种稳定状态转换到另一种稳定状态；C. 具有记忆功能；D. 有不定输出状态）

8.29 欲使 JK 触发器按 $Q^{n+1}=1$ 工作，可使 JK 触发器的输入端（多选）____。（A. $J=K=1$；B. $J=1$，$K=0$；C. $J=K=\overline{Q}$；D. $J=K=0$；E. $J=\overline{Q}$，$K=0$）

8.30 欲使 JK 触发器按 $Q^{n+1}=0$ 工作，可使 JK 触发器的输入端（多选）____。（A. $J=K=1$；B. $J=0$，$K=Q$；C. $J=Q$，$K=1$；D. $J=0$，$K=1$；E. $J=K=0$）

8.31 欲使 JK 触发器按 $Q^{n+1}=Q^n$ 工作，可使 JK 触发器的输入端（多选）____。（A. $J=K=0$；B. $J=Q$，$K=\overline{Q}$；C. $J=\overline{Q}$，$K=Q$；D. $J=Q$，$K=0$；E. $J=0$，$K=\overline{Q}$）

8.32 欲使 JK 触发器按 $Q^{n+1}=\overline{Q^n}$ 工作，可使 JK 触发器的输入端（多选）____。（A. $J=K=1$；B. $J=Q$，$K=\overline{Q}$；C. $J=\overline{Q}$，$K=Q$；D. $J=Q$，$K=1$；E. $J=1$，$K=Q$）

8.33 为实现将 JK 触发器转换为 D 触发器，应使____。（A. $J=D$，$K=\overline{D}$；B. $K=D$，$J=\overline{D}$；C. $J=K=D$；D. $J=K=\overline{D}$）

8.34 对于 JK 触发器，若 $J=K$，则可完成____触发器的逻辑功能。（A. RS；B. D；

C. T；D. T'）

8.35 对于 JK 触发器，若 $J=K=1$，则可完成____触发器的逻辑功能。（A. RS；B. D；C. T'；D. T）

8.36 欲使 D 触发器按 $Q^{n+1}=\overline{Q^n}$ 工作，应使输入 D 端接____。（A. 0；B. 1；C. Q；D. $\overline{Q}$）

8.37 对于 D 触发器，欲使 $Q^{n+1}=Q^n$，应使输入 $D=$____。（A. 0；B. 1；C. Q；D. $\overline{Q}$）

8.38 对于 T 触发器，若初态 $Q^n=0$，欲使次态 $Q^{n+1}=1$，（多选）应使输入 $T=$____。（A. 0；B. 1；C. Q；D. $\overline{Q}$）

8.39 对于 T 触发器，若初态 $Q^n=1$，欲使次态 $Q^{n+1}=1$，（多选）应使输入 $T=$____。（A. 0；B. 1；C. Q；D. $\overline{Q}$）

8.40 下列电路中，不属于组合逻辑电路的是____。（A. 编码器；B. 译码器；C. 数据选择器；D. 计数器）

8.41 同步时序电路和异步时序电路比较，其差异在于____。（A. 没有触发器；B. 没有统一的时钟脉冲控制；C. 没有稳定状态；D. 输出只与内部状态有关）

8.42 某移位寄存器的时钟脉冲频率为 100kHz，欲将存放在该寄存器中的二进制数码左移 8 位，完成该操作需要____。（A. 10μs；B. 80μs；C. 100μs；D. 800μs）

8.43 一个触发器可记录____位二进制代码。（A. 1；B. 2；C. 4；D. 8）

8.44 存储 8 位二进制信息至少要____个触发器。（A. 2；B. 3；C. 4；D. 8；E. 2^8）

8.45 8 位移位寄存器，串行输入时，须经____个脉冲后，8 位数码全部移入寄存器中。（A. 1；B. 2；C. 4；D. 8）

8.46 下列逻辑电路中为时序逻辑电路的是____。（A. 数码寄存器；B. 数据选择器；C. 变量译码器；D. 加法器）

8.47 N 个触发器最多可寄存____位二进制数码。（A. $N-1$；B. N；C. $N+1$；D. $2N$；E. 2^n）

8.48 74LS373 引脚 $\overline{OE}=1$ 时，输出端 Q 为____；74LS377 引脚 $\overline{G}=0$ 时，输出端 Q 为____。（A. 高电平；B. 低电平；C. 高阻态；D. $Q=D$）

8.49 用二进制异步计数器从 0 起做加法计数，最少需要____个触发器才能计数到 100。（A. 6；B. 7；C. 8；D. 10；E. 100）

8.50 某数字钟需要一个分频器，将 32768Hz 的脉冲转换为 1Hz 的脉冲，欲达此目的，该分频器至少需要____个触发器。（A. 10；B. 15；C. 32；D. 32768）

8.51 一位 8421 BCD 码计数器至少需要____个触发器。（A. 3；B. 4；C. 5；D. 10）

8.52 欲设计 0～7 计数器，如果设计合理，采用同步二进制计数器，最少应使用____个触发器。（A. 2；B. 3；C. 4；D. 8）

8.53 同步计数器和异步计数器比较，同步计数器的显著优点是____。（A. 工作速度高；B. 触发器利用率高；C. 电路简单；D. 不受时钟 CP 控制）

8.54 N 个触发器可以构成最大计数长度（进制数）为____的计数器。（A. N；B. 2N；C. N^2；D. 2^N）

8.55 把一个五进制计数器与一个四进制计数器串联可得到____进制计数器。（A. 4；B. 5；C. 9；D. 20）

8.56 已知 74LS161 组成的计数器电路，图 8-42a 的模是____；图 8-42b 的模是____。（A. 10；B. 11；C. 12；D. 13）

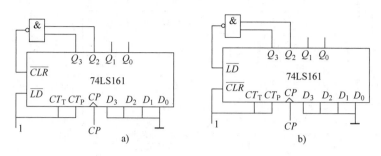

图 8-42　习题 8.56 电路

8.57　已知 74LS161 组成的计数器电路，图 8-43a 的模是____；图 8-43b 的模是____。（A. 10；B. 11；C. 12；D. 13）

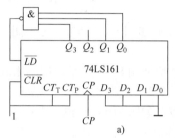 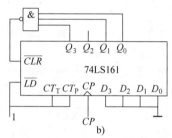

图 8-43　习题 8.57 电路

8.58　已知 74LS161 组成的计数器电路，图 8-44a 的模是____；图 8-44b 的模是____。（A. 10；B. 11；C. 12；D. 13；E. 16）

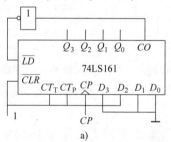 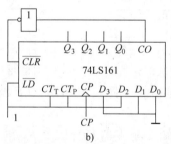

图 8-44　习题 8.58 电路

8.59　已知计数器电路如图 8-45 所示，电路 a）属____；电路 b）属____；电路 c）属____。（A. 同步二进制加法；B. 同步二进制减法；C. 异步二进制加法；D. 异步二进制减法）

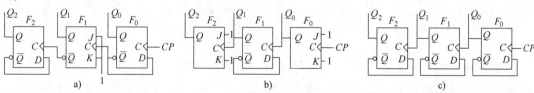

图 8-45　习题 8.59 电路

8.60　（多选）已知 JK 触发器组成的计数器电路如图 8-46 所示，其中____属加法计数器；____属减法计数器。

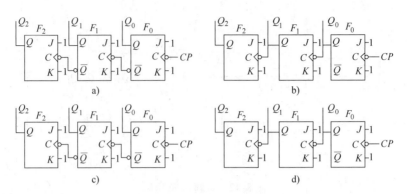

图 8-46 习题 8.60 电路

8.4.3 分析计算题

8.61 已知上升沿触发 JK 触发器 CP、J、K 波形如图 8-47 所示，试画出 JK 触发器输出端 Q 波形（设初态 $Q=0$）。

8.62 已知下降沿触发 JK 触发器 CP、J、K 波形如图 8-48 所示，试画出其输出端 Q 波形（设初态 $Q=0$）。

8.63 已知边沿型 JK 触发器 CP、J、K 输入波形如图 8-49 所示，试分别按上升沿触发和下降沿触发画出其输出端 Q' 和 Q'' 波形（设 Q' 和 Q'' 初态为 0）。

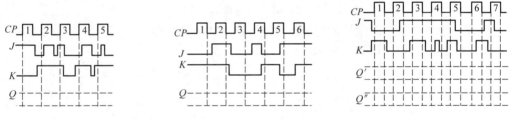

图 8-47 习题 8.61 波形　　　　图 8-48 习题 8.62 波形　　　　图 8-49 习题 8.63 波形

8.64 已知电路如图 8-50 所示，CP 波形如图 8-51 所示，设初态 $Q_1=Q_2=0$，试画出 Q_1、Q_2 波形。

8.65 已知 D 触发器 CP、$\overline{R}_d$、$\overline{S}_d$ 和 D 端波形如图 8-52 所示，试画出输出端 Q 波形（设初态 $Q=0$）。

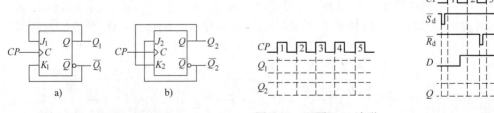

图 8-50 习题 8.64 电路　　　图 8-51 习题 8.64 波形　　　图 8-52 习题 8.65 波形

8.66 已知电路如图 8-53 所示，输入信号 CP、A、B、$\overline{S}_d$、$\overline{R}_d$ 端波形如图 8-54 所示，试画出 D 端和 Q 端波形（设初态 $D=0$、$Q=0$）。

8.67 已知 D 触发器电路如图 8-55 所示，CP 波形如图 8-56 所示，试画出 Q_1、Q_2 波形（设初态 $Q_1^0=Q_2^0=0$）。

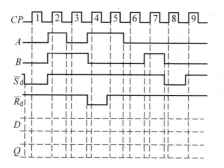

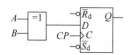

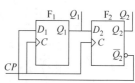

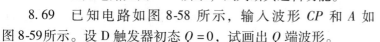

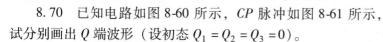

图 8-53　习题 8.66 电路　　　　图 8-54　习题 8.66 波形图　　　　图 8-55　习题 8.67 电路

8.68　已知电路如图 8-57 所示，试判断其逻辑功能。

8.69　已知电路如图 8-58 所示，输入波形 CP 和 A 如图 8-59 所示。设 D 触发器初态 $Q=0$，试画出 Q 端波形。

8.70　已知电路如图 8-60 所示，CP 脉冲如图 8-61 所示，试分别画出 Q 端波形（设初态 $Q_1=Q_2=Q_3=0$）。

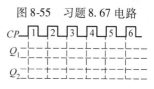

图 8-56　习题 8.67 波形

8.71　已知电路如图 8-62 所示，CP 脉冲如图 8-63 所示，试画出 Q 端波形（设 $Q_1 \sim Q_6$ 初态均为 0）。

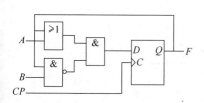

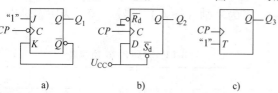

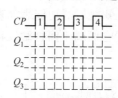

图 8-57　习题 8.68 电路　　　图 8-58　习题 8.69 电路　　　图 8-59　习题 8.69 波形

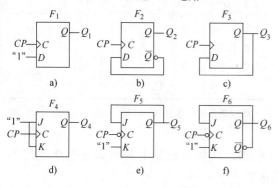

图 8-60　习题 8.70 电路

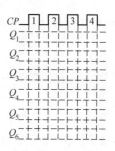

图 8-61　习题 8.70 波形

图 8-62　习题 8.71 电路　　　　　　　　　　　图 8-63　习题 8.71 波形

8.72　已知电路如图 8-64 所示，CP 波形如图 8-65 所示，设初始 $Q_1=Q_2=0$，试画出

233

Q_1、Q_2 波形。

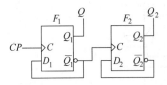

图 8-64　习题 8.72 电路

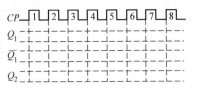

图 8-65　习题 8.72 波形

8.73　已知由 74LS74 组成的电路如图 8-66 所示，CP 波形如图 8-67 所示，试画出 Q_1、Q_2 波形。

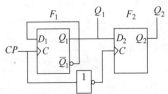

图 8-66　习题 8.73 电路

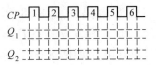

图 8-67　习题 8.73 波形

8.74　已知电路如图 8-68 所示，CP 波形如图 8-69 所示，试画出 Q、$\overline{Q}$、A、B 波形。

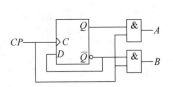

图 8-68　习题 8.74 电路

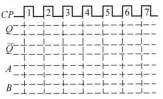

图 8-69　习题 8.74 波形

8.75　已知电路如图 8-70 所示，试分析功能。

8.76　已知触发器功能表如表 8-13 所示，X、Y 为激励（输入）信号，Q^{n+1} 为次态输出信号，试确定它们属于何种触发器。

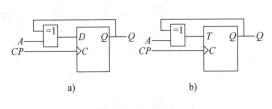

图 8-70　习题 8.75 电路

表 8-13　习题 8.76 功能表

a		b		c		d	
激励	输出	激励	输出	激励	输出	激励	输出
$X\ Y$	Q^{n+1}	$X\ Y$	Q^{n+1}	X	Q^{n+1}	X	Q^{n+1}
0 1	1	1 0	1	0	0	0	Q^n
1 0	0	0 1	0	1	1	1	$\overline{Q^n}$
0 0	Q^n	0 0	Q^n				
1 1	不定	1 1	$\overline{Q^n}$				

8.77　已知实验电路如图 8-71 所示，Y_A、Y_B 为双踪示波器的信号输入端，试画出示波器显示的波形。

8.78　某同学用图 8-72 所示集成电路组成电路，并从示波器上观察到该电路波形如图 8-73 所示，试问该电路是如何连接的？（画出电路连线）

8.79　已知电路如图 8-21 所示，CP、R（清零）、D 端波形如图 8-74 所示，试画出 Q_3、Q_2、Q_1、Q_0 时序波形图。

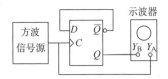

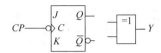

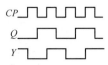

图 8-71 习题 8.77 电路　　　　图 8-72 习题 8.78 电路　　　　图 8-73 习题 8.78 波形

8.80　已知电路同上,并行数据输入端数据 $D_3 D_2 D_1 D_0 = 1101$,串行数据输入端 $D =$ 01010000,CP、R 和置数脉冲如图 8-75 所示,试画出时序波形图。

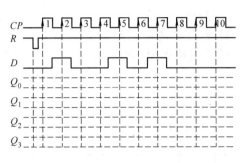

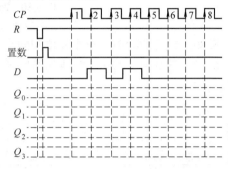

图 8-74　习题 8.79 时序波形图　　　　　　图 8-75　习题 8.80 时序波形图

8.81　已知 74LS164 组成的电路如图 8-76 所示,时钟脉冲 CP、清 0 控制信号 $\overline{CLR}$ 和串行输入数据 D_S 如图 8-77 所示,试画出并行输出端 $Q_0 \sim Q_7$ 时序波形。

8.82　已知 74LS165 组成的电路如图 8-78 所示,控制信号 CP、INH、$S/\overline{L}$ 波形如图 8-79 所示,并行输入信号 $D_7 \sim D_0 = 10110101$,串行输入信号 $D_{IS} = 0110101$,试画出串行输出端 Q_H、$\overline{Q}_H$ 时序波形。

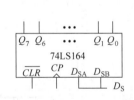

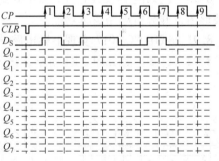

图 8-76　习题 8.81 电路　　　　　　　　图 8-77　习题 8.81 时序波形图

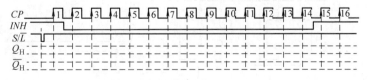

图 8-78　习题 8.82 电路　　　　　　图 8-79　习题 8.82 时序波形图

8.83　已知由 74LS161 组成的 2421 BCD 码和余 3 BCD 码的计数器如图 8-80 所示,试列出其状态转换表和状态转换图。

8.84　试用 74LS160 异步复位和同步置 0 功能构成八进制计数器。

8.85　试用异步复位法和同步置位法将 74LS161 改为 8421 BCD 码计数器。

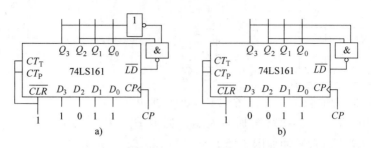

图 8-80 2421、余 3BCD 码电路

a) 2421BCD 码 b) 余 3 BCD 码

8.86 试用 74LS161 异步复位和同步置 0 构成 11 进制计数器,并列出状态转换表。

8.87 已知用 74LS161 组成的级联 8 位二进制计数电路如图 8-81a、b 所示,试分析其级联功能。

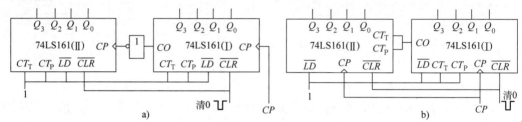

图 8-81 习题 8.87 电路

8.88 数字钟电路中,时计数器计满 24 小时需复位,试用 74LS160 组成该计数电路。

8.89 已知计数器电路如图 8-82 所示,试分析电路功能,并画出 $Z_0 \sim Z_3$ 时序波形图。

8.90 已知由 74LS161 与 74LS138 组成的计数译码器如图 8-83 所示,试画出输出端时序波形图,并分析电路逻辑功能。

8.91 试用 CC 4017 实现上题电路功能。

8.92 已知电路如图 8-84 所示,试分析电路功能。

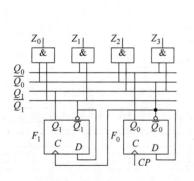

图 8-82 习题 8.89 电路

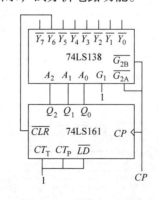

图 8-83 习题 8.90 电路

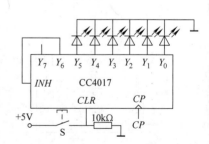

图 8-84 习题 8.92 电路

第9章 脉冲波产生与转换电路

本章要点

- 施密特触发器
- 单稳态触发器
- 由门电路组成的多谐振荡器
- 石英晶体多谐振荡器
- 555 集成定时器及其应用

9.1 脉冲波概述

数字电路研究的对象是在时间上不连续的突变的电信号，作用时间很短，所以也称为脉冲信号。

1. 脉冲波形参数

脉冲信号波形形状很多，主要有方波、矩形波、三角波、锯齿波等。现以图 9-1 矩形波为例，说明其波形参数。

1）脉冲幅度 U_m。脉冲电压变化的最大值，即脉冲波从波底至波顶之间的电压。

2）上升时间 t_r。脉冲波前沿从 $0.1U_m$ 上升到 $0.9U_m$ 所需的时间。

3）下降时间 t_f。脉冲波后沿从 $0.9U_m$ 下降到 $0.1U_m$ 所需的时间。

4）脉冲宽度 t_w。脉冲波从上升沿的 $0.5U_m$ 至下降沿 $0.5U_m$ 所需的时间。

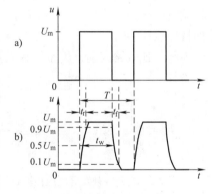

图 9-1 矩形脉冲参数
a）理想波形 b）实际波形

5）脉冲周期 T。在周期性脉冲信号中，任意两个相邻脉冲上升沿（或下降沿）之间的时间间隔。

6）重复频率 f。每秒脉冲信号出现的次数，即脉冲周期的倒数：$f = 1/T$，单位：Hz。

7）占空比 q。脉冲宽度与脉冲周期的比值，$q = t_w/T$。

2. 脉冲波的产生与转换

数字电路对脉冲波通常有一定的要求，如脉冲幅度、宽度、频率、上升沿和下降沿的陡峭程度等。这些具有一定要求的脉冲波通常由两种方法获得：一是利用脉冲振荡器直接产生，如多谐振荡器。二是通过已有信号变换整形产生，如施密特触发器和单稳态电路。本章将分析研究这些脉冲波的产生和变换电路。

9.1 画出矩形脉冲波形，并根据波形说明脉冲波形参数。

【相关习题】

选做 9.6 习题中的填空题：9.1 ~ 9.5；选择题：9.22 ~ 9.23。

9.2 施密特触发器

1. 定义

具有两个阈值电压的触发器称为施密特触发器。

需要指出的是，施密特触发器的"触发器"概念（Schmitt Trigger）与 8.1 节中的"触发器"概念（Flip – Flop）是性质完全不同的两种电路。施密特触发器因最初译名为"触发器"而一直沿用下来，不是 8.1 节中具有双稳态功能的触发器。

2. 电压传输特性

施密特触发器电压传输特性如图 9-2 所示。其中图 9-2a 为同相输出时的特性曲线，当 u_I 从 0 逐渐增大时，u_O 沿特性曲线 abcde 路径运行，须当 $u_I > U_{TH+}$ 时，触发器翻转；当 u_I 逐渐减小时，u_O 沿特性曲线 edfba 路径运行，须当 $u_I < U_{TH-}$ 时，触发器翻转。图 9-2b 为反相输出时的特性曲线，u_I 增大时，u_O 沿 abcde 路径运行；u_I 减小时沿 edfba 路径运行。即触发器具有两个阈值电压 U_{TH+} 和 U_{TH-}，这种特性类似于磁滞回线，因此施密特特性也称为滞回特性、回差特性。

为与其他电路区别，施密特触发器标有施密特符号"$\varPi$"标志，如图 9-3 所示。

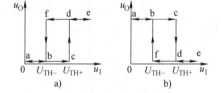

图 9-2 施密特触发器电压传输特性

a) 同相输出 b) 反相输出

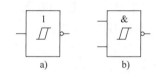

图 9-3 施密特门电路符号

a) 施密特反相器 b) 施密特与非门

3. 施密特触发器的特点

1) 具有回差特性，即具有两个阈值电压；

2) 施密特触发器的输出电压波形边沿陡峭；

3) 施密特触发器属于电平触发，即不仅其状态翻转需要外加触发信号，而且状态的维持也需要外加触发信号。

4. 施密特电路的用途

在数字系统中，施密特电路主要用于脉冲波形整形、波形变换和脉冲幅度鉴幅等用途，如图 9-4 所示。此外，还可构成单稳态、双稳态和无稳态电路，将在后续部分详述。

【例 9-1】 已知施密特触发器的两个阈值电压：$U_{TH+} = 3.2V$，$U_{TH-} = 1.8V$，输出高电平 $U_{OH} = 4.9V$，输出低电平 $U_{OL} = 0.1V$。输入电压 $u_I = (2.5 + 2.5\sin\omega t)V$，如图 9-5a 所示。试画出输出电压波形。

解： $u_I = (2.5 + 2.5\sin\omega t)V$，当输入电压上升至 $u_I \geq U_{TH+} = 3.2V$ 时，电路翻转，输出

高电平；当输入电压下降至 $u_I \leqslant U_{TH-} = 1.8\text{V}$ 时，电路翻转，输出低电平 U_{OL}。

画出输出电压波形如图 9-5b 所示。

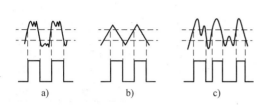

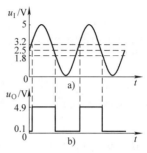

图 9-4　施密特触发器的用途

a）整形　b）变换　c）鉴幅

图 9-5　例 9-1 波形

5. 集成施密特电路

集成施密特触发器具有性能优良，触发阈值电压稳定，一致性好的优点。

（1）TTL 集成施密特电路

常用 TTL 集成施密特电路有 2 输入端 4 施密特与非门 74LS24/74LS132（引脚与 74LS00 兼容，如图 6-27 所示）；4 输入端双施密特与非门 74LS13/74LS18（引脚与 74LS20 兼容，如图 6-27 所示）；6 施密特反相器 74LS14/74LS19（引脚与 74LS04 兼容，如图 6-32 所示）。

（2）CMOS 集成施密特电路

常用 CMOS 集成施密特电路有 2 输入端 4 施密特与非门 CC4093（引脚与 CC4011 兼容，如图 6-27 所示）；6 施密特反相器 CC40106（引脚与 CC4069 兼容，如图 6-32 所示）。

【复习思考题】

9.2　简述施密特触发器的特点。

9.3　施密特触发器主要有什么用途？

【相关习题】

选做 9.6 习题中的填空题：9.6~9.9；选择题：9.24~9.26；分析计算题：9.41~9.42。

9.3　单稳态触发器

1. 概述

8.1 节中介绍的触发器具有两个稳定状态，两个稳定状态能在一定条件下由 CP 脉冲触发而相互转换，因此这种触发器称为双稳态触发器。单稳态触发器只有一个稳定状态，除此外还有一个暂稳态状态。在外来触发信号作用下，能从稳态翻转到暂稳态，经过一段时间，无需外界触发，能自动翻转，恢复原来的稳定状态，因此称为单稳态触发器。

2. 集成单稳态电路 CC 4098

单稳态电路可以由分列元件或门电路构成，更多的是直接应用集成单稳态电路。现以 CMOS 可重触发双单稳态集成电路 CC 4098 为例，分析介绍单稳态电路的特性。

CC 4098 内部有两个独立的单稳态触发器，图 9-6a 为其引脚图，图 9-6b 为定时元件 RC 连接方式。CC 4098 可上升沿触发，也可下降沿触发，其功能如表 9-1 所示，上升沿触发时，

触发脉冲须从 TR_+ 输入，且 TR_- 为高电平；下降沿触发时，触发脉冲须从 TR_- 输入，且 TR_+ 为低电平。

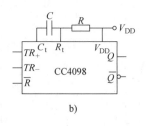

图 9-6　CMOS 单稳态电路 CC 4098

a）引脚图　b）定时元件 RC 连接方式

表 9-1　CC 4098 功能表

TR_+	TR_-	$\overline{R}$	Q	$\overline{Q}$	功能
×	×	0	0	1	复位
↑	0	1	Q	$\overline{Q}$	不变
↑	1	1	⊓	⊔	翻转
0	↓	1	⊓	⊔	翻转
1	↓	1	Q	$\overline{Q}$	不变

3. 暂稳脉宽估算

单稳态电路的主要参数是暂稳脉宽，各类单稳态电路的暂稳脉宽除与 RC 参数有关外，还与该电路的 U_{IL}、U_{IH}、U_{TH} 等参数有关，各种不同参数的单稳态电路不尽相同，一般可按下式估算：

$$t_W \approx RC\ \ln 2 \approx 0.693RC \tag{9-1}$$

需要说明的是，实际输出的暂稳脉宽与按式（9-1）计算的数值有一定误差。

4. 单稳态触发器的应用

单稳态电路用途很广，主要可用于脉冲整形、展宽、延时、定时等场合。

（1）脉冲整形

单稳态电路可以将各种幅度不等、宽度不等、前后沿不规则、平顶有毛刺的脉冲波形整形。当输入不规则脉冲符合触发条件达到触发电平 U_{TH} 时，单稳电路输出幅度一定、宽度相同、前后沿陡峭、平顶规则的矩形脉冲，如图 9-7 所示。

（2）脉冲展宽

用 CC 4098 展宽脉冲的电路如图 9-8 所示，脉宽 $t_W \approx 0.693RC$。

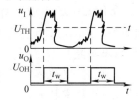

图 9-7　单稳态电路脉冲整形示意图

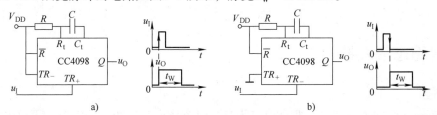

a）　　　　　　　　　　　　　b）

图 9-8　单稳态电路用于脉冲展宽

a）上升沿触发　b）下降沿触发

（3）脉冲延时

用 CC 4098 实现脉冲延时的电路如图 9-9 所示。脉冲延时时间 $t_{W1} \approx 0.693R_1C_1$，输出脉冲宽度 $t_{W2} \approx 0.693R_2C_2$。

【例 9-2】　试利用 CC 4098 将宽度为 500μs 的正脉冲延时 1000μs（原正脉冲宽度不变）。

解：延时应由正脉冲前边沿（上升沿）触发，根据表 9-1，上升沿触发信号应从第一个

单稳态电路的 TR_+ 端输入，延时时间 $t_{W1} \approx 0.693 R_1 C_1 = 1000\mu s$；然后应用该暂稳脉冲后边沿去触发第二个单稳态电路，第一个单稳态电路的暂稳脉冲从 Q_1 端输出是正脉冲，从 $\overline{Q_1}$ 端输出是负脉冲。因此，第二个单稳态电路的触发信号若是从 TR_{+2} 输入，则应用 $\overline{Q_1}$ 端的负脉冲（上升沿）；若是从 TR_{-2} 输入，则应用 Q_1 端的正脉冲（下降沿）。图 9-9a 是从第一个单稳态电路的 $\overline{Q_1}$ 端输出，输入到第二个单稳态电路 TR_{+2} 端，再延时 $t_{W2} = 0.693 R_2 C_2 = 500\mu s$，维持原正脉冲宽度不变。$RC$ 参数计算如下：

$$t_{W1} = 0.693 R_1 C_1 = 1000\mu s，若取 C_1 = 100nF，则 R_1 = 14.4k\Omega$$

$$t_{W2} = 0.693 R_2 C_2 = 500\mu s，若取 C_2 = 100nF，则 R_2 = 7.22k\Omega$$

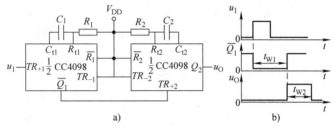

图 9-9　单稳态电路用于脉冲延时
a）电路　b）波形

（4）脉冲定时

在数字系统中，常需要有一个一定宽度的矩形脉冲去控制门电路的开启和关闭，如 8.3.3 节图 8-33 中的取样脉冲，这个有一定宽度（定时）的矩形脉冲可由单稳态电路产生，在图 9-10 中，单稳态电路输出的 u_B 脉冲，控制与门的开启和关闭。在 u_B 高电平期间，允许 u_A 端脉冲通过；在 u_B 低电平期间，禁止 u_A 端脉冲通过。

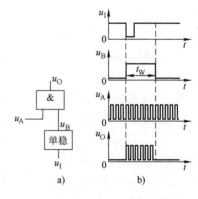

图 9-10　单稳态电路定时作用
a）原理图　b）波形图

【复习思考题】

9.4　单稳态电路与双稳态电路有何区别？

9.5　单稳态电路主要有哪些用途？

9.6　简述单稳态、双稳态和无稳态电路的概念。

【相关习题】

选做 9.6 习题中的填空题：9.10 ~ 9.13；选择题：9.27；分析计算题：9.43 ~ 9.45。

9.4　多谐振荡器

多谐振荡器又称为方波（矩形波）发生器或无稳态电路。单稳态电路有一个稳态一个暂稳；双稳态电路有两个稳态；多谐振荡器无稳定状态，只有两个暂稳态，在高电平和低电平之间来回振荡。之所以称为"多谐"，源自于傅氏级数理论，周期性方波展开后，谐波分量很多，即"多谐"。

在 3.3.2 节中，我们曾经学过，由集成运放组成方波（矩形波）发生器。在数字电子技术中，用门电路组成方波发生器，电路更简单可靠。

9.4.1 由门电路组成的多谐振荡器

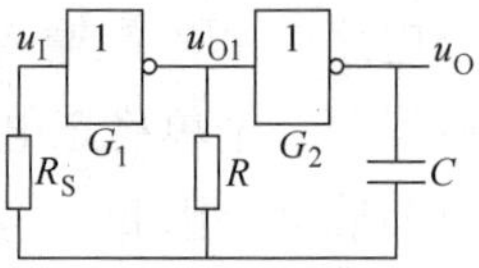

图 9-11 门电路组成多谐振荡器

1. 电路组成和工作原理

由门电路组成的多谐振荡器如图 9-11 所示。

（1）暂稳态 I

设接通电源瞬间 u_I 为 0，则 u_{O1} 为高电平，u_O 为低电平。

（2）暂稳态 II

因 u_{O1} 输出高电平，u_O 输出低电平，则 u_{O1} 通过 R 向 C 充电，u_I 电平逐渐上升，上升至门 G_1 阈值电压 U_{TH}，门 G_1 翻转，u_{O1} 输出低电平，u_O 输出高电平，由于电容两端电压不能突变，$u_I = u_C + u_O$，产生一个正微分脉冲，形成正反馈，使 u_O 输出波形上升沿很陡峭。

（3）返回暂稳态 I

因 u_{O1} 输出低电平，电容 C 上的电压随即通过 R 放电，u_I 电平从正微分脉冲逐渐下降，下降至门 G_1 阈值电压 U_{TH}，门 G_1 再次翻转，u_{O1} 输出高电平，u_O 输出低电平。

（4）不断循环

如此反复，不断循环，u_O 输出方波。多谐振荡器时序波形图如图 9-12 所示。需要指出的是，图 9-11 电路若由 TTL 门电路组成，则 $t_{W1} \neq t_{W2}$，输出不是方波；若由 CMOS 门电路组成，则因 $U_{TH} = V_{DD}/2$，$t_{W1} = t_{W2}$，输出是方波。

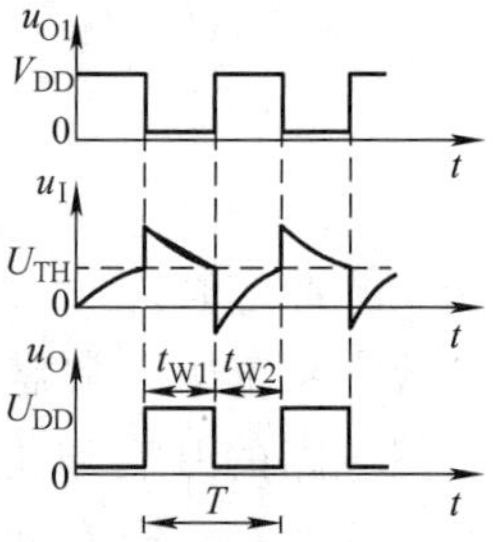

图 9-12 多谐振荡器时序波形

2. 参数计算

（1）振荡周期

图 9-11 电路的振荡周期与门电路 U_{OH}、U_{TH} 和 RC 参数有关。一般可按下式估算：

$$T \approx 2RC \ln 3 \approx 2.2RC \tag{9-2}$$

（2）R_S 的作用和取值范围

R_S 的作用是避免电容 C 上的瞬间正负微分脉冲电压损坏门 G_1；同时使电容放电几乎不经过门 G_1 的输入端，避免门 G_1 对振荡频率带来影响，即提高电路振荡频率的稳定性。因此，要求 $R_S \gg R$，一般取 $R_S = (5 \sim 10)R$。但 R_S 也不可太大，R_S 与 G_1 门的输入电容构成的时间常数将影响电路振荡频率的提高。

3. 可控型多谐振荡器

在自动控制系统中，常需要能控制多谐振荡器的起振和停振，图 9-13 即为可控型多谐振荡器。其中图 9-13a 由与非门组成，控制端输入高电平振荡，输入低电平停振；图 9-13b 由或非门组成，控制端输入低电平振荡，输入高电平停振。

4. 占空比和振荡频率可调的多谐振荡器

门电路组成的多谐振荡器的振荡频率为 $f \approx 1/2.2RC$，调节 R 及 C 均能调节其振荡频率，通常情况下调 R。

占空比的定义是输出脉冲波的高电平持续时间与脉冲波周期之比，即占空比 $q = t_W/T$。对方波而言，$q = 50\%$，即方波的高电平时间与低电平时间相等。但在数字系统中，常需各种不同占空比的矩形波。根据对多谐振荡器的分析，输出脉冲波的高电平时间与 RC 放电时间有关，低电平时间与 RC 充电时间有关。因此，只要调节多谐振荡器的充放电时间比例，即可调节其输出脉冲波的占空比。

图 9-14 电路即为占空比和振荡频率可调的多谐振荡器，调节 R_{P1} 可调振荡频率，调节 R_{P2} 可调占空比。图中串入的两个二极管提供了电容 C 充电和放电的不同通路，设 R_{P2} 被调节触点分为 R'_{P2} 和 R''_{P2}，则充电通路为 $G_1 \rightarrow R_{P1} \rightarrow VD_2 \rightarrow R''_{P2} \rightarrow C$，放电通路为 $C \rightarrow R'_{P2} \rightarrow VD_1 \rightarrow R_{P1} \rightarrow G_1$，调节 R_{P2} 即调节了充电和放电时不同的时间常数，从而调节了输出脉冲波的占空比。

图 9-14 电路的振荡频率：$f = \dfrac{1}{t_{W1} + t_{W2}} = \dfrac{1}{1.1(2R_{P1} + R_{P2})C}$

占空比调节范围：$q = \dfrac{t_{W1}}{t_{W1} + t_{W2}} = \dfrac{R_{P1}}{2R_{P1} + R_{P2}} \sim \dfrac{R_{P1} + R_{P2}}{2R_{P1} + R_{P2}}$

上式表示，调节 R_{P2}（R'_{P2}、R''_{P2} 比例变化，R_{P2} 总值不变）对振荡频率无影响，调节 R_{P1} 主要对振荡频率有影响，对占空比也略有影响。

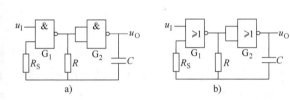

图 9-13　可控型多谐振荡器

a) 输入高电平振荡　b) 输入低电平振荡

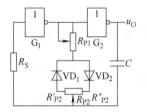

图 9-14　占空比和振荡频率可调的多谐振荡器

【例 9-3】　已知电路如图 9-14 所示，$R_S = 100\text{k}\Omega$，$R_{P1} = 33\text{k}\Omega$，$R_{P2} = 47\text{k}\Omega$，$C = 1\text{nF}$，试求电路振荡频率可调范围。若 R_{P1} 调至 $10\text{k}\Omega$，试求占空比可调范围。

解： $f_{min} = \dfrac{1}{1.1(2R_{P1} + R_{P2})C} = \dfrac{1}{1.1 \times (66 + 47) \times 10^3 \times 1 \times 10^{-9}} \text{Hz} = 8.05\text{kHz}$

$f_{max} = \dfrac{1}{1.1R_{P2}C} = \dfrac{1}{1.1 \times 47 \times 10^3 \times 1 \times 10^{-9}} \text{Hz} = 19.3\text{kHz}$

电路振荡频率调节范围 $8.05 \sim 19.3\text{kHz}$。

$q = \dfrac{t_{W1}}{t_{W1} + t_{W2}} = \dfrac{R_{P1}}{2R_{P1} + R_{P2}} \sim \dfrac{R_{P1} + R_{P2}}{2R_{P1} + R_{P2}} = \dfrac{10}{2 \times 10 + 47} \sim \dfrac{10 + 47}{2 \times 10 + 47} = 0.149 \sim 0.851$

电路占空比调节范围 $0.149 \sim 0.851$。

5. 施密特触发器组成的多谐振荡器

由于施密特触发器有两个阈值电压，所以可以很方便地构成多谐振荡器。图 9-15a 即为施密特触发器组成的多谐振荡器。设接通电源瞬间 u_O 输出高电平，即通过 R 向 C 充电，充至 U_{TH+}，施密特触发器翻转，u_O 输出低电平；电容 C 上的电压通过 R 放电，放至 U_{TH-}，施密特触发器再次翻转，u_O 输出高电平。如此反复，不断循环，u_O 输出连续方波。

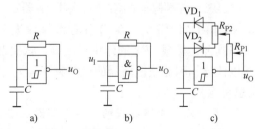

图 9-15　施密特触发器组成的多谐振荡器

a) 基本电路　b) 可控电路　c) 振荡频率和占空比可调电路

图 9-15b 为施密特触发器组成的可控多谐振荡器，因由与非门组成，故控制端输入高电平有效可控。图 9-15c 为振荡频率和占空比可调的施密特触发器组成的多谐振荡器，调节 R_{P1} 可调节振荡频率；调节 R_{P2} 可调节输出脉冲波占空比。

由于各类施密特触发器两个阈值电压 U_{TH+} 和 U_{TH-} 参数分散性较大，因此振荡频率难于准确计算。一般，由 TTL74LS 系列施密特触发器组成的多谐振荡器，振荡周期可按下式估算：

$$T \approx 1.1RC \tag{9-3}$$

由 CMOS 施密特触发器组成的多谐振荡器，振荡周期可按下式估算：

$$T \approx 0.81RC \tag{9-4}$$

【例 9-4】 试用 CC 40106 设计一个振荡频率为 100kHz 的方波发生器。

解： CC 40106 是 CMOS 6 施密特反相器，施密特触发器构成的方波发生器如图 9-15a 所示。

$T = 1/f = 1/100 \times 10^3\, \text{s} = 10\mu\text{s}$,

$T = 0.81RC$，取 $C = 1\text{nF}$，则 $R = 12.3\text{k}\Omega$。

9.4.2 石英晶体多谐振荡器

由 RC 元件和门电路组成的多谐振荡器的振荡频率稳定度还不够高，一致性还不够好，主要原因是 RC 元件的数值以及门电路阈值电压 U_{TH} 易受温度、电源电压和其他因素的影响，在振荡频率稳定度和一致性要求高的场合不太适用。

石英晶体（参阅 4.4.1 节）主要成分是二氧化硅，物理化学性质十分稳定，Q 值很高，可达 $10^4 \sim 10^6$，晶体参数的一致性也相当好，用石英晶体和门电路组成的多谐振荡器频率稳定性非常高。

石英晶体与门电路组成多谐振荡器时，可由二级反相器或一级反相器组成，现代电子技术普遍以一级反相器与石英晶体组成，如图 9-16 所示。振荡频率取决于石英晶体的振荡频率，R_F 为直流负反馈电阻，使反相器静态工作点位于线性放大区。R_F 不宜过大过小，过小使反相器损耗过大；过大使反相器脱离线性放大区，一般取 $R_F = 1 \sim 10\text{M}\Omega$。在单片机和具有自振荡功能的集成电路芯片中，反相器和 R_F 已集成在芯片内部，对外仅引出两个端点，只需接晶振和电容 $C_1 C_2$ 即可，C_1、C_2 起稳定振荡的作用，一般取 $10 \sim 100\text{pF}$。

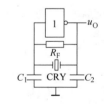

图 9-16 石英晶体多谐振荡器

由二级反相器构成的石英晶体振荡器如图 9-17 所示。R_1、R_2 的作用是使门 G_1、G_2 工作在线性放大区，C_1 的作用是正反馈耦合，晶振 CRY 的作用是选频，选出晶振频率 f_s 的信号予以传导，因此该振荡器的振荡频率为 f_s。

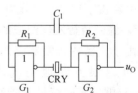

图 9-17 二级反相器构成石英晶体振荡器

【复习思考题】

9.7 画出由门电路组成的多谐振荡器电路。

9.8 图 9-11 电路中的 R_S 有什么作用？取值范围有否限制？

9.9 画出由施密特触发器组成的多谐振荡器。

9.10 画出石英晶体多谐振荡器典型应用电路。电路中的 R_F、C_1、C_2 有什么作用？

【相关习题】

选做9.6习题中的填空题：9.14~9.17；选择题：9.28~9.30；分析计算题：9.46~
9.57。

9.5 555定时器

555定时器又称为时基电路，外部加上少量阻容元件，即能构成多种脉冲电路，而且价格低廉、性能优良，在工业自动控制、家用电器和电子玩具等许多领域得到了广泛应用。

9.5.1 555定时器概述

1. 分类

1）按照内部器件分，555定时器可分为双极型和单极型（CMOS）。双极型555主要特点是输出电流大，达200mA以上，可直接驱动大电流执行器件，如继电器等。单极型（CMOS）555主要特点是功耗低，输入阻抗高，输出电流较小（$I_0 < 4mA$）。

2）按片内定时器电路个数，可分为单定时器和双定时器。双定时器即在一块集成电路内部，集成了两个独立的555定时电路。

表9-2为555集成定时器分类表，其中556为双极型双定时器集成电路，7556为CMOS双定时器集成电路。图9-18为集成定时器555（7555）和556（7556）引脚图。

表9-2 555定时器分类

	单电路	双电路
双极型	555	556
单极型	7555	7556

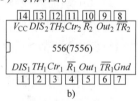

图9-18 集成定时器555和556引脚图

a）单定时器 b）双定时器

2. 电路组成

555电路因其内有3个5kΩ电阻而得名，图9-19为其内部逻辑电路图，主要由三部分组成：

1）输入级：两个电压比较器A_1A_2。

2）中间级：G_1G_2组成RS触发器。

3）输出级：缓冲驱动门G_3和放电管V。

555电路引脚名称和功能如下：

TH：高触发端

$\overline{TR}$：低触发端

Ctr：控制电压端

DIS：放电端

Out：输出端

$\overline{R}$：清零端

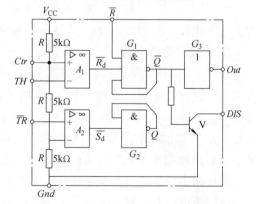

图9-19 555定时器原理电路图

245

V_{CC}、Gnd：电源和接地端

3. 工作原理

555 定时器输入级电阻链 3 个电阻均为 $5k\Omega$，将电源电压分压为 $2V_{CC}/3$ 和 $V_{CC}/3$，分别接电压比较器 A_1 的反相输入端和 A_2 的同相输入端。控制电压端 Ctr 端若输入控制电压，可改变电压比较器的基准电压，因此可分为两种情况分析。

1）Ctr 端不输入控制电压（经一小电容接地）。

① TH 端输入电压 $U_{TH} > 2V_{CC}/3$，A_1 输出端 $\overline{R_d} = 0$；$\overline{TR}$ 端输入电压 $U_{TR} > V_{CC}/3$，A_2 输出端 $\overline{S_d} = 1$；触发器输出 $Q = 0$，$\overline{Q} = 1$，T 导通，$U_{Out} = 1$。

② $U_{TH} < 2V_{CC}/3$，$\overline{R_d} = 1$；$U_{TR} > V_{CC}/3$，$\overline{S_d} = 1$；触发器输出保持不变。

③ $U_{TH} < 2V_{CC}/3$，$\overline{R_d} = 1$；$U_{TR} < V_{CC}/3$，$\overline{S_d} = 0$；触发器输出 $Q = 1$，$\overline{Q} = 0$，T 截止，$U_{Out} = 0$。

综上所述，555 定时器是将触发电压（分别从高触发端 TH 和低触发端 $\overline{TR}$ 输入）与 $2V_{CC}/3$ 和 $V_{CC}/3$ 比较，均大，则输出低电平，放电管 V 导通；均小，则输出高电平，放电管 V 截止；介于二者之间，则输出和放电管 V 状态均不变。555 定时器功能如表 9-3 所示。

2）Ctr 端输入控制电压 U_{REF}，则 TH 端与 U_{REF} 比较，$\overline{TR}$ 端与 $U_{REF}/2$ 比较，比较方法和结果与表 9-3 相似。

表9-3 555 定时器功能表

输入			输出	
$\overline{R}$	TH	$\overline{TR}$	Out	T
0	×	×	0	导通
1	$>2V_{CC}/3$	$>V_{CC}/3$	0	导通
1	$<2V_{CC}/3$	$>V_{CC}/3$	不变	不变
1	$<2V_{CC}/3$	$<V_{CC}/3$	1	截止

9.5.2 555 定时器应用

555 定时器应用十分广泛，现择其典型应用电路分析如下。

1. 构成施密特触发器

555 定时器构成施密特触发器如图 9-20 所示。输入触发电压接 TH 和 $\overline{TR}$，直接与 $2V_{CC}/3$ 和 $V_{CC}/3$ 比较，即 $2V_{CC}/3$ 和 $V_{CC}/3$ 作为施密特触发器的两个阈值电压 U_{TH+} 和 U_{TH-}。

2. 构成单稳态电路

555 定时器构成单稳态电路如图 9-21a 所示。该单稳态电路稳态应为 u_O 低电平，u_I 为高电平，此时放电管 V 导通，TH 端电压 $U_{TH} = u_C = 0$。当 u_I 输入一个低电平触发脉冲时，满足 $U_{TH} < 2V_{CC}/3$、$U_{TR} < V_{CC}/3$ 条件，u_O 输出高电平，且放电管 V 截止。V_{CC} 通过 R 向 C 充电，充至 $U_{TH} \geqslant 2V_{CC}/3$ 时，电路翻转，u_O 输出低电平，恢复稳态。其波形图如图 9-21b 所示。暂稳脉宽可按下式估算：$t_W = RC \ln3$ (9-5)

需要指出的是，由 555 定时器构成的单稳态电路，其输入负脉冲脉宽应小于输出暂稳脉宽。否则该电路在逻辑上仅相当于一个反相器，输入输出脉宽相同。

3. 构成多谐振荡器

555 定时器构成多谐振荡器电路如图 9-22a 所示，设初态 u_O 为高电平，则放电管 V 截止。V_{CC} 通过 R_1、R_2 向 C 充电，充电至 $2V_{CC}/3$，电路翻转，u_O 输出低电平，放电管 V 导通，电容 C 通过 R_2 向放电管放电，放电至 $V_{CC}/3$，电路再次翻转，u_O 输出高电平，放电管

V 截止。电容 C 上的电压反复在 $V_{CC}/3$ 与 $2V_{CC}/3$ 之间充电、放电，u_O 输出矩形脉冲波，如图 9-22b 所示。振荡脉宽可按下式估算：

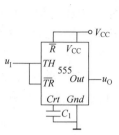

图 9-20　555 构成施密特触发器

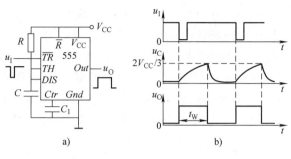

图 9-21　555 构成单稳电路
a) 电路　b) 波形

$$t_{W1} = (R_1 + R_2) C \ln2 \tag{9-6a}$$

$$t_{W2} = R_2 C \ln2 \tag{9-6b}$$

脉冲周期：$T = t_{W1} + t_{W2} = (R_1 + 2R_2) C \ln2 \tag{9-6}$

由 555 构成的占空比可调的多谐振荡器电路如图 9-23 所示，充电时，仅通过 R_1、VD_1 向 C 充电，$t_{W1} = R_1 C \ln2$；放电时，电容 C 通过 VD_2、R_2 向 DIS 端放电，$t_{W2} = R_2 C \ln2$，占空比 $q = \dfrac{R_1}{R_1 + R_2}$。

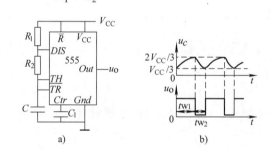

图 9-22　555 构成多谐振荡器
a) 电路　b) 波形

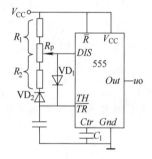

图 9-23　占空比可调多谐振荡器

【例 9-5】　试用 555 定时器构成单稳态电路，暂稳脉宽 1ms。

解：电路如图 9-21 所示，555 构成单稳态电路时 $t_W = RC \ln3$，取 $C_1 = C = 0.01\mu F$，则

$$R = \frac{t_W}{C \ln3} = \frac{1 \times 10^{-3}}{0.01 \times 10^{-6} \times \ln3}\Omega = 91k\Omega$$

【例 9-6】　试用 555 定时器组成周期为 1ms，占空比为 30% 的矩形波发生器。（取 $C = 0.01\mu F$）

解：电路如图 9-23 所示，$T = t_{W1} + t_{W2} = R_1 C \ln2 + R_2 C \ln2 = (R_1 + R_2) C \ln2$，解得：

$(R_1 + R_2) = T/C \ln2 = 1 \times 10^{-3}/(0.01 \times 10^{-6} \times 0.693)\Omega = 144.3k\Omega$

$q = \dfrac{t_{W1}}{T} = \dfrac{R_1}{R_1 + R_2} = 0.3$，$R_1 = 0.3(R_1 + R_2) = (0.3 \times 144.3)k\Omega = 43.3k\Omega$

$R_2 = (R_1 + R_2) - R_1 = (144.3 - 43.3)k\Omega = 101k\Omega$

4. 构成间隙振荡器

555 定时器构成的间隙振荡器电路如图 9-24a 所示。一般可由双 555 电路组成，555（Ⅰ）输出接 555（Ⅱ）$\overline{R}$ 端，控制 555（Ⅱ）振荡，555（Ⅰ）输出高电平时，555（Ⅱ）振荡；555（Ⅰ）输出低电平时，555（Ⅱ）停振。且要求 555（Ⅰ）中的 R_1、R_2、C_1 形成的振荡频率较低，555（Ⅱ）中的 R_3、R_4、C_3 形成的振荡频率较高。输出间歇振荡波如图 9-24b 所示。这种形式电路应用很广，例如若 555（Ⅰ）的振荡频率为 1Hz，555（Ⅱ）的振荡频率为音频，（设为 800Hz），且输出端接扬声器时，就可听到间隙嘟嘟声。又如若 555（Ⅱ）的输出端接红外发光二极管，则可构成红外线间歇发射电路等。

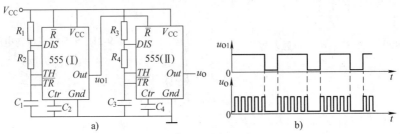

图 9-24 555 构成间隙振荡器

【复习思考题】

9.11 555 定时器有哪几种品种？各有什么特点？

9.12 555 定时器的主要功能是什么？

9.13 试述 555 定时器 Ctr 端功能。

9.14 画出 555 定时器构成单稳态触发器的典型应用电路。

9.15 画出 555 定时器构成方波发生器的典型应用电路。

【相关习题】

选做 9.6 习题中的填空题：9.18 ~ 9.21；选择题：9.31 ~ 9.40；分析计算题：9.58 ~ 9.66。

9.6 习题

9.6.1 填空题

9.1 脉冲幅度 U_m 是指脉冲波前沿从波_____至波_____之间的电压。

9.2 脉冲波上升时间 t_r 是指脉冲波前沿从_____ U_m 上升到_____ U_m 所需的时间；下降时间 t_f 是指脉冲波后沿从_____ U_m 下降到_____ U_m 所需的时间。

9.3 脉冲宽度 t_w 是指脉冲波从上升沿的_____ U_m 至下降沿_____ U_m 所需的时间。

9.4 脉冲周期 T 是指周期性脉冲波任意两个相邻脉冲_____之间的时间间隔。

9.5 占空比 q 是指脉冲_____与脉冲_____的比值。

9.6 施密特触发器具有_____个阈值电压。

9.7 施密特触发器具有两个阈值电压_____和_____，这种特性类似于_____，因此施密特特性也称为_____特性或_____特性。

9.8 施密特触发器属于_____触发，其状态翻转不仅需要外加触发信号，而且状态维持也需要_____信号。

9.9 在数字系统中，施密特电路主要用于脉冲波形的_____、_____和_____。此外，还可构成_____、_____和_____电路。

9.10 某单稳态触发器在无外触发信号时输出为 0，在有外加触发信号时，输出跳变为 1。因此，其稳态为_____，暂稳态为_____。

9.11 单稳态触发器最重要的参数为_____。

9.12 单稳态电路主要可用于脉冲_____、_____、_____、_____等场合。

9.13 单稳态触发器有____个稳定状态；Flip – Flop 触发器有_____个稳定状态；多谐振荡器有____个稳定状态。

9.14 脉冲整形电路可应用_____电路和_____电路，脉冲产生电路可应用_____电路。

9.15 用与非门组成的可控多谐振荡器，控制端输入_____电平振荡；用或非门组成的可控多谐振荡器，控制端输入_____电平振荡。

9.16 调节多谐振荡器_____时的不同时间常数，可调节了输出矩形波的占空比。

9.17 为实现高稳定度振荡频率，常采用_____多谐振荡器。

9.18 型号为 555 的定时器是_____产品，型号为 7555 的定时器是_____产品。

9.19 双极型 555 主要特点是_____大，可达_____；单极型 555 主要特点是_____低、_____高、_____较小。

9.20 555 定时器 Ctr 端不输入控制电压时，高低触发电压为_____和_____；Ctr 端输入控制电压 U_{REF} 时，高低触发电压为_____和_____。

9.21 555 定时器输出低电平时，放电管_____；输出高电平时，放电管_____；输入触发电压介于 $2V_{CC}/3$ 和 $V_{CC}/3$ 之间时，放电管_____。

9.6.2 选择题

9.22 若脉冲波的幅度为 U_m，则脉冲上升时间 t_r 为____。（A. $0 \rightarrow 0.9U_m$；B. $0 \rightarrow U_m$；C. $0.1U_m \rightarrow 0.9U_m$；D. $0.1U_m \rightarrow U_m$）

9.23 若脉冲波的幅度为 U_m，则脉冲宽度 t_w 为____。（A. 上升沿 $0 \rightarrow$ 下降沿 0；B. 上升沿 $0.1U_m \rightarrow$ 下降沿 $0.1U_m$；C. 上升沿 $0.5U_m \rightarrow$ 下降沿 $0.5U_m$；D. 上升沿 $0.9U_m \rightarrow$ 下降沿 $0.9U_m$；E. 上升沿 $U_m \rightarrow$ 下降沿 U_m）

9.24 图 9-25 集成门电路中，____是施密特电路；____是 OC 门电路；____是三态门电路。

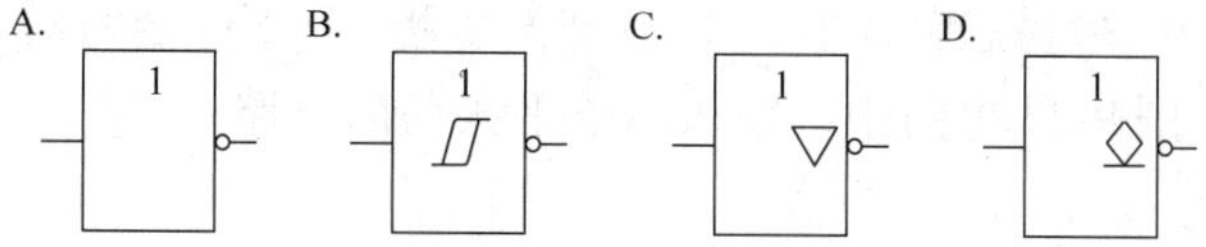

图 9-25 习题 9.24 电路

9.25 施密特触发器有关阈值电压个数的正确说法是____。（A. 一个阈值电压；B. 两个阈值电压；C. 三个阈值电压；D. 不能确定）

9.26 下列特性中，不属于施密特触发器特性的是____。（A. 回差特性；B. 输出电压波形边沿陡峭；C. Flip – Flop 触发功能；D. 状态维持也需要外加触发信号）

9.27 已知单稳态电路的输出脉冲宽度 $t_W = 4\mu s$，恢复时间 $t_{re} = 1\mu s$，则输出信号的最高频率为____。（A. $f_{max} = 250kHz$；B. $f_{max} \geqslant 1MHz$；C. $f_{max} \leqslant 200kHz$；D. $f_{max} > 200kHz$）

9.28 多谐振荡器可产生____。（A. 正弦波；B. 矩形脉冲；C. 三角波；D. 锯齿波）

9.29 下列集成电路中，不能用于组成多谐振荡器的是____。（A. 与非门电路；B. 或非门电路；C. 施密特触发器；D. 单稳态触发器）

9.30 石英晶体多谐振荡器的突出优点是____。（A. 速度高；B. 电路简单；C. 振荡频率稳定；D. 输出波形边沿陡峭）

9.31 下列集成电路中，____为双极型单 555 电路；____为单极型单 555 电路；____为双极型双 555 电路；____为单极型双 555 电路。（A. 555；B. 556；C. 7555；D. 7556）

9.32 用 555 定时器组成施密特触发器，当输入控制端 Ctr 外接 10V 电压时，回差电压为____。（A. 3.33V；B. 5V；C. 6.66V；D. 10V）

9.33 能将正弦波变成同频率方波的电路为____。（A. 单稳态触发器；B. 施密特触发器；C. 双稳态触发器；D. 无稳态触发器）

9.34 用来鉴别脉冲信号幅度时，应采用____。（A. 单稳态触发器；B. 施密特触发器；C. 双稳态触发器；D. 无稳态触发器）

9.35 输入为 2kHz 矩形脉冲信号时，欲得到 500Hz 矩形脉冲信号输出，应采用____。（A. 单稳态触发器；B. 施密特触发器；C. 双稳态触发器；D. 二进制计数器）

9.36 图 9-26 电路中，____是单稳态触发器；____是施密特触发器；____是无稳态触发器。

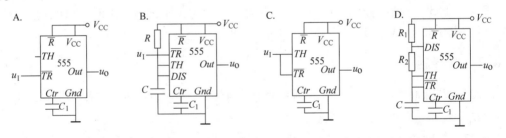

图 9-26 习题 9.36 电路

9.37 下列电路中，无稳定状态的是____；具有 1 个稳定状态的是____；具有两个稳定状态的是____。（A. 施密特触发器；B. 单稳态触发器；C. 多谐振荡器；D. 555 定时器）

9.38 （多选）下列电路中，脉冲产生电路有_____；脉冲整形电路有_____。（A. 施密特触发器；B. 单稳态触发器；C. 多谐振荡器；D. 555 定时器）

9.39 （多选）图 9-27 电路中，输入高电平振荡的电路有_____；输入低电平控制振荡的电路有_____。

9.40 图 9-28 电路中，振荡频率最低的是____；振荡频率最高的是____；振荡频率最稳定的是____。

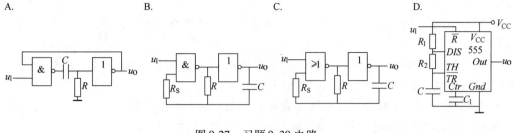

图 9-27 习题 9.39 电路

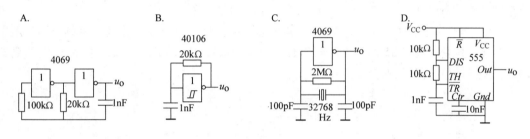

图 9-28 习题 9.40 电路

9.6.3 分析计算题

9.41 已知同相输出施密特触发器的两个阈值电压：$U_{TH+} = 3V$，$U_{TH-} = 2V$，当输入电压波形如图 9-29 所示时，试画出输出电压波形。

9.42 已知电路如图 9-30a 所示，$U_{OH} = 3.9V$，$U_{OL} = 0.2V$，$U_{TH+} = 3.3V$，$U_{TH-} = 2.2V$，输入电压波形为锯齿波，幅值 $U_m = 4.4V$，如图 9-30b 所示，试画出输出电压波形。

9.43 试利用 CC 4098 将宽度为 $100\mu s$ 的正脉冲延时 $500\mu s$（原正脉冲宽度不变）。

9.44 试利用 CC 4098 将宽度为 $100\mu s$ 的负脉冲延时 $500\mu s$（原负脉冲宽度不变）。

9.45 已知由 D 触发器组成的单稳态电路如图 9-31 所示，试分析电路工作原理。

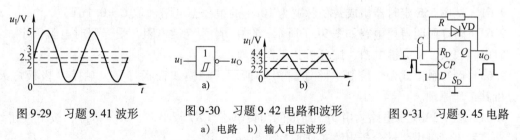

图 9-29 习题 9.41 波形　　图 9-30 习题 9.42 电路和波形　　图 9-31 习题 9.45 电路
　　　　　　　　　　　　　　a）电路　b）输入电压波形

9.46 已知用 CMOS 门电路构成的多谐振荡器电路如图 9-11 所示，$R_S = 100k\Omega$，$R = 20k\Omega$，$C = 0.1\mu F$，试估算其振荡频率。

9.47 已知电路如图 9-32 所示，$R_S = 100k\Omega$，$R = 22k\Omega$，$R_{R_P} = 47k\Omega$，$C = 1nF$，试求电路振荡频率范围。

9.48 已知电路如图 9-33 所示，$R_S = 100k\Omega$，$R = 22k\Omega$，$R_{R_P} = 47k\Omega$，$C = 1nF$，试求电路振荡脉冲周期和占空比的调节范围。

9.49 电路同上题，若改为 74LS04 构成，试重求电路占空比调节范围。

9.50 试用 CMOS 门电路设计一个振荡频率为 10kHz 的方波发生器。

9.51 试用 CMOS 门电路设计一个占空比可调、振荡频率为 10kHz 的矩形波发生器。画出电路，并计算元件参数。

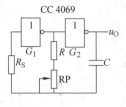

图 9-32 习题 9.47 电路

9.52 试用 CC40106 设计一个振荡频率为 10kHz 的方波发生器。

9.53 试用 74LS14 设计一个振荡频率为 10kHz 的方波发生器。

9.54 已知电路如图 9-34 所示，$R = 33\text{k}\Omega$，$R_{R_P} = 47\text{k}\Omega$，$C = 1\text{nF}$，试计算其振荡频率调节范围。

9.55 电路同上题，若采用 74LS14 构成多谐振荡器，试重新计算其振荡频率调节范围。

9.56 电路如图 9-35 所示，$R = 33\text{k}\Omega$，$R_P = 47\text{k}\Omega$，$C = 1\text{nF}$，试求：1）简述电路名称；2）R_P 作用；3）调节范围。

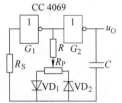

图 9-33 习题 9.48 电路

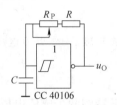

图 9-34 习题 9.54 电路

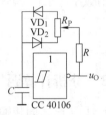

图 9-35 习题 9.56 电路

9.57 已知电路如图 9-36 所示，$R_1 = R_2 = 47\text{k}\Omega$，$R_{S1} = R_{S2} = 200\text{k}\Omega$，$C_1 = 10\mu\text{F}$，$C_2 = 10\text{nF}$，HA 为压电蜂鸣器，试分析电路功能。

9.58 试用 555 定时器设计一个振荡频率为 10kHz 的矩形波发生器。

9.59 条件同上题，要求方波发生器。

9.60 试用 555 定时器组成周期为 10ms，占空比为 30% 的矩形波发生器。（取 $C = 0.1\mu\text{F}$）

9.61 试用 555 定时器组成暂稳脉宽为 10ms 的单稳态电路（取 $C = 0.1\mu\text{F}$）

9.62 路灯照明自控电路如图 9-37 所示，图中 R_0 为光敏电阻，受光照时电阻很小，无光照时电阻很大，K 为继电器，试分析其工作原理。

9.63 已知触摸式台灯控制电路如图 9-38 所示，触摸 A 极板灯亮，触摸 B 极板灯灭，试分析其工作原理。

9.64 图 9-39 所示电路为由 555 组成的门铃电路（R_1 较小，且 $R_1 \ll R_2$），按下按钮 S；扬声器将发出嘟嘟声，试分析电路工作原理。

9.65 已知防盗报警电路如图 9-40 所示，细导线 ab 装在门窗等处，若盗贼破门窗而入，ab 线被扯断，扬声器将发出报警嘟声，试分析电路工作原理。

9.66 已知楼道延时灯控制电路如图 9-41 所示，S 为按钮开关，K 为继电器，K_1 为继电器常开触点，试分析电路工作原理，并计算延时时间。

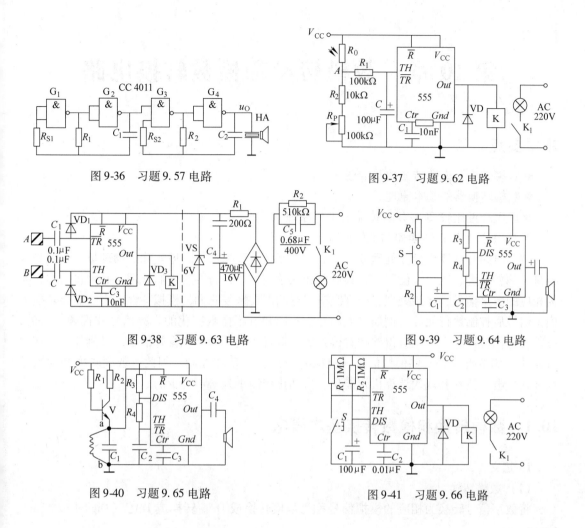

图 9-36　习题 9.57 电路

图 9-37　习题 9.62 电路

图 9-38　习题 9.63 电路

图 9-39　习题 9.64 电路

图 9-40　习题 9.65 电路

图 9-41　习题 9.66 电路

第10章　数模转换和模数转换电路

本章要点

- 数模转换和模数转换的基本概念
- 数模转换器的基本原理
- 逐次渐近比较型 A/D 转换器的工作原理
- 双积分型 A/D 转换器的工作原理

数字电路和计算机只能处理数字信号，不能处理模拟信号。但实际的物理量，大多是模拟量，例如温度、压力、位移、音频信号和视频信号等，若要对它们处理，必须将它们转换为相应的数字信号，才能处理。处理完毕，有的需要恢复它们的模拟特性，有的需要转换为模拟信号后控制执行元件。例如，人们是听不懂和看不懂数字化的音频信号和视频信号的，必须将它们转换为人们能听得到和看得到的模拟音频信号的模拟视频信号。又例如，有些执行元件（如电机）是需要模拟信号（模拟电压）去驱动和控制。因此，数模转换和模数转换在现代电子技术和现代计算机智能化、自动化控制中是必不可少的。

10.1　数模转换和模数转换基本概念

1. 定义

（1）数模转换

将数字信号转换为相应的模拟信号称为数模转换或 D/A 转换或 DAC（Digital to Analog Conversion）。

（2）模数转换

将模拟信号转换为相应的数字信号称为模数转换或 A/D 转换或 ADC（Analog to Digital Conversion）。

2. 数字信号与相应模拟信号之间的量化关系

无论是数模转换还是模数转换都有一个基本要求，即转换后的结果（量化关系）相对于基准值是相应的、惟一的。

设模拟电压为 U_A，基准电压为 U_{REF}，数字量为 $D = \sum_{i=0}^{n-1} D_i \times 2^i$，其中 D_i 为组成数字量的第 i 位二进制数字，则它们之间的对应关系为：

$$U_A = U_{REF} \times D/2^n = U_{REF} \times \sum_{i=0}^{n-1} D_i \times 2^i/2^n \tag{10-1}$$

例如，若 $U_{REF} = 5V$，8 位数字量 $D = 10000000B = 128$，$2^8 = 100000000 = 256$，则

$U_A = U_{REF} \times D/2^n = (5 \times 128/256)\,V = 2.5V$

【例 10-1】　已知 $U_{REF} = 10V$，8 位数字量 $D = 10100000B$，试求其相应模拟电压 U_A。

解： $D = 10100000B = 160$，$2^8 = 100000000B = 256$

$$U_A = U_{REF} \times D/2^n = 10 \times 160/256 = 6.25V$$

【例 10-2】 已知 $U_{REF} = 5V$，模拟电压 $U_A = 3V$，试求其相应的 10 位数字电压 D。

解： $D = 2^n \times U_A / U_{REF} = 2^{10} \times 3/5 = 614.4 \approx 1001100110.011B \approx 1001100110B$

需要说明的是，无论是数模转换还是模数转换，转换结果都有可能出现无限二进制小数或无限十进制小数，此时可根据精度要求按四舍五入原则取其相应近似数。

【复习思考题】

10.1 什么叫 D/A 转换和 A/D 转换？

10.2 举例说明为什么需 A/D 和 D/A 转换？

10.3 写出并说明数字信号和模拟信号相互转化时对应的量化关系表达式。

【相关习题】

选做 10.4 习题中的判断题：10.1；填空题：10.8～10.9；选择题：10.22；分析计算题：10.34～10.36。

10.2　数模转换电路

将数字信号转换为相应的模拟信号称为数模转换。

1. 主要技术指标

（1）分辨率

D/A 转换器的最小输出电压与最大输出电压之比称为分辨率。若数模转换器转换位数为 n，则其分辨率为 $1/(2^n-1)$，由于 D/A 转换器的分辨率取决于转换位数 n，因此常用 n 直接表示分辨率。位数 n 越大，分辨率越高。

（2）转换精度

D/A 转换器的输出实际值与理论值之差称为转换精度。转换精度是一种综合误差，反映了 D/A 转换器的整体最大误差，一般较难准确衡量，它与 D/A 转换器的分辨率、非线性转换误差、比例系数误差和温度系数等参数有关。而这些参数与基准电压 U_{REF} 的稳定、运放的零漂、模拟电子开关的导通压降、导通电阻和电阻网络中电阻的误差等因素有关。

（3）温度系数

D/A 转换器是半导体电子电路，不可避免地受温度变化的影响。D/A 转换器的温度系数定义为满刻度输出条件下，温度每变化一度，输出变化的百分比。

（4）建立时间

D/A 转换器输入数字量后，输出模拟量达到稳定值需要一定时间，称为建立时间。建立时间即完成一次 D/A 转换所需时间，也称为转换时间。现代 D/A 转换器的建立时间一般很短，小于 $1\mu s$。

2. 数模转换的基本原理

数模转换的基本原理是将 n 位数字量逐位转换为相应的模拟量并求和，其相应关系按式（10-1）。由于数字量不是连续的，其转换后模拟量随时间变化的曲线自然也不是光滑的，而是成阶梯状，如图 10-1 所示。但只要时间坐标的最小分度 ΔT 和模拟

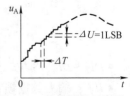

图 10-1　数模转换示意图

量坐标的最小分度 ΔU（1LSB）足够小，从宏观上看，模拟量曲线仍可看作是连续光滑的。

3. 数模转换器的分类及其特点

数模转换器的种类较多，按转换方式可分为权电阻网络型、T 型电阻网络、倒 T 型电阻网络、权电流型网络和权电容型网络等；按数字量输入位数可分为 8 位、10 位、12 位等。

权电阻型 D/A 转换器电路结构简单，各位同时转换，转换速度很快。但权电阻网络中电阻阻值的取值范围较复杂，不易做得很精确，不便于集成，因此实际应用很少。

T 型和倒 T 型电阻网络 D/A 转换器电阻网络取值品种少，容易提高精度，便于集成。且内部模拟电子开关切换时，不会产生暂态过程，不会引起输出端动态误差，可提高 D/A 转换速度。

权电流型网络 D/A 转换器的结构与倒 T 型电阻网络 D/A 转换器相类似，用权电流源网络代替倒 T 型电阻网络，可减小由于模拟电子开关导通时压降大小不一而引起的非线性误差，从而提高 D/A 转换精度。

4. 集成数模转换器 DAC0832 简介

集成 D/A 转换器的品种很多，现以目前应用较广泛的典型 D/A 芯片 DAC0832 为例分析介绍。

（1）主要特性

DAC 0832 是 CMOS 8 位倒 T 型电流输出 D/A 转换器，主要特性有：

- 分辨率：8 位
- 电流建立时间：$1\mu s$
- 逻辑电平输入：与 TTL 电平兼容
- 工作方式：双缓冲、单缓冲和直通方式
- 电源电压：$+5 \sim +15V$
- 功耗：20mW
- 非线性误差：0.002FSR（FSR：满量程）

（2）引脚名称与功能

DAC 0832 引脚图和逻辑框图如图 10-2 所示，其各项功能如下：

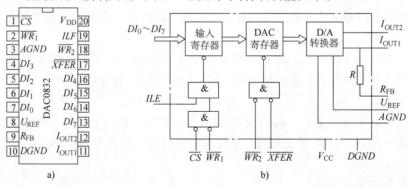

图 10-2　DAC 0832 引脚和逻辑框图

a）引脚图　b）逻辑框图

- $DI_7 \sim DI_0$：8 位二进制数据输入端，TTL 电平；
- ILE：输入数据锁存允许，高电平有效；

256

- $\overline{CS}$：片选，低电平有效；
- $\overline{WR_1}$、$\overline{WR_2}$：写选通信号，低电平有效；
- $\overline{XFER}$：数据传送控制信号，低电平有效；
- I_{OUT1}、I_{OUT2}：电流输出端。当输入数据全 0 时，$I_{OUT1}=0$；当输入数据全 1 时，I_{OUT1} 最大；$I_{OUT1}+I_{OUT2}=$ 常数；
- R_{FB}：反馈电阻输入端。R_{FB} 与 I_{OUT1} 之间在片内接有反馈电阻 $R=15\mathrm{k}\Omega$，外接反馈电阻 R_F 可与其串联；
- U_{REF}：基准电压输入端，基准电压范围 $-10\sim+10\mathrm{V}$；
- V_{DD}：正电源端，$+5\sim+15\mathrm{V}$；
- $DGND$、$AGND$：数字接地端和模拟接地端。为减小误差和干扰，数字地和模拟地可分别接地。

8 位数字输入信号从 $DI_7\sim DI_0$ 进入输入寄存器缓冲寄存，ILE、$\overline{CS}$、$\overline{WR_1}$ 控制输入寄存器选通，同时有效时，允许 $DI_7\sim DI_0$ 进入 DAC 寄存器；$\overline{WR_2}$、$\overline{XFER}$ 控制 DAC 寄存器选通，同时有效时，允许 $DI_7\sim DI_0$ 进入 D/A 转换器进行 D/A 转换。

（3）典型应用电路

DAC 0832 最具特色的是有三种输入工作方式。

1）直通方式。直通方式是 5 个选通端全部接成有效状态，输入数字信号能直接进入 D/A 转换器进行转换。如图 10-3 所示，5 个选通端均接成有效状态，因此 8 位数字信号可直接进入 D/A 转换器直接进行 D/A 转换，此种工作方式一般用于无微机控制的 D/A 转换。DAC 0832 的输出信号为电流信号，从 I_{OUT1} 和 I_{OUT2} 端输出，$I_{OUT1}+I_{OUT2}$ 为常数。欲将 D/A 转换电流信号变换为相应的电压信号，可外接集成运放。一般 I_{OUT2} 接地，I_{OUT1} 接集成运放反相输入端，负反馈电阻 R_{P2} 接至 R_{FB} 端，与 DAC 0832 片内负反馈电阻 R（$15\mathrm{k}\Omega$）串接，共同构成负反馈回路。调节 R_{P2} 可调节集成运放电压放大倍数；R_{P1} 为集成运放调零电位器，因此 R_{P1}、R_{P2} 可用于校准刻度，R_{P1} 用于调零、R_{P2} 用于调满刻度。图 10-3 中，U_{REF} 接 5V，此时 u_O 满量程输出为 $-5\mathrm{V}$；若 U_{REF} 接 $-5\mathrm{V}$，则 u_O 满量程输出为 $+5\mathrm{V}$。为减小干扰，提高精度，DAC 0832 分别设有数字地 $DGND$ 和模拟地 $AGND$，可分别接数字信号输入地和模拟信号输出地。

2）单缓冲方式。单缓冲方式是 5 个选通端一次性选通，被选通后才能进入 D/A 转换器进行转换。

3）双缓冲方式。双缓冲方式是 5 个选通端分两次选通，先选通输入寄存器，后选通 DAC 寄存器。主要用于多路 D/A 转换信号同时输出。例如智能示波器，要求 X 轴信号和 Y 轴信号同步输出（否则会形成光电偏移）。此时可用两片 DAC 0832 分别担任 X 轴信号和 Y 轴信号的 D/A 转换，如图 10-4 所示。先送出 X 轴数字信号（此时 $1^\#0832$ $\overline{CS}$ 有效），后送出 Y 轴数字信号（此时 $2^\#0832$ $\overline{CS}$ 有效），由于两片 DAC 0832 的 ILE、$\overline{WR_1}$ 和 $\overline{CS}$ 均有效，两路数字信号分别进入各自的 DAC 寄存器等待，最后发出 $\overline{XFER}$ 有效信号，因该信号同时控制两片芯片中的 DAC 寄存器的输出选通，因此，X 轴数字信号和 Y 轴数字信号同时从各自的 DAC 寄存器传送到 D/A 转换器，同时进行 D/A 转换并同时输出。

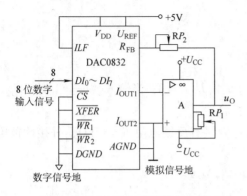

图 10-3 DAC 0832 典型应用电路

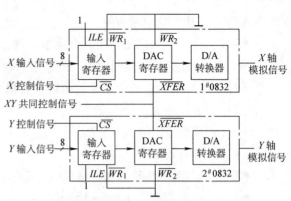

图 10-4 DAC0832 双缓冲工作方式示意图

【复习思考题】

10.4 简述 D/A 转换分辨率的定义，并写出其计算公式。

10.5 为什么 D/A 转换分辨率常用转换位数来表达？

10.6 D/A 转换精度与哪些参数有关？

10.7 D/A 转换时间一般为多少？

10.8 DAC 0832 有哪几种工作方式？如何控制？

10.9 如何才能使 DAC 0832 输出 D/A 转换的电压信号？试画出电路，并指出调零和调满度元件。

【相关习题】

选做 10.4 习题中的判断题：10.2 ~ 10.4；填空题：10.10 ~ 10.15；选择题：10.23 ~ 10.27；分析计算题：10.37 ~ 10.38。

10.3 模数转换电路

将模拟信号转换为相应的数字信号称为模数转换。

1. 模数转换器的组成

图 10-5 为模数转换器的组成框图，由采样、保持、量化和编码 4 个部分组成，这也是 A/D 转换的

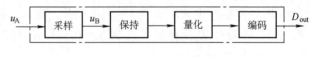

图 10-5 A/D 转换器的组成

过程步骤。通常采样和保持是同时完成的；量化和编码有的也合在一起。

（1）采样和保持

由于模拟信号是随时间连续变化的，欲对其某一时刻的信号 A/D，首先须对其该时刻的数值进行采样。周期性 A/D 转换需要对输入模拟信号进行周期性采样，如图 10-6 所示。u_A 为输入模拟信号，u_S 为采样脉冲，u_B 为采样输出信号。采样以后，连续变化的输入模拟信号已变换为离散信号。显然，只要采样脉冲 u_S 的频率足够高，采样输出信号就不会失真。根据采样定理，需满足 $f_S \geq 2f_{Imax}$。其中 f_S 是采样脉冲频率，f_{Imax} 是输入模拟信号频率中的最高频率。一般取 $f_S = （3 ~ 5）f_{Imax}$。

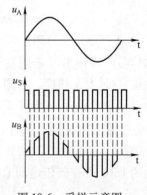

图 10-6 采样示意图

因 A/D 转换需要一定时间，故采样输出信号在 A/D 转换期间应保持不变，否则 A/D 转换将出错。采样和保持通常同时完成，最简单的采样保持电路如图 10-7 所示，MOS 管 V 为采样门；高质量的电容 C 为保持元件；高输入阻抗的运放 A 作为电压跟随器起缓冲隔离和增强负载能力的作用；u_S 为采样脉冲，控制 MOS 管 V 的导通或关断。

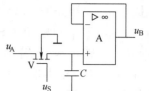

（2）量化和编码

任何一个数字量都是以最小基准单位量的整数倍来表示的。所谓量化，就是把采样信号表示为这个最小基准单位量的整数倍。这个最小基准单位量称为量化单位。量化级越多，与模拟量所对应的数字量的位数就越多；反之，量化级越少，与模拟量所对应的数字量的位数就越少。量化后的信号数值用二进制代码表示，即 A/D 转换器的输出信号。

图 10-7　采样保持电路

2. 模数转换器的主要参数

（1）分辨率

使输出数字量变化 1LSB（Least Significant Bit，最低有效位，缩写为 LSB）所需要输入模拟量的变化量，称为分辨率。其含义与 D/A 转换的分辨率相同，通常仍用位数表示，位数越多，分辨率越高。

（2）量化误差

量化误差因 A/D 转换器位数有限而引起，若位数无限多，则量化误差→0。因此量化误差与分辨率有相应关系，分辨率高的 A/D 转换器具有较小的量化误差。

（3）转换精度

A/D 转换器的转换精度是一种综合性误差，与 A/D 转换器的分辨率、量化误差、非线性误差等有关。主要因素是分辨率，因此位数越多，转换精度越高。

（4）转换时间

完成一次 A/D 所需的时间称为转换时间。各类 A/D 转换器的转换时间有很大差别，取决于 A/D 转换的类型和转换位数。速度最快的达到纳秒级，慢的约几百毫秒。直接 A/D 型快，间接 A/D 型慢。其中并联比较型 A/D 最快，约几十纳秒；逐次渐近式 A/D 其次，约几十微秒；双积分型 A/D 最慢，约几十毫秒～几百毫秒。

3. 模数转换器的分类

A/D 转换器按信号转换形式可分为直接 A/D 型和间接 A/D 型。间接 A/D 型是先将模拟信号转换为其他形式信号，然后再转换为数字信号。

直接 A/D 有并联比较型、反馈比较型、逐次渐近比较型，其中逐次渐近比较型应用较广泛。

间接 A/D 有单积分型、双积分型和 $V-F$ 变换型，其中以双积分型应用较为广泛。

按 A/D 转换后数字信号的输出形式，可分为并行 A/D 和串行 A/D。近年来，在微机控制系统中，串行 A/D 逐渐占据主导地位。

4. 逐次渐近比较型 A/D 转换器

（1）电路组成

逐次渐近比较型 A/D 转换器逻辑框图如图 10-8 所示。电路有移位寄存器、D/A 转换器、控制电路和电压比较器组成。移位寄存器的作用有两个：一是逐次产生数字比较量

D'_{OUT}；二是输出 A/D 转换结果 D_{OUT}。D/A 转换器的作用是将比较数字量 D'_{OUT} 转换为模拟量 $u_{D/A}$。电压比较器的作用是比较模拟输入电压 u_I 和模拟比较电压 $u_{D/A}$，若 $u_I > u_{D/A}$，则 $u_D = 1$；若 $u_I < u_{D/A}$，则 $u_D = 0$。控制电路的作用是产生各种时序脉冲和控制信号。

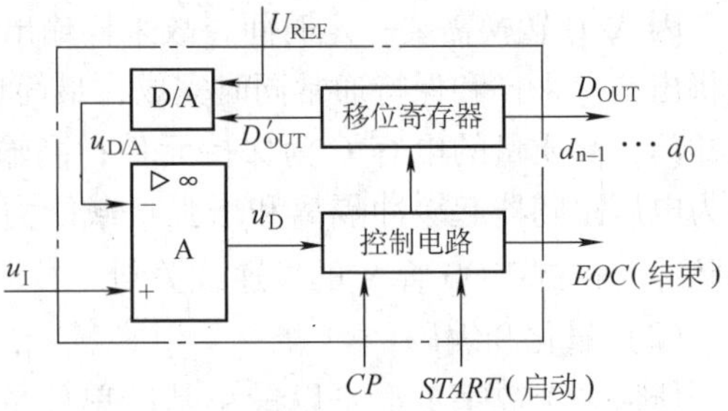

图 10-8　逐次比较型 A/D 逻辑框图

（2）工作原理

为便于理解和简化分析过程，以 4 位 A/D 为例分析转换过程。设 $U_{REF} = 6V$，$u_I = 4V$，则 A/D 转换后，理论上的 4 位 A/D 值：$D_{OUT} = 1010$（3.75V）或 1011（4.125V）。

1）$START$ 信号有效时转换开始，移位寄存器输出第一次数字比较量 $D'_{OUT} = U_{REF}/2 = 1000$；

2）D/A 转换器根据基准电压 U_{REF} 大小将 $D'_{OUT} = 1000$ 转换为模拟电压 $u_{D/A} = 3V$；

3）电压比较器第一次比较 u_I（4V）与 $u_{D/A}$（3V），因为 $u_I > u_{DA}$，因此 $u_D = 1$；

4）控制电路根据 $u_D = 1$ 控制移位寄存器：一是移出最高位 A/D 值：$d_3 = 1$；二是输出第二次数字比较量 $D'_{OUT} = 1100$；

5）D/A 转换器再次将 $D'_{OUT} = 1100$ 转换为模拟电压 $u_{D/A} = 4.5V$；

6）电压比较器第二次比较 u_I（4V）与 $u_{D/A}$（4.5V），因 $u_I < u_{D/A}$，因此 $u_D = 0$；

7）控制电路根据 $u_D = 0$ 控制移位寄存器：一是移出本位 A/D 值：$d_2 = 0$；二是输出第三次数字比较量 $D'_{OUT} = 1010$；

8）D/A 转换器再次将 $D'_{OUT} = 1010$ 转换为模拟电压 $u_{D/A} = 3.75V$；

9）电压比较器第三次比较 u_I（4V）与 $u_{D/A}$（3.75V），因 $u_I > u_{D/A}$，因此 $u_D = 1$；

10）控制电路根据 $u_D = 1$ 控制移位寄存器：一是移出本位 A/D 值：$d_1 = 1$；二是输出第四次数字比较量 $D'_{OUT} = 1011$；

11）D/A 转换器再次将 $D'_{OUT} = 1011$ 转换为模拟电压 $u_{D/A} = 4.125V$；

12）电压比较器第四次比较 u_I（4V）与 $u_{D/A}$（4.125V），因 $u_I < u_{D/A}$，因此 $u_D = 0$；

13）控制电路控制移位寄存器：移出本位 A/D 值：$d_0 = 0$；但是由于该位为 A/D 转换的最低位，控制电路还需要作尾数处理，一般是再进行一位比较，根据比较结果四舍五入。因此本次转换的结果为 $d_3 d_2 d_1 d_0 = 1011$。

上述比较过程相当于用天平去称量一个未知量，每次使用的法码一个比一个重量少一半。多了，最轻的法码换一个重量少一半的法码；少了，再加一个重量比最轻的法码少一半的法码。逐次渐近比较，最后得到一个最接近未知量的近似值。

（3）特点

1）转换速度快；

2）转换精度高。

5. 双积分型 A/D 转换器

（1）电路组成

双积分型 A/D 转换器也称为 $V-T$ 变换 A/D 转换器，先将输入模拟电压积分转换为时间参数，再转换为数字量，因此属间接 A/D 转换器。其逻辑框图如图 10-9 所示。电路由积分器、比较器、控制电路和计数器组成。

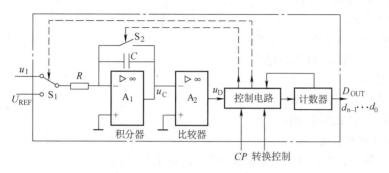

图 10-9　双积分型 A/D 转换器逻辑框图

（2）工作原理

1）转换前准备：控制电路发出控制信号，使模拟电子开关 S_2 闭合，C 短路，$u_C = 0$，$u_D = 0$，同时计数器清 0。

2）第一次积分：转换开始，控制电路控制 S_2 断开，S_1 接通 u_I，积分器积分（C 充电）。$u_C < 0$，$u_D = 1$，控制电路启动对 CP 脉冲计数。若计数器位长 n，计满 2^n 个 CP 脉冲后，计数器复位为 0，同时触发控制电路，令控制电路使模拟电子开关 S_1 接通 $-U_{REF}$。

3）第二次积分：因基准电压 U_{REF} 为负值，因此相对于第一次积分是反向积分（或可称 C 放电），同时计数器又开始从 0 计数。直到反向积分使 $u_C = 0$，$u_D = 1$，计数器停止计数，计数器的二进制计数值即为 A/D 转换值。因 $U_{REF} > u_I$，反向积分回到 0 的时间比第一次积分时间要短，且该时间与输入模拟电压 u_I 成比例。

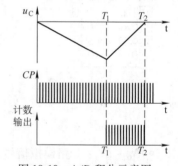

图 10-10　A/D 积分示意图

u_C 波形、CP 脉冲、计数输出脉冲如图 10-10 所示。

第一次积分：$u_{C1} = -\dfrac{1}{RC}\displaystyle\int_0^{T_1} u_I \mathrm{d}t = -\dfrac{T_1}{RC}u_I$

第二次积分：$u_{C2} = -\dfrac{1}{RC}\displaystyle\int_{T_1}^{T_2} (-U_{REF})\ \mathrm{d}t = \dfrac{T_2 - T_1}{RC}U_{REF}$

2 次积分之和为 0，即 $u_{C1} + u_{C2} = 0$，$\dfrac{T_1}{RC}u_I = \dfrac{T_2 - T_1}{RC}U_{REF}$，$u_I = \dfrac{T_2 - T_1}{T_1}U_{REF}$，其中 $T_1 = 2^n \cdot T_{CP}$，$T_2 - T_1 = N \cdot T_{CP}$，代入得：$N = \dfrac{2^n u_I}{U_{REF}}$，N 即为 u_I A/D 转换后的输出数字量。

（3）特点

1）不需要 D/A 转换器，电路结构简单；

2）转换不受 RC 参数精度影响，抗干扰能力强，精度高；

3）因需要二次积分，转换速度较慢。

6. 集成模数转换器 ADC 0809 简介

集成模数转换器的品种很多，现以目前应用较广泛的典型芯片 8 通道 8 位 CMOS 逐次渐近比较型 A/D 转换器 ADC 0809 为例分析介绍。

（1）特性

- 分辨率：8 位
- 最大不可调误差：±1LSB
- 单电源：+5V
- 输入模拟电压：8 路，0 ~ +5V
- 输出电平：三态，与 TTL 电平兼容
- 功耗：15mW
- 时钟频率：10 ~ 1280kHz
- 转换时间：64 时钟周期

（2）引脚名称和功能

如图 10-11 所示，ADC 0809 引脚和功能分析介绍如下：

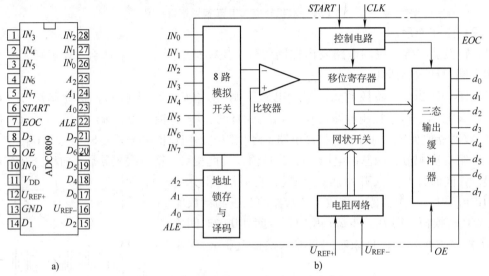

图 10-11　ADC 0809 引脚图和逻辑框图

a）引脚图　b）逻辑框图

- $IN_0 \sim IN_7$：8 路模拟信号输入端；
- $A_2A_1A_0$：3 位地址码输入端；
- ALE：地址锁存允许控制端，高电平有效。ALE 有效时，锁存 $A_2A_1A_0$ 三位地址码，并通过片内译码器译码选通 8 路模拟信号中相应一路的模拟信号进入比较器进行 A/D 转换。
- CLK：时钟脉冲输入端。A/D 转换时间与时钟周期成正比，约需 64 个时钟周期，时钟频率越低，A/D 转换速度越慢。当 CLK 为 640kHz 时，A/D 转换时间为 100μs。
- $d_0 \sim d_7$：A/D 转换输出的 8 位数字信号；
- START：A/D 转换启动信号，高电平有效；
- EOC：A/D 转换结束信号，高电平有效；
- OE：A/D 转换输出允许信号，高电平有效。OE 低电平时，ADC 0809 输出端呈高阻态。

（3）典型应用

ADC0809 一般用于有单片机控制的 A/D 转换，具体应用已超出本书范围，读者可参阅单片机类教材。

【复习思考题】

10.10　A/D 转换为什么要对模拟信号采样和保持？

10.11　为保障采样值不失真，采样频率应如何选择？

10.12　简述 A/D 转换的分类情况。

10.13　逐次渐近比较型 A/D 转换器每次比较的是什么信号？

10.14　双积分型 A/D 转换器对哪两种信号积分？

10.15　与逐次渐近比较型相比，双积分型 A/D 转换器有什么特点？

【相关习题】

选做 10.4 习题中的判断题：10.5 ~ 10.7；填空题：10.16 ~ 10.21；选择题：10.28 ~ 10.33；分析计算题：10.39 ~ 10.40。

10.4　习题

10.4.1　判断题

10.1　数字电路和计算机只能处理数字信号，不能处理模拟信号。（　　）

10.2　D/A 转换器分辨率相同，则转换精度相同。（　　）

10.3　D/A 转换器分辨率越高，则转换精度也越高。（　　）

10.4　现代 D/A 转换器的建立时间一般很短，小于 $1\mu s$。（　　）

10.5　各类 A/D 转换器中，转换速度最快的是双积分型 A/D 转换器。（　　）

10.6　各类 A/D 转换器中，转换速度最慢的是逐次渐近比较型 A/D 转换器。（　　）

10.7　ADC 0809 能对 4 路模拟信号进行 A/D 转换。（　　）

10.4.2　填空题

10.8　将数字信号转换为相应的模拟信号称为＿＿＿＿＿＿＿转换。

10.9　将模拟信号转换为相应的数字信号称为＿＿＿＿＿＿＿转换。

10.10　D/A 转换器分辨率的定义为＿＿＿＿＿＿与＿＿＿＿＿＿之比。

10.11　转换精度是一种＿＿＿＿误差，反映了 D/A 转换器的＿＿＿＿＿误差，一般较难准确衡量，它与 D/A 转换器的＿＿＿＿＿、＿＿＿＿＿、＿＿＿＿＿和＿＿＿＿＿等参数有关。

10.12　数模转换器按转换方式可分为＿＿＿＿＿、＿＿＿＿＿、＿＿＿＿＿、＿＿＿＿＿和＿＿＿＿＿等；

10.13　DAC 0832 有三种输入工作方式：＿＿＿＿、＿＿＿＿和＿＿＿＿方式。

10.14　DAC 0832 双缓冲方式可用于多路 D/A 转换信号＿＿＿＿输出。

10.15　D/A 转换器的建立时间一般很短，小于＿＿＿＿s。

10.16　模数转换器由＿＿＿＿、＿＿＿＿、＿＿＿＿和＿＿＿＿4 个部分组成，这也是 A/D 转换的过程步骤。

10.17　A/D 转换器按转换信号形式可分为＿＿＿＿A/D 型和＿＿＿＿A/D 型。

10.18　直接 A/D 转换器可分为＿＿＿＿型、＿＿＿＿型、＿＿＿＿型，其中应用较广泛的是_____型。

    10.19   间接 A/D 转换器可分为_____型、_____型和_____型，其中以_____型应用较为广泛。

    10.20   A/D 转换器按转换后数字信号的输出形式，可分为_____ A/D 和_____ A/D。近年来，在微机控制系统中，_____ A/D 逐渐占据主导地位。

    10.21   各类 A/D 转换器的转换时间有很大差别，并联比较型 A/D 最快，约_____ s；逐次渐近式 A/D 其次，约_____ s；双积分型 A/D 最慢，约_____ s。

10.4.3   选择题

    10.22   下列因素中，不属于需要 A/D 和 D/A 转换的理由是____。（A. 数字电路和计算机只能处理数字信号，不能处理模拟信号；B. 人们听不懂和看不懂数字化的音频信号和视频信号；C. 有些执行元件需要模拟信号去驱动和控制；D. 自然界的物理量，大多是模拟量）

    10.23   DAC 0832 输入为____；输出为____。（A. 数字电压信号；B. 数字电流信号；C. 模拟电压信号；D. 模拟电流信号）

    10.24   DAC 0832 两个电流输出端电流的关系为____。（A. $I_{OUT1} = I_{OUT2}$；B. $I_{OUT1} = -I_{OUT2}$；C. $I_{OUT1} + I_{OUT2} =$ 常数；D. 不定）

    10.25   DAC 0832 有____个选通端。（A. 2；B. 3；C. 4；D. 5）

    10.26   DAC 0832 有____种工作方式。（A. 1；B. 2；C. 3；D. 4）

    10.27   DAC 0832 三种输入工作方式中，直通方式是____；单缓冲方式是____；双缓冲方式是____。（A. 5 个选通端全部接成有效状态；B. 5 个选通端一次性选通；C. 5 个选通端任意分二次选通；D. 先选通输入寄存器，后选通 DAC 寄存器）

    10.28   数模转换器有关采样频率的说法____是正确的。（A. 应大于模拟输入信号频率；B. 应大于模拟输入信号频率两倍以上；C. 应大于模拟输入信号频谱中的最高频率；D. 应大于模拟输入信号频谱中最高频率两倍以上）

    10.29   下列类型 A/D 转换器中，转换速度最快的是____；转换速度最慢的是____。（A. 并联比较型；B. 逐次比较型；C. 双积分型；D. V-F 变换型）

    10.30   下列特点中，不属于双积分型 A/D 转换器特点的是____。（A. 不需要 D/A 转换器；B. 不受 RC 参数影响；C. 间接转换；D. 转换速度快）

    10.31   下列类型 A/D 转换器中，____属直接转换型。（A. 逐次比较型；B. 单积分型；C. 双积分型；D. $V-F$ 变换型）

    10.32   下列类型 A/D 转换器中，____属间接转换型。（A. 并联比较型；B. 反馈比较型；C. 双积分型；D. 逐次比较型）

    10.33   ADC 0809 能对____路模拟信号进行 A/D 转换。（A. 1；B. 3；C. 4；D. 8）

10.4.4   分析计算题

    10.34   已知下列数字量，试将其转换为相应的模拟量（近似值取 3 位有效数字）。

1）$D_1 = 10101100B$，$U_{REF1} = 10V$；

2）$D_2 = 11001011B$，$U_{REF2} = 5V$；

3）$D_3 = 1001101011\text{B}$，$U_{\text{REF3}} = 10\text{V}$；

4）$D_4 = 0110011101\text{B}$，$U_{\text{REF4}} = 5\text{V}$。

10.35 已知下列模拟电压，试将其转换为相应 8 位数字量。

1）$U_{\text{A1}} = 7.5\text{V}$，$U_{\text{REF}} = 10\text{V}$；

2）$U_{\text{A2}} = 4.2\text{V}$，$U_{\text{REF}} = 5\text{V}$。

10.36 已知下列模拟电压，试将其转换为相应的 10 位数字量。

1）$U_{\text{A1}} = 7\text{V}$，$U_{\text{REF}} = 10\text{V}$；

2）$U_{\text{A2}} = 2.2\text{V}$，$U_{\text{REF}} = 5\text{V}$。

10.37 试分别计算 8 位、10 位、12 位 D/A 转换器的分辨率。

10.38 若要求 D/A 转换的分辨率达到下列要求，试选择 D/A 转换器的位数。

1）5%；2）0.5‰；3）0.05‰。

10.39 基准电压为下列数值时，试求 8 位 A/D 转换器的最小分辨率电压 U_{LSB}（近似值取 3 位有效数字）。

1）5V；2）9V；3）12V。

10.40 按 10 位 A/D 转换器再求上题 U_{LSB}（近似值取 3 位有效数字）。

第 11 章 半导体存储器

本章要点

- 存储器基本概念
- 只读存储器 ROM 分类概况及其特点
- 随机存取存储器 RAM 分类概况及其特点

存储器是一种能存储二进制数据的器件。存储器按其材料组成主要可分为磁存储器和半导体存储器。磁存储器的主要特点是存储容量大，但读写速度较慢。早期的磁存储器是磁芯存储器，后来有磁带、磁盘存储器，目前微机系统还在应用的硬盘就属于磁盘存储器。半导体存储器是由半导体存储单元组成的存储器，读写速度快，但存储容量相对较小，随着半导体存储器技术的快速发展，半导体存储器的容量越来越大，已在逐步取代磁盘存储器的过程之中。本节分析研究半导体存储器。

11.1 存储器基本概念

1. 存储器的主要技术指标

（1）存储容量

能够存储二进制数码 1 或 0 的电路称为存储单元，一个存储器中有大量的存储单元。存储容量即存储器含有存储单元的数量。存储容量通常用位（bit，缩写为小写字母 b）或字节（Byte，缩写为大写字母 B）表示。位是构成二进制数码的基本单元，通常 8 位组成一个字节，由一个或多个字节组成一个字（Word）。因此，存储器存储容量的表示方式有两种：

一种是按位存储单元数表示。例如，存储器有 32768 个位存储单元，存储容量可表示为 32kb（位，bit,）。其中 1kb = 1024b，$1024b \times 32 = 32768b$。

另一种是按字节单元数表示。例如，存储器有 32768 个位存储单元，可表示为 4kB（字节，Byte），$4 \times 1024 \times 8 = 32768b$。

（2）存取周期

连续两次读（写）操作间隔的最短时间称为存取周期。存取周期表明了读写存储器的工作速度，不同类型的存储器存取周期相差很大。快的约纳秒级，慢的约几十毫秒。

2. 存储器结构

图 11-1 为存储器结构示意图，存储器主要由地址寄存器、地址译码器、存储单元矩阵、数据缓冲器和控制电路组成，与外部电路的连接有地址线、数据线和控制线。

（1）存储单元地址

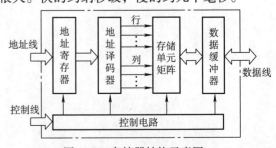

图 11-1 存储器结构示意图

由于存储器有大量的存储单元，因此，每一存储单元有一个相应的编码，称为存储单元地址。8 位地址编码可区分 $2^8 = 256$ 个存储单元，n 位地址编码可区分 2^n 个存储单元。

（2）地址寄存器和地址译码器

地址寄存器和地址译码器的作用是寄存 n 位地址并将其译码为选通相应存储单元的信号。由于存储器中存储单元的数量很多，选通 $2^8 = 256$ 个存储单元需要 256 条选通线，选通 $2^{16} = 65536$ 个存储单元需要 65536 条选通线，这是很难想象的。事实上地址译码器输出的选通信号线分为行线和列线。例如，16 条行线和 16 条列线能选通 $16 \times 16 = 65536$ 个存储单元。

（3）存储单元矩阵

存储单元矩阵就是存储单元按序组成的矩阵，是存储二进制数据的实体。

（4）数据缓冲器

存储器输入输出数据须通过数据缓冲寄存器，数据缓冲器是三态的。输入（写）时，输入数据存放在数据缓冲寄存器内，待地址选通和控制条件满足时，才能写入相应存储单元。输出（读）时，待控制条件满足，数据线"空"（其他挂在数据线上的器件停止向数据线输出数据，对数据线呈高阻态）时，才能将输出数据放到数据线上，否则会发生"撞车"（高低电平数据短路）。

（5）控制电路

控制电路是产生存储器操作各种节拍脉冲信号的电路。主要包括片选控制 CE（Chip Enable），输入（写）允许 WE（Write Enable）和输出（读）允许 OE（Output Enable）信号。控制电平为低电平时用 $\overline{CE}$、$\overline{WE}$、$\overline{OE}$ 表示。

3. 存储器的读/写操作

（1）存储器写操作步骤

1）写存储器的主器件将地址编码信号放在地址线上，同时使存储器片选控制信号 CE 有效；

2）存储器地址译码器根据地址信号选通相应存储单元；

3）主器件将写入数据信号放在数据线上，同时使存储器输入允许信号 WE 有效；

4）存储器将数据线上的数据写入已选通的存储单元。

（2）存储器读操作步骤

1）读存储器的主器件将地址编码信号放在地址线上，同时使存储器片选控制信号 CE 有效；

2）存储器地址译码器根据地址信号选通相应存储单元，同时将被选通存储单元与数据缓冲器接通，被选通存储单元数据被复制进入数据缓冲器暂存（此时数据缓冲器对数据线呈高阻态）；

3）主器件使存储器输出允许信号 OE 有效，存储器数据缓冲器中的数据被放在数据线上；

4）主器件从数据线上读入数据。

4. 半导体存储器的分类

半导体存储器按其使用功能可分为两大类。

（1）只读存储器（Read Only Memory，缩写为 ROM）

ROM 一般用来存放固定的程序和常数，如微机的管理程序、监控程序、汇编程序以及各种常数、表格等。其特点是信息写入后，能长期保存，不会因断电而丢失，并要求使用时，信息（程序和常数）不能被改写。所谓"只读"，是指不能随机写入。当然并非完全不能写入，若完全不能写入，则读出的内容从何而来？要对 ROM 写入必须在特定条件下才能完成写入操作。

（2）随机存取存储器（Random Access Memory，缩写为 RAM）

RAM 主要用于存放各种现场的输入输出数据和中间运算结果。其特点是能随机读出或写入，读写速度快（能跟上微机快速操作）、方便（不需特定条件）。缺点是断电后，被存储的信息丢失，不能保存。

【复习思考题】

11.1 简述存储器容量用位或字节表示的区别。

11.2 存储器主要有哪些组成部分？简述其作用。

11.3 存储器数据输出为什么需要数据缓冲器？

11.4 存储器控制使能端，CE、OE、WE 各代表什么含义？

11.5 什么叫 ROM？什么叫 RAM？各有什么特点和用途？

【相关习题】

选做 11.4 习题中的判断题：11.1 ~ 11.3；填空题：11.12 ~ 11.16；选择题：11.22 ~ 11.23；分析计算题：11.30 ~ 11.33。

11.2 只读存储器（ROM）

只读存储器（ROM）分类概况如图 11-2 所示。

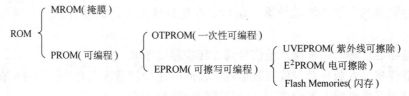

图 11-2 ROM 分类概况

按用户能否编程可分为掩膜 ROM（Mask ROM，缩写为 MROM）和可编程 ROM（Programmable ROM，缩写为 PROM）。可编程 ROM 又可分为一次性可编程 ROM（One Time Programmable ROM，缩写为 OTP ROM）和可擦写可编程 ROM（Erasable Programmable ROM，缩写为 EPROM）。可擦写可编程 ROM 又可分为紫外线可擦除 EPROM（Ultra – Violet EPROM，缩写为 UVEPROM）和电可擦除 EPROM（Electrically EPROM，缩写为 EEPROM 或E²PROM）以及近年来应用及其广泛的 Flash Memories（闪存）。

1. 掩膜 ROM（Mask ROM）

掩膜 ROM 中的存储矩阵可以用不同的器件来实现。如二极管、双极型三极管和 MOS 管等，现以目前最常用的 MOS 管存储矩阵为例说明，图 11-3 为 MOS 管存储矩阵中的一位存储单元电路示意图。图 11-3a 中 MOS 管栅极接位选线（高电平），MOS 管导通，使数据线输出为高电平；图 11-3b 中 MOS 管栅极断开，MOS 管截止，使数据线输出为低电平。存储矩阵中每一 MOS 管是接位选线还是断开，由掩膜 ROM 芯片制造厂商在掩膜工艺工序完成。

掩膜 ROM 的特点是用户无法自行写入，必须委托生产厂商在制造芯片时一次性写入。显然，掩膜 ROM 适用于大批量成熟产品。掩膜 ROM 价格低廉，性能稳定可靠。

存储单元在存储器内部组成存储矩阵，图 11-4 为掩膜 ROM 4×4 位存储矩阵示意图（栅极悬空的 MOS 管未画出），当字选线 $W_0 = 1$ 时，数据线 $D_3 D_2 D_1 D_0 = 1101$；当 $W_1 = 1$ 时，$D_3 D_2 D_1 D_0 = 1010$；当 $W_2 = 1$ 时，$D_3 D_2 D_1 D_0 = 0100$；当 $W_3 = 1$ 时，$D_3 D_2 D_1 D_0 = 0101$。但是，$D_3 D_2 D_1 D_0$ 的输出受输出允许信号 OE 控制，仅在 OE 有效时，才能从数据线输出数据。

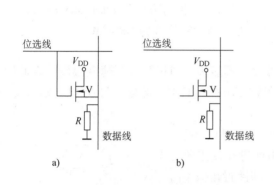

图 11-3　掩膜 ROM 一位存储单元电路示意图

a）存储数据 1　b）存储数据 0

2. 一次性可编程 ROM（OTPROM）

一次性可编程 ROM 的结构与掩膜 ROM 结构相似。如图 11-5 所示，OTPROM 在出厂时均已写入 "1"（MOS 管栅极接位选线），但 MOS 管源极通过熔丝接数据线，熔丝可由低温合金丝或多晶硅导线制成。用户编程时，写入 0 的存储单元，V_{DD} 加高电压，熔丝被大电流烧断；写入 1 的存储单元不被选通，熔丝被保留。

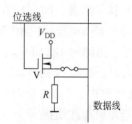

图 11-5　OTPROM 结构示意图

OTPROM 的特点是用户可自行一次性编程，但一次性编程后不能修改，因此，OTPROM 也仅适用于成熟产品，不能作为试制产品应用。OTPROM 价格低廉，性能稳定可靠，是当前 ROM 应用主流品种之一。

3. 紫外线可擦除 EPROM（UVEPROM）

UVEPROM 中，使用一种浮置栅极雪崩注入型 MOS 管（Floating – gate Avalanche Injection MOS，缩写为 FAMOS），见图 11-6 中 V_2 管。这种类型 MOS 管的栅极无电极引线，埋置在 SiO_2 绝缘层中，处于浮置状态。当编程电源达到一定高电压时，导致 FAMOS 管雪崩击穿，具有高能量的正电荷越过 SiO_2 势垒，在浮置栅极形成正电荷积累，产生导电沟道，使 FAMOS 管处于导通状态，存储单元写入 0。浮栅上的正电荷在正常情况下不会泄漏，

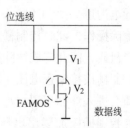

图 11-6　N 沟道 FAMOS 管存储单元结构示意图

因此 FAMOS 管可导通状态会一直维持下去。只有当这些浮栅上的正电荷在某种条件下，如受强紫外线照射，从外界获得足够大的能量时，才能越过 SiO_2 绝缘层的势垒而泄放。

UVEPROM 在封装上有一个圆形透明石英玻璃窗，强紫外线照射一定时间后，浮栅上的正电荷全部泄放，存储单元处于 1 状态。写入 0 时，加编程电压 V_{PP}，早期 UVEPROM 芯片 $V_{PP}=21V$，后来降至 12.5V，约经过 50ms，才能完成写入 0（存储 1 时不写入）。使用时，透明玻璃窗应贴上不透明的保护层，否则在正常光线照射下，雪崩注入浮栅中的电荷也会慢慢泄漏，从而丢失写入 UVEPROM 的数据信息。

UVEPROM 可多次（10000 次）擦写，但擦写均不方便，擦除时需专用的 UVEPROM 擦除器（产生强紫外线）；写入时需编程电源 V_{PP}（电压高），写入时间也很长，不能在线改写（读 UVEPROM 很快，小于 250ns，可在线读）；且 UVEPROM 价格较贵。在十几年之前，UVEPROM 曾经是 ROM 应用主流品种，目前已让位于价廉、擦写方便的 Flash Memories。

需要说明的是，在多数有关技术资料中，常将 UVEPROM 简称为 EPROM。

4. 电可擦除 EPROM（E^2PROM）

UVEPROM 擦除时需强紫外线，且需整片擦除，不能按字节擦写，写速度很慢，因此应用极不方便。E^2PROM 擦除时不需紫外线，且可按字节擦写其中一部分，写入速度较快，应用相对方便，但价格比 UVEPROM 稍贵。

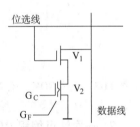

图 11-7　Flotox 管存储单元示意图

E^2PROM 存储单元采用叠栅隧道 MOS 管，简称 Flotox 管，其结构示意图如图 11-7 所示。Flotox 管与 FAMOS 管相比主要有两个不同之处：一是有两个栅极：控制栅极 G_C 和浮置栅极 G_F，叠在一起，因此称为叠栅；二是浮栅与漏区之间有一个极薄的隧道区，当隧道在电场强度足够强时，会形成导电隧道，电流可双向流通，即存储在浮栅中的电荷可流进流出。E^2PROM 就是在 Flotox 管的控制栅极加编程电压 V_{PP}，并控制其极性完成擦写。擦除时 G_C 加 V_{PP}，数据线接地，清除浮栅上的正电荷；写入时，数据线接 V_{PP}，G_C 接地，向浮栅注入正电荷。早期的 E^2PROM，V_{PP} 也要 21V；后来降低至 +5V，擦写周期约 10ms，读出时间小于 250ns，但仍不能理想地在线擦写。

5. 快闪存储器（Flash Memories）

Flash Memories 也属于 E^2PROM，其内部结构与 E^2PROM 相类似，存储单元由一个有控制栅极和浮置栅极的叠栅 MOS 管组成，如图 11-8a 所示。若浮栅中没有电荷，则控制栅极只需加正常电压，就会出现导电沟道；若浮栅中存有电荷，则控制栅极加正常电压无法形成导电沟道。图 11-8b、c 分别为存储单元叠栅 MOS 管 0 状态和 1 状态；图 11-8d 为存储单元擦除操作，此时控制栅极 G_C 接地，源极 S 接擦除电压 $+V_{ERASE}$，原存于浮栅中的负电荷便会泄放，因此完成擦除后的存储单元全部呈 1 状态；图 11-8e 为存储单元写入 0 操作，此时控制栅极接编程电压 $+V_{PROG}$，源极接地，漏极接工作电压 $+V_{DD}$（V_1 管为有源负载），负电荷会进入浮栅积累，写入 1 的存储单元保持原来擦除状态；图 11-8f 为存储单元读出 1 操作，在控制栅极加读出电压 $+V_{READ}$，当浮栅中无负电荷时，叠栅 MOS 管导通，$D_{OUT}=0$（反相）；当浮栅中有负电荷时，叠栅 MOS 管截止，$D_{OUT}=1$（反相）。

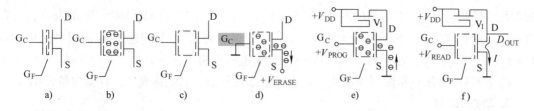

图 11-8　Flash Memories 存储单元示意图

a) 存储单元叠栅 MOS 管　b) 0 状态　c) 1 状态　d) 擦除操作　e) 写入 0　f) 读出 1

快闪存储器的擦写速度比 E^2PROM 快得多，擦写电压也降至 5V，已达到可以在线随机读写应用状态，擦写次数达 10 万次以上，且价格低廉。因此，目前已成为 ROM 应用主流品种之一（另两种是 MaskROM 和 OTPROM），应用广泛，甚至有逐步取代硬盘和 RAM 的趋势。

6. 只读存储器实现组合逻辑函数

如果将 ROM 的地址信号看作输入逻辑变量，将输出数据看作输出逻辑变量，则 ROM 就相当于一种集成组合逻辑电路。至于 ROM 内存储的数据则可看作是该组合逻辑电路实现组合逻辑的某种电路结构。

例如，例 7-3 中三人多数表决组合逻辑函数 $Y = \overline{A}BC + A\overline{B}C + AB\overline{C} + ABC$，只需在存储器地址 011、101、110、111 的存储单元分别存储 1，其余存储单元存储 0，当 3 位地址值为 ABC 最小项表达式的相应编码时，输出即为组合逻辑函数所求。如图 11-9 所示，ABC 从只读存储器地址输入端 $A_2 \sim A_0$ 输入，A 为高位，C 为低位，存储器数据输出端即为 Y 值。

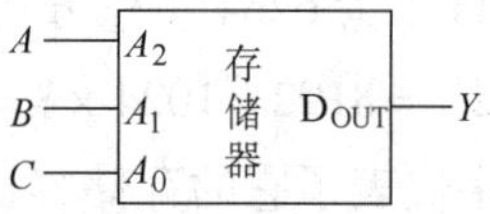

需要说明的是，存储器虽可用于组合逻辑电路，但主要用于计算机系统中存储数据信息，很少见用于实现组合逻辑功能。

图 11-9　只读存储器应用示意图

【复习思考题】

11.6　简述 ROM 分类概况。各有什么特点？

【相关习题】

选做 11.4 习题中的判断题：11.4 ~ 11.9；填空题：11.17 ~ 11.19；选择题：11.24 ~ 11.26。

11.3　随机存取存储器（RAM）

随机存取存储器的主要特点是读写方便，且速度快，能在线随机读写。但断电后，信息丢失，不能保存。

按存储信息的方式，RAM 可以分成静态 RAM（Static RAM，缩写为 SRAM）和动态 RAM（Dynamic RAM，缩写为 DRAM）。

1. 静态 RAM

图 11-10 为静态 RAM 一位存储单元电路，X_iY_j 分

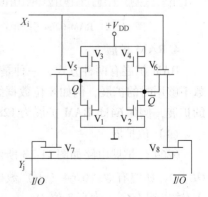

图 11-10　静态 RAM 存储单元电路

别为行选线和列选线，I/O 和 $\overline{I/O}$ 为数据线。V_1、V_2、V_3、V_4 组成 CMOS RS 触发器，可存储一位二进制信息，输出分别为 Q 和 $\overline{Q}$ 端。读/写时，行选 X_i 和列选 Y_j 应同时被选中，即 $X_i = Y_j = 1$，此时 V_5、V_6、V_7、V_8 均导通，数据能随机输入输出。

静态 RAM 的优点是读写速度快，缺点是电路较复杂，因此集成后，存储容量较小。

2. 动态 RAM

图 11-11 为动态 RAM 一位存储单元电路，其工作原理是利用电容 C_S 存储数据信息。位选线为高电平时，可进行读/写。数据线为 1 时，C_S 充电，写入 1；数据线为 0 时，C_S 放电，写入 0。动态 RAM 电路简单，但电容 C_S 上的电荷不能长时间保存，需要周期性刷新。另外由于数据线端分布电容 C_O 的存在，且 C_O 远大于 C_S，读出时，V 导通，C_S 与 C_O 相当于并联，电荷将重新分配，因此属破坏性读出，须将读出信息重新写入 C_S。这种刷新和重写需要附加电路，使操作复杂。

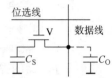

图 11-11 动态 RAM 存储单元电路

动态 RAM 的优点是电路简单，便于大规膜集成，存储容量大，成本低；缺点是需要刷新操作。动态 RAM 主要用于当前计算机的内存。

3. 典型 RAM 芯片 6264 简介

6264 是 CMOS 静态 RAM，存储容量 8k × 8 位，存取时间小于 200ns，电源电压 +5V。表 11-1 为 6264 工作方式功能表，图 11-12 为其引脚图。$A_0 \sim A_{12}$ 为 13 位地址输入端，可选通 $2^{13} = 8192 = 1024 \times 8 = 8kB$（字节），每字节 8 位，8k × 8 = 64kb（位）。因此 6264 后二位数字代表了它的存储容量。$I/O_0 \sim I/O_7$ 为 8 位数据输入/输出端；$\overline{CE_1}$、CE_2 为片选端。$\overline{CE_1}$ 低电平有效；CE_2 高电平有效；$\overline{CE_1}$、CE_2 全部有效时，存储芯片才能工作；$\overline{OE}$ 为输出允许，低电平有效；$R/\overline{W}$ 为读/写控制端，$R/\overline{W} = 1$，读；$R/\overline{W} = 0$，写；NC 为空脚；V_{CC}、Gnd 为正电源和接地端。

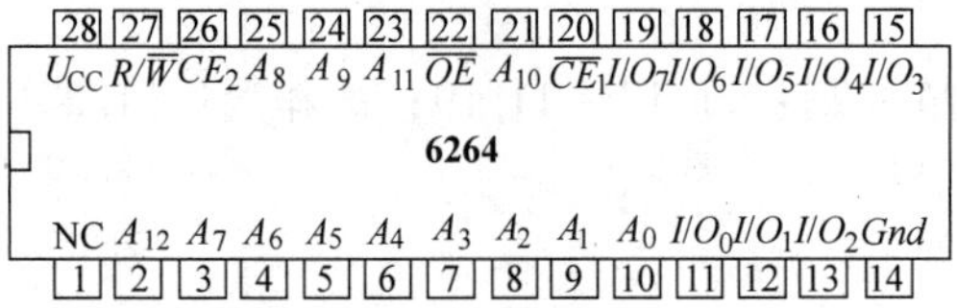

表 11-1 6264 工作方式功能表

工作状态	$\overline{CE_1}$	CE_2	$\overline{OE}$	$R/\overline{W}$	I/O
读	0	1	0	1	输出数据
写	0	1	×	0	输入数据
维持	1	×	×	×	高阻
	×	0	×	×	
输出禁止	0	1	1	1	高阻

```
 28 27 26 25 24 23 22 21 20 19 18 17 16 15
U_CC R/W CE2 A8 A9 A11 OE A10 CE1 I/O7 I/O6 I/O5 I/O4 I/O3
                    6264
NC A12 A7 A6 A5 A4 A3 A2 A1 A0 I/O0 I/O1 I/O2 Gnd
  1  2  3  4  5  6  7  8  9 10 11 12 13 14
```

图 11-12 RAM 6264 引脚图

4. RAM 扩展

RAM 扩展有两种方式，一种是位扩展；另一种是字扩展。位扩展是指存储器数据线位数不够用时的扩展，例如 8 位数据线扩展为 16 位数据线。字扩展是指存储器容量不够用时的扩展，例如 64kb RAM 扩展为 128kb RAM。

（1）位扩展

6264 位扩展电路如图 11-13 所示，地址输入端 $A_{12} \sim A_0$、$R/\overline{W}$、$\overline{CE_1}$ 并联使用；$CE_2 = 1$，$\overline{OE} = 0$，始终有效。6264（Ⅰ）数据输入/输出端 $I/O_{7\sim0}$ 为低 8 位 $D_{7\sim0}$，6264（Ⅱ）数据输入/输出端 $I/O_{7\sim0}$ 为高 8 位 $D_{15\sim8}$，串联使用。两片 8 位 RAM 芯片组成了 16 位 RAM 芯片。

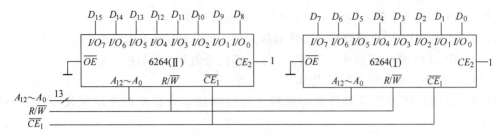

图 11-13 6264 位扩展电路

（2）字扩展

6264 字扩展电路如图 11-14 所示，地址输入端 $A_{12} \sim A_0$、数据输入/输出端 $I/O_7 \sim I/O_0$、$R/\overline{W}$ 并联使用；$CE_2 = 1$，$\overline{OE} = 0$，始终有效；两片 6264 $\overline{CE_1}$ 端互为反相，当高位地址 $A_{13} = 0$ 时，6264（Ⅰ）$\overline{CE_1} = 0$，输入/输出有效，芯片 Ⅱ 呈高阻态；当高位地址 $A_{13} = 1$ 时，6264（Ⅱ）$\overline{CE_1} = 0$，输入/输出有效，芯片 Ⅰ 呈高阻态；两片 64kb RAM 芯片组成 128kb RAM 电路（地址线 $A_{13} \sim A_0$，共 14 根）。

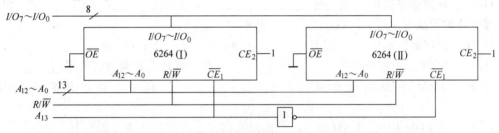

图 11-14 6264 字扩展电路

上述扩展方法也适用于 ROM 扩展。需要说明的是，现代电子技术飞速发展，需要大容量存储器时，可直接选用更大容量存储器芯片，而不需用多片小容量存储器芯片扩展组合，大容量存储器也许比小容量存储器价格更便宜，本节介绍扩展电路的目的主要是为了扩展读者的思路。

【复习思考题】

11.7　简述 RAM 分类概况。各有什么特点？

【相关习题】

选做 11.4 习题中的判断题：11.10 ~ 11.11；填空题：11.20 ~ 11.21；选择题：11.27 ~ 11.29。

11.4　习题

11.4.1　判断题

11.1　n 位地址编码可区分 2^{n-1} 个存储单元。（　　）

11.2　Flip - Flop 触发器可作为半导体存储单元。（　　）

11.3　存储容量只能用位存储单元的数量来表示。（　　）

11.4　ROM 可用于组合逻辑电路。（　　）

11.5　ROM 写入必须在特定条件下才能完成写入操作。(　　　)

11.6　掩膜 ROM 用户可自行一次性编程，但一次性编程后不能修改。(　　　)

11.7　UVEPROM 在正常光线照射下，也会慢慢丢失写入的数据信息。(　　　)

11.8　UVEPROM 读写速度都很慢。(　　　)

11.9　快闪存储器已达到可在线随机读写应用状态，甚至有逐步取代硬盘的趋势。(　　　)

11.10　RAM 断电后，信息丢失，不能保存。(　　　)

11.11　静态 RAM 需要刷新操作。(　　　)

11.4.2　填空题

11.12　存储器是一种能存储_____的器件。

11.13　存储器按其材料组成主要可分为_____存储器和_____存储器。

11.14　不同类型的存储器存取周期相差很大。快的约_____级，慢的约_____s。

11.15　存储器主要由_____、_____、_____、_____和_____组成，与外部电路的连接有_____线、_____线和_____线。

11.16　存储器控制信号：CE 是_____；WE 是_____；OE 是_____。

11.17　ROM 一般用来存放_____，其主要特点是断电后数据_____。

11.18　RAM 主要用于存放_____。其主要特点是断电后数据_____。

11.19　与 ROM 相比，RAM 能_____读出或写入，读写速度快（能跟上_____）、方便（不需_____）。

11.20　按存储信息的方式，RAM 可以分成_____RAM 和_____RAM。

11.21　RAM 扩展有两种方式，一种是_____扩展；另一种是_____扩展。

11.4.3　选择题

11.22　下列存储器引脚端名称中输入允许为_____；输出允许为_____；片选允许为_____；（A. CE；B. WE；C. OE；D. NC）

11.23　下列条件中，_____不是读存储器某一单元的必要条件。（A. 挂在数据总线上的其他器件呈"高阻"态；B. 存储器片选有效；C. 该存储单元中存有数据；D. 该存储单元被选通；E. 该存储芯片 OE 端电平有效）

11.24　下列存储器中，用户一次性写入的是_____；紫外线擦除可编程的是_____；电可擦除可编程的是_____；需生产厂商写入的是_____。（A. Mask ROM；B. OTPROM；C. UVEPROM；D. EEPROM）

11.25　下列存储器中，可多次擦写的有（多选）_____。（A. Mask ROM；B. OTPROM；C. UVEPROM；D. EEPROM；E. Flash Memories）

11.26　下列 ROM 中，目前应用最广泛的是_____；（A. Mask ROM；B. UVEPROM；C. EEPROM；D. Flash Memories）

11.27　下列存储器中，存储内容需不断刷新的是_____。（A. SRAM；B. DRAM；C. MROM；D. PROM）

274

11.28　下列存储器中（多选），能随机读写的是_____；断电后，信息不丢失的有_____。（A. SRAM；B. DRAM；C. MROM；D. PROM）

11.29　读存储器某一单元时（多选），破坏存储单元内容的是_____；复制存储单元内容的是_____。（A. SRAM；B. DRAM；C. MROM；D. PROM）

11.4.4　分析计算题

11.30　已知下列存储器位存储单元数量，试分别用位存储单元和字节存储单元（1 字节 = 8 位）表示其存储容量。

1）512；　　　　　2）8192；　　　　　3）65536；　　　　4）262144。

11.31　已知下列存储器的存储容量，试计算其位存储单元数量。

1）16k 位（bit）；　2）4k 字节（Byte）；　3）128k 位（bit）；4）256 字节（Byte）。

11.32　已知数据同题 11.30，试计算能区分（选通）上述字节存储单元的地址线根数。

11.33　已知下列存储器地址线根数，试计算其能选通的最大字节存储单元数。

1）5；　　　　　2）8；　　　　　3）11；　　　　4）13。

部分习题参考答案

第 1 章

选择题解答

1.24 C、D。 **1.25** C、C。 **1.26** B、A。 **1.27** B。 **1.28** C、D、A、B。 **1.29** B。
1.30 C。 **1.31** B、A。 **1.32** B、A。 **1.33** D。 **1.34** B。 **1.35** A、B、D。 **1.36** C。
1.37 A、A、B。 **1.38** B。 **1.39** B、A。 **1.40** A、B。

分析计算题解答

1.42 a) $U_D = 0$；$U_R = -E$；b) $U_D = 0$；$U_R = E$。

1.43 a) $U_D = E$；$U_R = 0$；b) $U_D = -E$；$U_R = 0$。

1.44 a) 导通；$-4V$；b) 截止；$7V$；c) 导通；$4V$；d) 截止；$-7V$；e) 截止；
$-4V$；f) 导通；$-7V$；g) 导通；$7V$；h) 截止；$4V$。

1.45 a) VD_1 导通，VD_2 截止，$U_{AB} = 0$；b) VD_1 导通，VD_2 截止，$U_{AB} = 0$；
c) VD_1 截止，VD_2 截止，$U_{AB} = 5V$；d) VD_1 截止，VD_2 导通，$U_{AB} = 5V$；e) VD_1 截止，
VD_2 截止，$U_{AB} = -8V$；f) VD_1 截止，VD_2 导通，$U_{AB} = -8V$。

1.46 a) VD_1 截止，VD_2 导通，VD_3 截止，$U_{AB} = -5V$；b) VD_1 导通，VD_2 截止，
VD_3 截止，$U_{AB} = 5V$。

1.47 a) $U_{S1} = 0$、$U_{S2} = 0$：VD_1 通，VD_2 通，$U_F = 0$；$U_{S1} = 0$、$U_{S2} = 5V$：VD_1 止，
VD_2 通，$U_F = 5V$；$U_{S1} = 5V$、$U_{S2} = 0$：VD_1 通，VD_2 止，$U_F = 5V$；$U_{S1} = 5V$、$U_{S2} = 5V$：
VD_1 通，VD_2 通，$U_F = 5V$；b) $U_{S1} = 0$、$U_{S2} = 0$：VD_1 通，VD_2 通，$U_F = 0$；$U_{S1} = 0$、$U_{S2} =$
$5V$：VD_1 通，VD_2 止，$U_F = 0$；$U_{S1} = 5V$、$U_{S2} = 0$：VD_1 止，VD_2 通，$U_F = 0$；$U_{S1} = 5V$、
$U_{S2} = 5V$：VD_1 通，VD_2 通，$U_F = 5V$。

1.48 a) $U_A = 0.7V$，$I_D = 2.4mA$；b) $U_A = 6.7V$，$I_D = 3.12mA$；c) $U_A = 3.95V$，I_D
$= 1.63mA$。

1.51 $-0.989\mu A$，$-1\mu A$。

1.52 $160\mu A$。

1.53 $0.57V$。

1.54 $0.643V$，$0.768V$。

1.55 选择 V_2 管更合适。V_1 管 I_{CEO} 太大，将引起电路工作状态不稳定。

1.56 a) ①基极，②集电极，③发射极，PNP 型，$\bar{\beta} = 20$；b) ①基极，②发射极，
③集电极，NPN 型，$\bar{\beta} = 60$；c) ①集电极，②发射极，③基极，NPN 型，$\bar{\beta} = 18.7$；d) ①
基极，②集电极，③发射极，NPN 型，$\bar{\beta} = 40$。

1.57 $I_C = 1.281mA$，$I_E = 1.296mA$。

1.58 $\beta_{50℃} = 102.6$。

1.59 V_1 管：1E、2B、3C，硅，NPN；V_2 管：1C、2B、3E，锗，PNP；V_3 管：1B、
2C、3E，硅，PNP；V_4 管：1B、2C、3E，硅，NPN。

1.60 a）放大；b）饱和；c）B 极开路，CE 击穿损坏；d）截止；e）截止；f）截止，发射结击穿损坏，或 BE 外部短路；g）放大；h）饱和。

1.61 $\beta = 20$，$I_{CEO} = 0.1\mathrm{mA}$，$U_{(BR)CEO} = 22.5\mathrm{V}$。

1.62 a）N 沟道结型；b）P 沟道增强型 MOS；c）N 沟道耗尽型 MOS；d）N 沟道增强型 MOS；e）P 沟道结型；f）P 沟道耗尽型 MOS。

第 2 章

选择题解答

2.29 C。**2.30** BC、AB。**2.31** B、A。**2.32** D、A、B。**2.33** B；D；A、B。**2.34** A、A、B、B。**2.35** C。**2.36** A、B、C。**2.37** B、A、A。**2.38** B。**2.39** A。**2.40** A、B。**2.41** D、C。**2.42** C。**2.43** C。**2.44** D。**2.45** A、B、C。**2.46** C、A、C、D。**2.47** B。**2.48** D、C、B、A。**2.49** D。**2.50** B。**2.51** C、A、C。**2.52** C、A、A、A。

分析计算题解答

2.53 $A_u(\mathrm{dB}) = 46.0\mathrm{dB}$，$A_i(\mathrm{dB}) = 32.0\mathrm{dB}$，$A_p(\mathrm{dB}) = 40\mathrm{dB}$。

2.55 a）$I_{BQ} = 0$，$I_{CQ} = 0$，$U_{CEQ} = 15\mathrm{V}$；b）$I_{EQ} = 0.25\mathrm{mA}$，$I_{BQ} = 2.5\mu\mathrm{A}$，$U_{CEQ} = 5\mathrm{V}$；c）$I_{EQ} = 2\mathrm{mA}$，$I_{BQ} = 40\mu\mathrm{A}$，$U_{CEQ} = -6\mathrm{V}$；d）$I_{BQ1} = 0.1\mathrm{mA}$，$I_{EQ2} = 160\mathrm{mA}$，$U_{CEQ2} = 6\mathrm{V}$；e）$I_{BQ} = 0.3\mathrm{mA}$，$I_{CQ} = 1.5\mathrm{mA}$，$U_{CEQ} = 0$；f）$I_{BQ} = 110\mu\mathrm{A}$，$I_{CQ} = 5.4\mathrm{mA}$，$U_{CEQ} = 3\mathrm{V}$。

2.56 a）不能，无静态基极电流；b）可能，发射结正偏；c）可能，电压负反馈放大电路；d）不能，输入端对地交流短路；e）可能，PNP 管负电源；f）不能，PNP 管电源极性反；g）不能，无静态基极电流；h）可能，发射结正偏。

2.57 a）无集电极电流，$U_C = V_{CC}$；b）无基极电流，无集电极电流，$U_C = V_{CC}$；c）无集电极电流，$U_C = 0$；d）CB 短路，$U_C = U_{on} = 0.7\mathrm{V}$；e）BE 短路，无基极电流，无集电极电流，$U_C = V_{CC}$。

2.58 1）饱和，$I_{CQ} = 1\mathrm{mA}$；2）放大，$I_{CQ} = 0.164\mathrm{mA}$；3）截止，$I_{CQ} = 0$。

2.59 1）$I_{BQ} = 17.9\mu\mathrm{A}$，$I_{CQ} = 1.79\mathrm{mA}$，$U_{CEQ} = 5.87\mathrm{V}$；2）$R_P = 611\mathrm{k\Omega}$；3）$R_P = 653\mathrm{k\Omega}$；4）三极管饱和，$I_{CQ}$ 与 I_{BQ} 已不成线性关系，不能按 $I_{CQ} = \beta I_{BQ}$ 计算。实际情况：$U_{CEQ} = 0.1\mathrm{V}$，$I_{BQ} = 47.7\mu\mathrm{A}$，$I_{CQ} = 2.92\mathrm{mA}$。为防止 $R_P = 0$ 时，三极管饱和，可取 $R_B > 490\mathrm{k\Omega}$。

2.60 1）$I_{BQ} = 47.1\mu\mathrm{A}$，$I_{CQ} = 1.88\mathrm{mA}$，$U_{CEQ} = 6.36\mathrm{V}$；3）$r_{be} = 0.767\mathrm{k\Omega}$，$A_u = -78.2$，$R_i = 0.765\mathrm{k\Omega}$，$R_o = 3\mathrm{k\Omega}$。

2.61 1）$I_{BQ} = 45.5\mu\mathrm{A}$，$I_{CQ} = 1.82\mathrm{mA}$，$U_{CEQ} = 6.18\mathrm{V}$；3）$r_{be} = 0.786\mathrm{k\Omega}$，$A_u = -6.68$，$R_i = 8.66\mathrm{k\Omega}$，$R_o = 3\mathrm{k\Omega}$；4）发射极串联小电阻 R_E 后，静态电流稍减小；电压放大倍数大大下降；输入电阻增大了。5）并接射极电容 C_E 后，静态工作点与上述 1）计算相同，对 A_u、R_i、R_o 无影响。

2.62 a）$2.9\mathrm{k\Omega}$；b）$12.9\mathrm{k\Omega}$；c）$2.9\mathrm{k\Omega}$；d）$3.9\mathrm{k\Omega}$。

2.63 饱和失真。改善饱和失真，应增大 U_{CEQ}。可有以下途径（或称措施、方法）：① 增大 V_{CC}；② 减小 β；③ 减小 R_C；④ 增大 R_B；⑤ 减小输入信号 u_i。五种方法中，以增大 R_B 最为有效，简便，且不影响电路交流性能指标。

2.64 1）增大 R_B→截止失真；2）减小 R_B→饱和失真。

2.65 1）$U_{BQ} = 3.66\mathrm{V}$，$I_{BQ} = 19.5\mu\mathrm{A}$，$I_{CQ} = 1.95\mathrm{mA}$，$U_{CEQ} = 6.23\mathrm{V}$；3）$r_{be} = $

$1.55\mathrm{k}\Omega$，$R_\mathrm{i} = 1.41\mathrm{k}\Omega$，$R_\mathrm{o} = 3\mathrm{k}\Omega$，$A_\mathrm{u} = -126$；4）$R_\mathrm{i} = 13.8\mathrm{k}\Omega$，$R_\mathrm{o} = 3\mathrm{k}\Omega$，$A_\mathrm{u} = -1.28$；5）$A_\mathrm{u} = -194$。

2.66 1）$U_\mathrm{BQ} = 2.79\mathrm{V}$，$I_\mathrm{BQ} = 27.3\mu\mathrm{A}$，$I_\mathrm{CQ} = 1.37\mathrm{mA}$，$U_\mathrm{CEQ} = 5.42\mathrm{V}$；3）$r_\mathrm{be} = 1.07\mathrm{k}\Omega$，$R_\mathrm{i} = 4.57\mathrm{k}\Omega$，$R_\mathrm{o} = 3.3\mathrm{k}\Omega$，$A_\mathrm{u} = -8.89$，$A_\mathrm{us} = -7.86$，$U_\mathrm{o} = 7.86\mathrm{mV}$。

2.67 1）$I_\mathrm{BQ} = 19.2\mu\mathrm{A}$，$I_\mathrm{CQ} = 0.96\mathrm{mA}$，$U_\mathrm{CEQ} = 5.4\mathrm{V}$；3）$r_\mathrm{be} = 1.68\mathrm{k}\Omega$，$A_\mathrm{u} = 0.990$，$R_\mathrm{i} = 100\mathrm{k}\Omega$，$R_\mathrm{o} = 52.2\Omega$；4）$A_\mathrm{u} = 0.997$，$R_\mathrm{i} = 163\mathrm{k}\Omega$。

2.68 1）$U_\mathrm{BQ} = 10.2\mathrm{V}$，$I_\mathrm{BQ} = 37.3\mu\mathrm{A}$，$I_\mathrm{CQ} = 1.86\mathrm{mA}$，$U_\mathrm{CEQ} = 14.7\mathrm{V}$；3）$r_\mathrm{be} = 0.913\mathrm{k}\Omega$，$A_\mathrm{u} = 0.979$，$R_\mathrm{i} = 25.8\mathrm{k}\Omega$，$R_\mathrm{o} = 17.8\Omega$。

2.69 $A_\mathrm{u1} = -\dfrac{\beta R_\mathrm{C}}{r_\mathrm{be} + (1+\beta)R_\mathrm{E}}$，$A_\mathrm{u2} = \dfrac{(1+\beta)R_\mathrm{E}}{r_\mathrm{be} + (1+\beta)R_\mathrm{E}}$，当 $R_\mathrm{C} = R_\mathrm{E}$ 时，A_u1 与 A_u2 大小近似相等，相位相反。

2.70 1）$U_\mathrm{BQ} = 3.32\mathrm{V}$，$I_\mathrm{BQ} = 16.5\mu\mathrm{A}$，$I_\mathrm{CQ} = 0.990\mathrm{mA}$，$U_\mathrm{CEQ} = 8.04\mathrm{V}$；3）$r_\mathrm{be} = 1.90\mathrm{k}\Omega$，$A_\mathrm{u} = 19.7$，$R_\mathrm{i} = 30.8\Omega$，$R_\mathrm{o} = 1.3\mathrm{k}\Omega$。

2.71 $U_\mathrm{G} = 0$，$A_\mathrm{u} = -7.5$，$R_\mathrm{i} = 2\mathrm{M}\Omega$，$R_\mathrm{o} = 30\mathrm{k}\Omega$。

2.72 1）$U_\mathrm{G} = 5.82\mathrm{V}$，$A_\mathrm{u} = -4.55$，$R_\mathrm{i} = 1048\mathrm{k}\Omega$，$R_\mathrm{o} = 10\mathrm{k}\Omega$。

2.73 $U_\mathrm{G} = 0$，$A_\mathrm{u} = -10$，$R_\mathrm{i} = 1\mathrm{M}\Omega$，$R_\mathrm{o} = 22\mathrm{k}\Omega$。

2.74 1）$U_\mathrm{GSQ} = -3.3\mathrm{V}$；3）$A_\mathrm{u} = -0.641$，$R_\mathrm{i} = 2.2\mathrm{M}\Omega$，$R_\mathrm{o} = 665\Omega$。

2.75 1）$I_\mathrm{BQ1} = 19.2\mu\mathrm{A}$，$I_\mathrm{CQ1} = 0.960\mathrm{mA}$，$U_\mathrm{CEQ1} = 5.4\mathrm{V}$，$U_\mathrm{BQ2} = 3.56\mathrm{V}$，$I_\mathrm{BQ2} = 52.8\mu\mathrm{A}$，$I_\mathrm{CQ2} = 2.64\mathrm{mA}$，$U_\mathrm{CEQ2} = 3.38\mathrm{V}$；3）$r_\mathrm{be1} = 1.68\mathrm{k}\Omega$，$r_\mathrm{be2} = 0.802\mathrm{k}\Omega$，$R_\mathrm{i} = 102\mathrm{k}\Omega$，$R_\mathrm{o} = 3.3\mathrm{k}\Omega$，$A_\mathrm{u1} = 0.990$，$A_\mathrm{u2} = -12.6$，$A_\mathrm{u} = -12.6$，$A_\mathrm{us} = -12.5$，$U_\mathrm{o} = 12.5\mathrm{mV}$。

2.76 1）$U_\mathrm{BQ1} = 3.38\mathrm{V}$，$I_\mathrm{BQ1} = 16.9\mu\mathrm{A}$，$I_\mathrm{CQ1} = 1.01\mathrm{mA}$，$U_\mathrm{CEQ1} = 7.76\mathrm{V}$，$U_\mathrm{BQ2} = 2.94\mathrm{V}$，$I_\mathrm{BQ2} = 18.3\mu\mathrm{A}$，$I_\mathrm{CQ2} = 1.10\mathrm{mA}$，$U_\mathrm{CEQ2} = 5.40\mathrm{V}$；3）$r_\mathrm{be1} = 1.87\mathrm{k}\Omega$，$r_\mathrm{be2} = 1.74\mathrm{k}\Omega$，$R_\mathrm{i} = 30.3\Omega$，$R_\mathrm{o} = 3.9\mathrm{k}\Omega$，$A_\mathrm{u1} = 38.7$，$A_\mathrm{u2} = -14.9$，$A_\mathrm{u} = -577$，$A_\mathrm{us} = -17.0$，$U_\mathrm{o} = 17\mathrm{mV}$。

2.77 a）R_1：二级电压并联负反馈，R_2：V_2 管电压串联负反馈；b）R_4：二级电压串联负反馈，R_5：V_2 管电流串联负反馈，R_2：V_1 管电流串联负反馈；c）R_1：二级电流并联负反馈，R_2：V_2 管电流串联负反馈；d）R_4：二级电压串联负反馈，R_4、R_6：V_1 管电流串联负反馈，R_5：V_2 管电流串联负反馈；e）R_4：电压串联负反馈，R_3、C_2：正反馈；f）R_5：电流串联负反馈，R_3、C_2：正反馈；g）R_5：三级电压串联负反馈、V_1 管电流串联负反馈、V_3 管电压串联负反馈，R_4：V_2 管直流负反馈；h）R_1：二级电压并联负反馈，R_2：V_2 管电压串联负反馈，R_3：V_1 管电流串联负反馈；i）R_3：二级电压串联负反馈，R_4：V_1 管直流负反馈，R_6：V_2 管电流串联负反馈，R_7、R_8：V_2 管直流负反馈。

2.78 图 2-64i 为二级直接耦合放大电路，V_1、V_2 静态工作点相互影响，V_1 的静态基极电压由 V_2 管发射极电阻 R_7、R_8 分压（C_3 滤去交流成分）通过 R_4 加至 V_1 管基极。R_4 相当于 V_1 管基极电阻 R_B，R_7、R_8 分压后的电压相当于基极电源 U_BB。V_1 管静态发射极电压取自于 V_2 管静态集电极电压，再由 R_3 与 R_2 分压而得，V_1 管的静态工作点又影响 V_2 管静态工作点；即 V_1、V_2 管的静态工作点由 R_4 的直流负反馈和 R_3 的直流负反馈（交直流并存）确定。

2.79 $1 + AF = 10$, $F = 0.009$。

2.80 $U_o = 1.67\text{V}$。

2.81 $A = 900$。

2.82 $F_u = 0.09$。

2.83 $A = 60\text{dB}$。

2.84 $A = 3000$, $F = 0.00633$。

2.85 $\pm 0.5\%$。

2.86 1) $P_{om} = 7.03\text{W}$, $\eta_m = 78.5\%$, $P_{V1m} = 1.41\text{W}$; 2) $P_{om} = 6.57\text{W}$, $\eta_m = 75.9\%$, $P_{V1m} = 1.41\text{W}$; 3) $U_{(BR)CEO} > 30\text{V}$, $P_{CM} > 1.41\text{W}$, $I_{CM} > 0.938\text{A}$。

2.87 $C > 3979\mu\text{F}$。

2.88 1) 无输出变压器互补对称功放电路，简称 OTL 电路; 2) $U_A = V_{CC}/2$, 增大 R_1; 3) 减小 R_4; 4) 提供 V_1、V_2 静态偏压，减小不对称失真，温度补偿稳定静态工作点; 5) 输出信号耦合隔直，起到 $V_{CC}/2$ 等效电源的作用。 $C_2 > 1491 \sim 2485\mu\text{F}$; 6) R_3、C_3 组成自举电路; 7) $P_{om} = 0.69\text{W}$, $P_E = 0.935\text{W}$, $P_{V1} = 0.1225\text{W}$, $\eta_m = 73.8\%$; 8) $P_{V1m} = 0.156\text{W} < P_{CM} = 0.5\text{W}$, $I_{om} = 0.294\text{A} < I_{CM} = 500\text{mA}$, $U_{BR(CEO)} = 18\text{V} > V_{CC} = 10\text{V}$, 功放管能安全工作。

2.89 1) OCL 组态: $P_{om} = 9\text{W}$, $P_E = 11.46\text{W}$, $P_V = 2.46\text{W}$, $\eta_m = 78.5\%$; 2) OTL 组态: $P_{om} = 2.25\text{W}$, $P_E = 2.86\text{W}$, $P_V = 0.61\text{W}$, $\eta_m = 78.5\%$。

2.90 1) $P_{om} = 9\text{W}$; 2) $I_{cm} = 1.5\text{A} < I_{CM} = 2\text{A}$, $U_{cem} = 24\text{V} < U_{(BR)CEO} = 30\text{V}$, $P_{V1m} = 1.8\text{W} < P_{CM} = 5\text{W}$, 功放管能安全工作; 3) $P_o = 5.26\text{W}$。

第 3 章

选择题解答

3.23 CD。 **3.24** C。 **3.25** AF。 **3.26** A、C。 **3.27** C。 **3.28** B。 **3.29** C。 **3.30** C。 **3.31** D。 **3.32** A。 **3.33** C。 **3.34** D。 **3.35** A、C、C。 **3.36** B、A。 **3.37** A。 **3.38** A。 **3.39** BC。 **3.40** B。 **3.41** ABC。 **3.42** A、D、B。

分析计算题解答

3.43 $A_{uc}(\text{dB}) = -6\text{dB}$, $A_{uc} = 0.5$, $A_{ud} = 1000$, $U_o = 1.1\text{V}$。

3.44 $A_{ud} = -199$, $A_{uc} = 0$, $K_{CMR} \to \infty$。

3.45 $A_{ud} = -124$, $A_{uc} = 0.241$, $K_{CMR} = 515 \to 54.2\text{dB}$。

3.46 $A_{ud} = -32.9$, $R_{id} = 12.1\text{k}\Omega$。

3.47 $A_{ud} = 999.5$, $A_{uc} = 1$, $K_{CMR} = 999.5 \to 60\text{dB}$。

3.48 a) $u_O = -1\text{V}$; b) $u_O = 1.1\text{V}$; c) $u_O = 0.1\text{V}$; d) $u_O = 0.1\text{V}$。

3.51 a) $u_O = -21\text{mV}$; b) $u_O = 37\text{mV}$; c) $u_O = 33\text{mV}$。

3.52 a) $u_{O1} = 4\text{mV}$, $u_{O2} = -12\text{mV}$, $u_O = -16\text{mV}$; b) $u_{O1} = 1.2\text{V}$, $u_O = 1.65\text{V}$; c) $u_{O1} = 10\text{mV}$, $u_{O2} = 4\text{mV}$, $u_O = -3\text{mV}$; d) $u_{O1} = -3\text{V}$, $u_{O2} = 4\text{V}$, $u_O = 5\text{V}$。

3.53 $R_{f1} = 1\text{k}\Omega$, $R_{f2} = 9\text{k}\Omega$, $R_{f3} = 40\text{k}\Omega$, $R_{f4} = 50\text{k}\Omega$, $R_{f5} = 400\text{k}\Omega$。

3.54 $R_{11} = 10\text{M}\Omega$, $R_{12} = 2\text{M}\Omega$, $R_{13} = 1\text{M}\Omega$, $R_{14} = 200\text{k}\Omega$, $R_{15} = 100\text{k}\Omega$。

3.56 $u_O = -2u_I$。

3.57 $u_O = u_{I1} - u_{I2}$。

3.58 $u_0 = 7u_I$。

3.61 $\mathrm{d}u_0(t)/\mathrm{d}t = 0$，表明 $u_0(t)$ 为常数，$u_0(t) = u_0(0) = -u_C(0) + u_N(0) = -u_C(0) + u_I(0) = 1\mathrm{V}$。

3.62 $u_0(t) = 45\mathrm{e}^{-t/\tau}$（mV）。

3.63 $u_0 = \dfrac{1}{RC} \displaystyle\int (u_{I2} - u_{I1}) \mathrm{d}t$。

3.68 $U_{TH1} = 4\mathrm{V}$，$U_{TH2} = 2\mathrm{V}$。

3.69 减小正反馈，可取 $U_{REF} = 3.33\mathrm{V}$，$R_3 = 90\mathrm{k\Omega}$。

3.72 $T = 2.20\mathrm{ms}$，$f = 455\mathrm{Hz}$。

3.73 $T = 2.92\mathrm{ms}$，$q = 0.333$。

3.74 1）A_1 减法器，A_2 电压跟随器，A_3 积分器，A_4 滞回电压比较器；2）$u_{O1} = -5\mathrm{V}$，$u_{O2} = -5\mathrm{V}$；3）$u_{O3} = 5t$（V）；4）$t = 0.8\mathrm{s}$。

3.75 $\dot{A}_{uf} = -\dfrac{R_f/R_1}{1 + \mathrm{j}f/f_0}$。

3.76 $BW = 900\mathrm{Hz}$；$A_{up} = 4$。

3.77 构成带阻滤波器，$\Delta f = 1\mathrm{kHz}$。

第 4 章

选择题解答

 4.11 A、H、E、C。**4.12** D。**4.13** C。**4.14** B。**4.15** B、A。**4.16** B、B。 **4.17** A、B、C。**4.18** C。**4.19** B。

分析计算题解答

 4.20 1）满足振荡相位平衡条件和选频要求，有可能产生正弦振荡。2）$R_1 > 2R_2$，振荡频率：$f_0 = 1/2\pi RC$。3）R_1、R_2 中有一个可采用热敏电阻。R_1 为负温度系数热敏电阻；或 R_2 为正温度系数热敏电阻。

 4.21 1）$f_0 = 995\mathrm{Hz}$；2）$2.2\mathrm{k\Omega}$；3）应调节 R_f，使其满足 $R_f > 2R_1$；4）R_f 选用负温度系数热敏电阻或 R_1 选用正温度系数热敏电阻。

 4.23 a）能，RC 桥式振荡电路；b）否，负反馈；c）否，反馈电压引出端错。

 4.26 a）能，$L_1 C_1$ 须为容性，$L_2 C_2$ 须为感性，且 $L_2 C_2 < L_1 C_1$；b）能，$L_2 C_2$ 须为感性，$L_1 C_1$ 须为容性，且 $L_2 C_2 < L_1 C_1$；c）能，$L_2 C_2$、$L_3 C_3$ 均应为容性；d）不能，X_{cb} 与 X_{ce} 电抗不能同性；e）不能，X_{cb} 与 X_{be} 电抗不能同性；f）能，$L_3 C_3$ 必须为感性。

 4.27 a）能，电容三点式正弦振荡器；b）否，不符合三点式振荡器电抗要求；c）能，变压器反馈式正弦振荡器；d）能，R_f、C_B 负反馈，L、C 正反馈；e）能，电感三点式正弦振荡器；f）能，电容三点式正弦振荡器；g）能，电容三点式正弦振荡器；h）否，负反馈；i）否，三极管不能处于放大工作状态。

 4.28 L_C 为高频扼流圈，对振荡信号感抗很大，可视作开路。

 4.29 e）$f_0 = \dfrac{1}{2\pi \sqrt{(L_1 + L_2 + 2M)C}}$；g）$f_0 = \dfrac{1}{2\pi \sqrt{L \dfrac{C_1 C_2}{C_1 + C_2}}}$；h）$f_0 = \dfrac{1}{2\pi \sqrt{L_1 C}}$。

 4.31 1）能，电感三点式振荡器。2）能，电容三点式振荡器。

4.32 a) 线圈同名端错；b) 须加 R_1，且 $R_f > 2R_1$。c) L 与 C_2 对换位置，且加接 C_C 隔直。

4.33 a) 并联型；b) 串联型；c) 串联型。

第 5 章

选择题解答

5.16 B；B；B；A。**5.17** C。**5.18** B；C；A；D。**5.19** B、A、B、B。
5.20 ACEHI、BDGJ。**5.21** A。**5.22** ADE。**5.23** B。**5.24** D。**5.25** ABG。

分析计算题解答

5.26 1）$U_2 = 22$V；2）$U_O = 9.9$V；3）$I_O = 0.99$A；4）不同，有效值是根据电流热效应导出，其定义式：$U_O = \sqrt{\dfrac{1}{2\pi}\displaystyle\int_0^\pi u_O{}^2 \mathrm{d}\omega t}$。

5.27 1）$U_O = 10.8$V；2）$I_O = 1.35$A；3）$I_D = 0.675$A；4）$U_{Drm} = 33.9$V。

5.28 1）$U_O = 7.2$V；2）$I_O = 1.44$A；3）$I_D = 0.72$A；4）$U_{Drm} = 11.3$V。

5.29 2）$U_{O1} = 13.5$V，$U_{O2} = -13.5$V，$U_O = 27$V；3）$U_O = 27$V，$U_{O1} = 6.75$V，$U_{O2} = -20.25$V。

5.30 $U_{O1} = 16.2$V，$U_{O2} = 8.1$V。

5.31 $U_{O1} = -27$V，$U_{O2} = 9$V。

5.32 $C \geqslant 300 \sim 500\mu$F，$U_O = 12$V。

5.33 1）工作正常；2）R_L 开路；3）4 个整流二极管中有一个开路；4）滤波电容开路；5）滤波电容开路，且 4 个整流二极管中有一个开路。

5.34 a）工作正常；b）R_L 开路；c）滤波电容开路；d）4 个整流二极管中有一个开路；e）滤波电容开路，且 4 个整流二极管中有一个开路。

5.35 2）$U_Z = 8$V，$I_Z = 10$mA；3）$C \geqslant 125 \sim 208\mu$F；4）$U_2 = 10$V；5）$U_{Drm} = 14.1$V，$I_D = 25$mA。

5.36 $527\Omega < R < 628\Omega$。

5.37 a）13V；b）5.7V；c）1.4V；d）-3V；e）5V；f）0.7V。

5.38 9.3 ~ 18.6V。

5.43 高精度恒流源，$I_L = 1.25/R_p$。

5.44 RP $= 6150\Omega$。

5.45 $U_O = 33.3$V。

第 6 章

选择题解答

6.25 B。**6.26** C。**6.27** D。**6.28** C。**6.29** C。**6.30** B。**6.31** C。**6.32** AD。
6.33 D。**6.34** A。**6.35** A。**6.36** ABCE、BDF。**6.37** D。**6.38** C。**6.39** ACD。
6.40 DEF。

分析计算题解答

6.41 1）110000B；2）1111011B。

6.42 1）165；2）118。

6.43 1）30H；2）7BH。

6.44 1）A5H；2）76H。

6.45 1）231；2）42。

6.46 1）11100111B；2）00101010B。

6.47 1）$X+Y=100010010$B，$X-Y=10100100$B，借位1；2）$X+Y=111100101$B，$X-Y=11110011$B，借位1；

6.48 1）$[00110100]_{8421BCD}$ 2）$[000100000000]_{8421BCD}$。

6.49 1）$[000110000001]_{8421BCD}$ 2）$[001000000011]_{8421BCD}$。

6.50 $Y_1 \sim Y_{12}$ 逻辑电平值依次为：0，0，1，0，1，1，1，1，0，1，0，0。

6.51 $Y_1 \sim Y_6$ 逻辑电平值依次为：0，1，0，1，0，1。

6.52 $Y_1 = AB$；$Y_2 = \overline{A+B}$。

6.53 $Y_1 = \overline{AB}$；$Y_2 = A \oplus B$。

6.54 $Y_1 = \overline{\overline{A}+\overline{B}}$；$Y_2 = \overline{AB+CD}$；$Y_3 = \overline{\overline{AB} \cdot \overline{BC} \cdot \overline{CA}}$。

6.57 1）1；2）B；3）$A+B$；4）1。

6.58 1）$ABC + AB\overline{C} + A\,\overline{B}\,\overline{C}$；2）$ABC + AB\overline{C} + \overline{A}BC + A\overline{B}C$。

6.59 1）$\overline{A}B\overline{C} + A\,\overline{B}\,\overline{C} + A\overline{B}C + ABC$；2）$\overline{A}\,\overline{B}\,\overline{C} + \overline{A}BC + A\overline{B}C + AB\overline{C}$。

6.60 a）$AB\overline{C}$；b）$A\,\overline{B}\,\overline{C}$。

6.61 1）$A+CD+E$；2）$A+\overline{B}C$；3）$BC+AB+AC$；4）$AC+A\overline{B}$。

6.62 1）$Y_1 = \overline{A}\,\overline{B} + \overline{A}C + BC$；2）$Y_2 = \overline{A}C + B\overline{C} + A\overline{C}$。

6.63 a）、b）：$Y(ABCD) = \sum m(2,3,5,7,8,10,12,13)$；a）：$Y = A\overline{C}\,\overline{D} + BCD + \overline{A}CD + B\overline{C}D$；b）：$Y = \overline{A}BC + \overline{A}BD + AB\overline{C} + A\,\overline{B}\,\overline{D}$；c）、d）：$Y(ABCD) = \sum m(0,1,3,4,7,12,13,15)$；c）：$Y = \overline{A}\,\overline{C}\,\overline{D} + AB\overline{C} + \overline{A}BD + BCD$；d）：$Y = \overline{A}\,\overline{B}\,\overline{C} + B\overline{C}\,\overline{D} + ACD + ABD$。

6.64 1）$Y_1 = B\overline{C} + \overline{A}\,\overline{B}D + ABC$；2）$Y_2 = \overline{B}\,\overline{C} + \overline{B}\,\overline{D}$。

6.65 a、b、d 正确，c 错。

6.66 a、c 正确，b、d 错。

6.67 $Y_1 = 1$，$Y_2 = \overline{A}$，$Y_3 = \overline{A}$，$Y_4 = 0$。

6.68 b 正确，a、c、d、e、f 错。a、c 可将多余输入端悬空，d、e、f 可将多余输入端接地。

6.69 $170\Omega < R_1 < 1k\Omega$，$295\Omega < R_2 < 2.8k\Omega$。

6.70 1）$U_{NH} = 1.3V$，$U_{NL} = 0.6V$；2）$U_{NH} = 1.1V$，$U_{NL} = 0.5V$。

6.72 $Y = \overline{\overline{AB} \cdot C} = \overline{AB} + C$。

6.73 a、b 正确，c、d 错。

6.74 $Y_1 = Y_3 = 1$，$Y_2 = Y_4 = \overline{A}$。

6.75 b、f 正确；a、c、d、e 错。a、c 应将多余输入端接正电源电压；d、e 应将多余输入端接地。

6.76 a）：$C = 0$，$Y_1 = \overline{AB}$；$C = 1$，Y_1 高阻。b）：$C = 0$，Y_2 高阻，$C = 1$，$Y_2 = \overline{A+B}$。

6.77 $Y = A \oplus B$。

第7章

选择题解答

7.21 ABCD。 **7.22** B。 **7.23** C。 **7.24** ABC。 **7.25** C。 **7.26** A。 **7.27** B。 **7.28** AC。
7.29 D。 **7.30** C。 **7.31** ABD。 **7.32** A、C。 **7.33** B。 **7.34** ABCD。 **7.35** A。

分析计算题解答

7.36 逻辑表达式：$Y = \overline{\overline{AB} \cdot \overline{BC} \cdot \overline{CA}} = AB + BC + CA$，逻辑功能：3 人多数表决电路。

7.37 逻辑表达式：$Y = \overline{A}\overline{B} + AB = \overline{A \oplus B} = A \odot B$，同或门。

7.38 逻辑表达式：$Y = \overline{B} + \overline{C}$。

7.39 逻辑表达式：$Y = BC$。

7.40 红灯 $R = \overline{A + B}$（或非门）；黄灯 $Y = A \oplus B$（异或门）；绿灯 $G = AB$（与门）。

7.41 逻辑表达式：$Y = C(A + B)$。

7.42 逻辑表达式：$Y = A \oplus B \oplus C$。

7.43 逻辑表达式：$Y = \overline{A \oplus B \oplus C}$。

7.44 逻辑表达式：$Y = \overline{\overline{\overline{AB}}\overline{B}\,C}$。

7.45 $\overline{Y_2}\overline{Y_1}\overline{Y_0} = 001$（反码输出，原码为 $110 = 6$），$\overline{GS} = 0$，$EO = 1$。

7.51 $F_1 = \overline{B}\,\overline{C} + \overline{A}C + \overline{A}BC$；$F_2 = \overline{B}\,\overline{C} + AC$。

7.56 $F = \overline{A}\,\overline{B}C + \overline{A}B + AB\overline{C}$。

7.60 $F = \overline{A}\,\overline{B}CD + \overline{B}C\overline{D} + BC\overline{D} + A\overline{B}\,\overline{C} + AC\overline{D} + ABC$。

7.64 1）在 $A = B = 1$ 条件下，$F = C + \overline{C}$，可能产生竞争冒险；2）在 $A = B = 0$ 条件下，$F = C\overline{C}$，可能产生竞争冒险。逻辑电路按 $F = AC + \overline{B}\,\overline{C} + AB$ 构建，能避免竞争冒险。

7.65 最简与或表达式：$F = \overline{A}\,\overline{B}C + \overline{A}BD + \overline{B}C\overline{D} + A\overline{B}\,\overline{D} = \overline{\overline{A}\,\overline{B}C \cdot \overline{A}BD \cdot \overline{B}C\overline{D} \cdot A\overline{B}\,\overline{D}}$，按此表达式即可用最少数目与非门实现其逻辑功能，但会产生竞争冒险。

消除的方法是引入冗余项 $\overline{A}CD$ 和 $B\overline{C}\overline{D}$，$F = \overline{A}\,\overline{B}C + \overline{A}BD + \overline{B}C\overline{D} + A\overline{B}\,\overline{D} + \overline{A}CD + B\overline{C}\overline{D} = \overline{\overline{A}\,\overline{B}C \cdot \overline{A}BD \cdot \overline{B}C\overline{D} \cdot A\overline{B}\,\overline{D} \cdot \overline{A}CD \cdot B\overline{C}\overline{D}}$。

第8章

选择题解答

8.28 D。 **8.29** BCE。 **8.30** BCD。 **8.31** ABDE。 **8.32** ACDE。 **8.33** A。 **8.34** C。
8.35 C。 **8.36** D。 **8.37** C。 **8.38** BD。 **8.39** AD。 **8.40** D。 **8.41** B。 **8.42** B。
8.43 A。 **8.44** D。 **8.45** D。 **8.46** A。 **8.47** B。 **8.48** C、D。 **8.49** B。 **8.50** B。
8.51 B。 **8.52** B。 **8.53** A。 **8.54** D。 **8.55** D。 **8.56** C、D。 **8.57** C、B。 **8.58** C、
E。 **8.59** C、D、D。 **8.60** BC、AD。

分析计算题解答

8.68 $F = A\overline{Q^n} + \overline{B}Q^n$，JK 触发器，$A$ 为 J 端，B 为 K 端。

8.75 a）：$Q^{n+1} = \overline{A}Q^n + A\overline{Q^n}$，T 触发器；b）：$Q^{n+1} = A$，D 触发器。

8.76 a 为或非门组成的 RS 触发器，b 为 JK 触发器，c 为 D 触发器，d 为 T 触发器。

8.87 a 为串行级联方式，b 为并行级联方式。

8.89 计数型顺序脉冲发生器。

8.90 从 $\overline{Y_0} \sim \overline{Y_5}$ 依次输出 6 个顺序脉冲，不断循环。

8.92 按一次 S，6 个 LED 灯依次点亮一次。

第9章

选择题解答

9.22 C。**9.23** C。**9.24** B、D、C。**9.25** B。**9.26** C。**9.27** C。**9.28** B。**9.29** D。**9.30** C。**9.31** A、C、B、D。**9.32** B。**9.33** B。**9.34** B。**9.35** D。**9.36** B、C、D。**9.37** C、B、A。**9.38** CD、ABD。**9.39** BD、C。**9.40** A、B、C。

分析计算题解答

9.43 参阅例9-2，若取 $C_1 = C_2 = 100\mathrm{nF}$，则 $R_1 = 7.22\mathrm{k}\Omega$，$R_2 = 1.44\mathrm{k}\Omega$。

9.44 负脉冲从 TR_{-1} 输入，Q_1 端输出，输入到 TR_{-2} 端，从 $\overline{Q_2}$ 端输出，RC 参数同上题。

9.46 $T = 4.4\mathrm{ms}$。

9.47 $6.59 \sim 20.7\mathrm{kHz}$。

9.48 $T = 100.1\mu\mathrm{s}$，$q = 0.242 \sim 0.758$。

9.49 q 同上题，占空比与用 CMOS 门电路或 TTL 门电路无关。

9.50 电路如图 9-32 所示，取 $C = 1\mathrm{nF}$，则 $R + R_\mathrm{P} = 45.5\mathrm{k}\Omega$，取 $R = 22\mathrm{k}\Omega$，$R_\mathrm{P} = 47\mathrm{k}\Omega$，$R_\mathrm{S} = 300\mathrm{k}\Omega$。

9.51 电路如图 9-14 所示，取 $C = 1\mathrm{nF}$，$R_\mathrm{P1} = R_\mathrm{P2} = 33\mathrm{k}\Omega$，占空比调节范围：$q = 0.216 \sim 0.784$。

9.52 电路如图 9-15a 所示，取 $C = 1\mathrm{nF}$，$R = 123\mathrm{k}\Omega$。

9.53 电路同上题，取 $C = 1\mathrm{nF}$，$R = 90.9\mathrm{k}\Omega$。

9.54 $15.4 \sim 37.4\mathrm{kHz}$。

9.55 $11.4 \sim 27.5\mathrm{kHz}$。

9.56 1）施密特触发器组成的多谐振荡器；2）调节占空比；3）$0.292 \sim 0.708$。

9.57 能发出间歇频率为 1Hz 的嘟声（1kHz）。

9.58 电路如图 9-22 所示，若取 $C_1 = 0.01\mu\mathrm{F}$，$C = 1\mathrm{nF}$，则 $(R_1 + 2R_2) = 144.3\mathrm{k}\Omega$，可取 $R_1 = 51\mathrm{k}\Omega$，$R_2 = 47\mathrm{k}\Omega$。

9.59 电路如图 9-23 所示，若取 $C_1 = 0.01\mu\mathrm{F}$，$C = 1\mathrm{nF}$，则 $R_1 = R_2 = 72.2\mathrm{k}\Omega$。

9.60 电路如图 9-23 所示，取 $C_1 = 0.01\mu\mathrm{F}$，$C = 1\mathrm{nF}$，$R_1 = 43.3\mathrm{k}\Omega$，$R_2 = 101\mathrm{k}\Omega$。

9.61 电路如图 9-21 所示，取 $C_1 = 0.01\mu\mathrm{F}$，$C = 0.1\mu\mathrm{F}$，$R = 90.9\mathrm{k}\Omega$。

9.66 延时时间：$t_\mathrm{W} \approx 110\mathrm{s}$。

第10章

判断题解答

10.1 ~ 10.7 依此为：$\sqrt{}$；×；$\sqrt{}$；$\sqrt{}$；×；×；×。

选择题解答

10.22 D。**10.23** A、D。**10.24** C。**10.25** D。**10.26** C。**10.27** A、B、D。**10.28** D。**10.29** A、C。**10.30** D。**10.31** A。**10.32** C。**10.33** D。

分析计算题解答

10.34 1）6.72V；2）3.96V；3）6.04V；4）2.02V。

10.35 1）11000000B；2）11010111B。

10.36 1）1011001101B；2）0111000011B。

10.37 0.004、0.001、0.000244。

10.38 1）8 位；2）11 位；3）15 位。

10.39 1）0.0196V；2）0.0353V；3）0.0471V。

10.40 1）0.00489V；2）0.00880V；3）0.0117V。

第 11 章

判断题解答

11.1 ~ 11.11 依此为：×；√；×；√；√；×；√；×；√；√；×。

选择题解答

11.22 B、C、A。**11.23** C。**11.24** B、C、D、A。**11.25** CDE。**11.26** D。**11.27** B。
11.28 AB、CD。**11.29** B、ACD。

分析计算题解答

11.30 1）0.5k 位（bit），64 字节（Byte）；2）8k 位（bit），1k 字节（Byte）；3）64k
位（bit），8k 字节（Byte）；4）256k 位（bit），32k 字节（Byte）。

11.31 1）16384 位；2）32768 位；3）131072 位；4）2048 位。

11.32 1）6；2）10；3）13；4）15。

11.33 1）32 字节；2）256 字节；3）2048 字节；4）8192 字节。

附 录

附录 A 国产半导体器件和美国、日本半导体器件命名法

表 A-1 中国半导体分立器件型号的命名法（GB249—89）

第一部分		第二部分		第三部分		第四部分	第五部分
用阿拉伯数字表示器件的电极数目		用汉语拼音字母表示器件的材料和极性		用汉语拼音字母表示器件的类别		用阿拉伯数字表示器件序号	用汉语拼音字母表示规格号
符号	意义	符号	意义	符号	意义		
2	二极管	A B C D	N 型，锗材料 P 型，锗材料 N 型，硅材料 P 型，硅材料	P V W C	小信号管 混频检波管 电压调整管和电压基准管 变容管		
3	三极管	A B C D E	PNP，锗材料 NPN，锗材料 PNP，硅材料 NPN，硅材料 化合物材料	Z L S K U X G D A T Y B J	整流管 整流堆 隧道管 开关管 光电管 低频小功率晶体管 （$f_\alpha < 3\,\mathrm{MHz}$，$P_c < 1\mathrm{W}$） 高频小功率晶体管 （$f_\alpha \geqslant 3\,\mathrm{MHz}$，$P_c < 1\mathrm{W}$） 低频大功率晶体管 （$f_\alpha \geqslant 3\,\mathrm{MHz}$，$P_c \geqslant 1\mathrm{W}$） 高频大功率晶体管 （$f_\alpha \geqslant 3\,\mathrm{MHz}$，$P_c \geqslant 1\mathrm{W}$） 晶体闸流管 体效应管 雪崩管 阶跃恢复管		

示例：

3 A G 1 B
规格号
序号
高频小功率管
PNP 型，锗材料
三极管

表 A-2　美国电子工业协会半导体（分立）器件型号命名法

第一部分		第二部分		第三部分		第四部分		第五部分	
用符号表示用途的类别		用数字表示PN结的数目		美国电子工业协会（EIA）注册标志		美国电子工业协会（EIA）登记顺序号		用字母表示器件分档	
符号	意义	符号	意义	符号	意义	符号	意义	符号	意义
JAN或J	军用品	1	二极管	N	该器件已在美国电子工业协会注册登记	多位数字	该器件已在美国电子工业协会登记的顺序号	A B C D …	同一型号的不同档别
		2	三极管						
无	非军用品	3	三个PN结器件						
		n	n个PN结器件						

表 A-3　日本半导体（分立）器件型号命名法

第一部分		第二部分		第三部分		第四部分		第五部分	
类型或有效电极数		注册产品		器件极性及类型		登记顺序号		改进产品序号	
符号	意义	符号	意义	符号	意义	符号	意义	符号	意义
0	光电（即光敏二极管、晶体管及其组合管）	S	表示已在日本电子工业协会（EIAJ）注册登记的半导体分立器件	A	PNP型高频管	2位以上的整数	从11开始，表示在日本电子工业协会（EIAJ）注册登记的顺序号，不同公司性能相同器件可以使用同一顺序号，其数字越大越是近期产品	A B C D E F …	用字母表示对原来型号的改进产品
1	二极管			B	PNP型低频管				
				C	NPN型高频管				
2	三极管、具有两个PN结的其他晶体管			D	NPN型低频管				
				F	P控制极晶闸管				
				G	N控制极晶闸管				
3	具有四个有效电极或具有三个PN结的晶体管			H	N基极单结晶体管				
				J	P沟道场效应管				
				K	N沟道场效应管				
				M	双向晶闸管				
$n-1$	具有n个有效电极或具有$n-1$个PN结的晶体管								

附录 B 74 系列数字集成电路型号索引

(LSTTL、ASTTL、ALSTTL、FAST、HC、HCT、AC、ACT 品种)

代号	集成电路名称	代号	集成电路名称
00	四2输入与非门	43	4线-10线译码器（余3码输入）
01	四2输入与非门（OC）	44	4线-10线译码器（余3格雷码输入）
02	四2输入或非门	45	BCD-十进制译码器/驱动器（OC）
03	四2输入与非门（OC）	46	4线-七段译码器/驱动器（BCD输入，开路输出）
04	六反相器	47	4线-七段译码器/驱动器（BCD输入，开路输出）
05	六反相器（OC）	48	4线-七段译码器/驱动器（BCD输入，上拉电阻）
06	六反相缓冲/驱动器（OC）	49	4线-七段译码器/驱动器（BCD输入，OC输出）
07	六缓冲/驱动器（OC）	50	双2路2-2输入与或非门（一门可扩展）
08	四2输入与门	51	双2路2-2（3）输入与或非门
09	四2输入与门（OC）	52	4路2-3-2-2输入与或门（可扩展）
10	三3输入与非门	53	4路2-2-2（3）-2输入与或非门（可扩展）
11	三3输入与门	54	4路2-2（3）-2（3）-2输入与或非门
12	三3输入与非门（OC）	55	2路4-4输入与或非门（可扩展）
13	双4输入与非门（施密特触发）	56	1/50分频器
14	六反相器（施密特触发）	57	1/60分频器
15	三3输入与门（OC）	58	2路2-2输入，2路3-3输入与或门
16	六高压输出反相缓冲/驱动器（OC）	60	双4输入与扩展器
17	六高压输出缓冲/驱动器（OC）	61	三3输入与扩展器
18	双4输入与非门（施密特触发）	62	4路2-3-3-2输入与或扩展器
19	六反相器（施密特触发）	63	六电流读出接口门
20	双4输入与非门	64	4路4-2-3-2输入与或非门
21	双4输入与门	65	4路4-2-3-2输入与或非门（OC）
22	双4输入与非门（OC）	68	双4位十进制计数器
23	可扩展双4输入或非门（带选通）	69	双4位二进制计数器
24	四2输入与非门（施密特触发）	70	与门输入上升沿JK触发器（有预置和消除）
25	双4输入或非门（带选通）	71	与或门输入主从JK触发器（有预置）
26	四2输入高压输出与非缓冲器（OC）	72	与门输入主从JK触发器（预置和消除）
27	三3输入或非门	73	双JK触发器（有消除）
28	四2输入或非缓冲器	74	双上升沿D触发器（有预置、清除）
30	8输入与非门	75	4位双稳态锁存器
31	延迟元件	76	双JK触发器（有预置和清除）
32	四2输入或门	77	4位双稳态锁存器
33	四2输入或非缓冲器（OC）	78	双主从JK触发器（有预置和公共清除和公共时钟）
34	六跟随器	80	门控全加器
35	六跟随器（OC）（OD）	81	16位随机存取存储器（OC）
36	四2输入或非门	82	2位二进制全加器
37	四2输入与非缓冲器	83	4位二进制全加器（带快速进位）
38	四2输入与非缓冲器（OC）	85	4位数值比较器
39	四2输入与非缓冲器（OC）	86	四2输入异或门
40	双4输入与非缓冲器	87	4位正/反码、0/1电路
42	4线-10线译码器（BCD输入）	90	十进制计数器

代号	集成电路名称	代号	集成电路名称
91	8 位移位寄存器	144	计数器/锁存器/译码器/驱动器（15V，20mA）
92	十二分频计数器	145	BCD – 十进制译码器/驱动器（驱动灯、继电器、MOS）
93	4 位二进制计数器	147	10 线 – 4 线优先编码器
94	4 位移位寄存器（双异步预置）	148	8 线 – 3 线优先编码器
95	4 位移位寄存器（并行存取，左移/右移，串联输入）	150	16 选 1 数据选择器/多路转换器（反码输出）
96	5 位移位寄存器	151	8 选 1 数据选择器/多路转换器（原、反码输出）
97	同步六位二进制（比例系数）乘法器	152	8 选 1 数据选择器/多路转换器（反码输出）
98	4 位数据选择器/存储寄存器	153	双 4 线 – 1 线数据选择器/多路转换器
99	4 位双向通用移位寄存器	154	4 线 – 16 线译码器/多路转换器
100	8 位双稳态锁存器	155	双 2 线 – 4 线译码器/多路分配器（图腾柱输出）
101	与或门输入下降沿 JK 触发器（有预置）	156	双 2 线 – 4 线译码器/多路分配器（OC 输出）
102	与门输入下降沿 JK 触发器（有预置和清除）	157	双 2 选 1 数据选择器/多路转换器（原码输出）
103	双下降沿 JK 触发器（有清除）	158	双 2 选 1 数据选择器/多路转换器（反码输出）
106	双下降沿 JK 触发器（有预置和清除）	159	4 线 – 16 线译码器/多路分配器（OC 输出）
107	双主从 JK 触发器（有清除）	160	4 位十进制同步可预置计数器（异步清除）
108	双下降沿 JK 触发器（公共清除、公共时钟、有预置）	161	4 位二进制同步可预置计数器（异步清除）
109	双上升沿 JK 触发器（有预置和清除）	162	4 位十进制同步计数器（同步清除）
110	与门输入主从 JK 触发器（有预置、清除、数据锁定）	163	4 位二进制同步可预置计数器（同步清除）
111	双主从 JK 触发器（有预置、清除、数据锁定）	164	8 位移位寄存器（串行输入，并行输出，异步清除）
112	双下降沿 JK 触发器（有预置和清除）	165	8 位移位寄存器（并联置数，互补输出）
113	双下降沿 JK 触发器（有预置）	166	8 位移位寄存器（并/串行输入，串行输出）
114	双下降沿 JK 触发器（有预置、公共清除、公共时钟）	167	十进制同步比例乘法器
116	双 4 位锁存器	168	4 位十进制可预置加/减同步计数器
120	双脉冲同步驱动器	169	4 位二进制可预置加/减同步计数器
121	单稳态触发器（有施密特触发器）	170	4×4 寄存器阵（OC）
122	可重触发单稳态触发器（有清除）	171	四 D 触发器（有清除）
123	双可重触发单稳态触发器（有正、负输入，直接清除）	172	16 位寄存器阵（8×2 位，多端口，3S）
124	双压控振荡器（有允许功能）	173	4 位 D 型寄存器（3S，Q 端输出）
125	四总线缓冲器（三态输出）	174	六上升沿 D 型触发器（Q 端输出，公共清除）
126	四总线缓冲器（3S）	175	四上升沿 D 型触发器（互补输出，公共清除）
128	四 2 输入或非线驱动器	176	可预置十进制/二、五混合进制计数器
131	3 线 – 8 线译码器/多路分配器（有地址寄存）	177	可预置二进制计数器
132	四 2 输入与非门（有施密特触发器）	178	4 位通用移位寄存器（Q 输出）
133	13 输入与非门	179	4 位通用移位寄存器（直接清除，Q_D 互补输出）
134	12 输入与非门（3S）	180	9 位奇偶产生器/校验器
135	四异或/异或非门	181	四位算术逻辑单元/函数发生器
136	四 2 输入异或门（OC）	182	超前进位产生器
137	3 线 – 8 线译码器/多路分配器（有地址锁存）	183	双进位保留全加器
138	3 线 – 8 线译码器/多路分配器	184	BCD – 二进制代码转换器
139	双 2 线 – 4 线译码器/多路分配器	185	二进制 – BCD 代码转换器（译码器）
140	双 4 输入与非线驱动器（线阻抗为 50Ω）	189	64 位随机存取存储器（3S，反码）
141	BCD – 十进制译码器/驱动器（OC）	190	4 位十进制可预置同步加/减计数器
142	计数器/锁存器/译码器/驱动器（OC）	191	4 位二进制可预置同步加/减计数器
143	计数器/锁存器/译码器/驱动器（7V，15mA）	192	4 位十进制可预置同步加/减计数器（双时钟、有清除）

（续）

代号	集成电路名称	代号	集成电路名称
193	4 位二进制可预置同步加/减计数器（双时钟、有清除）	268	六 D 型锁存器（3S）
194	4 位双向通用移位寄存器（并行存取）	269	8 位加/减计数器
195	4 位移位寄存器（JK 输入，并行存取）	273	八 D 型触发器
196	可预置十进制/二、五混合进制计数器/锁存器	274	4 位 ×4 位并行二进制乘法器（3S）
197	可预置二进制计数器/锁存器	275	7 位位片式华莱士树乘法器（3S）
198	8 位双向通用移位寄存器（并行存取）	276	四 JK 触发器
199	8 位移位寄存器（$\overline{JK}$ 输入，并行存取）	278	4 位可级联优先寄存器（输出可控）
200	256 位随机存取存储器（256×1，3S）	279	四 $\overline{RS}$ 锁存器
202	256 位读/写存储器（256×1，3S）	280	9 位奇偶产生器/校验位
207	256×4 随机存取存储器（边沿触发写控制）	281	4 位并行二进制累加器
208	256×4 随机存取存储器（边沿触发写控制，3S）	282	超前进位发生器（有选择进位输入）
214	1024×1 随机存取存储器（片选端 $\overline{S}$ 简化扩展，3S）	283	4 位二进制超前进位全加器
215	1024×1 随机存取存储器（片选端 $\overline{E}$ 简化扩展，3S）	284	4 位 ×4 位并行二进制乘法器（OC，产生高位积）
219	64 位随机存储器（3S）	285	4 位 ×4 位并行二进制乘法器（OC，产生低位积）
221	双单稳态触发器	286	9 位奇偶发生器/校验器（有总线驱动、奇偶 I/O 接口）
225	异步先入先出存储器（16×5）	290	十进制计数器（÷2、÷5）
226	4 位并行锁存总线收发器（3S）	292	可编程分频/数字定时器（最大 2^{31}）
230	八缓冲器/线驱动器（3S）	293	四位二进制计数器（÷2、÷8）
231	八缓冲器/线驱动器（3S）	294	可编程分频/数字定时器（最大 2^{15}）
237	3 线 –8 线译码器/多路分配器（地址锁存）	295	4 位双向通用移位寄存器（3S）
238	3 线 –8 线译码器/多路分配器	297	数字锁相环滤波器
239	双 2 线 –4 线译码器/多路分配器	298	四 2 输入多路转换器（有储存）
240	八反相缓冲器/线驱动器/线接收器（3S）	299	8 位双向通用移位/存储寄存器
241	八缓冲器/线驱动器/线接收器（3S）	320	晶体控制振荡器
242	四总线收发器（反相，3S）	321	晶体控制振荡器（附 F/2、F/4 输出端）
243	四总线收发器（3S）	322	8 位移位寄存器（有信号扩展、3S）
244	八缓冲器/线驱动器/线接收器（3S）	323	8 位双向移位/存储寄存器（3S）
245	八双向总线发送器/接线器（3S）	347	BCD –七段译码器/驱动器（OC）
246	4 线 –七段译码器/高压驱动器（BCD 输入，OC）	348	8 线 –3 线优先编码器（3S）
247	4 线 –七段译码器/高压驱动器（BCD 输入，OC）	350	4 位移位器（3S）
248	4 线 –七段译码器/驱动器（BCD 输入，上拉输出）	351	双 8 选 1 数据选择器/多路转换器（3S）
249	4 线 –七段译码器/驱动器（BCD 输入，OC）	352	双 4 选 1 数据选择器/多路转换器（反码输出）
250	16 选 1 数据选择器/多路转换器（3S）	353	双 4 选 1 数据选择器/多路转换器（反码，3S）
251	8 选 1 数据选择器/多路转换器（3S，原、反码输出）	354	8 选 1 数据选择器/多路转换器/透明寄存器（3S）
253	双 4 选 1 数据选择器/多路转换器（3S）	355	8 选 1 数据选择器/多路转换器/透明寄存器（OC）
256	8 位寻址锁存器	356	8 选 1 数据选择器/多路转换器/边沿触发寄存器（3S）
257	四 2 选 1 数据选择器/多路转换器（3S）	357	8 选 1 数据选择器/多路转换器/边沿触发寄存器（OC）
258	四 2 选 1 数据选择器/多路转换器（3S，反相）	363	八 D 型透明锁存器和边沿触发器（3S、公共控制）
259	8 位寻址锁存器	364	八 D 型透明锁存器和边沿触发器（3S、公共控制时钟）
260	双 5 输入或非门	365	六总线驱动器（同相、3S、公共控制）
261	2 位 ×4 位并行二进制乘法器（锁存器输出）	366	六总线驱动器（反相、3S、公共控制）
264	超前进位发生器	367	六总线驱动器（3S、两组控制）
265	四互补输出单元	368	六总线驱动器（反相、3S、两组控制）
266	四 2 输入异或非门（OC）	373	八 D 型锁存器（3S、公共控制）

290

代号	集成电路名称	代号	集成电路名称
374	八 D 型锁存器（3S、公共控制、公共时钟）	467	双四缓冲器（3S、原码）
375	4 位 D 型（双稳态）锁存器	468	双四缓冲器（3S、反码）
376	四 J $\overline{\text{K}}$ 触发器（公共时钟，公共清除）	484	BCD – 二进制代码转换器
377	八 D 型触发器（Q 端输出，公共允许，公共时钟）	485	二进制 – BCD 代码转换器
378	六 D 型触发器（Q 端输出，公共允许，公共时钟）	490	双 4 位十进制计数器
379	四 D 型触发器（互补输出，公共允许，公共时钟）	518	8 位数字比较器（OC）
381	4 位算术逻辑单元/函数发生器（8 个功能）	519	8 位数字比较器（OC）
382	4 位算术逻辑单元/函数发生器（脉动进位、溢出输出）	520	8 位数字比较器（反码）
384	8 位 ×1 位补码乘法器	521	8 位数字比较器（反码）
385	四串行加法器/减法器	522	8 位数字比较器（反码、OC）
386	四 2 输入异或门	524	8 位可寄存比较器（可编程，3S，I /O，OC 输出）
390	双二 – 五 – 十进制计数器	525	16 位状态可编程计数器/分频器
393	双 4 位二进制计数器（异步清除）	526	熔断型可编程 16 位数字比较器（反相输入）
395	4 位可级联移位寄存器（3S、并行存取）	527	熔断型可编程 8 位数字比较器和 4 位比较器（反相）
396	八进制存储寄存器	528	熔断型可编程 12 位数字比较器
398	四 2 输入多路转换器（倍乘器）（有存储、互补输出）	533	八 D 型透明锁存器
399	四 2 输入多路转换器（倍乘器）（有存储）	534	八 D 型上升沿触发器（3S、反相）
401	循环冗余校验产生器/检测器	537	4 线 – 10 线译码器/多路分配器
402	扩展循环冗余校验产生器/检测器	538	3 线 – 8 线译码器
403	16 字 ×4 位先进先出（FIFO 型）缓冲型存储寄存器	539	双 2 线 – 4 线译码器/多路分配器（3S）
407	数据地址寄存器	540	八缓冲器/驱动器（3S、反相）
410	寄存器堆——16 ×4 RAM（3S）	541	八缓冲器/驱动器（3S）
411	先进先出 RAM 控制器	543	八接收发送双向锁存器（3S、原码输出）
412	多模式 8 位缓冲锁存器（3S、直接清除）	544	八接收发送双向锁存器（3S、反码输出）
422	可重触发单稳态多谐振器	545	八接收发送双向锁存器（3S）
423	双重触发单稳态多谐振器	547	3 线 – 8 线译码器（输入锁存，有应答功能）
424	2 相时钟发生器/驱动器	548	3 线 – 8 线译码器/多路分配器（有应答功能）
425	四总线缓冲器（3S、低允许）	550	八寄存器接收发送器（带状态指示）
426	四总线缓冲器（3S、高允许）	551	八寄存器接收发送器（带状态指示）
432	8 位多模式反相缓冲锁存器（3S）	552	八寄存器接收发送器（带奇偶及特征指示）
436	线驱动器/存储器驱动电路 – MOS 存储器接口电路	557	8 位 ×8 位乘法器（3S、带锁存）
437	线驱动器/存储器驱动电路 – MOS 存储器接口电路	558	8 位 ×8 位乘法器
440	四总线收发器（OC，三方向传输，同相）	560	四位十进制同步计数器（3S、同步或异步清零）
441	四总线收发器（OC，三方向传输，反相）	561	四位二进制同步计数器（3S、同步或异步清零）
442	四总线收发器（3S，三方向传输，同相）	563	八 D 型透明锁存器（反相输出，3S）
443	四总线收发器（3S，三方向传输，反相）	564	八 D 型上升沿锁存器（反相输出，3S）
444	四总线收发器（3S，三方向传输，反相和同相）	568	4 位十进制同步加/减计数器（3S）
445	BCD – 十进制译码器/驱动器（OC）	569	4 位二进制同步加/减计数器
446	四总线收发器（3S，双向传输，反码）	573	八 D 型透明锁存器
447	BCD – 七段译码器/驱动器（OC）	574	八 D 型上升沿触发器（3S）
448	四总线收发器（OC，三方向传输）	575	八 D 型上升沿触发器（3S，有清除）
449	四总线收发器（3S，双向传输，原码）	576	八 D 型上升沿触发器（3S，反相）
465	八缓冲器（3S，原码）	577	八 D 型上升沿锁存器（3S，反相，有清除）
466	八缓冲器（3S，反码）	579	8 位双向二进制计数器（3S）

代号	集成电路名称	代号	集成电路名称
580	八 D 型透明锁存器（3S，反相输出）	634	32 位并行误差检测和校正电路（3S）
582	4 位 BCD 算术逻辑单元	635	32 位并行误差检测和校正电路（OC）
583	4 位 BCD 加法器	636	8 位并行误差检测和校正电路（3S）
588	八双向收发器（3S，IEEE488）	637	8 位并行误差检测和校正电路（OC）
589	8 位移位寄存器（输入锁存，3S）	638	八总线收发器（双向，3S，互补）
590	8 位二进制计数器（有输出寄存器，3S）	639	八总线收发器（双向，3S）
591	8 位二进制计数器（有输出寄存器，OC）	640	八总线收发器（3S，反码）
592	8 位二进制计数器（有输出寄存器）	641	八总线收发器（OC，原码）
593	8 位二进制计数器（有输出寄存器，并行三态 I/O）	642	八总线收发器（OC，反码）
594	8 位移位寄存器（有输出锁存）	643	八总线收发器（3S，原、反码）
595	8 位移位寄存器（有输出锁存，3S）	644	八总线收发器（OC，原、反码）
596	8 位移位寄存器（有输出锁存，OC）	645	八总线收发器（3S，原码）
597	8 位移位寄存器（有输入锁存）	646	八双向总线收发器和寄存器（3S、原码）
598	8 位移位寄存器（有输入锁存、并行三态输入/输出）	647	八双向总线收发器和寄存器（OC、原码）
599	8 位移位寄存器（有输出锁存，OC）	648	八双向总线收发器和寄存器（3S、反码）
600	存储器刷新控制器（4K 或 16K）	649	八双向总线收发器和寄存器（OC、反码）
601	存储器刷新控制器（64K）	650	八双向总线收发器和寄存器（3S、反码）
602	存储器刷新控制器（4K 或 16K）	652	八双向总线收发器和寄存器（3S、原码）
603	存储器刷新控制器（64K）	653	八总线收发器/寄存器（3S，反向）
604	八 2 输入多路复用寄存器（3S）	654	八总线收发器/寄存器（正向 3S，反向 OC）
605	八 2 输入多路复用寄存器（OC）	655	八缓冲器/线驱动器（有奇偶、反相、3S）
606	八 2 输入多路复用寄存器（3S，消除脉冲尖峰）	656	八缓冲器/线驱动器（有奇偶、同相、3S）
607	八 2 输入多路复用寄存器（OC，消除脉冲尖峰）	657	八双向收发器（8 位奇偶产生/检测，3S 输出）
608	存储器周期控制器	658	八总线收发器（有奇偶，反码，3S）
610	存储器映象器（有锁存输出，3S 映象输出）	659	八总线收发器（有奇偶，3S）
611	存储器映象器（有锁存输出，映象输出为 OC）	664	八总线收发器（反码，3S，有奇偶）
612	存储器映象器（3S 映象输出）	665	八总线收发器（原码，3S，有奇偶）
613	存储器映象器（OC 映象输出）	666	8 位 D 型透明的重复锁存器（3S）
618	三 4 输入与非门施密特触发器	667	8 位 D 型透明的重复锁存器（3S，反相）
619	可逆施密特触发器	668	4 位十进制可预置加/减同步计数器
620	八总线收发器（3S，反相）	669	4 位二进制可预置加/减同步计数器
621	八总线收发器（OC）	670	4×4 位寄存器阵（3S）
622	八总线收发器（OC，反相）	671	4 位通用移位寄存器/锁存器（3S，直接清除）
623	八总线收发器（3S）	672	4 位通用移位寄存器/锁存器（3S，同步清除）
624	压控振荡器（有允许，互补输出）	673	16 位移位寄存器（串入，串/并出，3S）
625	双压控振荡器（互补输出）	674	16 位移位寄存器（并/串入，串出，3S）
626	双压控振荡器（有允许，互补输出）	675	16 位移位寄存器（串入，串/并出）
627	双压控振荡器（反相输出）	676	16 位移位寄存器（串/并入，串出）
628	压控振荡器（有允许，互补输出，外接电阻 R_r）	677	16 位 – 4 位地址比较器（有允许）
629	双压控振荡器（有允许，反相输出）	678	16 位 – 4 位地址比较器（有锁存）
630	16 位误差检测及校正电路（3S）	679	12 位 – 4 位地址比较器（有允许）
631	16 位误差检测及校正电路（OC）	680	12 位 – 4 位地址比较器（有锁存）
632	32 位并行误差检测和校正电路（3S）	681	4 位并行二进制累加器
633	32 位并行误差检测和校正电路（OC）	682	双 8 位数值比较器（上拉）

代号	集成电路名称	代号	集成电路名称
683	双 8 位数值比较器（OC、上拉）	842	10 位并行透明锁存器（3S、反相）
684	双 8 位数值比较器	843	9 位并行透明锁存器（3S、同相）
685	双 8 位数值比较器（OC）	844	9 位并行透明锁存器（3S、反相）
686	双 8 位数值比较器	845	8 位并行透明锁存器（3S、同相）
687	双 8 位数值比较器（OC，有允许）	846	8 位并行透明锁存器（3S、反相）
688	双 8 位数值比较器（有允许）	850	16 选 1 数据选择器/多路分配器（3S）
689	双 8 位数值比较器（OC，有允许）	851	16 选 1 数据选择器/多路分配器（3S）
690	十进制同步计数器（有输出寄存器、3S、直接清除）	852	8 位通用收发器/通道控制器（3S、双向）
691	二进制同步计数器（有输出寄存器、3S、直接清除）	856	8 位通用收发器/通道控制器（3S、双向）
692	十进制同步计数器（有输出寄存器，3S，同步清除）	857	六 2 选 1 通用多路转换器（3S）
693	二进制同步计数器（有输出寄存器，3S，同步清除）	866	8 位数值比较器
696	十进制同步加/减计数器（输出寄存器，3S，直接清除）	867	8 位同步加/减计数器（异步清除）
697	二进制同步加/减计数器（输出寄存器，3S，直接清除）	869	8 位同步加/减计数器（同步清除）
698	十进制同步加/减计数器（输出寄存器，3S，同步清除）	870	双 16×4 位寄存器阵列（3S）
699	二进制同步加/减计数器（输出寄存器，3S，同步清除）	871	双 16×4 位寄存器阵列（3S、双向）
756	双四缓冲器/线驱动器/线接收器（OC，反码）	873	双 4 位 D 锁存器（3S）
757	双四缓冲器/线驱动器/线接收器（OC，原码）	874	双 4 位 D 型正沿触发器（3S）
758	四路总线收发器（OC，反码）	876	双 4 位 D 型正沿触发器（3S、反相）
759	四路总线收发器（OC，原码）	877	8 位通用收发器/通道控制器（3S）
760	双四缓冲器/线驱动器/线接收器（OC，原码）	878	双 4 位 D 型正沿触发器（3S，同相）
762	双四缓冲器/线驱动器（OC，原、反码）	879	双 4 位 D 型正沿触发器（3S，反相）
763	双四缓冲器/线驱动器（OC，反码）	880	双 4 位 D 型锁存器（3S、反相）
779	8 位双向二进制计数器（3S）	881	算术逻辑单元/函数发生器
784	8 位串并行乘法器（带加/减）	882	32 位超前进位发生器
793	八锁存器（有回读、3S）	885	8 位数值比较器
800	三 4 输入与/与非驱动器	1000	四 2 输入与非缓冲/驱动器
802	三 4 输入或/或非线驱动器	1002	四 2 输入或非缓冲门
804	六 2 输入与非驱动器	1003	四 2 输入与非缓冲门（OC）
805	六 2 输入或非驱动器	1004	六驱动器（反码）
808	六 2 输入与驱动器	1641	八总线收发器（OC，原码）
810	四 2 输入异或非门	1642	八总线收发器（OC，反码）
811	四 2 输入异或非门（OC）	1643	八总线收发器（3S，反码/原码）
821	10 位总线接口触发器（3S）	1644	八总线收发器（OC，反码/原码）
822	10 位总线接口触发器（3S、反码）	1645	八总线收发器（3S，原码）
823	9 位总线接口触发器（3S）	2620	八总线收发器/MOS 驱动器（3S，反码）
824	9 位总线接口触发器（3S、反码）	2623	八总线收发器/MOS 驱动器（3S）
825	8 位并联寄存器（正沿 D 触发器，同相输出）	2640	八总线收发器/MOS 驱动器（3S，反码）
826	8 位并联寄存器（正沿 D 触发器，反相输出）	2643	八总线收发器/MOS 驱动器（3S，原码/反码）
827	10 位缓冲器/线驱动器（3S，同相输出）	2645	八总线收发器/MOS 驱动器（3S，原码）
828	10 位缓冲器/线驱动器（3S，反相输出）	3037	四 2 输入与非 30Ω 传输线驱动器
832	六 2 输入或驱动器	3038	四 2 输入与非 30Ω 传输线驱动器（OC）
841	10 位并行透明锁存器（3S、同相）	3040	双 4 输入与非 30Ω 传输线驱动器

附录 C 4000 系列数字集成电路型号索引

代号	集成电路名称	代号	集成电路名称
4000	双 3 输入或非门及反相器	4048	8 输入多功能门（3S，可扩展）
4001	四 2 输入或非门	4049	六反相器
4002	双 4 输入正或非门	4050	六同相缓冲器
4006	18 位静态移位寄存器（串入，串出）	4051	模拟多路转换器/分配器（8 选 1 模拟开关）
4007	双互补对加反相器	4052	模拟多路转换器/分配器（双 4 选 1 模拟开关）
4008	4 位二进制超前进位全加器	4053	模拟多路转换器/分配器（三 2 选 1 模拟开关）
4009	六缓冲器/变换器（反相）	4054	4 段液晶显示驱动器
4010	六缓冲器/变换器（同相）	4055	4 线－七段译码器（BCD 输入，驱动液晶显示器）
4011	四 2 输入与非门	4056	BCD－七段译码器/驱动器（有选通，锁存）
4012	双 4 输入与非门	4059	程控 1/N 计数器（BCD 输入）
4013	双上升沿 D 触发器	4060	14 位同步二进制计数器和振荡器
4014	8 位移位寄存器（串入/并出，串出）	4061	14 位同步二进制计数器和振荡器
4015	双 4 位移位寄存器（串入，并出）	4063	4 位数值比较器
4016	四双向开关	4066	四双向开关
4017	十进制计数器/分频器	4067	16 选 1 模拟开关
4018	可预置 N 分频计数器	4068	8 输入与非/与门
4019	四 2 选 1 数据选择器	4069	六反相器
4020	14 位同步二进制计数器	4070	四异或门
4021	8 位移位寄存器（异步并入，同步串入/串出）	4071	四 2 输入或门
4022	八计数器/分频器	4072	双 4 输入或门
4023	三 3 输入与非门	4073	三 3 输入与门
4024	7 位同步二进制计数器（串行）	4075	三 3 输入或门
4025	三 3 输入或非门	4076	四 D 寄存器（3S）
4026	十进制计数器/脉冲分配器（七段译码输出）	4077	四异或非门
4027	双上升沿 JK 触发器	4078	8 输入或/或非门
4028	4 线－10 线译码器（BCD 输入）	4081	四 2 输入与门
4029	4 位二进制/十进制加/减计数器（有预置）	4082	双 4 输入与门
4030	四异或门	4085	双 2－2 输入与或非门（带禁止输入）
4031	64 位静态移位寄存器	4086	四路 2－2－2－2 输入与或非门（可扩展）
4032	三级加法器（正逻辑）	4089	4 位二进制比例乘法器
4033	十进制计数器/脉冲分配器（七段译码输出，行波消隐）	4093	四 2 输入与非门（有施密特触发器）
4034	8 位总线寄存器	4094	8 位移位和储存总线寄存器
4035	4 位移位寄存器（补码输出，并行存取，$J\overline{K}$ 输入）	4095	上升沿 JK 触发器
4038	三级加法器（负逻辑）	4096	上升沿 JK 触发器（有 $\overline{JK}$ 输入端）
4040	12 位同步二进制计数器（串行）	4097	双 8 选 1 模拟开关
4041	四原码/反码缓冲器	4098	双可重触发单稳态触发器（有清除）
4042	四 D 锁存器	4099	8 位可寻址锁存器
4043	四 RS 锁存器（3S，或非）	40100	32 位双向静态移位寄存器
4044	四 RS 锁存器（3S，与非）	40101	9 位奇偶发生器/校验器
4045	21 级计数器	40102	8 位可预置同步减法计数器（BCD）
4046	锁相环	40103	8 位可预置同步减法计数器（二进制）
4047	非稳态/单稳态多谐振荡器	40104	4 位双向通用移位寄存器（3S）

代号	集成电路名称	代号	集成电路名称
40105	先进先出寄存器	4521	24 位分频器
40106	六施密特反相器	4522	可预置 BCD 1/N 计数器
40107	2 输入端双与非缓冲/驱动器（3S）	4526	二－N－十六进制减计数器
40108	4×4 多端寄存器	4527	BCD 比例乘法器
40109	4 低到高电平移位器（3S）	4529	双 4 通道模拟数据选择器
40110	十进制加减计数/译码/锁存/驱动器	4530	双 5 输入多功能逻辑门
40147	10 线－4 线 BCD 优先编码器	4531	12 输入奇偶校验器/发生器
40160	非同步复位 BCD 计数器（可预置）	4532	8 线－3 线优先编码器
40161	非同步复位二进制计数器（可预置）	4534	时分制 5 位十进制计数器
40162	同步复位 BCD 计数器（可预置）	4536	程控定时器
40163	同步复位二进制计数器（可预置）	4538	双精密单稳多谐振荡器（可重置）
40174	六 D 触发器	4539	双 4 路数据选择器/多路开关
40175	四 D 触发器	4541	程控定时器
40181	4 位算术逻辑单元/函数发生器	4543	BCD－七段锁存/译码/LCD 驱动
40182	超前进位发生器	4544	BCD－七段译码/驱动器（带消隐）
40192	BCD 可预置可逆计数器（双时钟）	4547	BCD－七段锁存/译码/驱动器（大电流）
40193	4 位二进制可预置可逆计数器（双时钟）	4549	逐级近似寄存器
40208	4×4 多端口寄存器阵（3S）	4551	四 2 输入模拟多路开关
40257	四 2 线－1 线数据选择器	4553	3 位数 BCD 计数器
4316	四双向开关	4554	2×2 并行二进制乘法器
4351	模拟信号多路转换器/分配器（8 路）（地址锁存）	4555	双 2 线－4 线译码器
4352	模拟信号多路转换器/分配器（双 4 路）（地址锁存）	4556	双 2 线－4 线译码器（反码输出）
4353	模拟信号多路转换器/分配器（3×2 路）（地址锁存）	4557	1－64 位可变时间移位寄存器
4495	4 位－七段十六进制锁存/译码/驱动器	4558	BCD－七段译码器
4501	三组门电路	4559	逐级近似寄存器
4502	六反相器/缓冲器（3S，有选通端）	4560	BCD 全加器
4503	六缓冲器（3S）	4561	"9" 补码电路
4504	六 TTL/CMOS 电平移位器	4562	128 位静态移位寄存器
4506	双二组 2 输入可扩展与或非门	4566	工业时基发生器
4508	双 4 位锁存器（3S）	4568	相位比较器/可编程计数器
4510	十进制同步加/减计数器（有预置端）	4569	双可预置 BCD/二进制计数器
4511	BCD－七段译码器/驱动器（锁存输出）	4572	六门
4512	8 通道数据选择器	4580	4×4 多端寄存器
4513	BCD－七段锁存/译码/驱动器	4581	4 位算术逻辑单元
4514	4 线－16 线译码器/多路分配器（有地址锁存）	4582	超前进位发生器
4515	4 线－16 线译码器/多路分配器（反码输出，地址锁存）	4583	双施密特触发器
4516	4 位二进制同步加/减计数器（有预置端）	4584	六施密特触发器
4517	双 64 位静态移位寄存器	4585	4 位数值比较器
4518	双十进制同步计数器	4597	8 位总线相容计数/锁存器
4519	四 2 选 1 数据选择器	4598	8 位总线相容可寻址锁存器
4520	双 4 位二进制同步计数器	4599	8 位双向可寻址锁存器

附录 D 本书常用符号说明

1. 电压

输入电压：u_i（交流）；U_i（有效值）；u_I（总瞬时值）；U_I（直流或平均值）

输出电压：u_o（交流）；U_o（有效值）；u_O（总瞬时值）；U_O（直流或平均值）

u_F 反馈电压

U_{IH} 输入高电平；U_{IL} 输入低电平

U_{OH} 输出高电平；U_{OL} 输出低电平

U_{th} 死区电压（开启电压）；U_{TH} 阈值电压

U_{REF} 参考电压（基准电压）

电源电压：V_{CC}（一般用于双极型半导体器件）；V_{DD}（一般用于单极型半导体器件）

2. 电流

输入电流：i_i（交流）；I_i（有效值）；i_I（总瞬时值）；I_I（直流或平均值）

输出电流：i_o（交流）；I_o（有效值）；i_O（总瞬时值）；I_O（直流或平均值）

i_F 反馈电流

I_{IH} 高电平输入电流；I_{IL} 低电平输入电流

I_{OH} 高电平输出电流；I_{OL} 低电平输出电流

3. 电阻

R 直流电阻或静态电阻

r 交流电阻或动态电阻

R_i 电路输入电阻

R_o 电路输出电阻

R_s 信号源内阻

R_L 负载电阻

4. 放大倍数或增益

A_u 电压放大倍数；A_u（dB）电压增益

A_{uf} 有反馈时的电压放大倍数

A_{us} 源电压放大倍数

A_{od} 开环电压增益

A_{ud} 差模电压放大倍数；A_{uc} 共模电压放大倍数

A_i 电流放大倍数；A_i（dB）电流增益

A_p 功率放大倍数；A_p（dB）功率增益

K_{CMR}、K_{CMR}（dB）共模抑制比

5. 其他常用符号

功率：P

电导：G、g；电抗：X、x；阻抗：Z、z

品质因数或工作点：Q

反馈系数：F

相位角：φ

效率：η

频率：f；下限截止频率：f_L；上限截止频率：f_H；角频率：ω

频带宽度：BW；增益带宽积：GB

周期：T；时间：t；时间常数：τ

脉冲宽度：t_w；脉冲占空比：q

二进制数尾缀：B；十六进制数尾缀：H

输入变量：A、B、C、D；输出变量或逻辑函数：F、Y、Z、Q

数据信号：D_i；地址信号：A_i

6. 器件符号

电感：L；电容 C；互感：M

电位器或可变电阻：RP；按键：K；开关：S

二极管：VD；稳压二极管：VS；发光二极管：LED；肖特基二极管：SBD

晶体三极管或场效应管：V；集成运放：A；

门电路：G；触发器：F；集成电路：IC；

集电（漏）极开路门：OC（OD）；三态门：TSL；

7. 引脚控制符号

CP、CLK　时钟脉冲输入端

EN　允许（使能）端

OE　输出允许端

LE　数据输入允许端

LD　置数控制端

G　门控端

BI　消隐控制端

LT　灯测试端

CLR、R　复位控制端

CO　进位输出端；BO　借位输出端

INH　禁止控制端

COM　公共端

Gnd　接地端

参 考 文 献

[1] 康华光. 电子技术基础模拟部分 [M]. 4 版. 北京. 高等教育出版社, 1999.
[2] 阎石. 数字电子技术基础 [M]. 5 版. 北京. 高等教育出版社, 2006.
[3] 胡宴如. 模拟电子技术 [M]. 北京. 高等教育出版社, 2000.
[4] 周良权, 等. 模拟电子技术基础 [M]. 2 版. 北京. 高等教育出版社, 2001.
[5] 唐竞新. 数字电子电路 [M]. 北京. 清华大学出版社, 2003.
[6] 沈任元. 数字电子技术基础 [M]. 北京. 机械工业出版社, 2005.
[7] 郑应光. 模拟电子线路(一) [M]. 南京. 东南大学出版社, 2000.
[8] 郑应光. 模拟电子线路(二) [M]. 南京. 东南大学出版社, 2000.
[9] 陈传虞. 脉冲与数字电路 [M]. 3 版. 北京. 高等教育出版社, 1999.
[10] 陈传虞. 脉冲与数字电路习题集 [M]. 北京. 高等教育出版社, 1997.
[11] 张志良. 模拟电子技术基础 [M]. 北京. 机械工业出版社, 2006.
[12] 张志良. 模拟电子学习指导与习题解答 [M]. 北京. 机械工业出版社, 2006.
[13] 张志良. 数字电子技术基础 [M]. 北京. 机械工业出版社, 2007.
[14] 张志良. 数字电子技术学习指导与习题解答 [M]. 北京. 机械工业出版社, 2007.
[15] 张志良. 单片机原理与控制技术 [M]. 2 版. 北京. 机械工业出版社, 2005.
[16] 张志良. 单片机学习指导及习题解答 [M]. 北京. 机械工业出版社, 2005.
[17] 沈任元. 常用电子元器件简明手册 [M]. 北京. 机械工业出版社, 2004.